全面 \ 专业 \ 实用 \ 经典 \ 厚重

深度

中文版 Photoshop CS4 色彩设计与表现深度剖析

吕洪刚 王晓林 编著

1DVD

这是一部全面深入剖析Photoshop色彩专题的力作。内容涉及色彩模式、
- 颜色与通道、跟踪图像变化、映射与色调调整、色彩范围与颜色调整、混合
- 模式、计算和应用图像、调整图层和填充图层。光盘包括50个经典案例的源
- 文件和160分钟的视频教学，110种PSD分层文件，11种笔刷，20个动作，8种
- 渐变，5种色板，10种样式，11种自定形状，300种纹理，3类65个素材图片

兵器工业出版社

北京希望电子出版社
Beijing Hope Electronic Press
www.bhp.com.cn

内 容 简 介

本书共分为 8 章，按照理论到应用，简单到复杂的原则，由 50 个精彩案例构成。第 1 章为 Photoshop 中的色彩模式，第 2 章为颜色与通道，第 3 章为跟踪图像色彩变化，第 4 章为映射与色调调整，第 5 章为色彩范围与颜色调整，第 6 章为神奇的混合模式，第 7 章为计算和应用图像，第 8 章为调整图层和填充图层。为了让读者可以快速地掌握书中介绍的知识，作者对本书的结构进行了精心的安排。章节之间相互照应，将整个 Photoshop 色彩理论的各个知识点有机地整合在一起。

本书既可以作为院校平面设计专业理论与应用教材，社会电脑平面设计培训班教材，又可供广大的初、中级用户自学使用。

随书光盘包含 50 个实例的源文件和视频文件。

图书在版编目（CIP）数据

中文版 Photoshop CS4 色彩设计与表现深度剖析 / 吕洪刚，王晓林编著.
北京：兵器工业出版社；北京希望电子出版社，2010.1

ISBN 978-7-80248-457-3

I. 中 … II. ①吕…②王… III. 图形软件，Photoshop CS4
IV. TP391.41

中国版本图书馆 CIP 数据核字（2009）第 193940 号

出版发行：兵器工业出版社 北京希望电子出版社
邮编社址：100089 北京市海淀区车道沟 10 号
100085 北京市海淀区上地 3 街 9 号
金隅嘉华大厦 C 座 611
电 话：010-62978181（总机）转发行部
010-82702675（邮购）010-82702698（传真）
经 销：各地新华书店 软件连锁店
印 刷：北京凯达印刷有限公司
版 次：2010 年 1 月第 1 版第 1 次印刷

封面设计：潘海波
责任编辑：宋丽华 李志云
责任校对：高 雅
开 本：787mm×1092mm 1/16
印 张：22.375
印 数：1-3 000 （16 面彩插）
字 数：494 千字
定 价：68.00 元（配 1 张 DVD 光盘）

01 合并通道效果

03 使用颜色通道增加人物皮肤的细节效果

04 使用“计算”命令增加人物面部纹理效果

05 使用“应用图像”命令消除突兀的高光效果

06 交换图像的颜色通道改变颜色效果

07 使用颜色通道制作黑白图像效果

08 使用Lab颜色模式的明度通道制作黑白照片效果

09 使用通道混合器制作黑白图像效果

10 使用“计算”命令制作黑白图像效果

11 在RGB模式下对颜色通道进行锐化效果

12 在CMYK模式下对黑色通道进行锐化效果

13 对明度通道进行锐化效果

20 使用“曲线”命令改善图像对比度效果

21 使用“曲线”命令调整图像细节效果

22 使用“曲线”命令制作负片效果

23 自动对比度效果

24 色彩平衡效果

25 亮度对比度效果

26 使用黑白照片制作黑白图像效果

27 使用“黑白”命令创造艺术效果

28 使用“色相饱和度”命令调整特定颜色区域效果

29 匹配两个图像之间的颜色效果

30 使用“匹配颜色”命令消除图像色调效果

31 使用“可选颜色”命令调整花朵颜色效果

32 渐变映射制作特殊效果

33 使用“照片滤镜”命令校正色偏效果

34 使用照片滤镜创造特殊效果

35 古铜色皮肤效果

36 使用调整图像制作黄金效果

37 图层混合模式制作效果

38 使用图层混合模式为图像上色效果

39 图层混合模式制作色彩锐化效果

40 图层混合模式制作创造胶片效果

41 使用“计算”命令制作黑白图像效果

42 使用“计算”命令改变肤色效果

43 使用“应用图像”命令是人物皮肤变红润效果

44 使用调整图层校正单个图层效果

45 使用调整图层调整图像特定区域效果

46 多调整和填充图层共同使用效果

47 调整图层调色效果

48 调整图层调色效果

前 言

在Photoshop使用日益广泛的今天，泛泛介绍Photoshop使用方法的书籍已经不能满足广大读者的需要及对该软件核心内容的进一步了解。本书就是在这种背景下创作而成的。本书详细地介绍了“色彩”这个对Photoshop最基本也是最重要的核心内容之一。读者在学习本书后，可以在电脑上轻而易举地创造出传统摄影师需要使用不同类型的胶片、滤镜以及特殊冲洗技术才能达到的效果。读者也可以发挥想象创造出自己专有的艺术效果。

本书最大的特点就是专业性和实用性。专业性表现为本书从色彩模式的基本知识入手，逐步深入地探讨了色彩和通道的关系、如何跟踪色彩变化、各种图像色彩调整命令、应用和计算命令以及图像混合模式。对每个知识点的理论讲解及细致的剖析，有别于以往教材粗略和填鸭式的讲解。其中对色彩调节和混合模式，同时提供运算方程，更加方便了读者控制参数以达到精确调整的目的。实用性表现在所提供的大量精彩案例。本书共提供了50个实用性强的案例，读者可以通过案例的学习掌握每个知识点的应用技能。本书的案例包含当前最为流行的设计理念与设计技巧，从而大大增强了本书的实用性，使读者可以紧跟当今潮流。同时，案例具有审美价值，力求为读者带来视觉的享受。另外，本书的配套光盘包含案例的视频演示文件，读者可以搭配着进行学习。

对于初学者来说，本书从最简单、最专业的实例讲起，只要按照光盘中的演示步骤操作，就能制作出精美的图像。书中有一个接一个的实例，每做一个都会有进步。对于中级用户来说，可以更深入地研究Photoshop，使其成为专业高手。

本书是由吕洪刚，王晓林等共同努力完成，这些朋友付出了宝贵的时间和精力，提出了专业的意见。其中王晓林、王先桥、吴永刚和唐茂宁负责文字的校审，康贤彪、王健、王培涛和杨帆负责案例的选取，张达迅负责图片的收集和处理，曲智俊和王俊龙负责多媒体的制作。

编著者

目录

第1章 Photoshop中的色彩模式

作为本书的第一章，我们将详细地介绍Photoshop支持的图像类型和颜色模式。可以说，这是本书其他各章节的基础。

1.1 数字图像类型

要掌握Photoshop的色彩功能，首先要了解Photoshop软件所处理的对象——数字图像文件。当前，数字图像文件主要分为位图和矢量图两种。接下来，对上述两种类型逐一介绍。

1.1.1 “位图”图像类型

位图是一种最为常见的数字图像文件。在日常生活中，用数码相机拍摄的数码照片，以及在网页中显示的图片均为“位图”。位图是由一个个显示为不同颜色的矩形色彩点排列组成的，色彩点就为位图的基本组成单位——像素。

像素是一个出现频率极高的术语，市场上出售的数码照相机、数码摄像机以及平板电视均用像素作为一个重要的技术参数。简单地说，像素越高，所拍摄或显示的图像就越清晰。

像素是一个个有颜色的小方块，这种最小的图形单元在屏幕上显示为单个的染色点。每个像素都要有自己特定的位置和颜色，这些按照特定位置排列的像素最终决定了图像呈现出来的样子。用户可以根据需要设定像素的长宽比以及单位尺寸内所含像素的数量。一般情况下，像素所占的面积都非常小，用肉眼很难发现像素的存在。如图1-1所示，在用Photoshop打开的一副“位图”图片中，看到的是连续的色彩变化，发现不了像素。当将该图像放大至3000%后，如图1-2所示。这样就可以很清除地观察像素的存在，表现为单一颜色的矩形色块。

图1-1 100%显示的效果

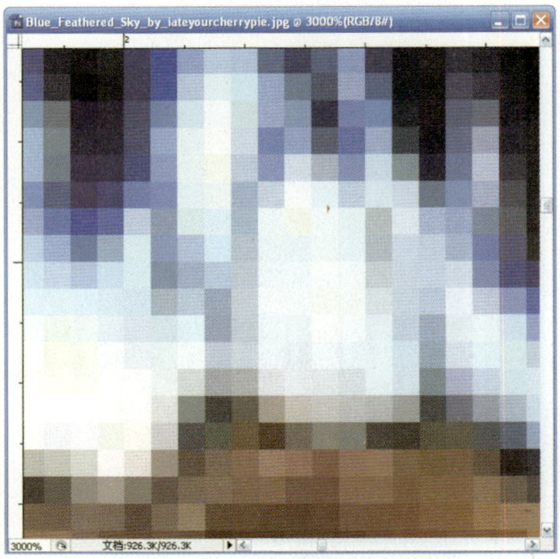

图1-2 3000%显示的效果

分辨率是图像中每单位打印长度显示的像素数目，通常用像素／英寸（ppi）表示。高分辨率的图像比相同打印尺寸的低分辨率图像包含较多的像素，因而像素点更密集。例如，72 ppi分辨率的1×1英寸图像包含总共5 184像素（72×72＝5 184）；同样1×1英寸而分辨率为300ppi的图像则包含总共90 000像素。图1-3和图1-4所示分别显示了分辨率为72ppi和240ppi的图像效果，从中不难看出，分辨率越高图像细节越丰富。

图1-3 分辨率为72ppi的图像效果

图1-4 分辨率为240ppi的图像效果

在日常生活中，最常使用的分辨率为300 ppi和72 ppi两种。前者用于出版印刷领域，后者用于电视、计算机等电子显示领域。Photoshop软件现已经为用户提供了方便的分辨率自动设置功能。运行Photoshop软件后，执行“文件”｜“新建”命令，弹出

“新建”对话框，如图1-5所示。在对话框中的“预设”下拉菜单中可以选择所需要建立的文件类型，选择文件类型后，系统会自动在“新建”对话框中设置文件的分辨率。

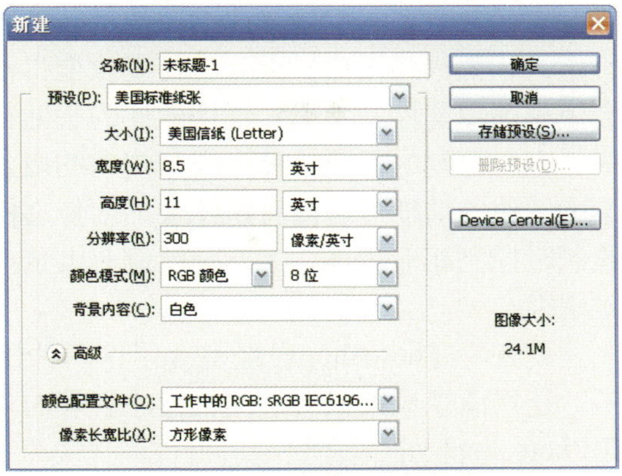

图1-5 “新建”对话框

1.1.2 “矢量图”图像类型

与由像素构成的位图不同，矢量图像由经过精确定义的直线和曲线组成，这些直线和曲线称为向量。移动直线，然后调整其大小或更改其颜色时不会降低图形的品质。矢量图像文件包含独立分离的图像单元，可以自由地重新组合，矢量图像所保存的信息是以一些数字公式的方式存在的，只有每次进行图像编辑时才能转换到屏幕上。

矢量图形与分辨率无关，也就是说，可以将它们缩放到任意尺寸，可以按任意分辨率打印，而不会丢失细节或降低清晰度。图1-6所示，对一个含有矢量图像文件执行“图像”|“图像大小”命令，从图中可以看出，对于矢量图，将其扩大是不会影响图像质量的，图像边缘仍然清晰。为了对比，先将矢量图像转换为位图，如图1-7所示，同样将其扩大，很明显，扩大后位图图像的边缘变得模糊。

图1-6 矢量图

图1-7 位图

按照传统概念，图像处理软件分为两种：一种用于处理位图，称作“画图软件”；另一种用于处理矢量图，称作“绘图软件”。前者包括早版本的Photoshop、Windows自带的绘图板软件以及PhotoImage等；后者包括Illustrator、Freehand和CorelDRAW等。

以前这两种软件可谓是风马牛不相及，两者所对应的对象以及绘制方法和操作原理差别甚远，同时两者各自又拥有鲜明的优缺点。画图软件的优点在于它向用户提供了一种直接创建图像的方法，用户可以像在现实生活中用各种画笔工具直接对图像文件进行绘制，而缺点在于它所创建的图像都是基于像素的，也就是说位图所包含的像素数目是一定的，如果将图像扩大就会使图像变得模糊，而且当要满足大尺寸高分辨率的条件就会使得图像文件非常大；绘图软件的长处在于其是用数学公式来定义线条、形状和文本的，它所绘制的图像文件没有分辨率的概念，也就是说不管图像被扩大多少倍，都不会影响图像的清晰度，而且所生成的图像文件非常小，该类型软件的短处在于线条和形状绘制时控制相对较难，尤其是绘制有大量渐变彩色的图像时非常复杂，对于普通用户很难掌握。

现在， Photoshop已经整合了这两种软件的优点，在保留其强大的位图处理功能之外，还增添了原来只有绘图软件才具有的功能，例如形状、智能对象等。使得用户在使用Photoshop时能很轻松地进行位图或矢量图的处理。

1.1.3 Photoshop的文件类型

可以把一个典型的Photoshop文件看做是一个多个图层的堆栈。就好像在一个大画板上面按次序堆放一张张的幻灯片，如图1-8所示。堆栈里面可以有以下几种图层。

在堆栈的底部有一个背景图层，完全由像素堆栈。

透明图层也可以包含像素，但是这些图层有一些区域完全或部分透明，因此，这些区域下面的任何像素都可以显示出来。

图1-8 Photoshop文件

文字图层用特殊的动态方式编辑文字，以便在用户需要改变单词拼写、字符间距以及文字颜色时能够轻松操作。

形状图层是一种矢量图层。

填充或调整图层也是动态图层，它不包含像素；相反，它包含采用何种颜色以及何种调节模式显示指令。

除了背景图层以外，每种图层都可以包含一个或两个蒙版，它可以是基于像素的蒙版，也可以是基于指令的矢量蒙版。而且除了背景图层以外，每种图层都可以添加图层样式。

下面介绍Photoshop支持的文件格式。

1. PSD和PDD格式

PSD和PDD是Photoshop中使用的一种标准图像文件格式。它可以储存成RGB和CMYK颜色模式，还能够自定义颜色数并加以保存，而且是惟一支持所有可用图像模式、参考线、Alpha通道、专色通道、图层以及文字和声音注释的文件。

2. GIF格式

图形交换格式（GIF）是在World Wide Web以及其他联机服务上常用的一种文件格式。常用于显示超文本标记语言文件中的索引颜色图形和图像。GIF是一种用于LZW压缩的格式，目的在于最小化文件大小和电子传输时间。GIF可以保留索引颜色中的透明度，但不支持Alpha通道。

3. JPEG格式

JPEG是最常用的一种文件格式。它是一种最有效、最基本的有损压缩格式，被大多数图形图像处理软件所支持。储存时可以设定1～12级的图像品质压损率，能够支持24Bit全彩图像或者8Bit灰度图像，但不支持Alpha通道。

4. PNG格式

PNG专门用来压缩要输出到Web上的图像，使用无损滤色过程压缩。以PNG格式保存的图像，保留所有的颜色和所有的Alpha通道，但不能用PNG格式来保存CMYK颜色模式的文件。

5. TIFF格式

TIFF应用于应用程序与计算机平台之间交换文件。TIFF是一种灵活的位图图像格式，被几乎所有的图形图像处理软件和排版软件所支持。TIFF格式支持具有Alpha通道的CMYK、RGB、Lab、索引颜色和灰度颜色模式的图像。Photoshop可以在TIFF格式文件中储存图层信息，但是在其他软件打开时，只有拼合图像是可见的。

6. BMP格式

BMP格式是Windows中的标准图像文件格式，有压缩和不压缩两种格式。它以独立于设备的方法进行描述位图，可用于非压缩格式储存图像数据，解码速度快，支持多种图像的储存。输出图像时，可以将选择的图像输出到Windows或OS/2中，也可以将图像输出为1位、4位、8位或者24位图像。

7. EPS格式

压缩EPS语言文件格式可以同时包含矢量图形和位图图像。EPS格式用于在应用程序之间传递PostScript语言图片。当打开含矢量图形的EPS文件时，Photoshop将栅格化图像，将矢量图像转换为位图。

8. DCS格式

DCS是Quark开发的一个EPS格式变种。在支持这种格式的QuarkXPress、PageMaker和其他应用软件上工作，DCS便于分色打印。

9. TGA格式

TGA格式专门用于使用Truevision视频卡的系统，并且受到MS-DOS色彩应用程序的支持。TGA格式支持16位RGB图形、24位RGB图形和32位RGB图形，同时也支持无Alpha通道的索引颜色和灰度模式图像。

1.2 Photoshop的颜色模式

Photoshop软件支持多种图像色彩模式。这里按照图1-9所示的“图像”菜单中“模式”子菜单中的顺序来介绍Photoshop支持的颜色模式。

图1-9 “模式”子菜单

1.2.1 位图模式

位图模式，图像的颜色容量为1位，即每个像素的颜色只能在两种深度的颜色中选择，“黑”或是“白”。图像是由许多黑方块和白方块组成。只有当图像为灰度模式时才能转换为位图模式。当对文件执行“图像”|“模式”|“位图”命令时，将弹出“位图”对话框，如图1-10所示。这里将对生成的位图图像的参数进行设置。

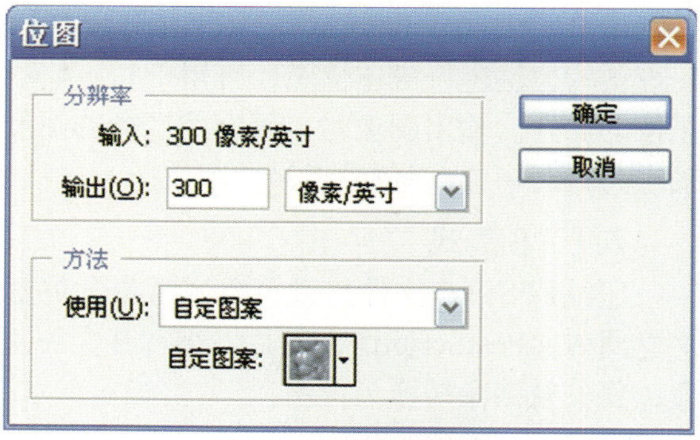

图1-10 设置位图模式

知识点：模式转换

当对文件执行“图像”>“模式”命令时，会发现菜单中的一些转换命令为灰色，即为“不可用状态”。这是因为只有当前文件处于RGB或者灰度模式下，才能完成特定模式的转换。例如，在图1-10所示中，文件处于RGB颜色模式下，不能将其转换为位图和双色调模式，要想将文件转换成这两种模式，需要先将文件转换为灰度模式，才能完成位图和双色调模式的转换。

下面介绍“位图”对话框中的各个参数。

分辨率：“输入”后面显示为原图像的分辨率；在“输出”后面可以设置所要输出文件的分辨率。

方法：选择使用何种方法将原图像转变为位图图像。

图1-11 原图（灰度模式）

图1-12 50%阈值

- 50%阈值。将灰色值高于中间灰阶（128）的像素转换为白色，将灰色值低于该灰阶的像素转换为黑色（灰阶这个概念将在后面“色阶”的相关章节中的详细介绍）。结果将是高对比度的黑白图像。原图（灰度模式）如图1-11所示。转换后效果如图1-12所示。
- 图案仿色。通过将灰阶转换成白色和黑色网点的几何配置来转换图像，效果如图1-13所示。

图1-13 图案仿色

图1-14 扩散仿色

- 扩散仿色。是一种通过使用从图像左上角开始的误差扩散过程来转换图像的方式。如果原像素值高于中间灰阶（128），则该像素将更改为白色；相反，如果低于该灰阶，则更改为黑色。因为原像素很少是纯白色或纯黑色，所以不可避免地会产生误差。该误差传递到周围的像素并在整个图像中扩散，从而产生粒状、胶片似的纹理。该选项对于在黑白屏幕上查看图像很有用，如图1-14所示。

图1-15 半调网屏

图1-16 自定图案

- 半调网屏。模拟转换后图像中半调网点的外观，Photoshop提供多种“形状”以供选择，效果如图1-15所示。
- 自定图案。模拟转换后图像中自定义半调网屏的外观。在“自定图案”下拉菜单中选择图案，效果如图1-16所示。

1.2.2 灰度模式

灰度模式，图像的颜色容量为8位，每个像素可以分配从黑（0）、灰到白（255）共256（2的8次方）种不同灰度级别，因此，灰度图像不具有色彩信息。

当灰度图像是从彩色图像（如RGB、CMYK颜色模式图像）转换而来时，灰度图像反映的是原彩色图像的亮度信息，即灰度图像每个像素的灰阶（色度）对应着原彩色像素的亮度。由于缺乏色彩，通常在灰度模式下图像的表现力不及彩色图像。不过，有时候越是简单的东西才越接近艺术的本质。如图1-17所示，灰度模式下的图像只用一个“灰度”通道。

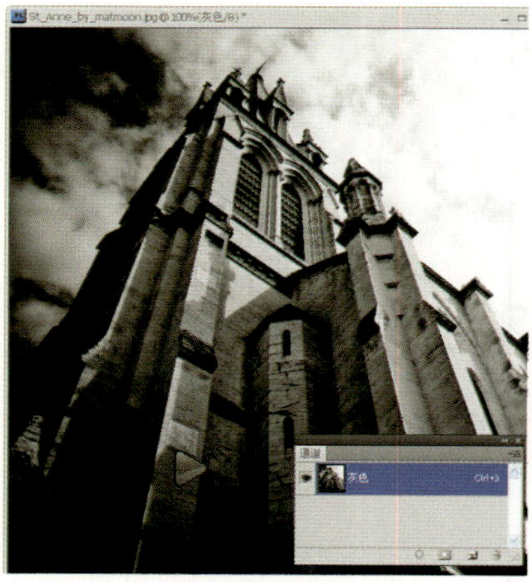

图1-17 灰度模式

提示

在查看单个颜色通道时，如果对其执行“图像”>“模式”>“灰度”命令，Photoshop将会保留当前通道的亮度值，同时舍弃其他通道。用户可以使用这个命令将彩色图像转换为黑白图像。

1.2.3 双色调模式

双色调模式，为灰度图像套印颜色，弥补灰度图像在输出时的缺陷。虽然灰度图像拥有256种灰度级别，但是在印刷输出时，印刷机的每滴油墨最多只能表现出50种左右的灰度。这意味着如果只用一种黑色油墨打印灰度图像，图像将非常粗糙。如果混合另外一种、两种或三种彩色油墨，因为每种油墨都能产生50种左右的灰度级别，那么理论上至少可以表现出50×50种灰度级别，这样打印出来的双色调、三色调或四色调图像就能表现得非常流畅了。如图1-18所示，当执行“双色调”命令时，系统会弹出“双色调选项”对话框，在该对话框中可以设置“类型”。这种靠几种油墨混合打印的方法被称之为“套印”。

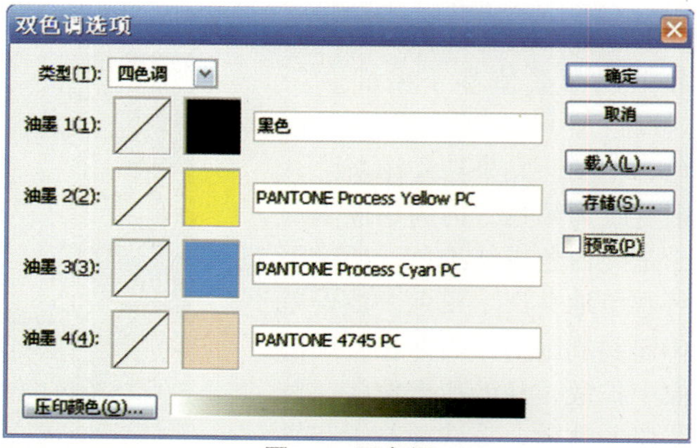

图1-18 双色调

1.2.4 索引颜色模式

在索引颜色模式下，图像的每个像素也具有8位的最大颜色容量。换句话说，索引颜色图像最多也只能有2的8次方共256种颜色，但是与灰度模式不同，它的图像可以是彩色的。

索引颜色模式的优点是它的文件可以非常小，同时保持视觉品质不变，因此，非常适于用来做多媒体动画或Web页面。

当对文件执行“索引颜色”命令时，会弹出“索引颜色”对话框，如图1-19所示。当转换为索引颜色时，Photoshop将构建一个颜色查找表（CLUT），用以存放并索引图像中的颜色。如果原图像中的某种颜色没有出现在该表中，则程序将选取最接近的一种颜色，或使用仿色来模拟该颜色。

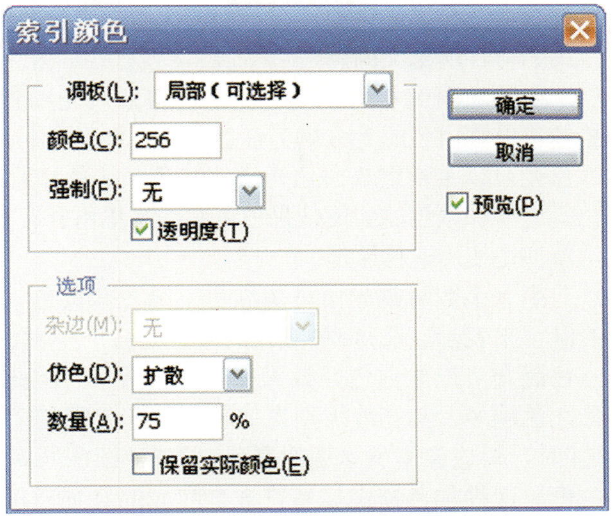

图1-19 “索引颜色”对话框

提示

在Photoshop中，不允许在Lab或CMYK颜色模式下应用“索引颜色”命令，同时也对16位通道模式的图像应用“索引颜色”命令。要想将其转换为索引颜色，需要先将文件转换为RGB颜色模式和8位通道。

应用“索引颜色”命令后的图像不能再进行编辑。大多数的Photoshop功能，例如多数工具和滤镜，都不能使用。

1.2.5 RGB颜色模式

RGB颜色模式，具有红（Red）、绿（Green）和蓝（Blue）3个颜色通道，如图1-20所示。每个通道的颜色具有8位，即256种亮度级别（从0～255），3个通道合在一起，每个像素也就有24位的颜色容量，就能产生1 670多万（即2的24次方）种颜色。

图1-20 RGB颜色模式

红色、绿色和蓝色被成为原色。原色的概念是计算机色彩工作的核心。通过指定原色的比例可以创造出其他的色彩，也可以通过调整原色之间的关系来调整图像色彩。

原色具有以下两个最基本的特征：

（1）它是色彩不可缺少的成分。

（2）对原色使用不同的组成比例可以创造出色谱中的所有颜色。

合成色是由两种原色组合而成。有一点需要注意，原色是由人类视觉能感知的光谱范围的特性所定义的。

牛顿在研究相对运动理论之前曾经对光线和棱镜做过一系列研究。他发现，通过棱镜可以将白色的光分解为红色、蓝色和绿色。他的突破在于他发现了用红色、蓝色和绿色光可以重新组成白色光线。红色、绿色和蓝色3个发光原色就是众所周知的加色原色。当增加原色就会使结果色更亮，这里不存在黑色的放光色。现在电视机和计算机显示器都是使用这种原理。

绝大多数可视光谱可用红色、绿色和蓝色（RGB颜色）三色光的不同比例和强度的混合来表示。在这3种颜色的重叠处会产生青色、洋红、黄色和白色。由于RGB颜色三色混合可产生白色，效果如图1-21所示。因此RGB颜色模式是一种加色模式，即如果红色越多，其亮度级别也就越高，红色所在区域也就越亮，当3种颜色的亮度级别都是0时，对应像素就呈现出黑色；当3种颜色的亮度级别都是255时，对应像素就呈现出白色。这种加色模式显然符合自然光的叠加原理，因此RGB颜色模式是一种真彩色标准模式。

显示器的颜色模式也是RGB颜色模式，如图1-22所示。这很容易理解，因为显示器也是靠荧光粉发光来显示的。这也意味着当在非RGB颜色模式（如CMYK颜色模式）下工作时，Photoshop 将临时使用RGB颜色模式显示。

图1-21 RGB颜色模式原理

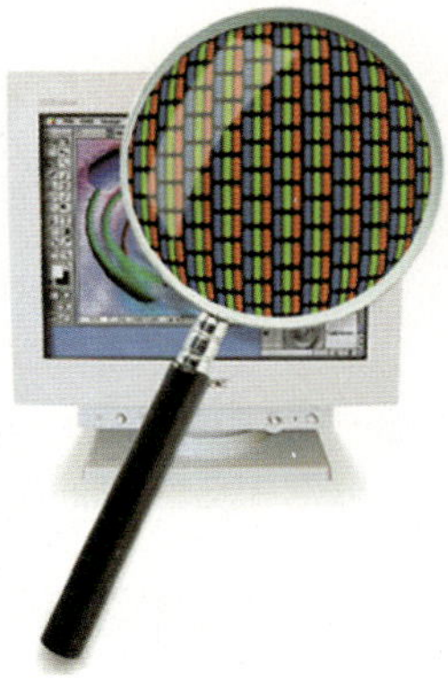

图1-22 显示器原理

知识点：24位色

在计算机的RGB颜色模式下，每种原色（红、绿和蓝色）都有256种不同的亮度设置。这就意味着有256×256×256共16 000 000种以上的混合色。该色域提供了足够的颜色，可以真实地描绘现实世界中的色彩。

每种原色通道所需的256（2=256）种不同数值要占据8位计算机空间。为了能表示3组亮度设置，需要使用24位空间（28×28×28＝224，约为16 700 000）。因此，能在计算机显示器上显示的所有颜色叫做24位色，也叫百万色）。

RGB颜色模式通常是处理图像时最好的色彩模式。Photoshop所有的工具和命令都能在该模式下工作，而其他模式或多或少都有功能的限制。在Photoshop中可以将RGB颜色模式根据图像文件最终的用途转换为其他模式，如果需要打印，可以转换为CMYK颜色模式；如果用于网络，可以转换为索引颜色模式。但最后创造性的工作往往都是在RGB颜色模式下完成的。

提示

RGB颜色模式支持的颜色超出了可打印的范围，因此，在打印图像时往往会损失最明亮和最生动的色彩。为了避免这种情况出现，就需要将图像扫描为CMYK颜色模式，然后在CMYK颜色模式中进行编辑。

1.2.6 CMYK颜色模式

CMYK颜色模式，一种基于印刷油墨的颜色模式，具有青（Cyan）、洋红（Magenta）、黄色（Yellow）和黑色（Black）4种颜色通道，如图1-23所示。每个通道的颜色也是8位，即256种亮度级别（0～100%），4个通道组合使得每个像素具有32位的颜色容量，在理论上能产生2的32次方种颜色。但实际上因为CMYK颜色是以印刷油墨为基础，显然用油墨打印出来的图像不可能比真彩色逼真，所以实际上CMYK颜色图像的颜色数比RGB颜色图像的颜色数要少。

图1-23 CMYK颜色模式

颜料的原色为青色、黄色和洋红。它们被称为减色原色。如果将颜料添加到白色的纸张上面，它会通过吸收光线而减少特定光线的反射，造成反射的光变暗。青色吸收红色光线；洋红吸收绿色光线；而黄色吸收蓝色光线。理论上将青色、洋红和黄色混合后可得到黑色颜料，如图1–24所示。

但是在现实中无论如何混合青色、洋红和黄色都无法得到纯黑色，只能得到类似深棕色的颜色。有人开玩笑说“上帝创造了RGB，而人类制造了CMYK”，那你会相信谁呢？

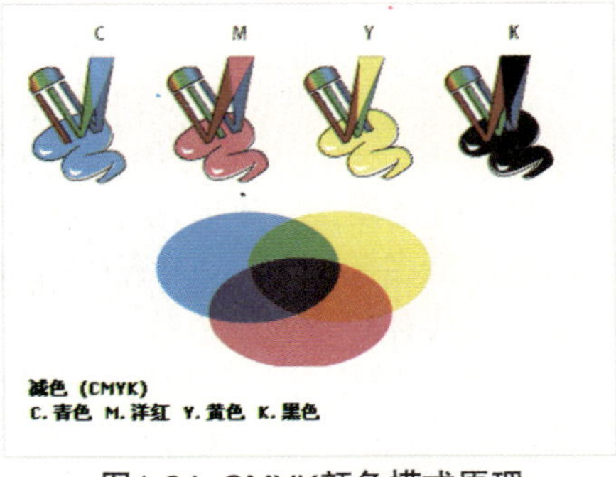

图1-24 CMYK颜色模式原理

如果存在完美的CMY（青色、洋红和黄色）颜料，就可以直接混合得到黑色，而不需要第4种K（黑色）颜料。但是不管如何努力，制作出的青色颜料总是存在一点红色；洋红颜料中总含有少量的绿色，而黄色颜料中总是含有少量的蓝色。而且纸张也存在它可溶解颜料密度的限制，因此，在印刷时，添加黑色颜料就可以印刷出完美的黑色。

1.2.7 Lab颜色模式

Lab颜色模式具有明度（Lightness）、a和b，3个通道，如图1-25所示。其中，明度通道表现了图像的明暗度，其范围为0～100；a通道和b通道是两个专色通道，其颜色值范围都为-120～120，它们对应的颜色范围分别是从绿色到红色（a通道）、从蓝色到黄色（b通道）。与RGB颜色模式类似，这些颜色混在一起可以产生更亮的颜色，只有亮度通道中的亮度值可以调整颜色的明暗效果。Lab颜色模式包括RGB颜色和CMYK颜色模式的所有颜色。

图1-25 Lab颜色模式

由上所述可知，Lab颜色模式有两大特点：

（1）它是Photoshop中最大的颜色集合，覆盖了其他所有的颜色模式。因此，当由其他颜色模式转换为Lab颜色模式时，不必经过减色处理，图像也不会发生颜色失真。

（2）它在颜色组织方面具有独到之处，即将亮度通道从色彩通道中分离出来成为了一个独立的通道。将图像转换为Lab颜色模式，然后去掉色彩通道a、b而保留明度通道，能获得百分百逼真的图像亮度信息，得到百分百准确的黑白效果。

提示

由于Lab颜色模式是独立于设备的，因此可以在该模式下编辑任何图像。在Photoshop中，在Lab颜色模式下编辑图像的速度与在RGB颜色模式下几乎相同，明显高于CMYK颜色模式。

1.2.8 多通道模式

通道模式，每个通道也有256种灰度级别。多通道模式只在用于特殊打印输出时用到。如转换双色调以Scitex CT格式打印。

1.2.9 8位、16位和32位/通道模式

8位/通道模式，不管对于何种颜色模式，其通道的颜色容量最大为8位，每个通道的颜色数最多为256色。只有在该前提下，才能在理论上计算出如RGB颜色或CMYK颜色模式等具有的最大颜色数。

16位/通道模式，各颜色模式的通道具有最大16位的颜色容量，即每个通道的颜色数最多可以达到2的16次方。颜色数的增加会使得文件大小也急剧增加，对于人的肉眼来说，每个通道只有8位的RGB颜色或CMYK颜色图像已经可以达到最佳效果了。

32位/通道模式，各颜色模式的通道具有最大32位的颜色容量，即每个通道的颜色

数最多可以达到2的32次方。

提示

当图像为32位/通道时，图像被称作HDR图像（High Dynamic Range，高动态范围）。这类图像常用于动画的3D渲染和其他高级效果软件。Photoshop CS4增强了对这类图像的支持。

1.2.10 颜色表模式

当图像被转换为索引颜色模式时，Photoshop会自动根据原图像的像素颜色创建一张颜色表，也可称之为调色板，如图1-26所示。

图1-26 颜色表

表1-1表示了Photoshop的文件格式对各种颜色模式的支持状况。

表1-1 文件与颜色模式对应表

	位图	灰度	双色调	索引色	RGB	CMYK	Lab
PSD	√	√	√	√	√	√	√
GIF	√	√	×	√	×	×	×
JPEG	×	√	×	×	√	√	×
PNG	√	√	×	√	√	×	×
TIFF	√	√	×	√	√	√	√
BMP	√	√	×	√	√	×	×
EPS	√	√	√	√	√	√	√
DCS	√	√	√	×	×	√	×
TGA	×	√	×	√	√	×	×

在表中，“√”表示支持，“×”表示不支持。

1.3 在Photoshop中指定颜色

初次使用Photoshop时，最先面临的问题往往是在照片中添加文字和图案等，为了让自己制作的效果与众不同，文字和图案的颜色就尤为重要了。Photoshop提供了多种指定颜色的方法。下面逐一介绍各种指定颜色的方法。

1.3.1 前景色和背景色

在Photoshop工具栏的下方有一个设置前景色和背景色的区域，如图1-27所示。

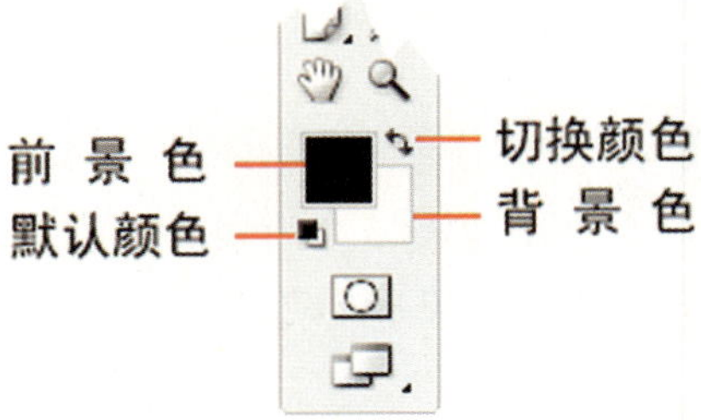

图1-27 指定前景色和背景色

下面依次介绍各组件的功能。

1. 前景色

前景色图标表示油漆桶、画笔、铅笔、文字工具和吸管在图像中拖动时所用的颜色。

如果要改变前景色，只需用鼠标左键单击前景色图标，此时将弹出“拾色器”对话框。用户可以直接在“拾色器”区域用光标选择所需颜色，如图1-28所示。也可使用吸管工具直接在已经打开的图像中选择颜色，还可以在“色板”和“颜色”面板上设置前景色，如图1-29和图1-30所示。

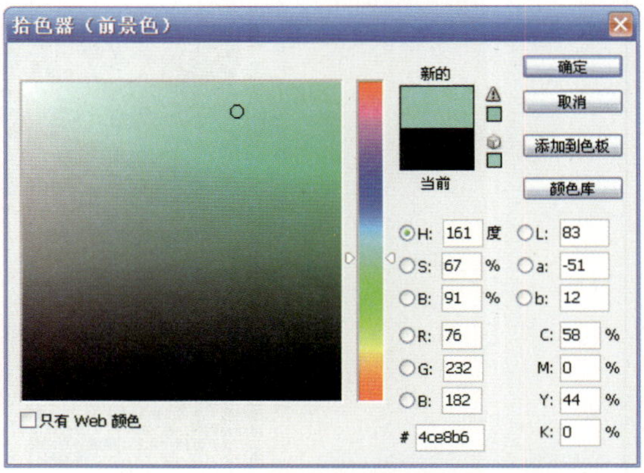

图1-28 “拾色器（前景色）”对话框

2. 背景色

在前景色图标下面为背景色图标。背景色表示橡皮擦工具所使用的颜色，或者改变画布大小时背景图层的颜色。设置背景色的方法同前景色。

3. 切换颜色

用鼠标左键单击“默认颜色”图标，可以将前景色和背景色相互切换。

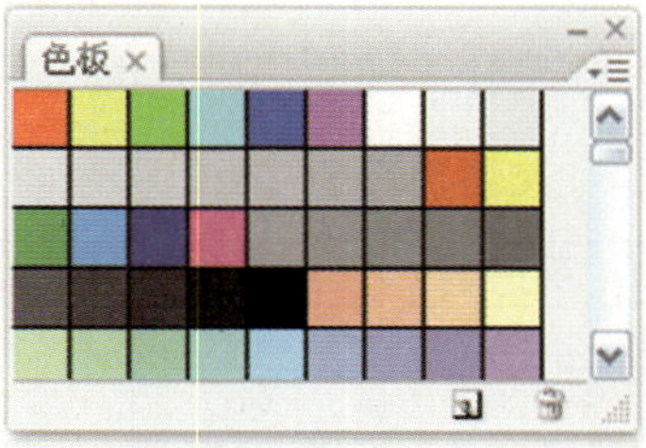

图1-29 “色板”面板

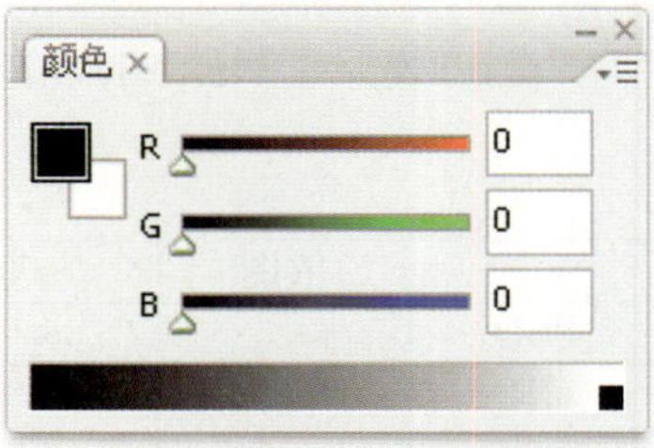

图1-30 “颜色”面板

知识点：前景色/背景色

在使用Photoshop时，有两个极为常用的操作，即“切换前/背景色”和“默认前/背景色”。这两个操作可以用快捷键进行设置，分别为X键和D键。

4. 默认颜色

用鼠标左键单击 “默认颜色”图标，将使前景色和背景色恢复至系统默认状态，即分别为黑色和白色。

1.3.2 功能完善的拾色器

拾色器是在Photoshop中指定颜色最常用的工具，即使是初学者也很容易掌握其使用方法。但是看似简单的拾色器却包含了众多功能。

在拾色器中，可以使用4种颜色模式来选取颜色：HSB、RGB、Lab和CMYK。使用拾色器可以设置前景色、背景色和文本颜色。也可以为不同的工具、命令和选项设置目标颜色。Photoshop的“拾色器（前景色）”对话框如图1-31所示。

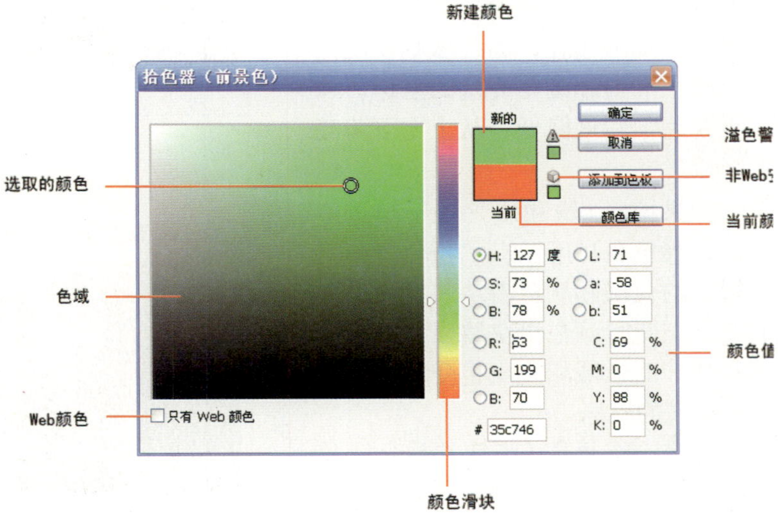

图1-31 “拾色器（前景色）”对话框

下面逐一介绍“拾色器”对话框中的各个组件。

颜色滑块：在“拾色器”对话框中，中间的彩色带状图标即为“颜色滑块”。颜色滑块用来锁定所要选择的颜色。在颜色滑块的两侧各有一个三角形，向上或向下拖动任意一个三角形，就能够从特定的8位范围内选择颜色。讲到这里就要引入一个新的概念——HSB颜色模型。

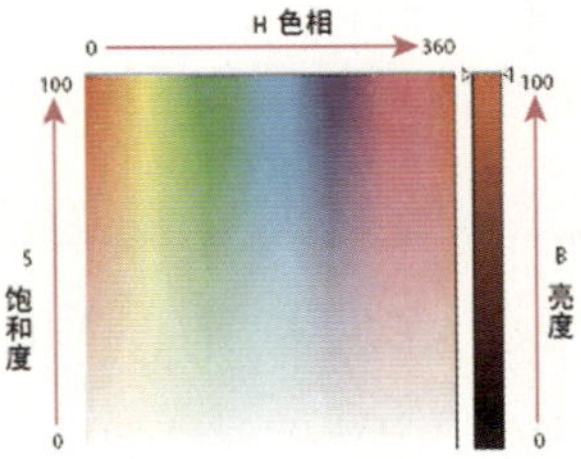

图1-32 HSB颜色模型

HSB颜色模型的原理如图1-32所示。HSB模型以人类对颜色的感觉为基础，描述了颜色的3种基本特性。

色相（H）：反射自物体或投射自物体的颜色。在0°～360°的标准色轮上，如图1-33所示，按位置度量色相。在通常的使用中，色相由颜色名称标识，如红色、橙色或绿色。

图1-33 色轮

饱和度（S）：饱和度即为颜色的强度或纯度（有时称为色度）。饱和度表示色相中灰色分量所占的比例，它使用从0%（灰色）～100%（完全饱和）的百分比来度量。

亮度（B）：亮度是颜色的相对明暗程度，通常使用从0%（黑色）～100%（白色）的百分比来度量。

使用HSB模式可以很容易就寻找到所需的颜色，所以它是拾色器默认的颜色模式。当首次调出“拾色器”对话框时，对话框显示如图1-34所示。这时在对话框中H（色相）处于被选中状态。与其相对应的是颜色滑块显示了标准色轮，而色域则表现为选定颜色的饱和度与亮度的坐标，从右至左为饱和度降低，从上至下为亮度降低。

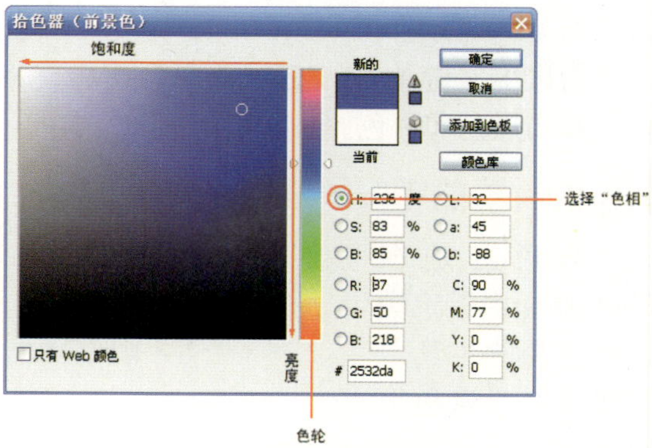

图1-34 选择色相

如果使S（饱和度）处于被选中状态，如图1-35所示，“拾色器”对话框中的色域和颜色滑块将发生很大的变化。此时颜色滑块将表示颜色的饱和度，而色域相应上也变为色相和亮度构成的坐标。

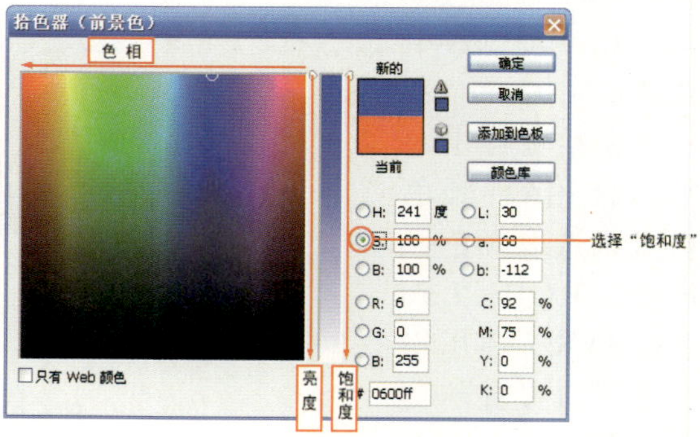

图1-35 选择饱和度

同样，选择B（亮度）后，颜色滑块显示亮度，而色域显示为色相和饱和度的坐标，如图1-36所示。

色域：色域是颜色显示的主要场所，它是一个256×256像素的方形坐标区域，其坐标轴的属性由不同的颜色模式确定，如图1-37所示。由于Photoshop支持8位颜色，所以每个颜色参数均为2的8次方，即256个等级，所以色域的长和宽均为256个像素，这样在色域内最多可以显示65 536种颜色（256×256=65 536）。再配合上长度为256个像素的颜色滑块，在色域中可以选择16 777 216种颜色。

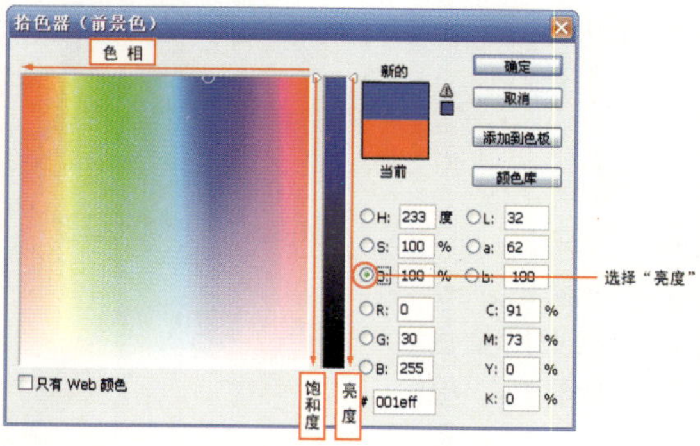

图1-36 选择亮度

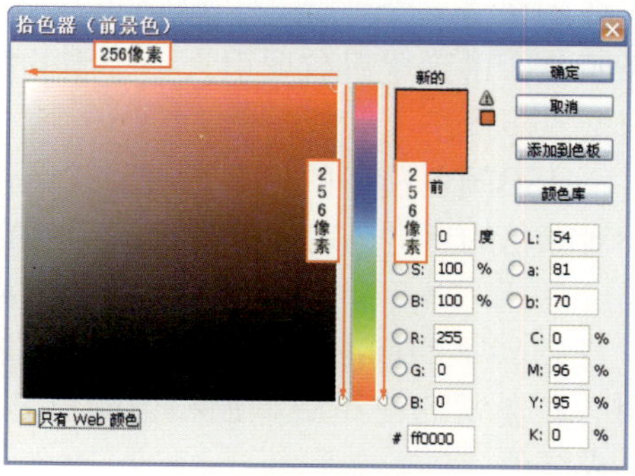

图1-37 色域

新建颜色：在颜色域内选择的颜色会立即显示为新建颜色。确定后可以将这个颜色设置为前景色或者背景色。

当前颜色：再使用“拾色器”新建颜色前，前景色（或者背景色）的原有颜色。

溢色警告：当新建颜色为Photoshop无法使用标准颜色打印的颜色时，就会出现三角形的“溢色警告”图标。这时，在溢色警告图标的下方会自动出现一个方形的色彩框，框中显示的为最接近新建颜色的CMYK颜色，也就是可供打印的颜色，如图1-38所示。这时只要用光标单击溢色警告图标或者其下方的色彩框，均可以将新建颜色设为这个新建颜色的CMYK颜色。

非Web安全警告：如果用户在色域中选择新建颜色，而又不包含在Web安全图标中，在“拾色器”对话框中的“当前颜色”图标的右侧就会出现“非Web安全警告”立方体图标。所谓的Web安全颜色便是指那些在256色模式下的Windows和Macintosh系统中，Netscape Navigator 和Microsoft Internet Explorer浏览器中看起来相同的颜色，一共存在216种Web安全色。在非Web安全警告图标的下方也会自动出现一个方形的色彩框，框中显示的为最接近新建颜色的Web安全颜色，如图1-39所示。

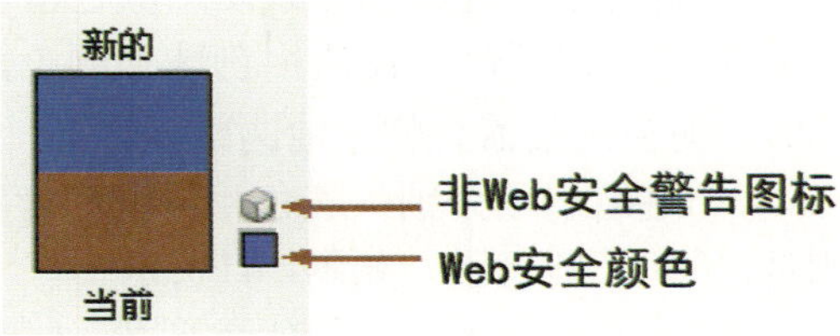

图1-38 溢色警告

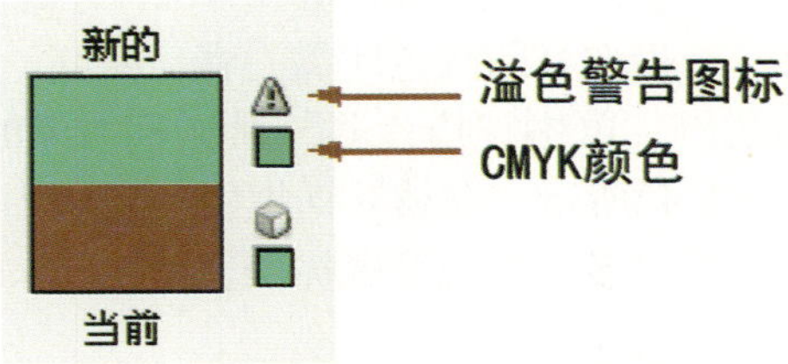

图1-39 非Web安全警告

只有Web颜色：勾选“只有Web颜色”复制框后，在色域中只显示216种Web安全颜色，如图1-40所示。

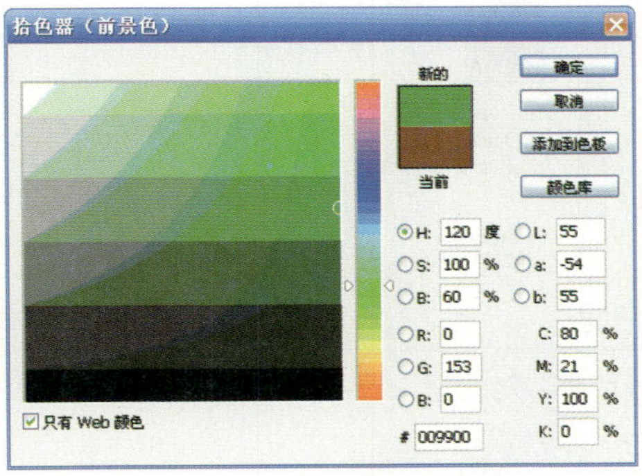

图1-40 勾选只有Web颜色

知识点：Web安全色

在HTML中，颜色是使用十六进制（例如，#FF0000）或者色彩名称（red）来表示的。传统的看法认为存在有216种普通颜色，而由十六进制的00，33，66，99，CC，FF（对应的RGB值分别为0，51，102，153，204，255）中任何三个组合起来的颜色便代表一种Web安全颜色。

然而经测试发现只存在有216种Web安全颜色。Windows上的Internet Explorer不能正确地对以下颜色进行着色：#0033FF (0,51,255)、#3300FF (51,0,255)，#00FF33 (0,255,51)和#33FF00 (51,255,0)。

颜色值：Photoshop拾色器中的色域可以显示HSB颜色模式、RGB颜色模式和Lab颜色模式中的颜色分量。如果您知道所需颜色的数值，则可以在文本字段中输入该数值，也可以使用颜色滑块和色域来预览要选取的颜色。在使用色域和颜色滑块调整颜色时，对应的数值会相应地调整。

HSB：这组选项分别代表色相、饱和度和亮度。色相是由360°圆表示，如图1-41所示。

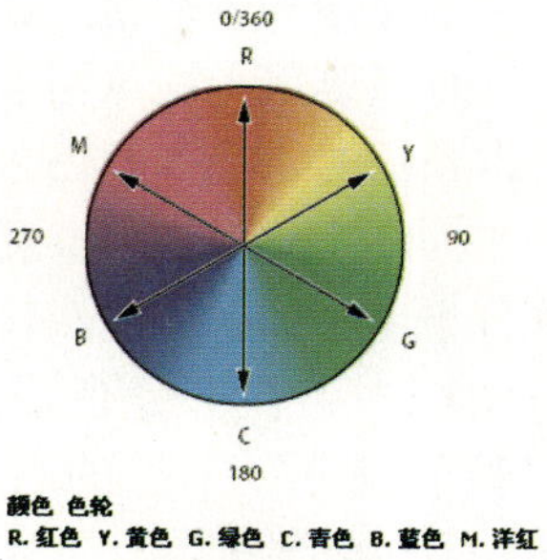

图 1-41 色轮

RGB：设定每种颜色的亮度值（亮度值为0~255）来改变红、绿和蓝三元色的量，进而确定新建的颜色。

Lab：亮度的取值范围为0%~100%，a和b两个颜色轴的取值范围为-120～120。

CMYK：设定打印颜色所需的青、品红、黄和纯黑染料的量，进而设定颜色。

颜色库：单击“拾色器”对话框右侧的“颜色库”按钮，会弹出“颜色库”对话框，如图1-42所示。在该对话框中，可调出“色库”菜单，如图1-43所示。在“色库”菜单中存放着多种颜色范围标准。

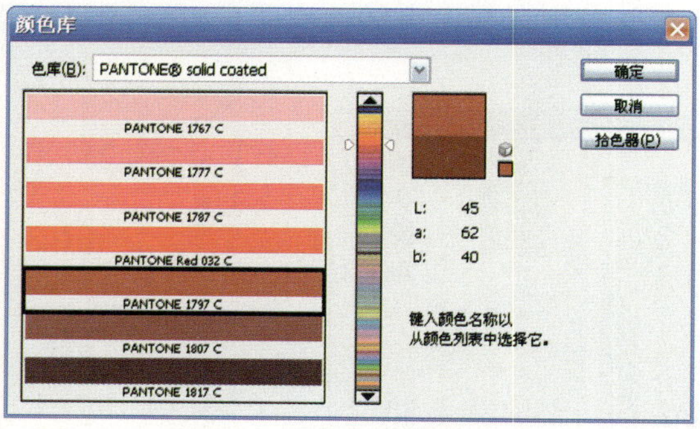

图1-42 “颜色库”对话框

图1-43 “色库”菜单

1.3.3 “颜色”面板

“颜色”面板的使用方法与“拾色器”相似，可以看做是微缩版的拾色器。而且与“拾色器”相比，“颜色”面板占用空间小，又可以随意设定前景色和背景色，所以这里建议用户尽量使用颜色面板代替拾色器。单击“颜色”面板右上角的下三角按钮，将弹出“颜色”面板菜单，在菜单中可以选择颜色模式和色谱等参数。选择不同的颜色滑块，“颜色”面板也会随之变化，如图1-44所示。

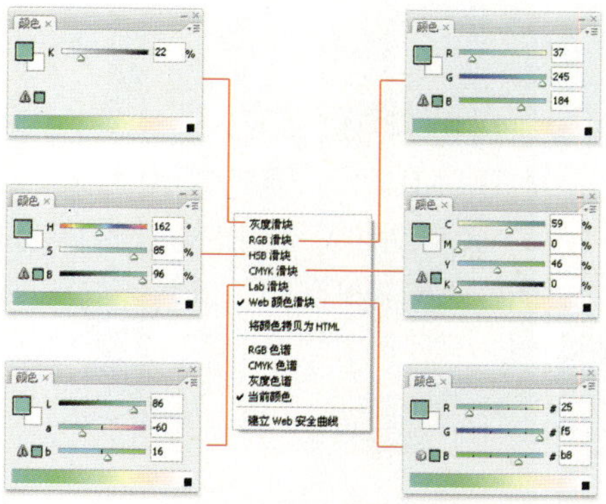

图 1-44 不同模式滑块的“颜色”面板

要调出“颜色”面板，可以执行“窗口”|“颜色”命令或者按快捷键F6。

1.3.4 “色板”面板

在“色板”面板上可以存放用户定义的色板库，这样用户可以非常方便地在“色板”面板上选择所需要的颜色。在一些设计领域中，设计者在使用Photoshop进行创作时，首先要设定创作过程中要使用的颜色。在CI设计领域中尤为突出，在创作过程中，设计人员不能随意使用颜色，因为色调必须要与雇主公司的颜色要求相一致。因此，在设计时就要先将要使用的颜色定义为色板储存在“色板”面板上，这样在创作过程中使用起来就非常方便。

下面介绍如何使用“色板”调板。

1. 将前景色储存为色板

单击“色板”面板下方的“创建前景色的新色板”按钮或者单击“色板”面板上空白色板中的位置（此时光标变成油漆桶形状），均可以将前景色储存为一个新的色板。

2. 将色板设为前景色/背景色

单击“色板”面板上的任意色板，都能将该色板设为前景色，按住Ctrl键后单击色板，可以将色板将设为背景色。

3. 删除色板

按住Alt键，单击“色板”面板上的色板（此时光标变为剪刀形状），即可删除该色板。也可以色板拖到“色板”面板下方的“删除色板”按钮上删除该色板。

4. 载入/存储色板

单击“色板”面板右上方的下三角按钮，可以弹出“色板”菜单，如图1-45所示。在菜单中可以选择“载入色板”或者“存储色板”，从磁盘中加载色板或者将色板存储到磁盘中。

5. 管理色板

色板的管理需要用到“预设管理器”。可以在色板调板菜单中选择“预设管理器”选项，也可以执行“编辑”|“预设管理器”命令，弹出“预设管理器”对话框，如图1-46所示。在“预设管理器”对话框中，可以实现对色板的各种操作。

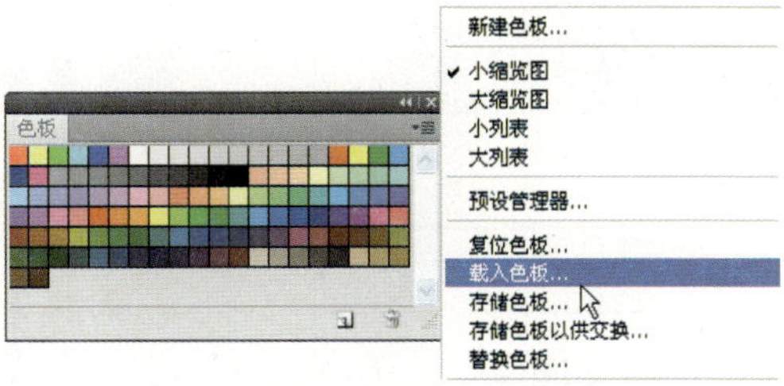

图1-45 色板菜单

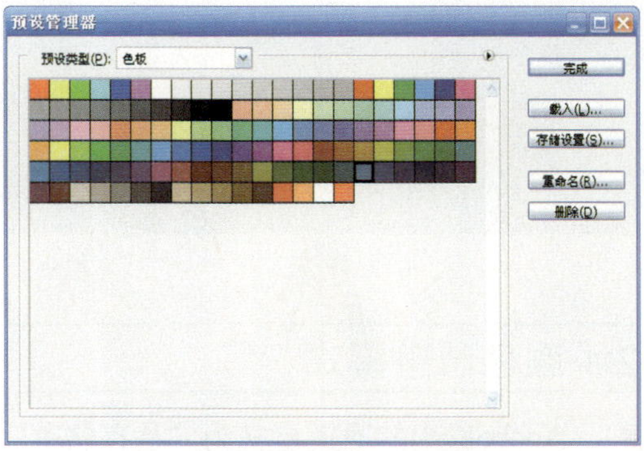

图1-46 “预设管理器”对话框

第2章 颜色与通道

“通道”作为Photoshop最为重要的功能之一，同时也是初学者最头疼的问题。对于使用Photoshop已有一段时间，基本掌握了Photoshop操作的用户来说，也许还是不清楚通道到底有什么用处。随着Photoshop的发展，一些新功能的出现（例如图层样式等），原本需要通过通道来实现的操作或效果，现在使用其他功能也可以实现，使得通道功能看起来好像可有可无，进而一些人认为完全可以抛弃通道。其实，这种想法是错误的， Photoshop中的很多操作原理都要运用到通道的概念，尤其是图像色彩调节等功能，如果对通道没有很好的理解，掌握这些功能就会变得相当的困难。

在Photoshop中通道至少包含两个基本内容：一是表示颜色；二是表示选区。用户只要记住以上两个基本内容即可。

在本章中，不但详细地讲解了通道的相关知识，更重要的是列举了一定数量的案例来介绍通道的实际应用和使用方法。

2.1 颜色通道模式

Adobe给出的通道定义为“是存储不同类型信息的灰度图像”。第1章已经介绍了计算机屏幕显示的为24位颜色。但是这24位颜色并不是构成单独的一体，而是由三层的8位灰度图像组成。Photoshop提供了调整和显示颜色的工具和命令，其原理均为真正的灰度编辑器。在Photoshop中对于彩色图像的编辑，其本质上就是对各个颜色通道灰度图层处理的总和。

2.1.1 RGB颜色模式通道

RGB颜色模式图像包含3个颜色通道，分别为一个红色通道（R）、一个绿色通道（G）和一个蓝色通道（B），如图2-1所示。其中每一个通道都作为单独的灰度图像。RGB颜色模式是一个加色的颜色模式，在单个通道层的灰度图像中，颜色越浅代表该颜色越明亮。在图2-1中，观察红色通道层和原图像，可以看出，在原图像的右侧有两条红色的电线图案，与其相对红色通道层的灰度图像也在同样的位置呈现非常浅的灰色。观察原图像中的绿色和蓝色部分，同样在绿色通道层和蓝色通道层中的对应位置都是浅色。该原理可以比喻为，每个通道即为一个相应颜色的光照源，而其通道灰度图像即为光照源前面的挡板（蒙版）。通道图层灰度图像中那个位置颜色浅，其透过的光就强（色彩越明亮）；灰度颜色越暗，透过的光越弱（色彩越暗淡，视觉表现为黑色）。

图2-1 RGB颜色模式通道

图像中除了3种原色（红色、绿色和蓝色）以外的颜色均由这个通道所呈现的3原色按照加色原理叠加而成。如图2-1所示，观察原图中的黄色部分（位于图像的左上角），按照加色原理黄色应该由红色和绿色这两个原色叠加而成，在红色和绿色通道层中相应位置可以看到灰度颜色非常浅，而蓝色通道中相应位置灰度非常深，这正好符合加色原理。

2.1.2 CMYK颜色模式通道

CMYK颜色模式图像包含4个灰度图像通道，如图2-2所示。每个通道对应一种混合墨水颜色。如第1章介绍过的，CMYK颜色模式为“减色模式”，这取决于色素而不是光照，因此与RGB颜色模式正好相反，通道图像中暗色区域表示高亮度的颜色。在图2-2中，观察原图和各个通道的图像不难发现这个规律。

对比图像的RGB颜色模式通道和CMYK颜色模式通道，还可以发现一个有趣的现象。CMY通道层灰度图像除了比RGB通道层灰度图像具有更强的对比度以外，基本亮度分布几乎是相同的。一个是发光模式，一个是反光模式，因此在理论上，CMY通道应与RGB通道相同（即青色通道对红色通道；洋红通道对绿色通道；红色通道对蓝色通道），但是正如第1章所介绍的，CMY通道组合无法获得纯黑色，所以加入了K（黑色）通道作为补偿。

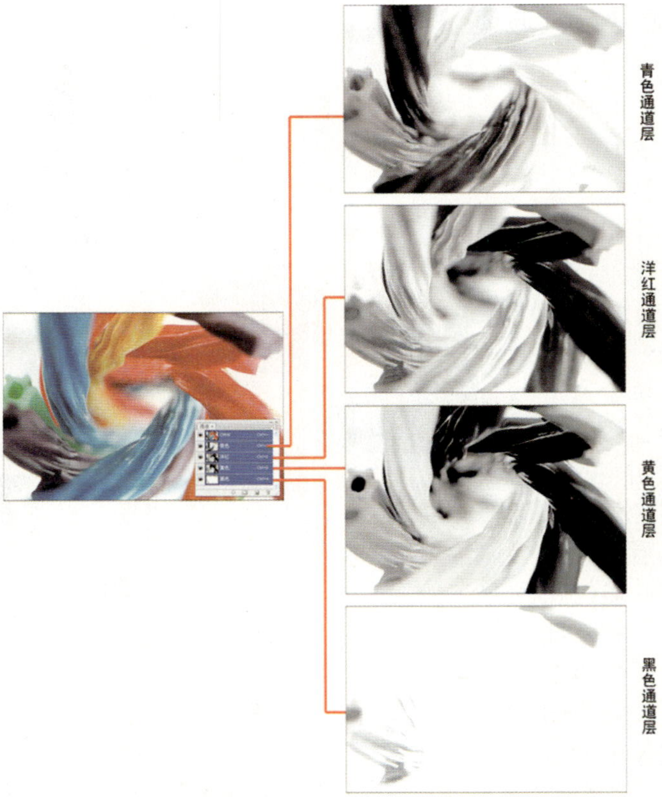

图2-2 CMYK颜色模式通道

2.1.3 Lab颜色模式通道

Lab颜色模式图像包含3个通道，一个通道为明度灰度，另外两个通道分别为a和b，如图2-3所示。其中明度通道的图像近似于直接将原图像转换成“灰度颜色”模式后生成的灰度图像，它包含了图像的亮度信息。a通道映射绿色和品红色（低亮度值表示深绿，中亮度值表示灰色，高亮度值表示粉红色），b通道映射黄色和蓝色（低亮度值表示亮蓝色，中亮度值表示灰色，高亮度值表示焦黄色）。a通道和b通道也应用减色原理，所以Lab颜色模式可以视为两个通道的RGB加上一个亮度通道。

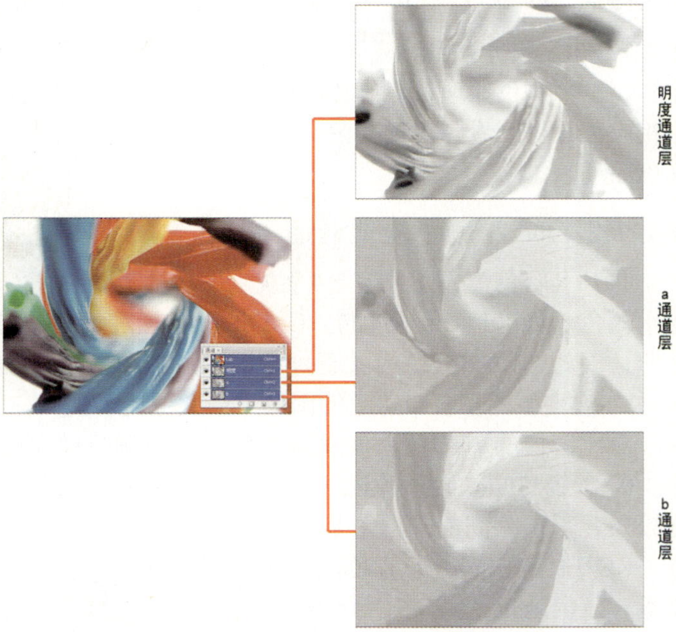

图2-3 Lab颜色模式通道

通道一般对应于输入或输出设备的结构。例如RGB颜色模式图像，其每个通道对应于扫描仪的红色、绿色和蓝色传感器；CMYK颜色模式图像，它的每个通道对应于不同颜色的印版，Lab颜色模式与设备无关。

2.2 “通道”面板基础操作

在Photoshop中对于通道的操作基本都要通过“通道”面板，所以“通道”面板是Photoshop重要的组件之一，使用频率非常高。所以掌握“通道”面板的基本操作对于Photoshop的色彩管理非常重要。

2.2.1 “通道”面板

对当前文档执行“窗口”|“通道”命令，可以调出如图2-4所示的“通道”面板进行操作。在该图中显示了所有“通道”面板的组件。

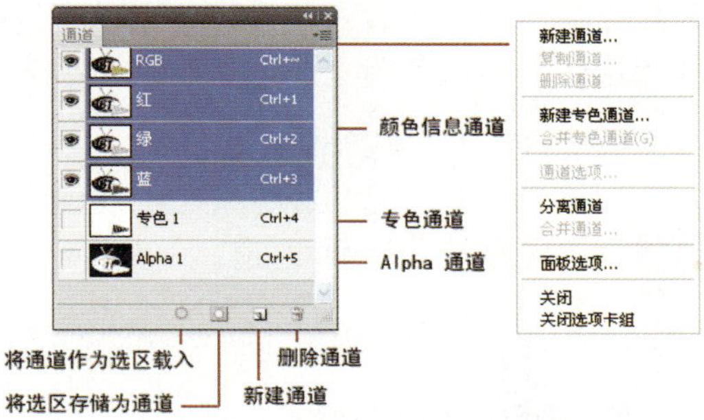

图2-4 “通道”面板上的组件

2.2.2 观察颜色通道

在Photoshop中，通道共有3种类型。分别为颜色信息通道、Alpha通道和专色通道。颜色信息通道是在打开新图像时自动创建的。图像的颜色模式决定了所创建的颜色通道的数目。例如，RGB图像的每种颜色（如红色、绿色和蓝色）都有一个通道，并且还有一个用于编辑图像的复合通道。

可以在“通道”面板上同时选择一个或多K颜色通道，并可以同时观察图像效果。如图2-5所示，当所有通道都可见时，可以看到全色彩状态下的图像；当选择单一颜色通道时，文档显示的是灰度图像；当同时选择两个颜色通道时，温度呈现为特殊的颜色组合。

选择所有颜色通道

选择单一颜色通道

选择复合颜色通道

图2-5 观察颜色通道

颜色通道是图像颜色组成的核心成分。可以通过“通道”面板对其进行访问和修改。在后面将要介绍的多种图像调整方法中，很大部分都要运用颜色通道。

2.2.3 使用Alpha通道

Alpha通道是一种特殊的通道。Alpha通道与颜色通道相似，都支持256种灰度的灰度图像；同时Alpha通道与颜色通道又有很大不同，Alpha通道不表示色调与颜色，不会直接影响图像的外观，其只作为蒙版的一种表现形式。可以添加Alpha通道来创建和存储蒙版，这些蒙版用于处理或保护图像的某些部分。

2.2.4 “通道”面板操作

这里介绍“通道”面板上的所有基本操作。

1. 将通道作为选区载入

在“通道”面板上选择通道（一般情况下为Alpha通道），然后单击面板底部的“将通道作为选区载入”按钮，可以将当前的通道按照通道灰度图像的明暗程度自动转变为选区，纯白色为全选，纯黑色为不选，灰度程度代表选择羽化的程度。

2. 将选区储存为通道

在文档中建立选区后，单击“通道”面板底部的“选区储存为通道”按钮，可以将该选区存储为Alpha通道。

知识点：储存选区

除了上面介绍的单击“选区储存为通道”按钮将选区存储为通道以外，还可以通过执行“选择”|“存储选区”命令来存储当前选区。当执行该命令后，系统会弹出如图2-6所示的“存储选区”对话框，在该对话框中可以为新建的通道命名。

图 2-6 “存储选区”对话框

3. 新建通道

单击“通道”面板下方的“新建通道”按钮，Photoshop会自动新建默认为纯黑色的Alpha通道。

4. 复制通道

在“通道”面板上选择通道后，执行面板菜单中的“复制通道”命令，可以复制选中的通道。这个新建的通道可以与原通道在同一文档中，也可以作为新文档的一部分，如图2-7所示。

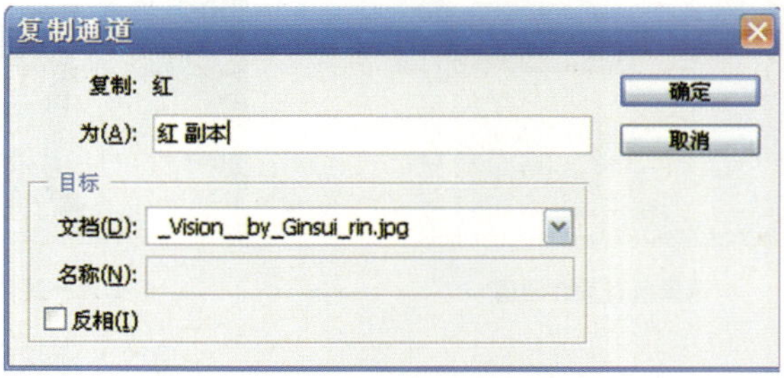

图2-7 “复制通道”对话框

知识点：新建通道

执行通道面板菜单中的“新建通道”命令，也可以创建新的Alpha通道。这时会弹出“新建通道”对话框，如图2-8所示。在该对话框中可以输入新建通道的名称，还可以利用该蒙版查看其他通道在图像上所呈现的颜色。如图2-9所示，当在“通道”面板上选择所有通道时，可以观察到，在Alpha通道中蒙版部分在图像上显示为50%的红色，非蒙版部分为透明（在Alpha通道中，蒙版部分为黑色，透明部分为白色）。

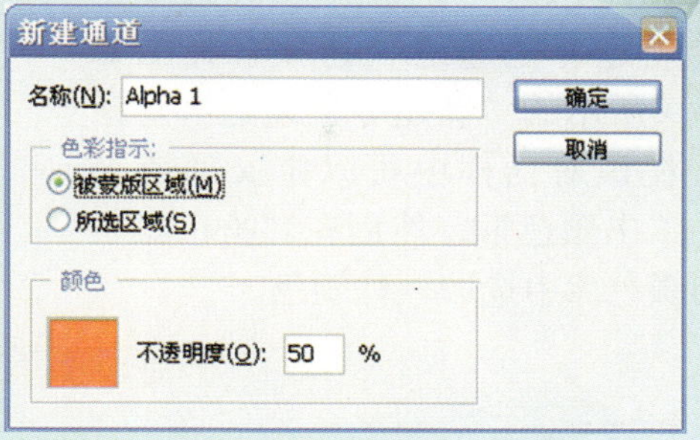

图2-8 新建通道

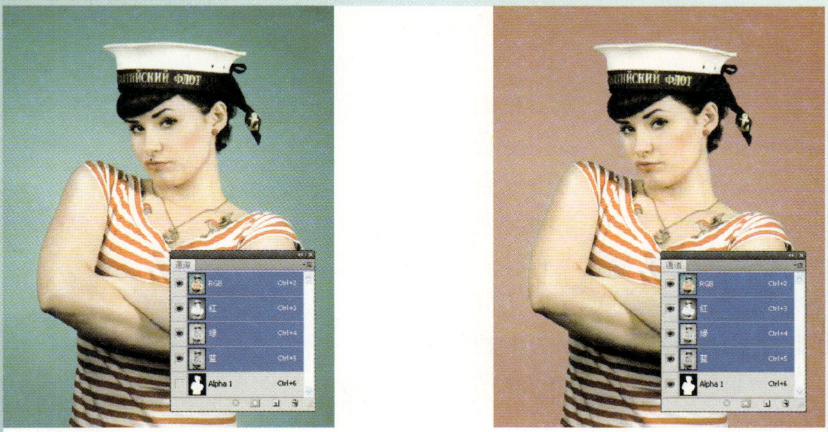

不选Alpha通道　　选择Alpha通道

图2-9 观察Alpha通道蒙版

提示

在“通道”面板上，直接将通道缩略图拖到面板底部的“新建通道”按钮上也可以复制通道。

5. 删除通道

如果要删除“通道”面板上的某个通道，可以在面板上选择该通道，然后选择面板菜单中的“删除通道”选项，或者直接将该通道缩略图拖到面板底部的“删除通道”按钮上。

6. 新建专色通道

Photoshop允许用户在图像文档中添加专色通道。选择面板菜单中的“新建专色通道”选项，弹出如图2-10所示的“新建专色通道”对话框。在该对话框中可以定义通道名称。单击颜色框，然后在“拾色器”中的颜色库中选取一种颜色。

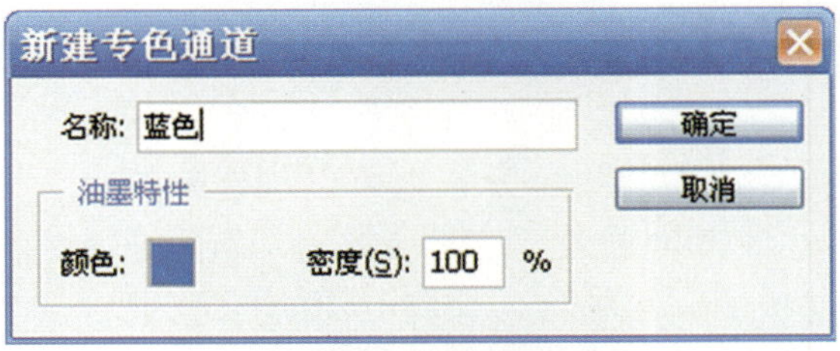

图2-10 “新建专色通道”对话框

提示

在“通道”面板上，可以按住Ctrl键，单击面板下面的“新建通道”按钮，也可以创建专色通道。

7. 合并专色通道

在“通道”面板上选择一个专色通道，然后在面板菜单中执行“合并专色通道”命令，可以将当前的专色通道合并到图像的RGB、CMYK或者Lab颜色模式颜色中。由于大多数专色没有精确的RGB或者CMYK颜色模式下的相同的颜色。因此在合并过程中会损失专色的保真度。关于专色，将在后面的章节中进行详细的介绍。

8. 通道选项

该命令只对专色通道或者蒙版通道可用，执行该命令可以修改当前通道的设置，例如修改专色、修改蒙版颜色等。

9. 分离通道

执行该命令后，Photoshop将自动把图像的每个通道分离为各自的灰度图像窗口。如图2-11所示，生成的窗口的名称末端会自动添加上通道的颜色字母。

图2-11 分离通道

10. 合并通道

“合并通道”命令是“分离通道”命令的反命令。执行该命令，可以将几幅文档图像合并到同一个多通道图像中。合并的图像要满足两个条件：首先，用来合并的图像必须均为灰度图像；其次，这些图像必须尺寸完全相同，即水平和垂直的像素数量相等。

当对图像执行“合并通道”命令后，会弹出如图2-12所示的“合并通道”对话框。在该对话框中可以选择需要合成的图像模式，可以选择RGB颜色、CMYK颜色、Lab颜色和多通道。当选择好模式后，单击“确定”按钮，此时将弹出下一个通道设置对话框。这里以选择RGB颜色模式为例，在“合并RGB通道”对话框中可以选择通道所对应的图像，如图2-13所示。

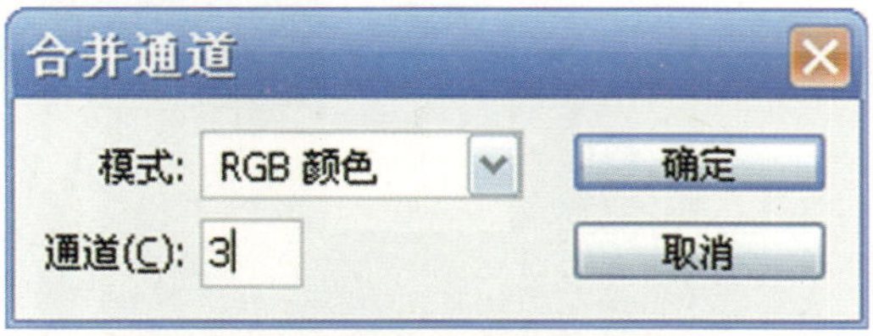

图2-12　“合并通道”对话框

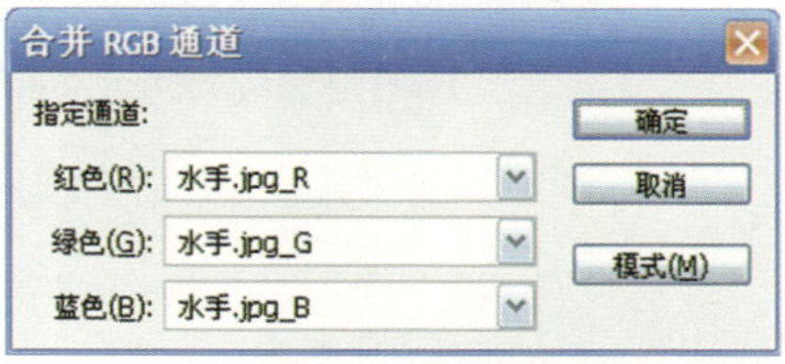

图2-13　“合并RGB通道”对话框

11. 面板选项

用来设置“通道”面板上各通道缩览图的大小，如图2-14所示。

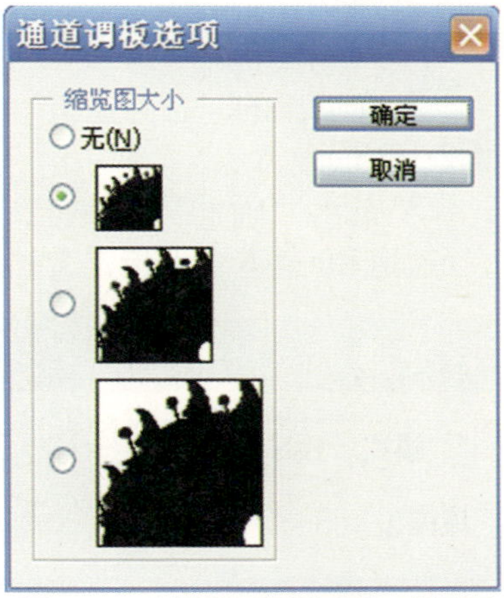

图2-14　“通道面板选项”对话框

案例01　使用“分离通道”和“合并通道”命令制作梦幻效果

设计思路

使用“分离通道”和“合并通道”命令可以将图像的颜色通道分离并重新组合，这样就能改变整个图像的色调分布情况，创造出梦幻效果。

操作步骤

01 打开配套光盘中的“向日葵.JPG”文件，如图2-15所示。

02 执行“窗口”|“通道”命令，弹出“通道”面板。在面板菜单中选择“分离通道”命令，如图2-16所示。

图2-15 原始图像

图2-16　“分离通道”命令

03 执行“分离通道”命令后，文档的颜色通道变为3个灰度模式文档，如图2-17所示。

04 随便在一个文档的“通道”面板的菜单中选择“合并通道”命令，如图2-18所示。

图2-17 分离通道结果

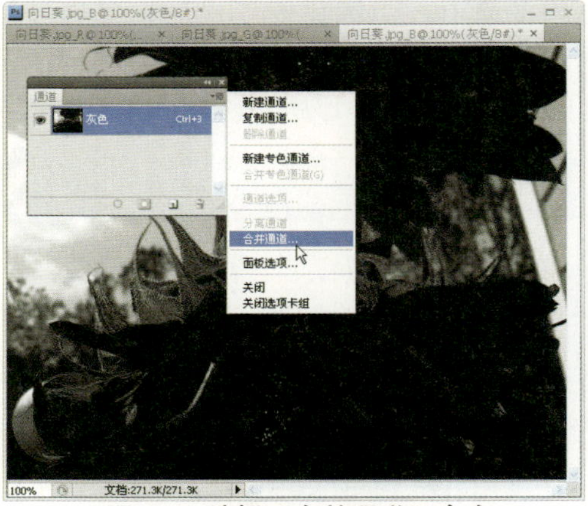

图2-18 选择“合并通道”命令

05 在调出的“合并通道”对话框中，选择“Lab颜色”模式，设置“通道”为3，如图2-19所示。

06 单击“确定”按钮后，将弹出“合并Lab通道”对话框，如图2-20所示。为明度、a通道和b通道分别指定文档。

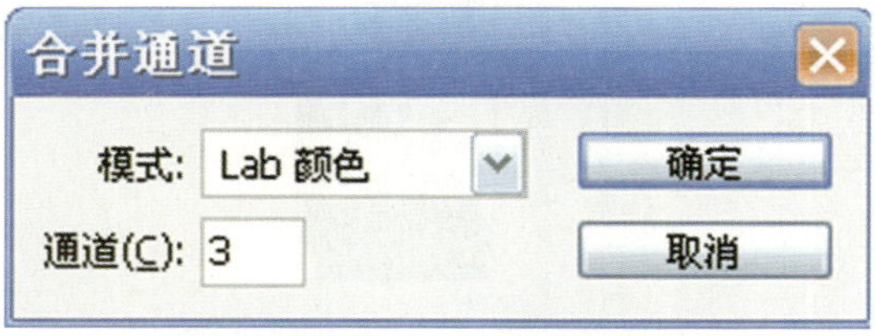

图2-19 选择“Lab颜色”模式

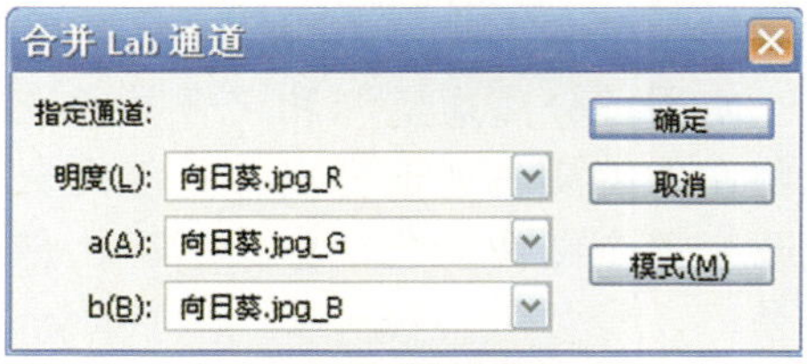

图2-20 指定通道

07 单击“确定”按钮，通道合并结果如图2-21所示。图像的色彩效果变化非常大。下面来观察如图2-22所示的“通道”面板，可以很清楚地看到在Lab颜色模式下的各个通道是由原来RGB颜色模式下的通道构成的。

图2-21 合并结果

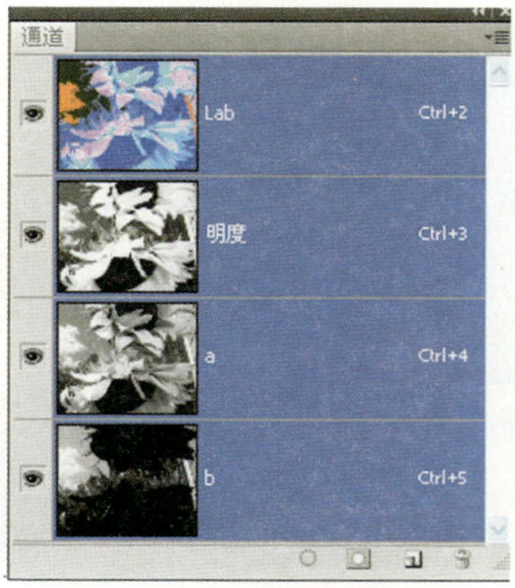

图2-22 “通道”面板

08 将该文档存储为“梦幻效果1.PSD”。

09 再次打开“向日葵”文档，对其执行“分离通道”命令，将通道分离。然后执行“合并通道”命令，这次在“合并通道”对话框中将模式设为“RGB颜色”，如图2-23所示。

10 单击“确定”按钮，在弹出的 “合并RGB通道”对话框中指定构成通道的文档，如图2-24所示。

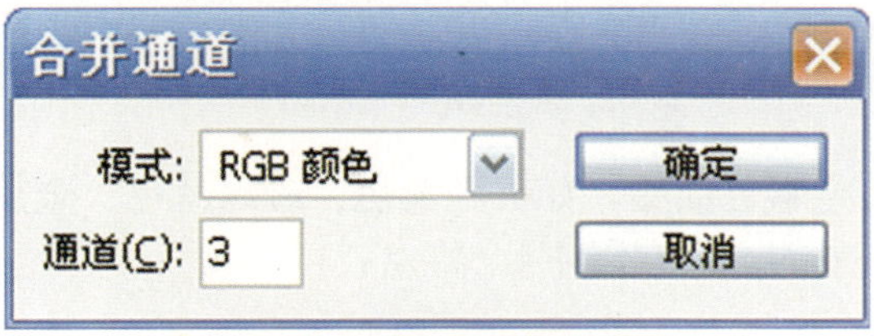

图2-23 选择RGB颜色模式

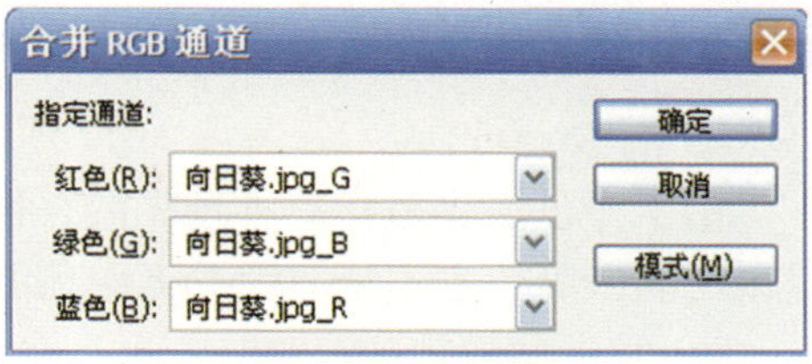

图2-24 指定通道

11 单击“确定”按钮，文档最终效果如图2-25所示。再观察“通道”面板，当前文档的颜色通道相当于将原图像文档的通道变换了位置，如图2-26所示。

图2-25 合并结果

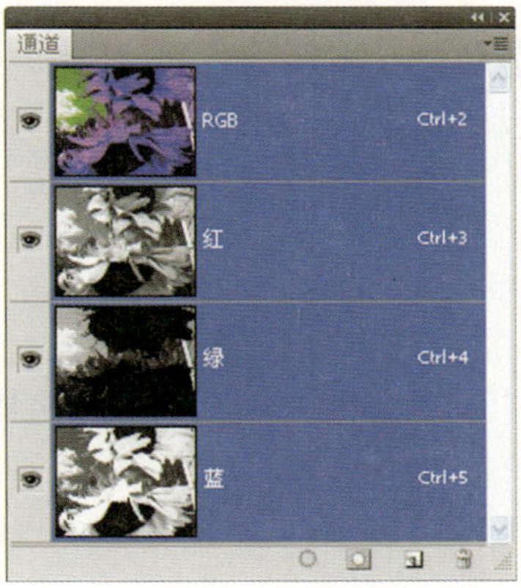

图2-26 “通道”面板

12 将文档存储为“梦幻效果2.PSD”。

案例总结

在使用“合并通道”命令时有多种通道组合的选择，每一种组合方式都能创造出一种截然不同的效果。

2.3 专色与专色通道

“专色”这个概念在大多数的Photoshop教材中都没有详细的介绍，所以很多用户对其都没有什么印象。在本书中，将用一节的篇幅详细介绍专色和专色通道。

2.3.1 什么是专色

在前面介绍颜色模式的章节中已经提到了“专色”概念。“专色”是印刷行业中的名词，是特殊的预混油墨，用于替代或补充印刷色（CMYK）油墨。专色油墨是由印刷厂预先混合好或是由油墨厂生产的。对于印刷品的每一种专色，在印刷时都有专门的一个色版与其对应，使用专色可以使颜色更准确。尽管在计算机上不能准确地表示颜色，但通过标准颜色匹配系统的预印色样卡，能确定该颜色在纸张上的准确颜色，如Pantone彩色匹配系统就创建了很详细的色样卡。对于设计中设定的非标准专色颜色，印刷厂不一定能准确地调配出来，而且在屏幕上也无法看到准确的颜色，所以若不是特殊的需求就不要轻易使用自己定义的专色。

如果要印刷带有专色的图像，则需要创建存储这些颜色的专色通道。为了输出专色通道，请将文件以DCS 2.0格式或PDF格式存储。

1. 专色的特点

由于专色油墨是指一种预先混合好的特定彩色油墨，如荧光黄色、珍珠蓝色、金属金银色油墨等，它不是靠CMYK四色混合出来的，它有以下4个特点：

（1）准确性

每一种套色都有其本身固定的色相，所以它能够保证印刷中颜色的准确性，从而在很大程度上解决了颜色传递过程中如何控制颜色的准确性。

（2）实地性

专色一般用实地色定义颜色，无论这种颜色有多浅。当然，也可以给专色加网（Tint），以呈现专色的任意深浅色调。

（3）不透明性

专色油墨是一种覆盖性质的油墨，它是不透明的，可以进行实地的覆盖。

（4）表现色域宽

“套色”色库中颜色的色域很宽，超过了RGB的表现色域，更不用说CMYK颜色空间了，所以，很大一部分颜色是用CMYK四色印刷油墨无法呈现的。

图2-27 T恤设计

2. 使用专色的原因

一般情况下，使用专色的原因主要有3种：

（1）客户无法承担四色（全色）印刷费用，只想用两种或者三种颜色来印刷。例如图2-27所示，在设计和印刷T恤图案时，往往不需要全色印刷，而采用专色印刷。这样就可以大大降低印刷成本。

（2）有些特殊的颜色必须完全相同（如公司Logo等）。在现在比较热门的企业视觉识别（Visual Identity，简称VI）设计领域，基本上都使用专色设计，如图2-28所示。这样可以确保颜色的准确性。

（3）想通过突出某种颜色来扩展四色印刷的范围，或者添加超出CMYK印刷范围的某种鲜艳颜色。

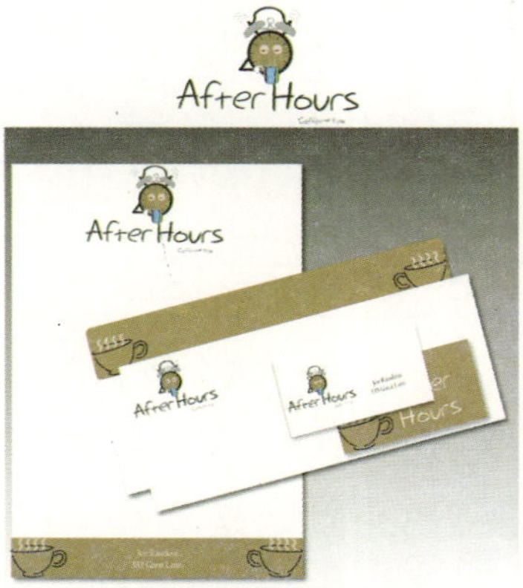

图2-28 企业视觉识别设计

2.3.2 专色通道

专色通道指定用于专色油墨印刷的附加印版。在专色通道中，白色代表无油墨，黑色代表以100%浓度打印专色油墨部分，灰色代表以0%～100%之间浓度打印专色油墨部分。专色通道不存在与其他通道颜色相混合的情况。

1. 创建新的专色通道

创建专色通道与创建蒙版通道类似。当文档中已经存在选区时，如图2-29所示。调出“通道”面板，在面板菜单中执行“新建专色通道”命令，弹出“新建专色通道”对话框，如图2-30所示（按住Ctrl键，单击面板下方的“新建通道”按钮，也可以新建专色通道）。在对话框中可以设置专色和密度。单击“颜色”图标，会弹出“颜色库”对话框，按照前面章节中介绍的方法，可以设定专色，如图2-31所示。确定专色后，图像效果如图2-32所示。

图2-29 建立选区

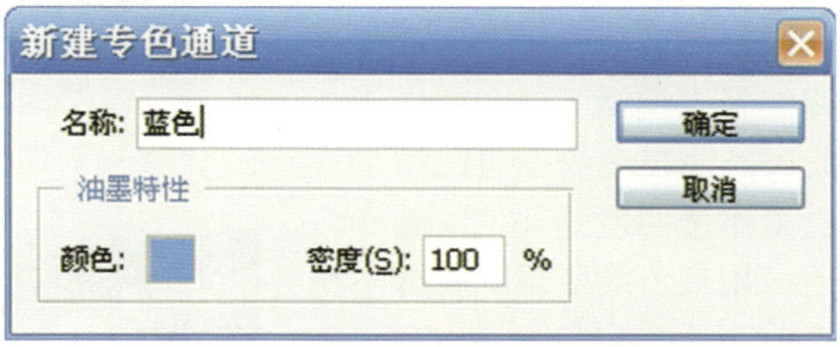

图2-30 “新建专色通道”对话框

在“新建专色通道”对话框中输入专色通道的名称。如果选取自定颜色，通道将自动采用该颜色的名称。如图2-31和图2-32所示，在“颜色库”对话框中选择专色“PANTONE Process Black C”后，Photoshop会自动将该专色通道命名为“PANTONE Process Black C”。

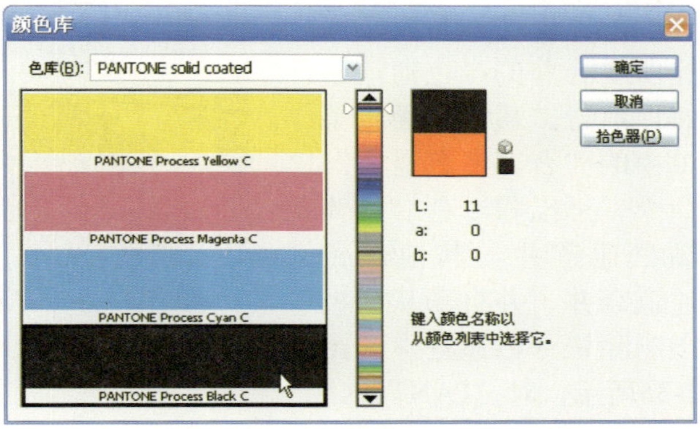

图2-31 选择专色

在“新建专色通道”对话框中的“密度”文本框输入介于0%～100%之间的一个值。可以使用此选项在屏幕上模拟印刷专色的密度。值为100%时，模拟完全覆盖下层油墨的不透明油墨（如金属质感油墨）；值为0%时，模拟完全显示下层油墨的透明油墨（如透明光油）。也可以用该选项查看其他透明专色（如光油）的显示位置。“密度”选项和颜色选项只影响屏幕预览和复合印刷，不影响印刷的分色效果。

Photoshop支持创建多个专色通道，如图2-33所示。

图2-32 添加专色通道

2.编辑和修饰专色通道

双击“通道”面板上所要编辑的专色通道的缩略图，弹出“专色通道选项”对话框。如图2-34所示，在对话框中可以修改专色通道专色的颜色和密度。

对专色通道可以同其他通道一样进行修饰，例如使用绘画或编辑工具在图像中绘画。用黑色绘画可以添加更多不透明度为 100% 的专色；用灰色绘画可以添加不透明度较低的专色。

图2-33 新建第2个专色通道

图2-34 “专色通道选项”对话框

3.合并专色通道

在“通道”面板上选择所要合并的专色通道，然后执行“通道”面板菜单中的“合并专色通道”命令，可以将专色转换为颜色通道并与其他颜色通道合并，并自动从面板上删除该专色通道。如图2-35所示，对“PANTONE Process Black C”专色通道执行“合并专色通道”命令后，Photoshop会将该专色通道合并到RGB颜色模式的颜色通道中，而另外一个专色通道仍保留。

图2-35 合并专色通道

合并专色通道可以拼合分层图像。合并的复合图像反映了预览专色信息，包括密度的设置。例如，密度为 50% 的专色通道与密度为 100% 的同一通道相比，可以生成不同的合并结果。此外，专色通道合并的结果通常不会重现与原专色通道相同的颜色，因为

CMYK 油墨无法呈现专色油墨的色彩范围。

案例02　用专色通道制作T恤图案

设计思路

这里介绍如何将一个普通的图像制作成为T恤图案，并储存为专色通道用于印刷。

操作步骤

01 打开配套光盘中的“猫咪.JPG”文档，如图2-36所示。

图2-36 原图

02 选择“魔棒工具”，在属性栏上设置“容差”为32，勾选“消除锯齿”和“连续”复选框，然后用“魔棒工具”单击上面猫咪图像的内部，建立如图2-37所示的选区。

图2-37 建立选区

03 执行“窗口”|“通道”命令，弹出“通道”面板，然后在“通道”面板上的菜单中选择“新建专色通道”命令，在弹出的“新建专色通道”对话框中单击“颜色”图标，在弹出的“颜色库”对话框中选择合适的黄色，色库为“PANTONE @ solid coated”，专色名称为“PANTONE Hexachrome Yellow C”，如图2-38所示。

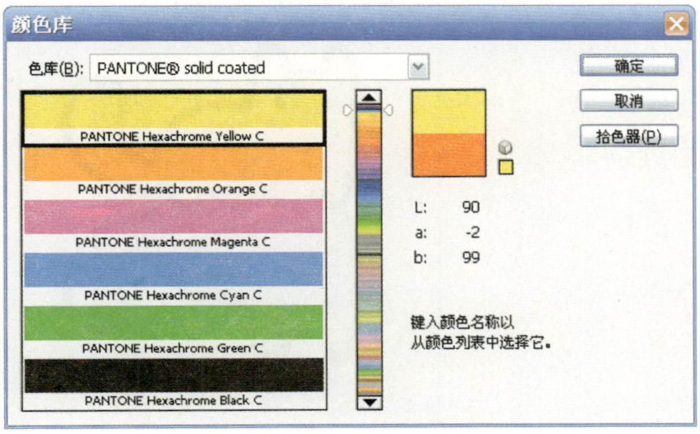

图2-38 选择专色

图2-39 建立专色通道

04 建立专色通道后，图像效果如图2-39所示。上面猫咪的颜色已经上色为黄色，在“通道”面板上也出现相应的专色通道。

05 在“通道”面板上选择RGB通道，然后返回到文档中。同样使用“魔棒工具”建立下面猫咪内部的选区，如图2-40所示。

图2-40 建立选区

06 同样在“通道”面板上的菜单中执行“新建专色通道”命令，在弹出的对话框中设置专色，专色名称为“PANTONE Hexachrome Magenta C”，如图2-41所示。

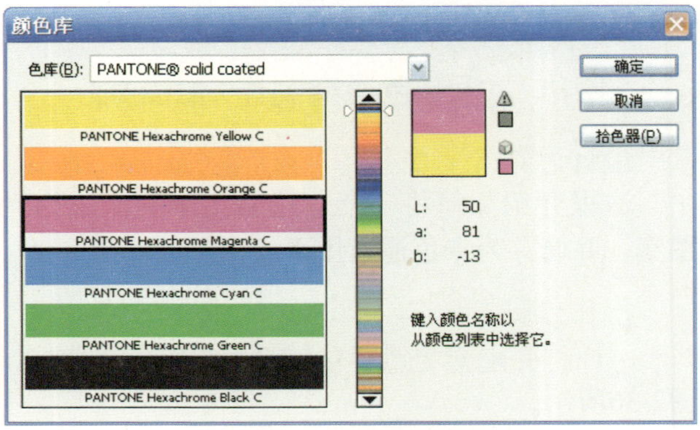

图2-41 设置专色

07 建立第二个专色通道后，图像效果如图2-42所示。

图2-42 建立专色通道

08 选择“RGB”通道，返回到文档中。使用“魔棒工具”点选图像中的白色背景，建立选区。然后对选区执行“选择”>“反向”命令，反选选区，如图2-43所示。

图2-43 建立选区

09 同样执行“新建专色通道”命令，在打开的对话框中单击“颜色”图标，再在打开的“颜色库”对话框中选择专色，专色名称为“PANTONE Process Black C”，如图2-44所示。

10 建立专色通道后的图像效果如图2-45所示。由于在“通道”面板上，从上到下专色通道排列的顺序就是油墨印刷的顺序，所以最后建立的专色通道就会最后印刷，进而会覆盖掉前面印刷的颜色。这样印刷会浪费大量的黑色油墨，因此需要对最后一个专色通道继续修改。

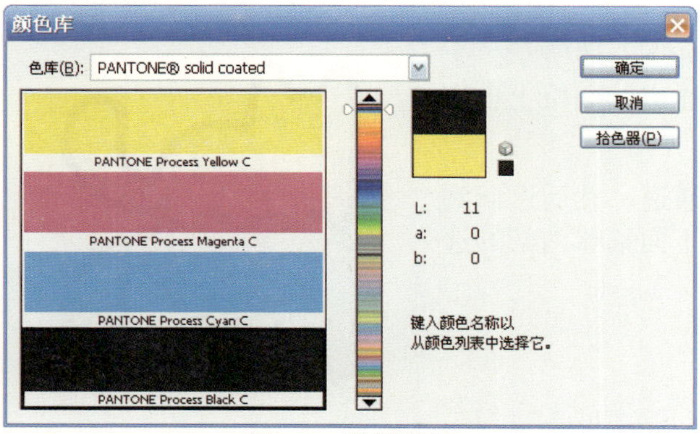

图2-44 选择专色

图2-45 新建专色通道

11 在“通道”面板上，按住Ctrl键单击第一个专色通道的缩略图，这样就可以建立沿第一个专色通道形状边缘的选区，如图2-46所示。

12 用白色填充选区，修改后的文档和专色通道效果如图2-47所示。这样黄色部分就可以显现出来了。

图2-46 建立选区

图2-47 修改专色通道

13 使用同样的步骤，修改最后一个专色通道，将第二个专色通道显现出来，如图2-48所示。

14 T恤图案的最终效果如图2-49所示。

图2-48 修改选区

图2-49 图案效果

15 最后分别将文档存储为“猫咪.PDF”和“猫咪.PSD”。

案例总结

这是一个完整的使用专色通道用于印刷的案例。掌握后，就可以将自己喜欢的图案印在T恤上面，凸现独有的品味。

2.4 通道和颜色

通道是存储文档颜色信息的灰度图像，所以利用通道可以对图像的色彩进行调整。在本章中，将从实用功能方面逐一介绍通道和颜色的用途。

2.4.1 增加图像细节

现在许多用户在使用Photoshop对人物照片进行处理时都过分地追求皮肤的光滑度，进而大量地使用“磨皮”等技巧，这样就使得人物图像过于柔和，缺乏层次感，给人的感觉过分虚假。其实对于一幅好的人物照片，人物皮肤的细节的呈现是非常重要的。适当地修改细节会增强人物的立体感，使人物看起来更加真实。

案例03 使用颜色通道增加人物皮肤的细节

设计思路

在本案例中，使用颜色通道为人物的皮肤图像增加细节。

操作步骤

01 打开配套光盘中的“照片.JPG”文件，如图2-50所示。

图 2-50 原图

02 调出“通道”面板，分别单击每个单色通道，观察每个通道的灰度图像，如图2-51至图2-53所示。在这3个通道中找出图像细节保存最多、对比度最好的通道。“红”通道图像颜色过浅，细节较少；“蓝”通道图像颜色过暗，对比度不理想；只有“绿”通道满足要求。下面就对“绿”通道进行操作。在一般情况下，处理人物皮肤多采用绿通道。

03 调出“图层”面板，执行“图层”|“复制图层”命令。复制“背景”图层，将副本图层命名为“细节”图层，如图2-54所示。

图2-51 “红”通道

图2-52 “绿”通道

图2-53 “蓝”通道

图2-54 复制图层

04 接下来对“细节”图层执行“图像”>“应用图像”命令，弹出“应用图像”对话框，如图2-55所示。设置相关参数，图层选择“合并图层”，通道选择“绿”，混合模式设为“正常”，图像效果如图2-56所示。合并后“细节”图层被绿通道所代替。

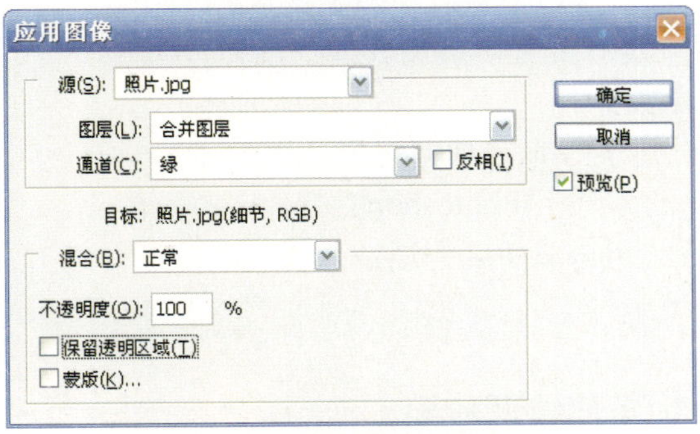

图2-55 “应用图像”对话框

图2-56 应用结果

提示

这里应用了“应用图像”命令，该命令将在后面的章节中详细介绍。其实除了使用该命令将图层用绿通道代替以外，还可以使用更简单的方法，在“通道”面板上选择“绿”通道，执行“选择”|“全选”命令，选择整个通道中的灰度图像，然后执行“编辑”|“拷贝”命令，将“绿”通道中的图像进行复制，再在“背景”图层的上方新建空白图层，执行“粘贴”命令，将“绿”通道图像粘贴到该图层上即可。

05 将“细节”图层的图层混合模式设为“明度”，混合后的图像效果如图2-57所示。

06 图2-58所示为修饰前后文档效果的对比度。

07 最后将文件存储为“增加细节PSD”。

图2-57 设置图层混合模式

调整前　　调整后

图2-58 调整前后对比图

案例总结

在使用通道对人物照片细节进行处理时，有以下两个优点：

（1）可以增加人物肤色的对比度，而且不会使其过于饱和。

（2）可以增加皮肤的细节和锐化。

而对于其他图像（例如风景、建筑等），如何选择通道就尤为重要了。在使用通道增加图像细节时，还会使用Photoshop的其他一些功能，对一个或者多个通道进行处理，最终组合成所要的通道。

案例04 使用“计算”命令增加人物面部纹理效果

设计思路

最近几年，国家地理杂志受到了全世界读者的热捧。原因除了专业翔实的文字介绍外，更重要的是杂志中那些美伦美幻的照片。

本案例将介绍如何将一张普通的照片处理成具有特点的照片。整个处理过程分为3个步骤：第一步，运用滤镜对图像进行锐化；第二步，使用“计算”功能突出面部细节；第三步，调整面部的色调。

图 2-59 原图

操作步骤

01 打开配套光盘中的“照片.JPG”文件，效果如图2-59所示。

02 对文件执行“滤镜”|“锐化”|“USM锐化”命令，在打开的对话框中设置参数，如图2-60所示。执行命令后图像的效果如图2-61所示。

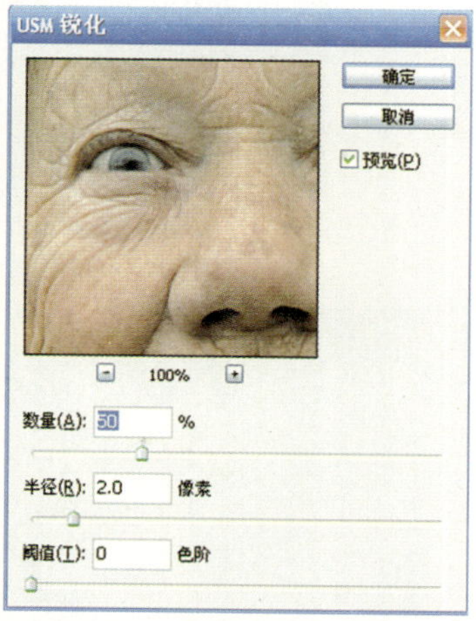

图2-60 “USM锐化”对话框

图2-61 锐化结果

03 调出“通道”面板，观察“通道”面板上的各个颜色通道，如图2-62至图2-64所示。在“红”通道中，高光部分的细节最为丰富；在“绿”通道中，中间调部分细节最为丰富；而在“蓝”通道中颜色过于偏暗。这里选择“红”和“绿”两个通道进行处理。

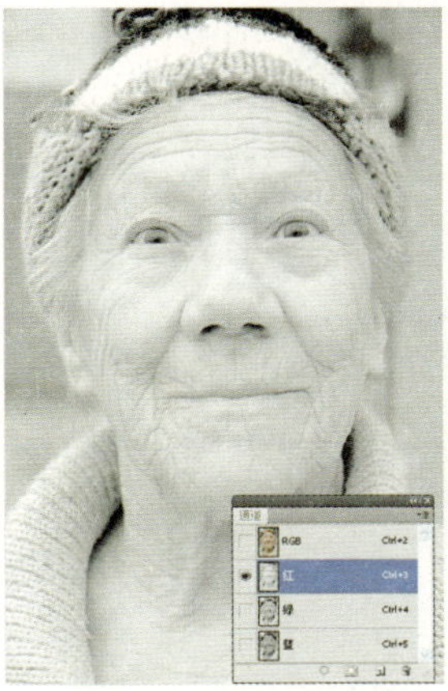

图2-62　“红”通道

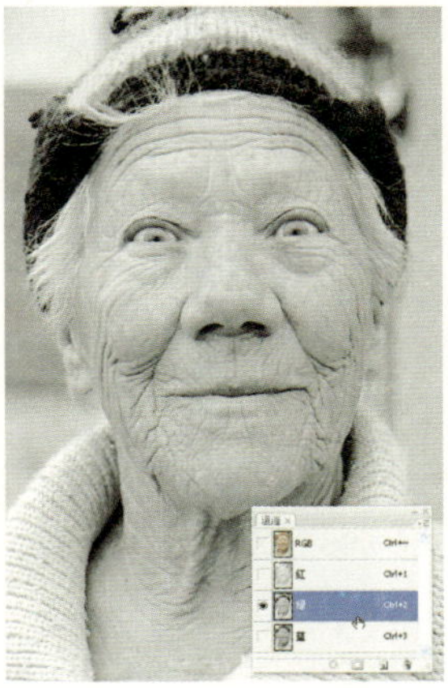

图2-63　“绿”通道

图2-64　“蓝”通道

04 返回到“图层”面板，选择“背景”图层，执行“图像”|“计算”命令。在弹出的“计算”对话框中设置参数，如图2-65所示。这里要注意“混合”和“结果”中的选择，生成的Alpha1通道如图2-66所示。在计算所得的通道中整个图像的中间调部分细节丰富对比度适中，但是高光部分相对缺乏。下面制作高光部分。

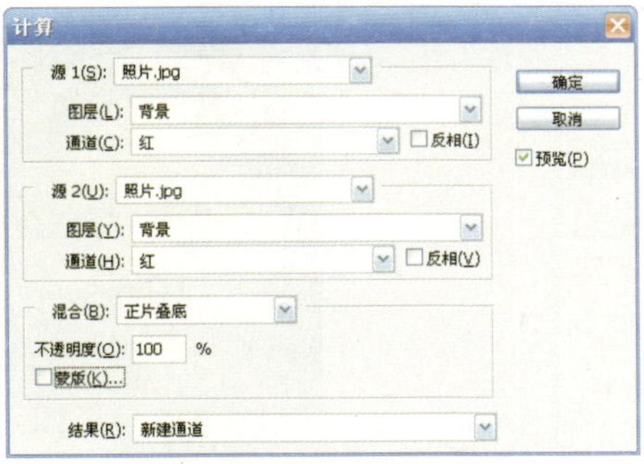

图2-65　“计算”对话框

图2-66 新建Alpha 1通道

05 在“通道”面板上选择“RGB”通道，然后返回到“图层”面板，对“背景”图层执行“图像”|“计算”命令，在弹出的“计算”对话框中设置参数，如图2-67所示。生成的Alpha 2通道如图2-68所示。

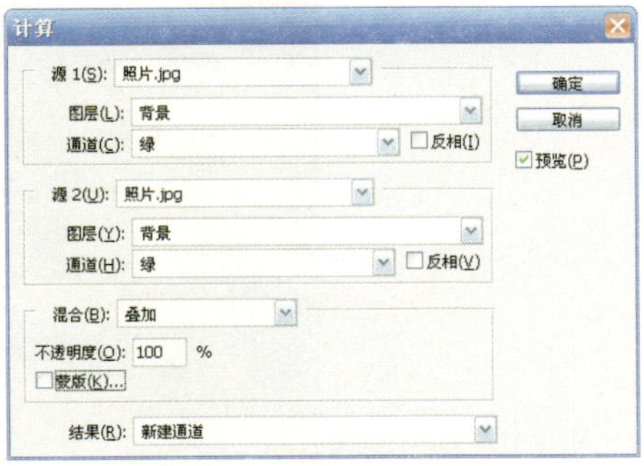

图2-67　“计算”对话框

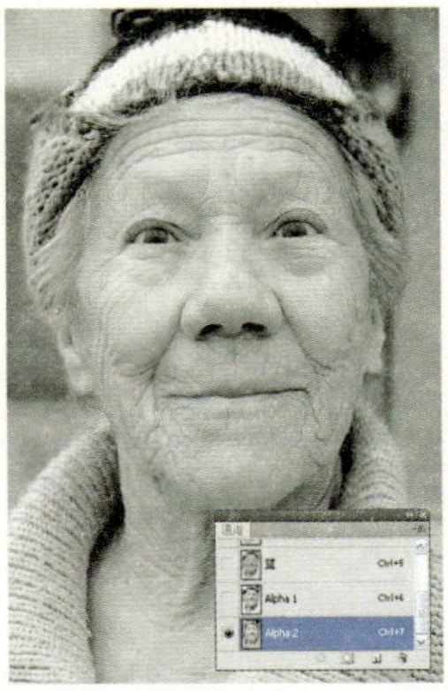

图2-68 新建Alpha 2通道

06 下面对两个新建的通道进行计算。返回到“图层”面板，选择“背景”图层，执行“图像”|“计算”命令，在弹出的“计算”对话框中设置参数，如图2-69所示。生成的Alpha 3通道如图2-70所示。

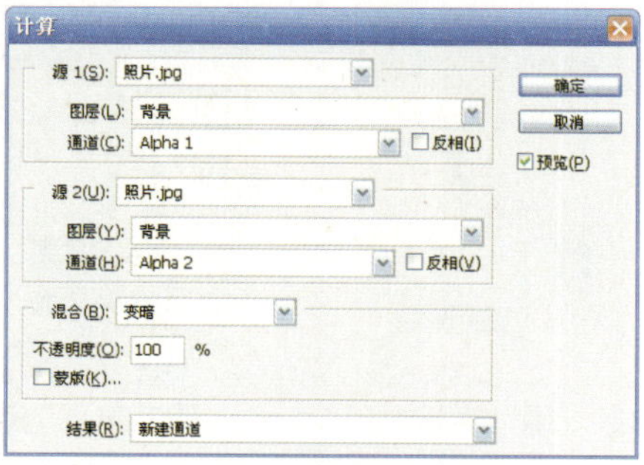

图2-69 “计算”对话框

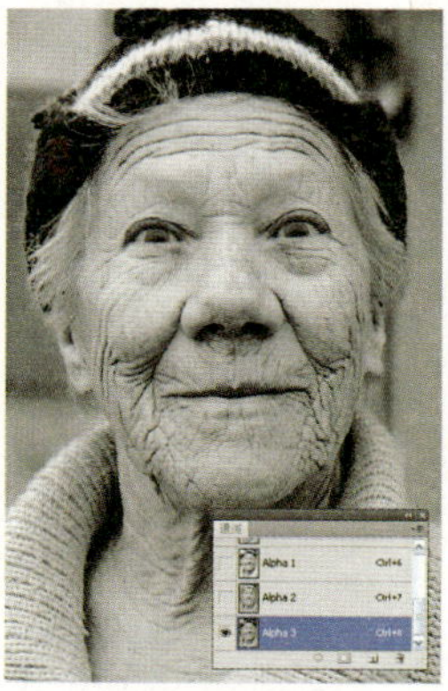

图2-70 新建Alpha 3通道

07 选择“RGB”通道，返回到“图层”面板。单击面板下面的“新建图层”按钮，新建“图层 1”图层。对该图层执行“图像”|“应用图像”命令。在调出的“应用图像”对话框中设置如图2-71所示的参数。单击“确定”按钮后，图像效果如图2-72所示。

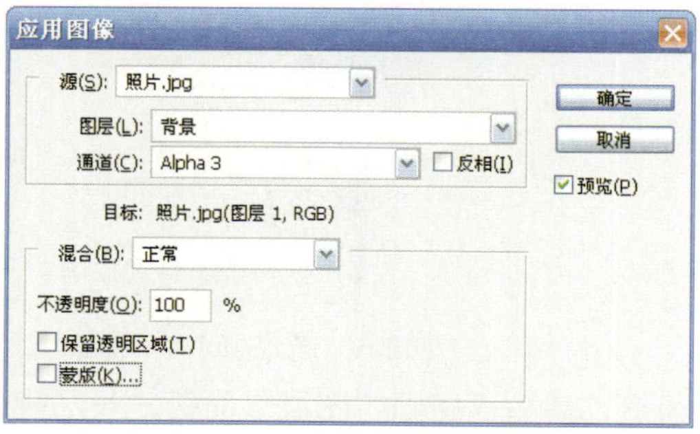

图2-71 “应用图像”对话框

图2-72 应用图像结果

08 复制“背景”图层为“背景 副本”图层，并将其移到所有图层的最上方。然后将其图层混合模式设为“颜色”，不透明度设为50%，图像效果如图2-73所示。

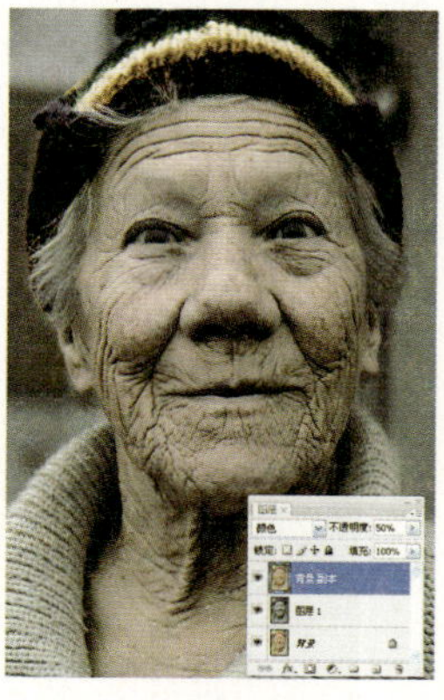

图2-73 设置图层混合模式

09 图2-74所示显示了调整前后图像效果对比。

调整前　　调整后

图2-74 调整前后图像效果对比

10 最后将文件存储为“效果.PSD”。

案例总结

本案例没有只使用绿通道，而是采用了多种通道组合。本案例的重点在于选择哪个通道进行计算。在本案例中，“蓝”通道中的色彩过于偏暗，细节保存不好，所以就没有使用该通道，而是采用了“红”通道和“绿”通道进行计算，进而重新得到新的通道。

提示

以上两个例子中使用的“应用图像”和“计算”命令都涉及到了“混合模式”概念，混合模式是Photoshop中重要的知识点，包含了大量的色彩算法。在后面的章节中将会详细介绍，用户在学习这两个案例的过程中可以参考后面的章节。

2.4.2 除去刺眼的高光

在很多情况下，由于过分的曝光，会使得照片中出现过于刺眼的高光，影响整个画面的色调分布。这时，就要使用颜色通道对图像的颜色进行平滑处理。使用“应用图像”命令可以合并两个通道的颜色值，使得图像的颜色变柔和，减少刺眼的高光。

案例05　使用“应用图像”命令消除突兀的高光

设计思路

这又是颜色通道一个应用案例。在案例中对通道使用了模糊滤镜，同时也运用了图层混合模式。

操作步骤

01 打开配套光盘中的“照片”文件，如图2-75所示。从图中很容易就可以发现照片中人物曝光过度，右侧产生了很强的高光。

02 执行“窗口”|“通道”命令，弹出“通道”面板。单击各个颜色通道，观察亮度和对比度，如图2-76至图2-78所示。从中确定“红”通道为最大对比度通道，也是产生高光的主要通道。

03 用右键单击“红”通道的缩略图，在弹出的快捷菜单中选择“复制通道”命令，将“红”通道复制为“红副本”通道，如图2-79所示。

图2-75 原图

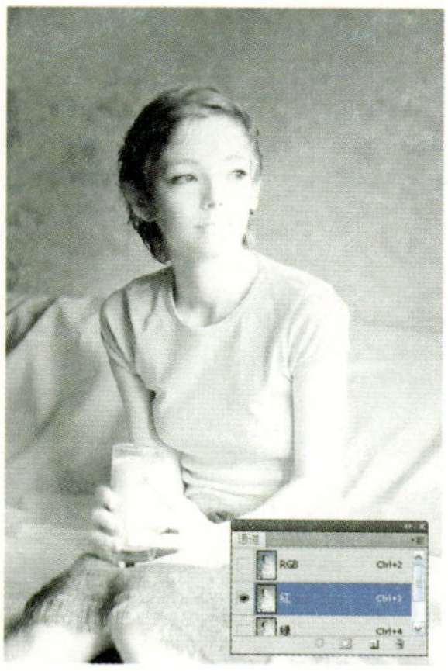

图2-76 “红”通道

图2-77 “绿”通道

图2-78 “蓝”通道

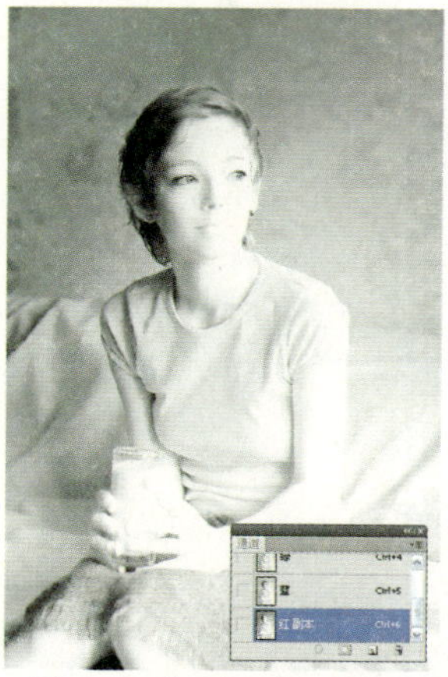

图2-79 复制“红”通道

04 选择“红 副本”通道，对其执行“滤镜”|“模糊”|“高斯模糊”命令，弹出“高斯模糊”对话框如图2-80所示，将“半径”设为12.0像素。此时“红 副本”通道效果如图2-81所示。

05 对“红 副本”通道执行“图像”|“调整”|“反相”命令，调整后图像黑白区域发生了颠倒，如图2-82所示。

06 在“通道”面板上选择“RGB”通道，然后返回到“图层”面板，复制“背景”图层为“背景 副本”图层。

07 对“背景 副本”图层执行“图层”|“应用图像”命令，在“应用图像”对话框中设置如图2-84所示的参数。其中图层选择“合并图层”，通道选择“红 副本”通道，混合选择“叠加”，单击“确定”按钮后，效果如图2-85所示。

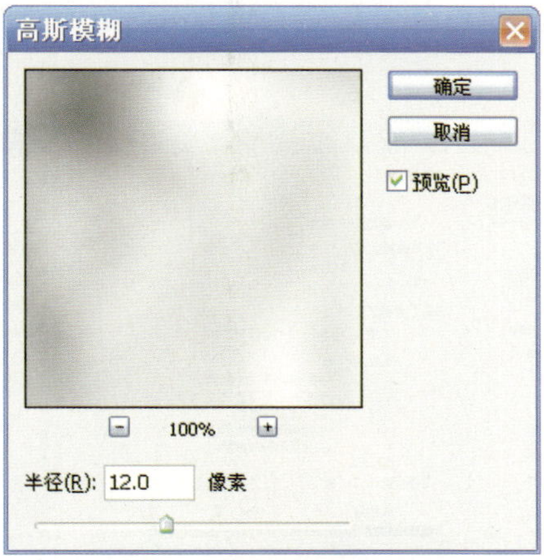

图2-80 “高斯模糊”对话框

图2-81 模糊效果

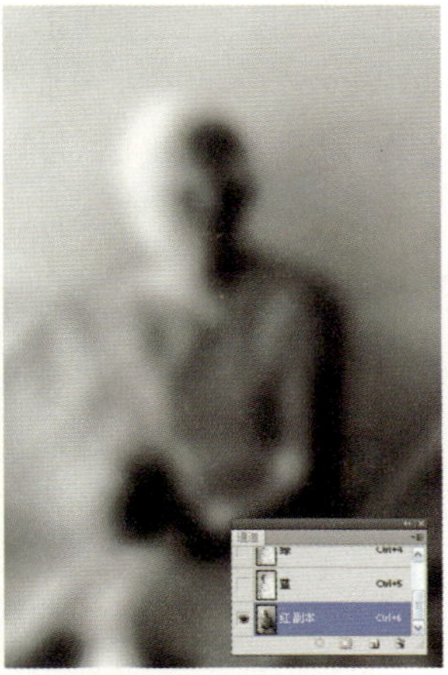
图2-82 反相效果

图2-83 复制图层

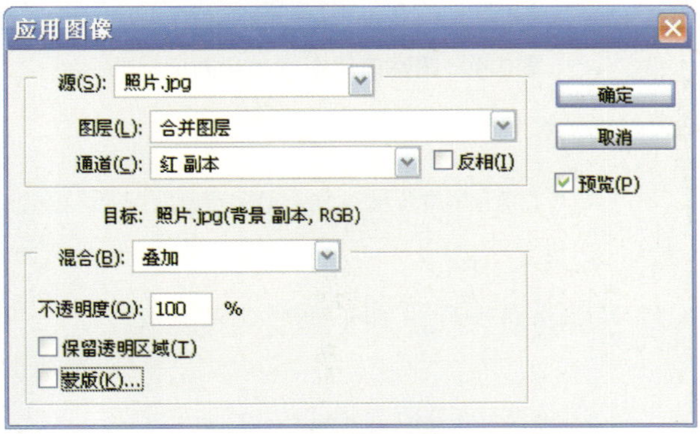

图 2-84 “应用图像”对话框

图 2-85 应用结果

08 将图层混合模式设为“变暗”，不透明度设为80%，混合后的效果如图2-86所示。这时图像的高光已经变柔和了，但是色彩出现了细微的偏差。为了纠正色偏，将继续对图像进行调整。

09 双击“图层”面板上“背景 副本”图层的缩略图，弹出“图层样式”对话框，如图2-87所示。首先将“混合颜色带”设为“绿”，然后调整“下一图层”色带的参数。这里需要按住Alt键，再单击颜色带下面的黑色三角形，将其分为两个对称的三角形图标，然后分别将其拖到合适的位置。

图2-86 设置图层混合模式

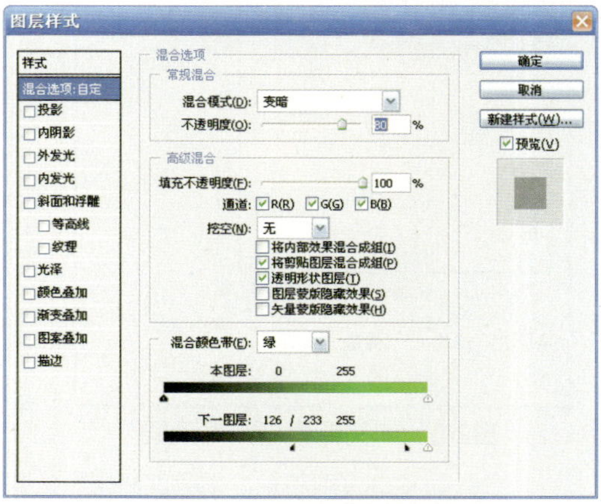

图2-87 “图层样式”对话框

10 调整后图像效果如图2-88所示。

11 调整前后图像效果对比如图2-89所示。

图2-88 调整后的效果

图2-89 调整前后图像效果对比

12 最后将文件存储为“效果.PSD”。

案例总结

本案例介绍消除多余高光的方法的最大优点在于调整效果细腻，而且不产生色彩偏差。

2.4.3 改变图像色调

前面已经介绍了，在Photoshop中图像文档的颜色信息被精确地分到各个颜色通道中，颜色通道最终决定了图像的颜色效果。因此，控制和调整单个颜色通道就可以改变该通道所代表的颜色分布情况，进而对整个图像的颜色效果产生影响。

案例06　交换图像的颜色通道来改变颜色

设计思路

本案例采用了最为简单的交换图像颜色信息的方法，就是用一个颜色通道的灰度图像完全代替另外一个颜色通道，来改变图像中一种颜色的分别情况。

操作步骤

01 打开配套光盘中的“照片.JPG”文件，如图2-90所示。

02 执行“窗口”|“通道”命令，弹出“通道”面板。如图2-91所示，选择“绿”通道，然后执行“选择”|“全选”命令，选择整个灰度图像。执行“编辑”|“拷贝”命令，将整个灰度图像进行复制。

03 接下来选择“蓝”通道，执行“编辑”|“粘贴”命令，用“绿”通道灰度图像代替“蓝”通道，效果如图2-92所示。

04 选择“RGB”通道，此时图像文档的最终效果如图2-93所示。

图2-90 原图

图2-91 全选

图2-92 粘贴

图2-93 最终效果

05 图像调整前后的效果对比图如图2-94所示。

调整前

调整后

图2-94 调整前后图像效果对比图

06 最终将文件存储为“效果.PSD”。

案例总结

本案例只展示了一种交换颜色通道的效果，读者可以尝试进行其他的颜色通道交换。同样，也可以先将图像转换为CMYK颜色模式和Lab颜色模式，然后再尝试交换颜色通道，这样创造出的效果将更加丰富。

2.5 创建完美的黑白图像

在Photoshop中，将彩色图像转变为黑白的方法很多。最简单的是对文档直接执行“图像”|“模式”|“灰度”命令，但这个方法所产生的效果非常普通。在Photoshop CS4版本中，还可以使用“图像”|“调整”|“黑白”命令，这个命令将在后面的章节中详细介绍。

在本节中，将学习如何使用通道来完成这一操作。这里，按照方法的难易程度，分别介绍5种制作黑白图像的技巧。

2.5.1 直接使用颜色通道

本方法应用于RGB颜色模式和CMYK颜色模式图像。可以在图像文档的颜色通道中选择最好的颜色通道，将其制作成黑白图像。一般情况下，首先选择较好颜色通道，然后直接将该通道转化为新建文档，再将文档转为灰度模式。

下面通过一个案例来学习这种方法

案例07 使用颜色通道制作黑白图像

设计思路

这种方法的关键在于根据图像的具体情况选择合适的颜色通道。

操作步骤

01 打开配套光盘中的“照片.JPG”文件，如图2-95所示。

图2-95 原图

02 执行“窗口”|“通道”命令，弹出“通道”面板。如图2-96至图2-98所示，分别观察各个颜色通道。从这3个颜色通道的灰度图像可以很明显地看出“绿”通道的效果最好，整个灰度图像的对比度和细节都非常不错，而“红”通道过亮缺乏细节，“蓝”通道对比度太小。

03 选择“绿”通道，在“通道”面板菜单中选择“复制通道”命令，如图2-99所示。在弹出的“复制通道”对话框中，文档选择“新建”，在“名称”文本框中输为“黑白照片”，如图2-100所示。单击“确定”按钮后，Photoshop会自动将“绿”通道的灰度图像新建为文档“黑白照片”，如图2-101所示。此时该文档为多通道模式。

图2-96 “红”通道

图2-97 “绿”通道

图2-98 “蓝”通道

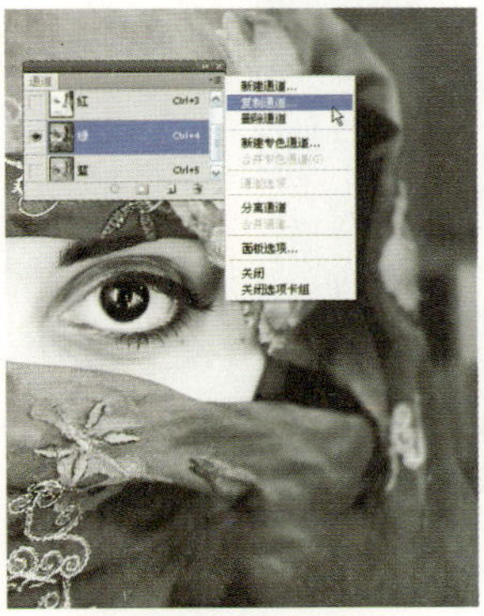

图2-99 复制通道

图2-100 “复制通道”对话框

04 对文档执行“图像”|“模式”|“灰度”命令，将该文档转化为灰度模式，如图2-102所示。

图2-101 新建文档

图2-102 灰度模式

05 调出“图层”面板，将“背景”图层复制为“背景 副本”图层。将该图层的图层混合模式设为“柔光”，不透明度设为60%，效果如图2-103所示。这样可以增加图像的对比度和细节，使图像变得更加生动。

06 对文档执行“图层”|“拼合图像”命令，将所有图层拼合为“背景”图层，最终效果如图2-104所示。

07 图像调整前后的效果对比图如图2-105所示。可以看出，黑白图像的艺术感要强于彩色照片。

图2-103 设置图层混合模式

图2-104 最终效果

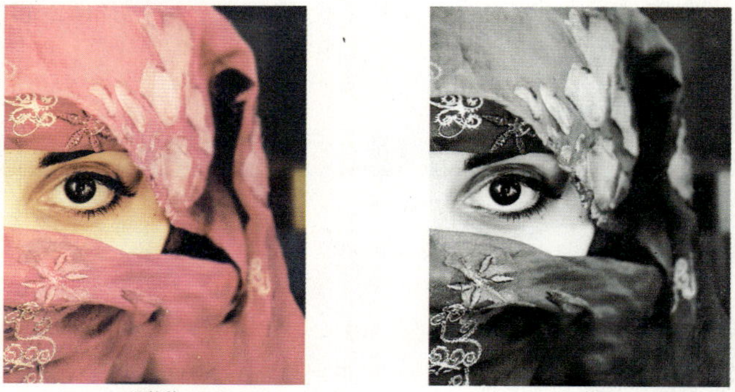

调整前　调整后

图2-105 调整前后图像效果对比

08 最终将文件存储为“黑白照片.JPG”。

案例总结

在使用颜色通道制作黑白照片效果时，要尽量选择对比强烈，细节丰富的通道。

2.5.2 使用“明度”通道

前面的章节已经介绍过，在Lab颜色模式下，图像文档包含有3个通道。一个为“明度”通道，另外两个通道分别为变量a和b。其中“明度”通道的图像近似于直接将原图像直接转换成“灰度”模式后生成的灰度图像，它包含了图像的亮度信息。正因为“明度”通道具有这个特性，所以可以使用“明度”通道制作黑白照片效果。

案例08　使用Lab颜色模式的明度通道制作黑白照片

设计思路

如果要调整的图像中有颗粒杂色，或者你只想让照片看起来更柔和一些，可以通过Lab颜色模式完成将图像转变为灰度的操作。

操作步骤

01 打开配套光盘中的“照片.JPG”文件，如图2-106所示。

02 对图像执行“图像”|“模式”|“Lab颜色”命令，将图像转化为Lab颜色模式，如图2-107所示。

03 单击“通道”面板上的“明度”通道，如图2-108所示。观察“明度”通道对应的灰度图像效果。可以看出，图像对比度适中，细节丰富，可以用来制作黑白图像。

图2-106　原图

图2-107　转为Lab颜色模式

图2-108　“明度”通道

04 在“通道”面板上的菜单中选择“复制通道”命令，在弹出的“复制通道”对话框中设置相关参数。如图2-109所示，文档设为“新建”，名称设为“黑白照片”。单击“确定”按钮后，“明度”通道将自动新建为一个文档，如图2-110所示。此时该文档只有一个“Alpha”通道，为多通道模式。

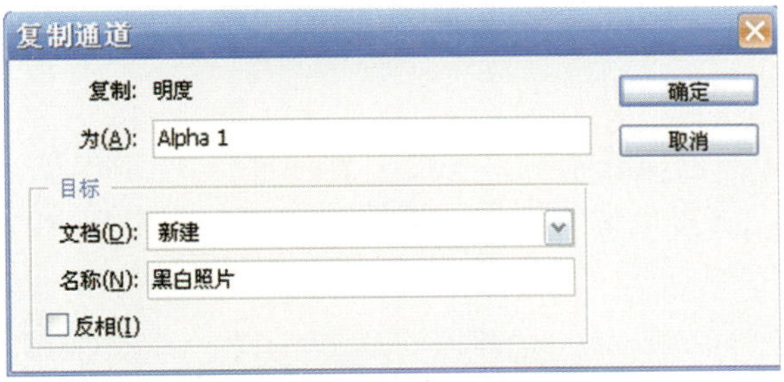

图2-109　“复制通道”对话框

图2-110　新建文档

05 接下来对图像执行“图像”|“模式”|“灰度”命令。文档将由多通道模式转

化为灰度模式，如图2-111所示。文档此时只含有一个灰色通道。

06 调出“图层”面板，复制“背景”图层为“背景 副本”图层。然后将该图层的图层混合模式设为“柔光”，不透明度设为30%，效果如图2-112所示。

07 对图像执行“图层”|“拼合图像”命令，将所有图层拼合为“背景”图层，最终效果如图2-113所示。

图2-111 灰度模式

图2-112 混合模式

图2-113 最终效果

08 图像调整前后效果对比图如图2-114所示。

调整前　调整后

图2-114 调整前后图像效果对比

09 最后将文件存储为“黑白图像.JPG”。

案例总结

本案例中介绍的利用Lab颜色模式中的“明度”通道制作黑白图像是当今比较流行的一种方法，它可以尽量地保持图像的细节，同时减少杂色。

2.5.3 通道混和器法

利用“通道混和器”对话框，可以创建高品质的灰度图像、棕褐色调的图像或其他色调的图像，也可以对图像进行创造性的颜色调整。要创建高品质的灰度图像，请在“通道混和器”对话框中选择每种颜色通道的百分比。在后面的章节将详细介绍通道混合器的用法，这里只简单地讲解如何创建黑白图像。

对图像执行“图像”|“调整”|“通道混和器”命令，弹出“通道混和器”对话框。勾选对话框左下角的“单色”复选框，设置各个通道的参数后，图像将被转变为黑白图像，但是颜色模式不变，如图2-115所示。

调整前　　调整后

图2-115 通道混和器示意图

案例09　使用通道混合器制作黑白图像

设计思路

如果图像中的颜色有明显不同的色相，但是拥有相似的明度和暗度，此时就可以使用通道混和器将其转化为黑白图像。

操作步骤

01 打开配套光盘中的“照片.JPG”文件，如图2-116所示。

02 对图像执行“图像”|“调整”|“通道混和器”命令，弹出“通道混和器”对话框。如图2-117所示，勾选“单色”和“预览”复选框。

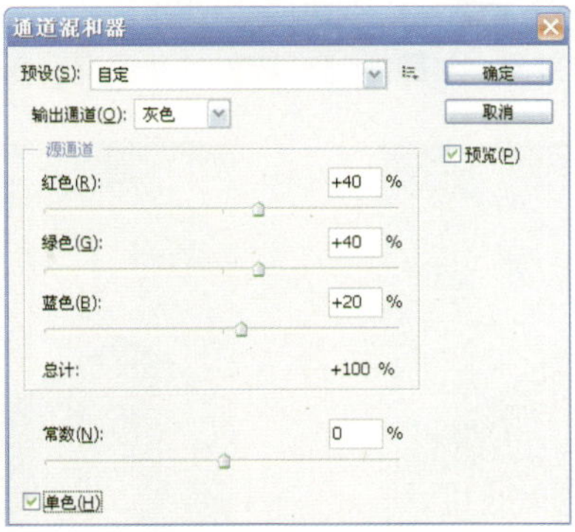

图2-116 原图

图2-117 “通道混和器”对话框

03 将其中一个通道设为70%，两外两个通道设为0%。观察并调整单个通道对图像色彩分布的影响。如图2-118至图2-120所示，从这三幅图可以看出，增加“红”通道主要增加建筑的亮度；增加“蓝”通道主要是增加天空的亮度；而增加“绿”通道会同时增加天空和建筑的亮度。这样就清楚了如何通过分别控制3个通道而达到理想的对比度。

04 上面的步骤是为了掌握3个通道对图像中各部分景物的色调的影响。其实，当执行“通道混和器”命令，弹出“通道混和器”对话框，勾选“单色”复选框后，Photoshop会根据图像自身情况给出一个3个通道的初始值。在“通道混和器”对话框中设置红色为+40%，绿色为+40%，蓝色为+20%，此时效果如图2-121所示。

05 可以根据前面的总结，微调各个颜色通道，进而达到预期效果。这里要降低建筑物的亮度，提高天空的亮度，同时还要控制不能使云彩产生过度的高光。如图2-122所示，在“通道混和器”对话框中设置红色为+20%，绿色为+50%，蓝色为+40%。

06 单击“确定”按钮，最终效果如图2-123所示。

07 图2-124所示为图像调整前后效果对比图。

图2-118 调整“红”通道

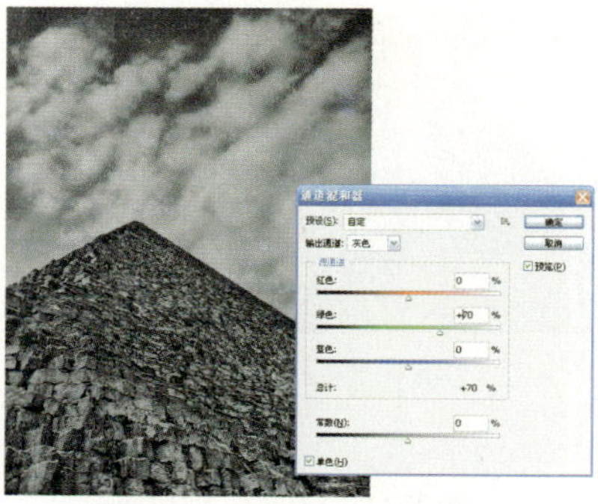

图2-119 调整“绿”通道

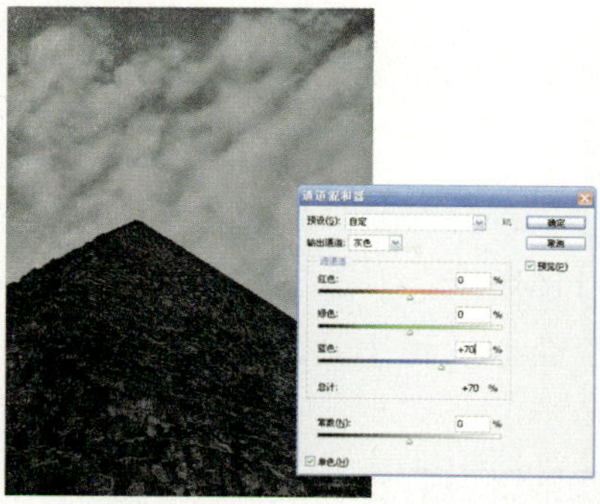

图2-120 调整 “蓝”通道

图2-121 初始效果

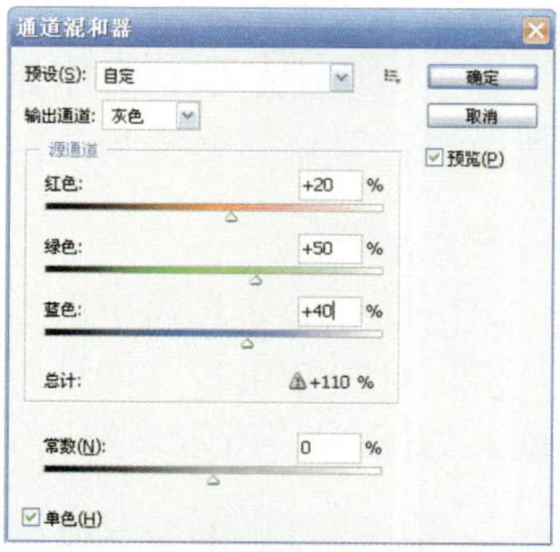

图2-122 调整“通道混和器”对话框

图2-123 最终效果

图2-124 调整前后图像效果对比

08 最后将文件存储为“黑白照片.JPG”。

案例总结

这是一种将彩色图像转化为黑白图像的方法。通道混和器可以组合所有通道的不同百分比，根据用户的要求创造出黑白图像效果。

2.5.4 计算法

Photoshop中的“计算”命令是首先在两个通道对应的灰度图像中的相应像素上执行数学运算（类似于图层混合模式计算），然后在单个通道中组合运算的结果。

对图像执行“图像”|“计算”命令，弹出“计算”对话框，如图2-125所示。在该对话框中，对选择的两个源通道进行计算，然后将计算结果输出为“结果”。在“混合”选项中可以设置混合模式（计算模式），还可以设置不透明度。对最后的结果可以选择为新建通道、新建文档或者为选区。

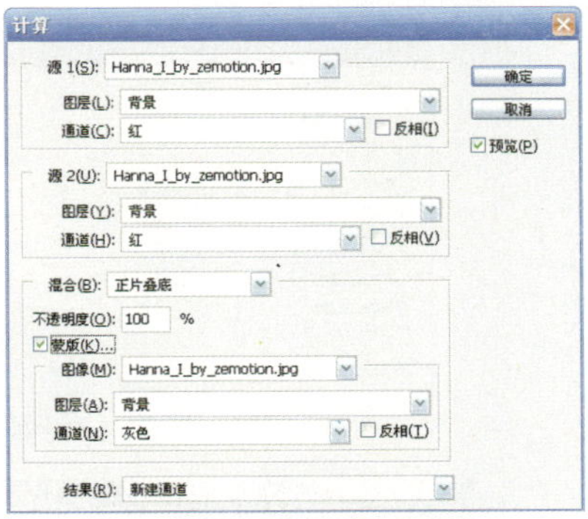

图2-125 “计算”对话框

运用“计算”命令这些特点，可以选择图像两个效果较好的颜色通道进行计算，得到所需的图像或者通道，然后进行黑白转化。

案例10　使用“计算”命令制作黑白图像

设计思路

“计算”命令将在后面的章节中详细介绍，这里只讲解该命令的一个用途——制作黑白图像。

图2-126 原图

操作步骤

01 打开配套光盘中的“照片.JPG”文件，如图2-126所示。

02 执行“窗口”|“通道”命令，弹出“通道”面板。如图2-127至图2-129所示，观察各颜色通道，从中可以看出“红”通道和“绿”通道的灰度图像效果比较好，对比度适中，细节丰富。

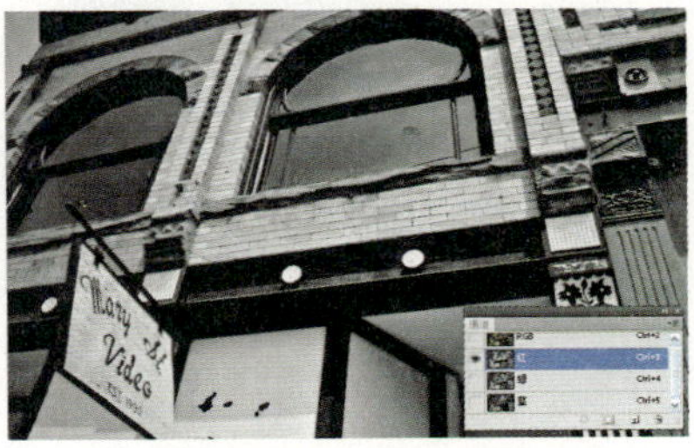

图2-127 “红”通道

图2-128 “绿”通道

图2-129 “蓝”通道

03 这里采用“红”通道和“绿”通道来制作灰度图像。选择“RGB”通道，返回到“图层”面板。对图像执行“图像”|“计算”命令，在弹出的“计算”对话框中设置参数，如图2-130所示。其中，将“源1”和“源2”中的“通道”分别选择“红”和“绿”，“混合”设为“柔光”，“结果”设为“新建文档”。

04 单击“确定”按钮后，计算结果如图2-131所示。此时文档只有一个“Alpha”通道，为多通道模式。同样，对其执行“图像”|“模式”|“灰度”命令，将其转为灰度图像，如图2-132所示。

05 图像的最终效果如图2-133所示。最后将其存储为“黑白照片.JPG”。

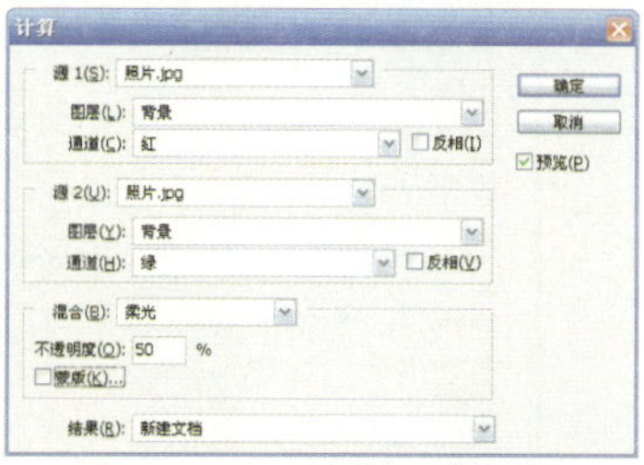

图2-130 “计算”对话框

图2-131 计算结果

图2-132 转为灰度图像

图2-133 最终效果

06 图像调整前后效果对比图如图2-134所示。

调整前 调整后

图2-134 调整前后图像效果对比

案例总结

使用计算方法创造黑白效果，既可以兼顾图像的对比度和细节，又可以使用混合模式控制亮度，所以该方法的可调性比较强。

2.5.5 黑白命令法

使用“黑白”命令可以将彩色图像转换为灰度图像，也可以通过对图像应用色调来为灰度着色，例如创建棕褐色效果，在转换过程中同时保持对各颜色转换方式的控制。“黑白”命令与“通道混合器”的功能相似，也可以将彩色图像转换为单色图像，并允许调整各个颜色通道的输入值。如图2-135所示，在“黑白”对话框中设置“预设”为“绿色滤镜”，这时就可以将色彩照片转化为黑白照片，并保证了合适的对比度和细节。“黑白”命令在后面的章节中将会作详细介绍。

图2-135 使用“黑白”命令制作黑白图像对比

2.6 使用通道对图像锐化

除了对图像颜色进行修饰外，锐化图像也是通道主要功能之一。本节将按照操作的复杂程度介绍3种使用通道锐化图像的方法。

2.6.1 使用颜色通道锐化

无论是使用传统的胶片相机还是使用数码相机，所拍摄的照片经常会出现一些颗粒状的图像，这里将其称为“杂色”。在一般情况下，要避免杂色在图像中出现（除了一些特殊效果的需要）。但是在Photoshop中，对图像进行锐化操作时，往往会伴有杂色的增加。所以，直接使用“锐化”滤镜等操作直接对图像进行锐化是不可取的，可以采用对特定颜色通道锐化的方法来避免杂色的增加。

在一般情况下，RGB颜色模式中，“蓝”通道中存储图像杂色信息最为丰富，所以，锐化时要抛弃“蓝”通道，只对“红”通道和“绿”通道进行锐化即可。

案例11　在RGB模式下对颜色通道进行锐化

设计思路

在本案例中，选择了“红”通道和“绿”通道进行锐化操作，尽量避免杂色的增加。

操作步骤

01 打开配套光盘中的“照片.JPG”文件，如图2-136所示。

图 2-136 原图

02 执行“窗口”|“通道”命令，弹出“通道”面板。如图2-137至图2-139所示，单击各颜色通道，观察其所对应的灰度图像效果。可以看出，“红”通道和“绿”通道相对较好，对比度强和细节丰富，杂色少；“蓝”通道较暗，杂色多，所以这里使用“红”通道和“绿”通道进行操作。

03 按住Shift键，在“通道”面板上同时选择“红”通道和“绿”通道，如图2-140所示。接下来，对这两个通道同时执行“滤镜”|“锐化”|“智能锐化”命令，在弹出的“智能锐化”对话框中设置“数量”为60%，“半径”为1.0像素，“移去”为“镜头模糊”，单击“确定”按钮后，效果如图2-142所示。

图2-137 “红”通道

图2-138 “绿”通道

图2-139 “蓝‘通道

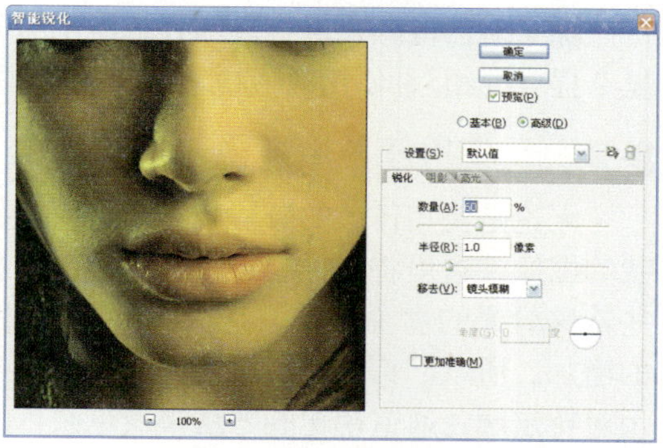

图2-140 同时选择“红”和“绿”通道

图2-141 “智能锐化”对话框

图2-142 效果

04 单击“RGB”通道，最终效果如图2-143所示。最后将文件存储为“锐化.PSD”。

05 文档图像锐化前后的对比图如图2-144所示。

图2-143 最终效果

图2-144 锐化前后图像效果对比

案例总结

由于印刷可能使得锐化前后图像效果改变不是很明显，因此可以在光盘的相应文件夹中打开这两幅图像文档，在电脑屏幕上将会很容易地观察到图像的改变。除了在RGB模式下可以使用颜色通道对图像进行锐化以外，在CMYK模式下同样可以使用颜色通道对图像进行锐化。

案例12　在CMYK模式下对黑色通道进行锐化

设计思路

本案例介绍一种对人物照片进行锐化的方法，这种方法可以最大限度地减少锐化时对人物皮肤带来的影响。

操作步骤

01 打开配套光盘中的“照片.JPG”，如图2-145所示。这是一幅非常写实的照片，女孩子脸上的雀斑是这幅照片的特色，照片略有不足的是女孩子的头发和眼睛不够锐化。下面通过对通道的操作来完善照片效果。

图 2-145 原图

02 执行“窗口”|“通道”命令，弹出“通道”面板。单击各颜色通道，分别观察各通道的灰度图像情况，效果如图2-146至图2-148所示。可以看出3个颜色通道都含有雀斑的颜色信息，对任何一个颜色通道进行锐化都会增加雀斑图像的锐化，这会使女孩子脸看起来更脏，因此要避免这种情况出现。

图2-146 “红”通道

图2-147 “绿”通道

图2-148 “蓝”通道

03 将图像转为另一种颜色模式进行锐化。对图像执行“图像”|“模式”|“CMYK颜色”命令，将图像转为CMYK颜色模式，如图2-149所示。

04 同样，单击各颜色通道，观察各颜色通道相对应的灰度图像，如图2-150至图2-153所示。通过这4个灰度图像中可以看出，在“青色”通道、“洋红”通道和“黄色”通道中同样含有雀斑颜色信息，这就意味着这3个通道不能作为锐化通道。而黑色“通道”主要包含了头发和眼睛的颜色信息，不含有雀斑的颜色信息，所以使用“黑色”通道来进行锐化操作。

图2-149 转为CMYK模式

图2-150 “青色”通道

图2-151 “洋红”通道

图2-152 “黄色”通道

图2-153 “黑色”通道

05 对黑色通道执行“滤镜”|“锐化”|“智能锐化”命令。如图2-154所示，在“智能锐化”对话框中，“数量”设为100%；“半径”设为1像素；“移去”设为“镜头模糊”；勾选“更加准确”复选框。“黑色”通道的锐化结果如图2-155所示。

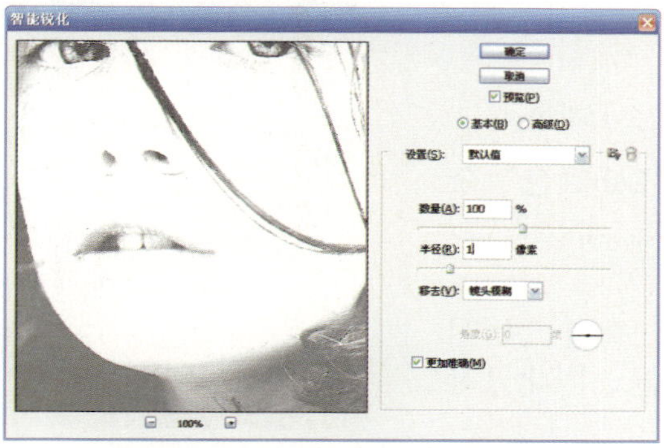

图2-154 “智能锐化”对话框

图2-155 锐化效果

06 对图像执行“图像”|“模式”|“RGB颜色”命令，将其转为RGB颜色模式。最终效果如图2-156所示。最后，将文档存储为“锐化效果.PSD”。

07 图2-157所示为调整前后图像效果对比图。可以看出，女孩子的整个面目图像没有什么变化，而眼睛和头发都被锐化了。

图2-156 最终效果

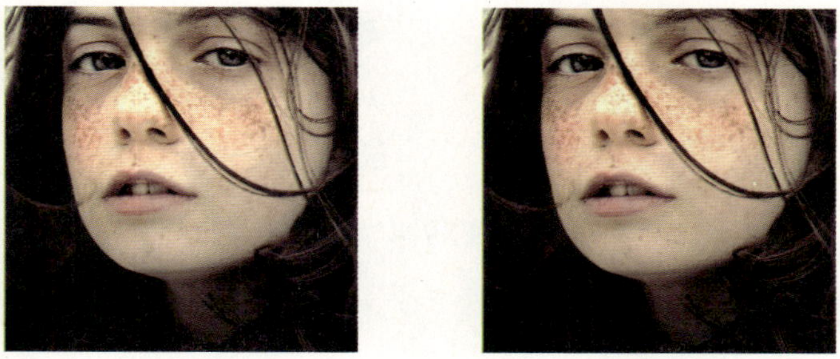

调整前　　调整后

图2-157 调整前后图像效果对比图

案例总结

通过上面这两个案例可以看出，选择哪个颜色通道进行锐化要根据图片的实际情况而定。首先要确定要锐化的部分，然后通过观察各颜色通道，选择即包含所要锐化图像的颜色信息，又要尽量不包含其他颜色信息的通道，这样就能避免添加多余的杂色。

2.6.2 使用Lab颜色模式锐化

前面的章节已经介绍了，在Lab颜色模式下，图像文件拥有3个通道，一个“明度”通道和两个颜色通道。由于“明度”通道内不包括图像的颜色信息，所以对明度通道进行锐化不但不会增加图像的杂色，而且还会避免产生色晕。

案例13 对明度通道进行锐化

设计思路

在本案例中，只选择了明度通道进行锐化操作。

操作步骤

01 打开配套光盘中的“照片JPG”，如图2-158所示。

图2-158 原图

02 对图像执行“图像”|“模式”|“Lab颜色”命令，将其由RGB颜色模式转为Lab颜色模式，如图2-159所示。

03 在“通道”面板上选择“明度”通道，如图2-160所示。该通道只包含了图像的明度信息，因此只对该通道进行锐化操作。

图2-159 转为Lab颜色模式

图2-160 “明度”通道

04 对“明度”通道执行“滤镜”|“锐化”|“智能锐化”命令，在弹出的“智能锐化”对话框中设计“数量”为60%，“半径”为3.0像素，“移去”为“镜头模糊”，勾选“更加精确”复选框，然后单击“确定”按钮，如图2-161所示。图像效果如图2-162所示。

图2-161 “智能锐化”对话框

图2-162 锐化结果

05 选择Lab通道，返回到“图层”面板，对图像执行“图像”|“模式”|“RGB颜色”命令，将其重新转为RGB颜色模式。最终效果如图2-163所示。最后，将文档存储为“锐化.JPG”。

06 使用“明度”通道对图像进行锐化前后文档的效果，如图2-164所示。

图2-163 最终效果

图2-164 调整前后图像效果对比图

用“明度”通道锐化图像是一种非常好的方法，适用范围非常广。

2.6.3 使用Alpha通道锐化图像

本技巧适用于只要求对图像边缘进行锐化的情况。可以利用Alpha通道的特性，建立图像内边缘选区，然后对选区内的图像进行锐化。在此锐化操作中，主要的步骤在于Alpha通道蒙版的建立，还要配合滤镜和图像调整等命令。

案例14　使用Alpha通道锐化图像

设计思路

在本案例中，建立了Alpha通道蒙版，并使用该蒙版对图像进行锐化。

操作步骤14

01 执行“文件”|“打开”命令，打开配套光盘中的“照片”，如图2-165所示。

02 对图像执行“选择”|“全部”命令，将整个图像选择，如图2-166所示。然后对其执行“编辑”|“拷贝”命令，将整个图像拷贝，然后取消选区。

图2-165 原图

图2-166 选择文档

03 调出“通道”面板，单击面板下方的“新建通道”按钮，新建一个Alpha通道。再对该通道执行“编辑”|“粘贴”命令，将复制的图像粘贴到该通道内，如图2-167所示。

04 对Alpha通道执行“滤镜”|“风格化”|“查找边缘”命令，效果如图2-168所示。

图2-167 建立Alpha通道

图2-168 查找边缘效果

05 对Alpha通道执行“图像”|“调整”|“色阶”命令，参数设置如图2-169所示。执行“色阶”命令后，效果如图2-170所示。

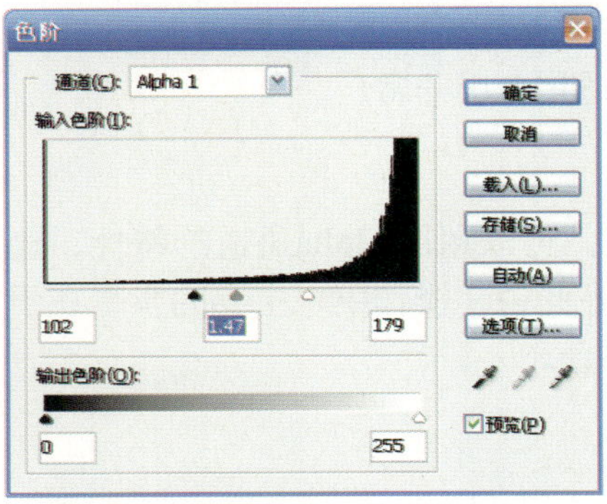

图2-169 “色阶”对话框

图2-170 “色阶”效果

06 对Alpha通道执行“图像”>“调整”>“反相”命令，效果如图2-171所示。

07 单击“通道”面板下面的“将通道作为选区载入”按钮，将Alpha通道作为选区载入，然后选择RGB通道，调出图像，如图2-172所示。

图2-171 反相效果

图2-172 载入选区

08 接下来对图像执行“滤镜”>“锐化”>“USM锐化”命令。参数设置如图

2-173所示。执行“USM锐化”命令后。图像效果如图2-174所示。然后将文档存储为“锐化.PSD”。

09 锐化前后图像效果对比如图2-175所示。

图2-173 “USM锐化”对话框

图2-174 锐化效果

锐化前　　锐化后

图2-175 锐化前后图像效果对比图

案例总结

本案例介绍的锐化技巧适用于建筑、风景以及静物图像的锐化。

第3章
跟踪图像变化

在具体介绍Photoshop的调色功能之前，来讲解Photoshop跟踪图像变化的方法。首先要理解“色阶”概念，这是Photoshop中图像亮度的基本单位，对图像的颜色、色调等调整都是建立在“色阶”参数上的。

这里还要着重学习“直方图”面板的内容和使用方法。“直方图”面板上记录着图像所有重要的颜色和色调信息，后面介绍对图像调整时，都要配合“直方图”面板。

3.1 魔法直方图

在学习如何使用Photoshop的强大的调色功能之前，首先要学习如何观察和使用“直方图”。执行“窗口”|“直方图”命令就会弹出“直方图”面板。直方图是Photoshop中的一个重要组件，它显示这个图像中不同亮度级别的像素数量的分布情况。因此，直方图是评价图像色调，预测最终图像效果的一个重要利器。大部分对图像的色彩调整都应该从观察该图像的直方图开始。在一般情况下，如图3-1和图3-2所示，

除了一些人为制作的特殊图像，现实中自然的图像（例如照片和绘画等）都有其独特的直方图。

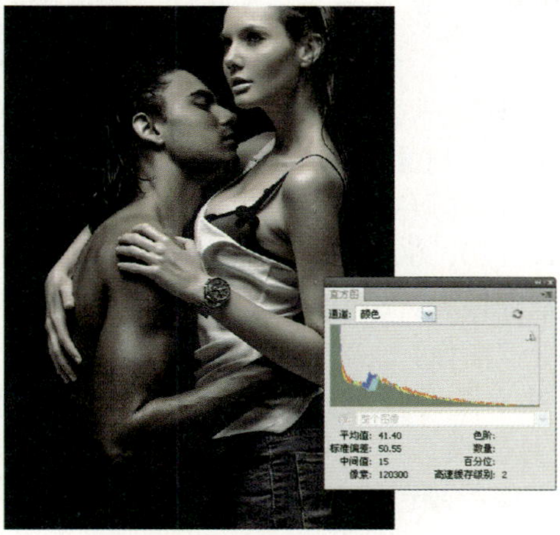

图3-1　图像与直方图

图3-2　图像与直方图

3.1.1　色阶与像素亮度

接触过计算机的用户看到直方图很容易联想到Office Excel中制作的统计图表，如图3-3所示。其实两者的原理是一样的。那么要看懂直方图第一步就是要了解在直方图坐标中横轴和纵轴分别代表什么参数，单位是什么。直方图坐标中有两个重要参数：一个是“色阶”；另一个是“像素亮度”。

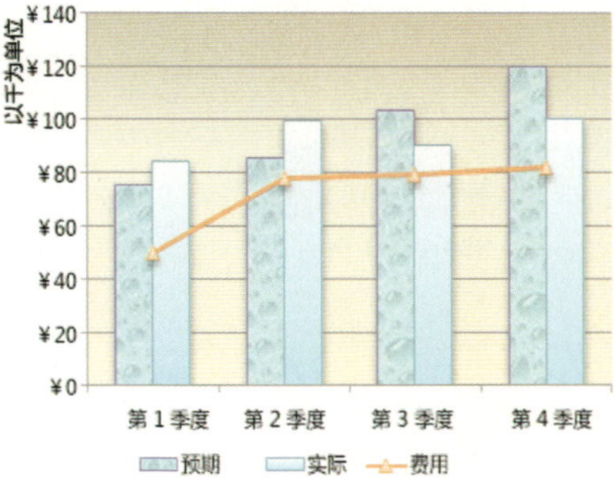

图3-3　Office Excel统计表

1．认识色阶

“色阶”是Photoshop中最重要也是最基本的概念之一。在Photoshop中，色阶是将颜色（不考虑色彩）按照明暗程度（从白至黑）的一种分级方式。好比在音乐领域的音阶或表示温度的摄氏度一样，都是人为的一种分级规则。在Photoshop中，最常使用的也是默认的图像位深度为8位。由于计算机为二进制，8位所能代表最大的色阶等级为256（2^8=256），也就是说，8位状态下，计算机最多可以将颜色区分为256种明暗程度。色阶值的范围为0～255，色阶值等于0时为黑色，色阶值255时为白色，0～255之间为灰色。在最常见的RGB模式下，每种颜色由R、G和B三个通道组成，每个通道为8位，所以RGB为24位图像。在RGB模式下，图像可以拥有224=16 777 216，即约为1 600万种颜色。而合成后的RGB颜色的色阶值是这3个原色的色阶值的平均值。

在本书后面的学习中，会经常接触到“色阶”概念。所以要分清像素数量和色阶数量的关系。前面已经提到，一个RGB颜色是由3个原色的色阶所组成，所以在后面提到的RGB色阶数量应该是像素数量的3倍。

现在，随着计算机计算能力和储存性能的提高，出现了“高位数字图像”概念。高位数字图像是指每个通道内包含的色阶大于256级的图像，也就是第1章介绍的16位/通道和32位/通道图像。高位数字图像具有更多的色阶等级，也就是说拥有更多的颜色种类，所以这种图像色彩会更加细腻。

2. 视觉上的像素亮度

“像素亮度”是Photoshop中对像素明暗程度的又一种定义，基本上只有在“直方图”中才能应用到这个概念。在具体介绍“像素亮度”概念前，首先验证一下像素亮度和颜色没有关系。

在第1章中已经介绍了图像可以用不同的颜色模式来表达。有一种颜色模式为HSB颜色模式。其3个分量分别代表色调、饱和度和明度。这里做一个试验，首先，新建3个100×100像素的文档。调出“拾色器”对话框并设置颜色，分别设置3种颜色（HSB：0，60，90）、（HSB：60，60，90）和（HSB：120，60，90）。然后用这3种颜色分别填充3个文档。可以看到，3种颜色在视觉上差别很大，分别为红色、黄色和绿色3种颜色，如图3-4所示。接下来分别对3个图像执行“图像”|“调整”|“去色”命令，得到3个灰色图像。从视觉上讲，这3个灰色图像基本没有差别。为了进一步验证，调出“信息”面板，用“吸管工具”分别点击3个灰度图像，然后观察“信息”面板上参数值的变化。在“信息”面板上观察到这3个灰度图像的颜色值是一致的。

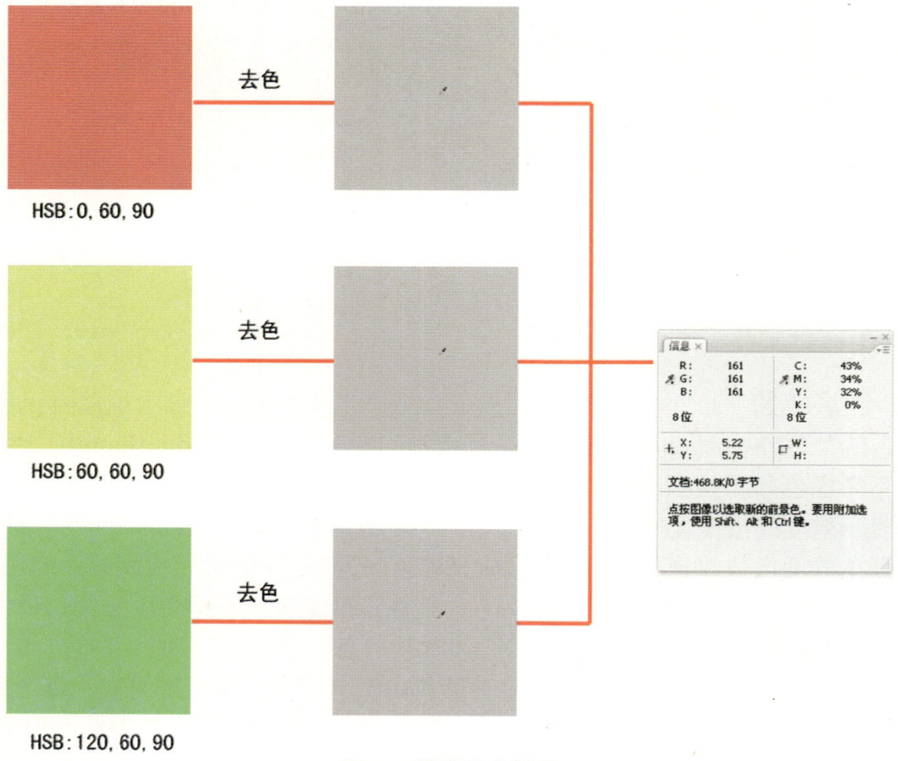

图3-4 像素亮度原理

从上面的试验中可以看出，像素的亮度与像素的色相是没有关系的，同样像素亮度既可以是红色也可以是蓝色。仅从颜色上是不能分辨其像素亮度的差别的。

3. 像素亮度的概念

那像素的亮度如何而来呢？在RGB模式下，像素亮度的计算公式为

$L=R\times 0.30+G\times 0.59+B\times 0.11$

简称为305911公式。从公式中可以看出，像素的亮度不同于Lab中的明度，不同于

灰度模式中的灰度，也不同于HSB模式中的明度，为一个独立的概念，只表示RGB模式中的亮度，也就是直方图中的亮度。

将一个RGB模式的图像，分别转换为灰度和Lab模式。如图3-5所示，观察每种模式下图像直方图的变化状况。RGB模式下观察“明度”通道（由于Photoshop中文版的翻译问题，以前的“亮度”通道这里被翻译成为了“明度”通道。但是，其还是代表像素亮度值）；灰度模式下观察“灰度”通道；Lab模式下观察明度通道。可以看出，这3个直方图均不相同，这就验证了像素亮度与它们的分别。

RGB 的颜色模式

灰度模式

Lab颜色模式

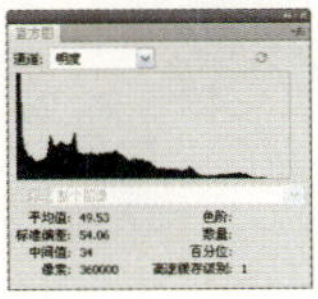
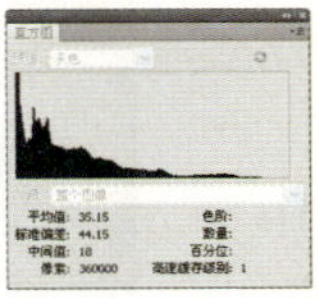
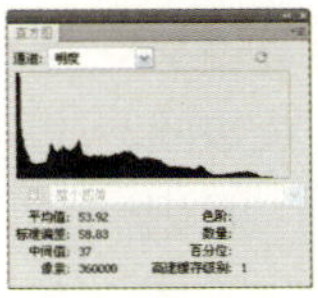

图3-5 不同颜色模式下图像的直方图对比图

既然知道了像素亮度的计算公式，那么可不可以使用Photoshop制作出图像的“明度”通道的效果呢？答案是肯定的。下面通过一个案例来介绍这种方法。

案例15　制作像素明度图像

设计思路

本案例应用像素明度的计算公式来制作的像素明度图像，在制作过程中使用“通道混合器”命令对通道进行计算。

操作步骤

01 打开配套光盘中的“照片.JPG”，如图3-6所示。

图3-6 原图

02 接下来制作该图像明度图像，这里要用到前面使用过的调整方法“通道混合器”。执行“窗口”|“调整”命令，弹出“调整”面板（“调整”面板的使用方法将在后面的章节中详细介绍）。如图3-7所示，单击“创建新的通道混合器调整图层”按钮，此时“调整”面板也相应变为通道混合器，如图3-8所示。

03 如图3-9所示，首先勾选“单色”复选框，然后根据前面介绍的亮度计算公式（305911公式）来设置通道混和器，将“红”通道、“绿”通道和“蓝”通道值分别设为+30%、+59%和+11%。

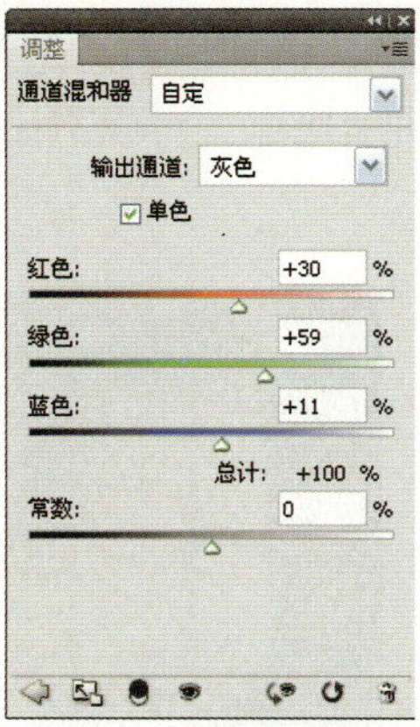

图3-7 “调整”面板

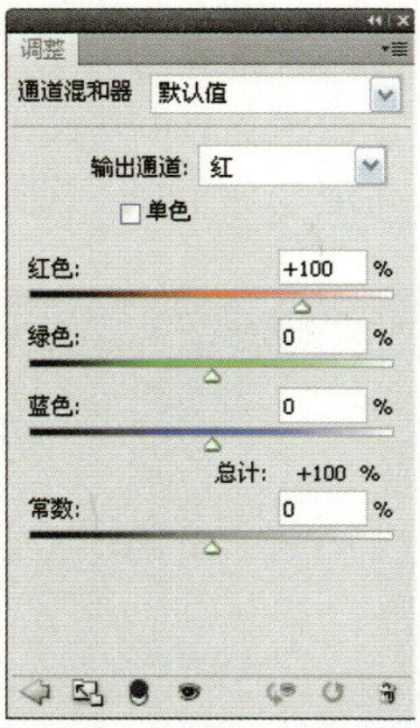

图3-8 通道混和器的设置

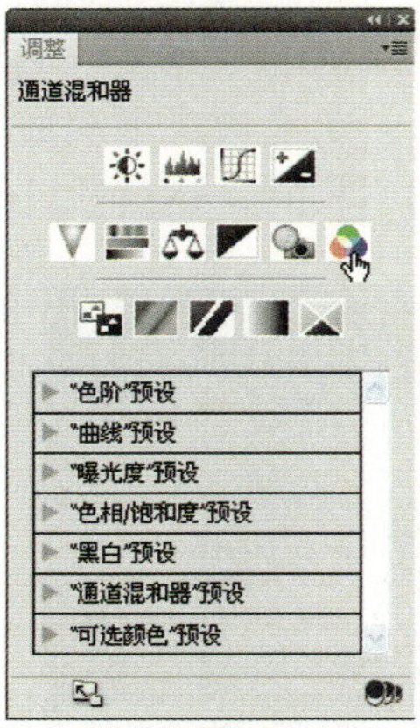

图3-9 设置参数

04 将面板隐藏后，在“背景”图层的上面随之添加了一个“通道混和器”调整图层，图像也随之变为灰度效果，效果如图3-10所示。

图3-10 调整后的效果

05 调出“直方图”面板，选择“明度”通道，如图3-11所示。此时调整图层处于被选中状态，直方图显示为制作的像素亮度图像参数。然后将调整图层设为不可见，如图3-12所示。此时直方图显示的为原图（也就是背景图层）的直方图参数。通过观察，可以看出两者基本相等（由于Photoshop内部数值运算时为小数点后5位，而显示时取整数位或者小数点后两位，所以使运算有一定的误差）。

图3-11 调整图像的直方图

图3-12 原图的直方图

06 为了进一步验证调整结果，使用“颜色取样器工具”分别在3个颜色差别比较大的区域皮肤（主要为粉色）、衣服（主要为蓝色）和头发（主要为棕色）设置3个取样点。调出“信息”面板，观察3个取样点色阶变化，“/”符号前面的数值为“背景”图层原有的色阶值，“/”符号后面为添加调整图层后图像整体效果的色阶值，如图3-13所示。

图3-13 设置取样点

07 根据亮度计算公式使用取样点的原色阶值计算亮度值，将计算结果和实测值进行比较。表3-1列出了计算过程以及计算值和实测值。

表3-1 像素亮度计算值和测量值对比表

取样点	原图颜色值	像素亮度计算值	像素亮度测量值
#1	R：193 G：153 B：151	L=193*0.3+153*0.59+151*0.11 =164.78	165
#2	R：0 G：174 B：227	L=0*0.3+174*0.59+227*0.11 =127.63	127
#3	R：37 G：40 B：45	L=37*0.3+40*0.59+45*0.11 =39.65	40

08 最后将文档存储为“明度图像.PSD”。

案例总结

通过上面的案例，验证了像素亮度计算公式。像素亮度也是一种图像颜色明亮度的表示方式，其强弱与灰度、明度的强弱趋势是一样的。所以在大部分情况下，不必认真地追究像素亮度，只要对图像的明暗度有认识即可。

4．阴影、中间调和高光

前面介绍了“像素亮度”概念，接下来讲解像素亮度分级。与色阶相同，在Photoshop中，像素亮度按照数值大小（取整数），分为0～255共256个级别。有根据明暗度分为阴影、中间调和高光。靠近0级的像素亮度较低，被称为“阴影”；靠近255级的像素亮度较高，被称为“高光”；其余被称为“中间调”，如图3-14所示。无论图像是以彩色模式还是以像素亮度显示，其阴影、中间调和高光的位置是不会改变的。

在后面的图像调整功能讲解中，还会多次接触到阴影、中间调和高光相关的问题。其实阴影、中间调和高光也是图像明暗程度的一种定性的参数，对于用户来说，重要的是通过积累，增加对图像明暗度以及对比度的掌握。

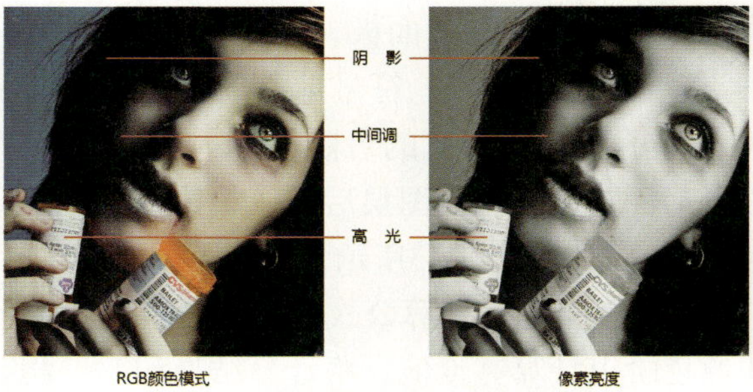

图3-14 图像的阴影、中间调和高光

3.1.2 接触直方图

前面介绍了直方图中的两个重要概念“色阶”和“像素亮度”。接下来开始深入探讨直方图。

1. 初识直方图

直方图使用图形来直接显示每个色阶值或者像素亮度级别的色阶和像素数量，可以非常直观地展示像素在图像中的明暗分布情况。

第一次看到直方图时，给人的第一印象是会联想到“色阶”对话框。如图3-15和图3-16所示，直方图和色阶有许多相似的地方，关于“色阶”的调整将在后面的章节中详细介绍。

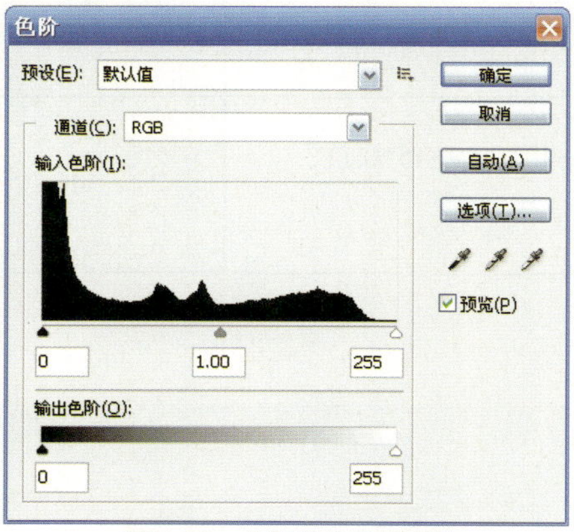

图3-15 “色阶”对话框

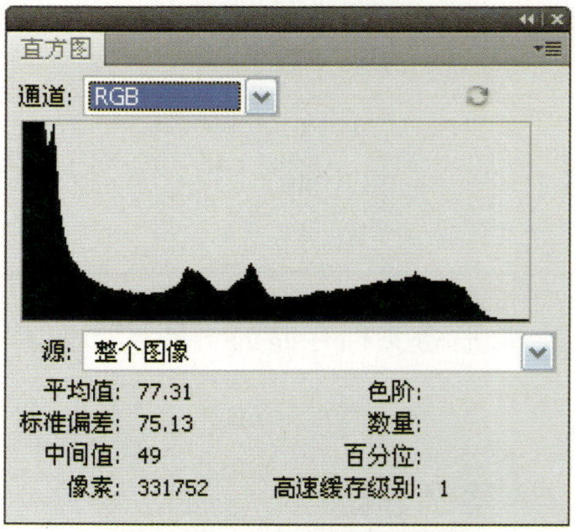

图3-16 “直方图”面板

由于直方图显示图像中像素亮度的分别情况，所以在某些特定的情况下，根据直方图可以初步看出图像的优劣。图3-17所示分别显示了曝光效果不同的图像对应的直方图。当曝光不足时，像素集中在阴影部分；曝光合适时，像素分而相对平均；曝光过度时，像素集中在高光部分。

图3-17 图片曝光度与直方图

2. 直方图面板

打开图像并执行“窗口”|“直方图”命令，弹出“直方图”面板。图3-18显示了“直方图”面板的控件组成。

3. 直方图坐标

在“直方图”面板上，最重要的是直方图坐标。在“直方图”面板上存在两种坐标系，分别为“色阶”坐标系和“像素亮度”坐标系。

（1）色阶坐标系

首先介绍“色阶”坐标系。当在“直方图”面板上选择RGB、R、G、B或者颜色通道时，面板上呈现的即为色阶坐标系，如图3-19所示。在“色阶”坐标系中，横坐标表示色阶值，为0～255；纵坐标表示色阶相对数量。

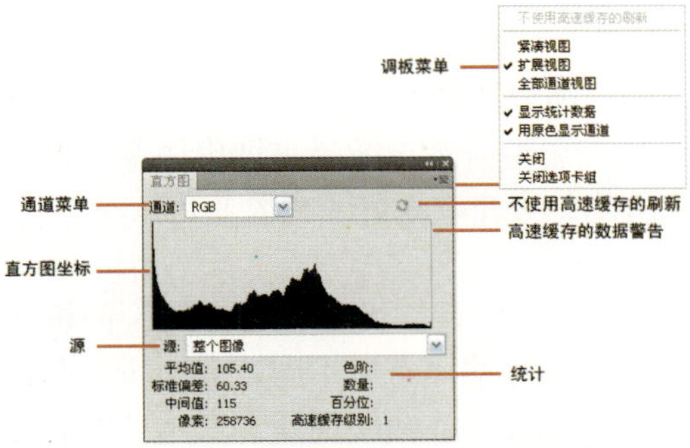

图3-18　“直方图”面板控件组成

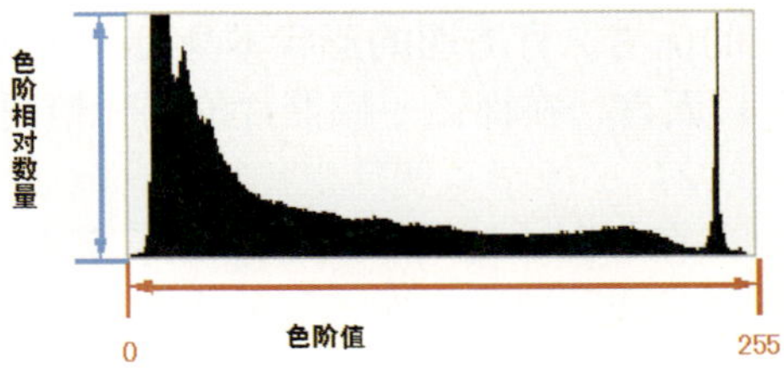

图3-19　直方图坐标

在“色阶”坐标系中，横坐标的长度为256个像素，每个像素代表一个色阶值。即使在处理高位数字图像时，其长度同样为256像素。看起来，横坐标的长度有限，但是如果同样按照一个像素长度代表一个色阶值计算，要显示16位/通道图像，色阶坐标系中横坐标的长度就要为2^{16}=65 536个像素。现在普通17寸显示器的分辨率为1280×1024像素，所以这是不符合要求的。

在“色阶”坐标系中，纵坐标的长度固定为100像素，这就是说，其不可能表示色阶数量的绝对值。所以纵坐标代表的是色阶数量的相对值，这是为了使每个色阶值的色阶数量能更好地在坐标系中显示。在很多情况下，为了能够分辨一些数量较少的色阶分布状况，就会出现色阶数量超出坐标系的显示状况。如图3-20所示，由于图像中阴影部分像素数量占总像素比例大部分，所以为了能显示中间调和高光部分的像素分布，阴影部分就超出了坐标。这是Photoshop内部的一种计算结果，具体计算公式不必深究。

图3-20　超出坐标系

根据“色阶”坐标系的构成，可以通过图像的直方图对图像中色阶分布有非常直观的认识。如图3-21至图3-23所示，分别显示了3种特殊状态下的图像与其直方图。第一种，如图3-21所示，图像色阶完全集中于阴影部分，在坐标系中色阶数量集中在左侧，即0色阶值附近；第二种，如图

3-22所示，图像色阶完全集中在中间调部分，在坐标系中，色阶数量集中于横坐标的中间；第三种，如图3-23所示，图像色阶主要集中在高光部分，在坐标系中色阶数量集中在右侧，即255色阶值附近。

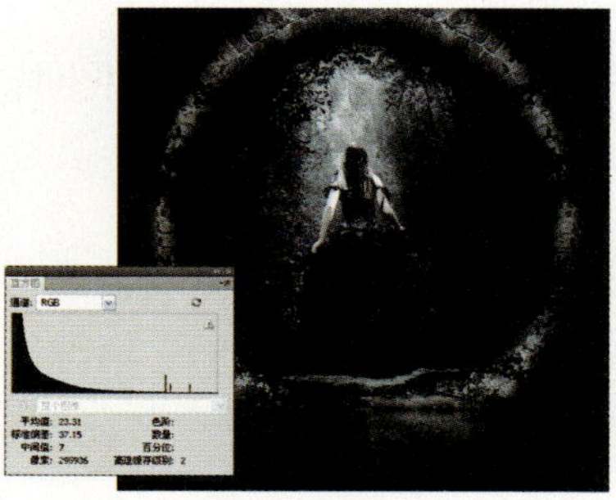
图3-21 阴影

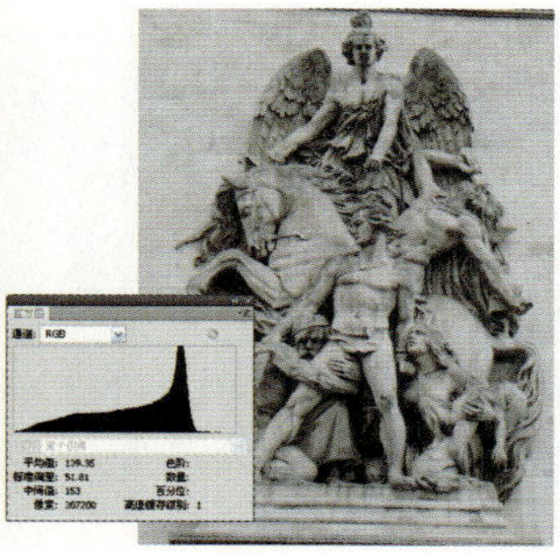
图3-22 中间调

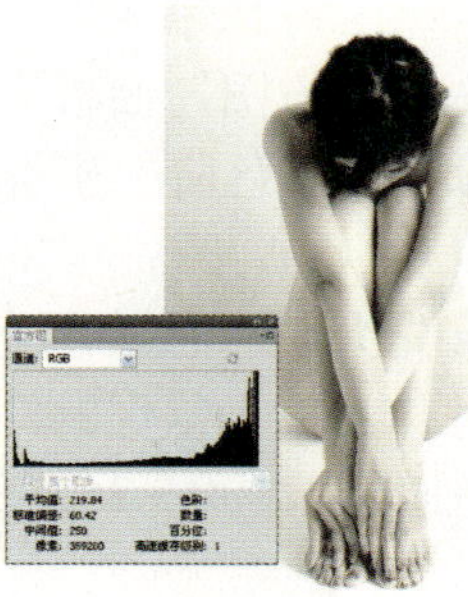
图3-23 高光

以上3幅图像各有特点，直方图形状完全不同。所以不能根据直方图的形状来评价图像的优劣。直方图的形状本身没有优劣之分，它需要配合图像效果来评价图像。对于图3-17而言，在评论一幅照片的曝光情况时，色阶均匀分布就要好于色阶集中。

（2）“像素亮度”坐标系

在直方图中还有一种坐标系，就是“像素亮度”坐标系。当在“直方图”面板上选择“明度”通道（在不同的中文版本中，这个通道名称翻译有所不同。有的版本翻译为“亮度”，而有的版本翻译为“明度”。这里只要记住，这两种翻译都表示“像素亮度”通道。）后，在面板上将显示“像素亮度”坐标系；如图3-24所示。在坐标中，横坐标表示图像中像素的绝对亮度值，最左边为0，最右边为255；纵坐标表示像素相对数量。直方图坐标只给出了图像中像素亮度的分布情况，对于其具体的统计结果要在“统计”栏中显示。

“像素亮度”坐标系和“色阶”坐标系所表示的含意不同，但是图形显示时的计算方法相同。同样直方图形状也直观地反映了图像中像素亮度的分布情况。

直方图坐标不但可以显示图像静止时的信息，而且还可以随时显示任何颜色或者色调的调整对图像直方图的影响。只要在颜色或者色调调整对话框中勾选 “预览”复选框，在直方图坐标中就会同时显示调整前与调整后图像直方图，如图3-25所示。在对图像进行调整时，直方图会随时跟随调整而变化。在直方图坐标系中，灰色表示调整前的图像直方图；黑色表示当前调整状态下的直方图。

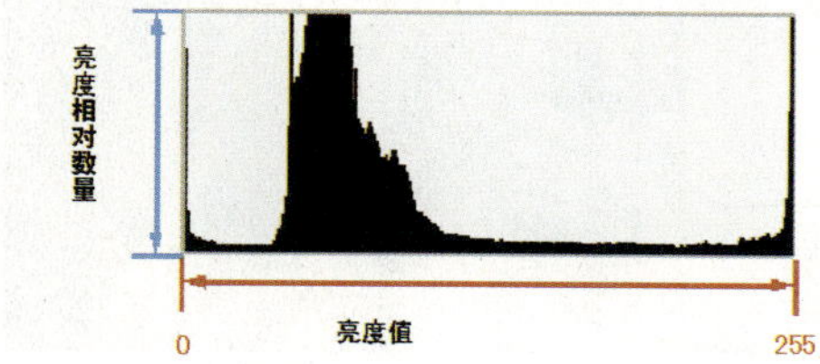

图3-24 “像素亮度”坐标系

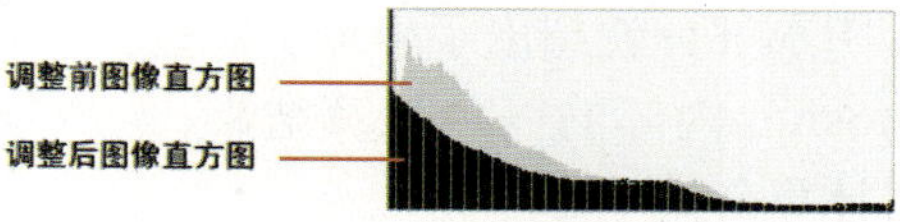

图3-25 调整前/后图像直方图显示

4. 高速缓存

当Photoshop从高速缓存（而非文档的当前状态）中读取直方图时，在“直方图”

面板上就会显示“高速缓存数据警告”图标。无论何时对图像进行调整，直方图本身都会随之刷新。通过分析现有的图像缓存对图像所做的改动如何影响直方图，可以节省时间。可以通过执行“编辑”|“首选项”|“性能”命令，在弹出的对话框中可以设置高速缓存级别（从2～8），如图3-26所示。

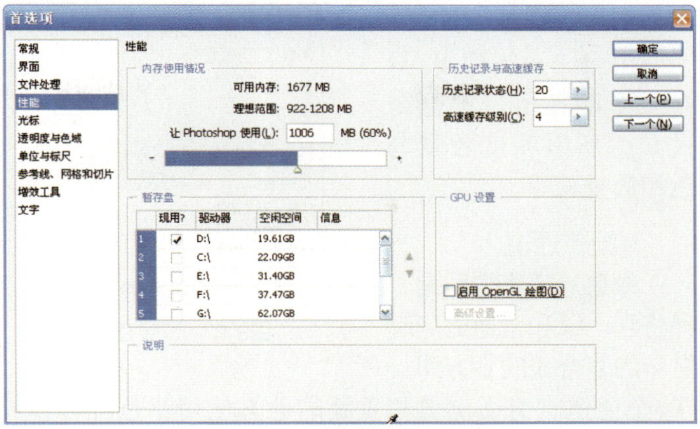

图3-26　“首选项”对话框

无论怎样预设首选项，Photoshop都会基于缓存来生成图像的直方图。下面提供几种方法，可以刷新直方图，以便它在当前状态下显示原图像的所有像素。

（1）在直方图坐标中的任何位置双击光标。

（2）单击“高速缓存数据警告”图标。

（3）单击“不使用高速缓存的刷新”按钮。

（4）从“直方图”面板上的菜单中选择“不使用高速缓存的刷新”命令。

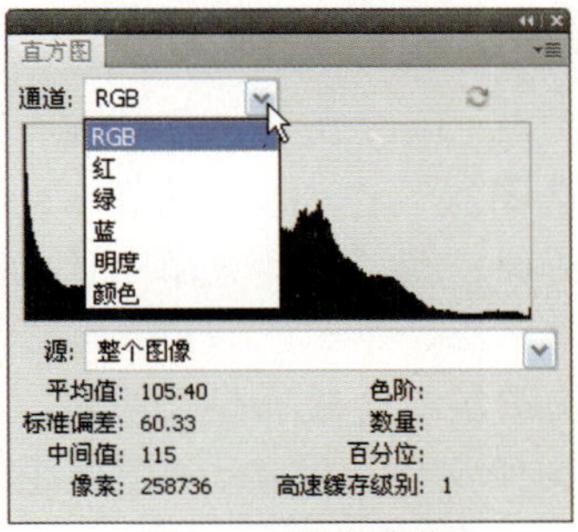

图3-27　通道菜单

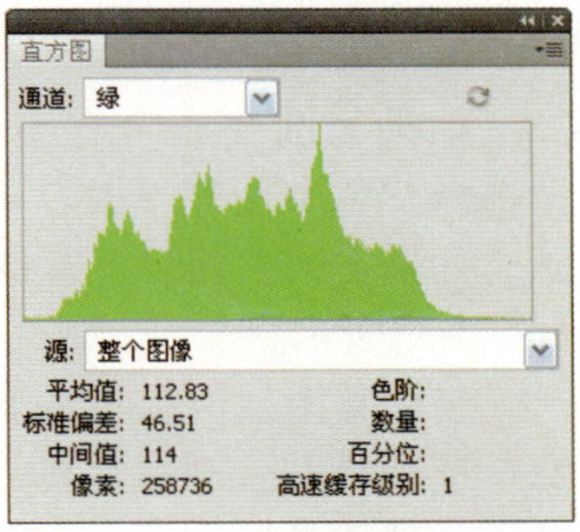

图3-28　“红”通道

5．通道菜单

在“直方图”面板上的“通道”菜单中，可以选择当前需要的显示通道。当图像为RGB模式时，可以选择RGB、红、绿、蓝、明度和颜色等通道，如图3-27所示。

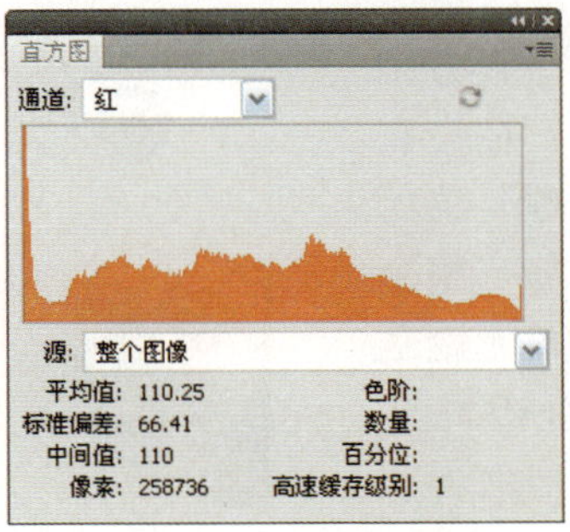

图3-29　“绿”通道

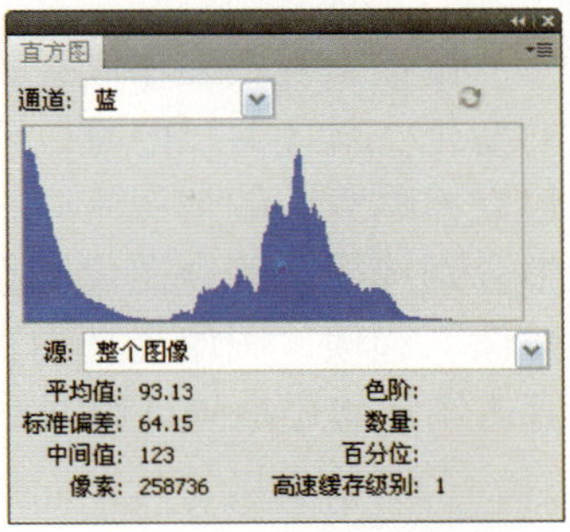

图3-30　“蓝”通道

- 红、绿和蓝通道

对于这3个通道，直方图显示了在其对应的单独颜色通道中色阶（灰度）的分布情况，此时图像通道中每个像素只有一个色阶值，所以在直方图中，色阶数量与像素数量相等，如图3-28至图3-30所示。

- RGB通道

RGB通道为复合通道，其每个像素还有R、G和B 3个色阶值。RGB的直方图是将红、绿和蓝3个通道直方图简单相加而得。所以此时在直方图中色阶数量是像素数量的3倍。

• 明度通道

由于一个像素只有一个明度值（根据公式），所以明度数量与色相数量相等。

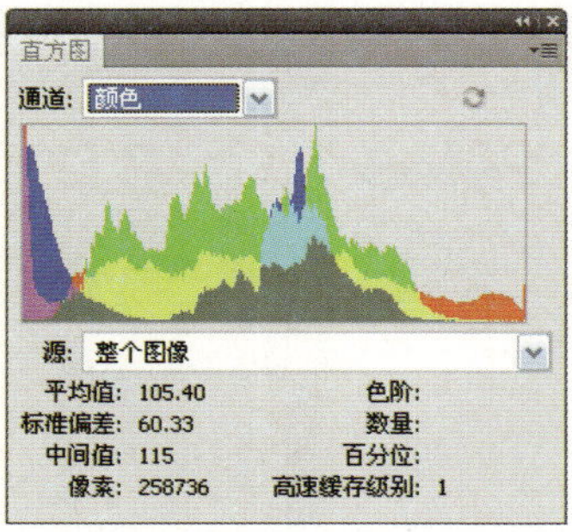

图3-31 “颜色”通道

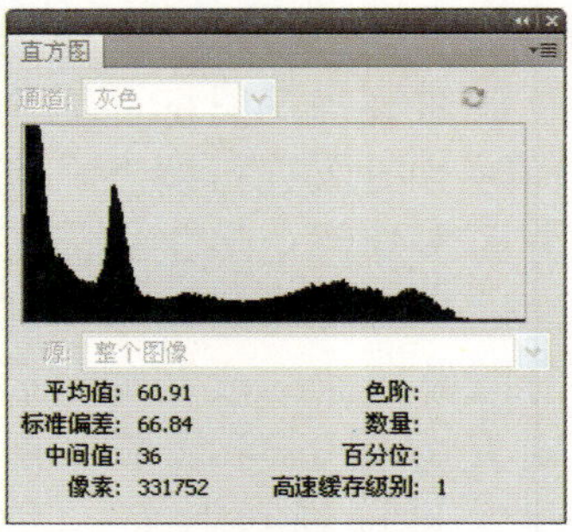

图3-32 灰度模式

• 颜色通道

颜色通道直方图是一种将红、绿和蓝通道同时显示的复合式的直方图。在3个通道直方图图像相重叠的地方使用滤色混合模式（RGB颜色模式的加色原理），如图3-31所示。

• 灰度通道

在对于灰度模式的图像，通道菜单不可选。也就是说，其只拥有灰度一种通道直方图，如图3-32所示。

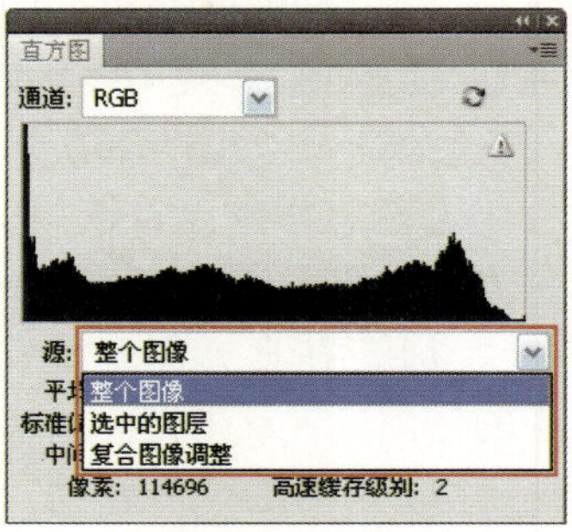

图3-33 源

6. 源

如果当前文档含有多个图层，可以在“源”菜单中选择“整个图像”或者“所选图层”作为直方图的来源。如果文档中同时还有调整图层，在“源”菜单中还会出现“复合图像调整”选项，如图3-33所示。

当调整图层没有与其下面的图层组合成剪贴蒙版时，“复合图像调整”与“整个图像”选项相同。观察这样一个图像文件，它由3个图层组成，如图3-34所示。从下到上分别为“背景”图层、普通图层和色相/饱和度调整图层。

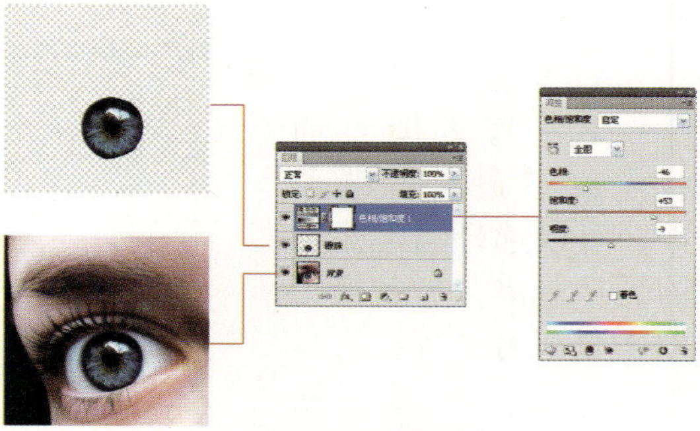

图3-34 文档构成

接下来观察在不同源设置下直方图的变化。从图3-35中可以看出，在没有建立剪贴蒙版的情况下，在“源”菜单中分别选择“复合图像调整”与“整个图像”选项，图像文档的直方图无论是直方图形状还是统计数据都完全相同。

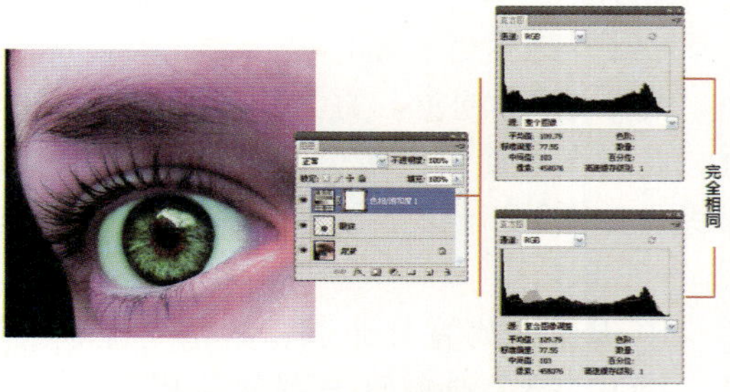

图3-35 没有建立剪贴蒙版

当调整图层与其下面的图层组合成剪贴蒙版时，“复合图像调整”选项将忽略其他图层，只显示调整图像与其下方的剪贴蒙版图层这两个图层的直方图。如图3-36所示，当调整图层建立了剪贴蒙版后，在“源”菜单中分别选择“复合图像调整”与“整个图像”选项，在图像的直方图中无论是直方图形状还是统计数据都完全不同。但是将背景图层设为不可见后，此时在文档中只剩下调整图层与下方的蒙版图层，此时选择“整个图像”选项，直方图与前面选择“复合图像调整”后的直方图完全相同，这就验证了上面的结论。

7．面板菜单

单击“直方图”面板右上方的“面板菜单”按钮，可以调出“直方图”面板菜单。在菜单中可以设置“直方图”面板所显示的视图情况。

选择“紧凑视图”选项后，“直方图”面板只显示直方图坐标，如图3-37所示。

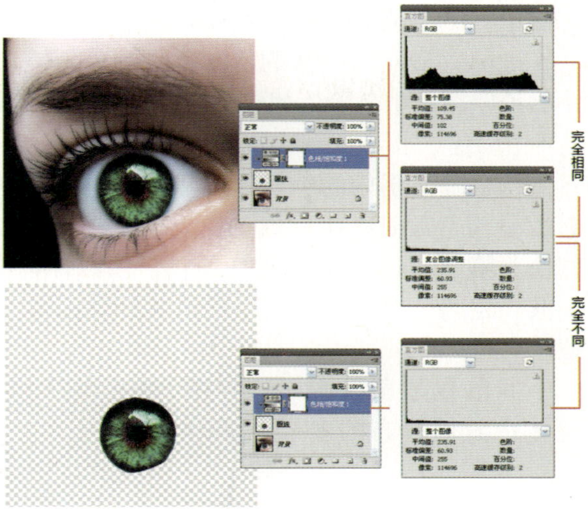

图3-36 建立剪贴蒙版

选择“扩展视图”选项后，“直方图”面板同时显示直方图坐标和统计数据，如图3-38所示。

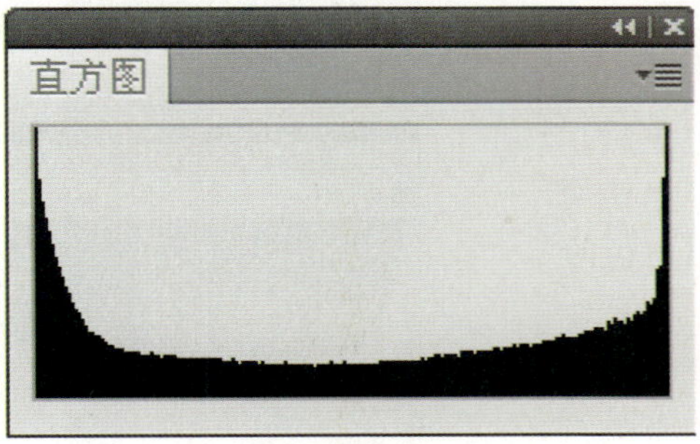

图3-37 “直方图”坐标

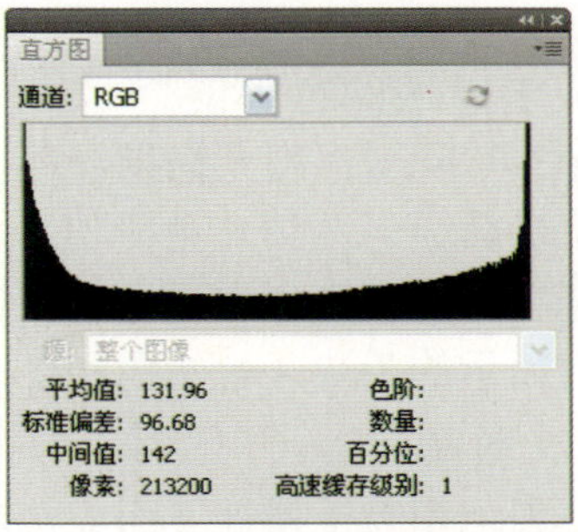

图3-38 显示直方图坐标和统计数据

选择“全部通道视图”选项后，“直方图”面板将同时显示各个颜色通道，如图3-39所示。

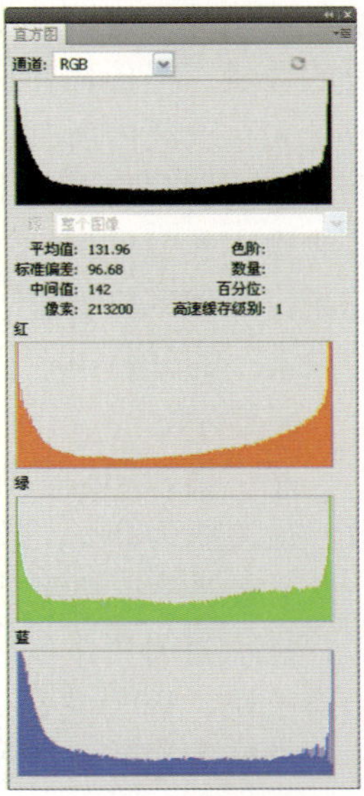

图3-39 显示各颜色通道

8．统计

“直方图”面板上的统计栏是直方图非常重要的组成部分，直方图坐标只能直观地显示图像中色阶或亮度的分别情况，但是要具体了解各项参数就要在统计栏中寻找答案。

接下来介绍统计栏中的各项参数。

- 平均值

图像中所有色阶值的算术平均值公式为：

平均值=所有色阶的色阶值的总和/所有色阶的总数

所以，平均值为衡量图像色阶值的平均水平。平均值越大，色阶整体较大，图像偏亮；反之，图像越暗。

- 标准偏差

用于表示色阶值的变化范围。其计算公式为：

{[(L1-I)2+(L2-I)2+……(LN-I)2]/(N-1)}^(1/2)

其中，I为色阶的平均值，N为色阶总数，LN为第N个色阶的色阶值。

标准偏差显示了图像的所有色阶的色阶值与色阶平均值的离散程度。标准偏差值越小，说明图像中色阶值越集中；反之，色阶值越分散。

• 中间值

图像色阶范围内的中间值。将图像中所有色阶按照其色阶值从小到大排列，当色阶总数量为奇数时，中间值为第（N+1）/2个色阶的色阶值；当色阶总数为偶数时，中间值为第（N/2）个色阶的色阶值。所以说，中间值是真实存在的图像中的一个色阶值，其一定为一个整数，而平均值为计算而得，所以可以为小数，其保留至小数点后两位。

中间值也是衡量图像整体色阶值分布的参数。

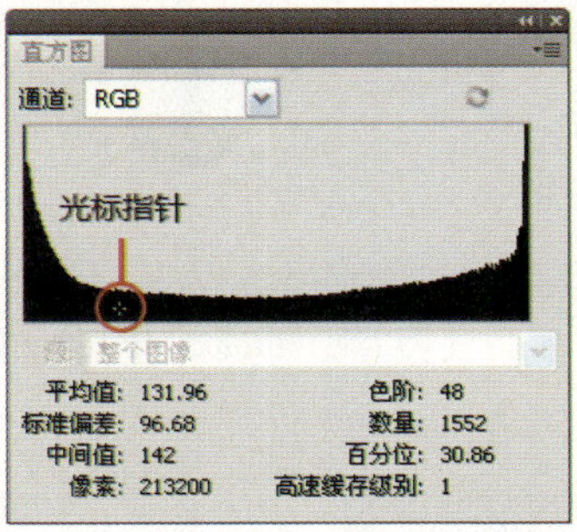

图3-40 选择点

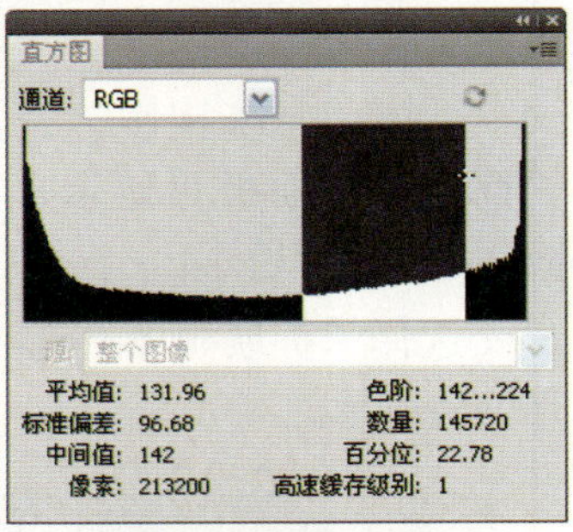

图3-41 选择范围

• 像素

像素为图像中真实拥有的像素数目。

• 色阶

光标指针所选择的点或者区域的色阶值。如图3-40所示，当光标指针移至直方图形状之上后，色阶参数显示为该点色阶值。如图3-41所示，当使用光标在直方图坐标中通过拖拉方法选择区域后，色阶参数显示的为选区起始端和终止端的色阶值。

• 数量

表示相当于指针下面或选区内色阶级别的像素总数。当使用光标指针在直方图坐标中移动时，数量表示色阶值等于或者小于当前指针位置色阶值的所有色阶的数量。当使用光标在直方图坐标中选择区域时，数量表示选区内所有色阶的数量。

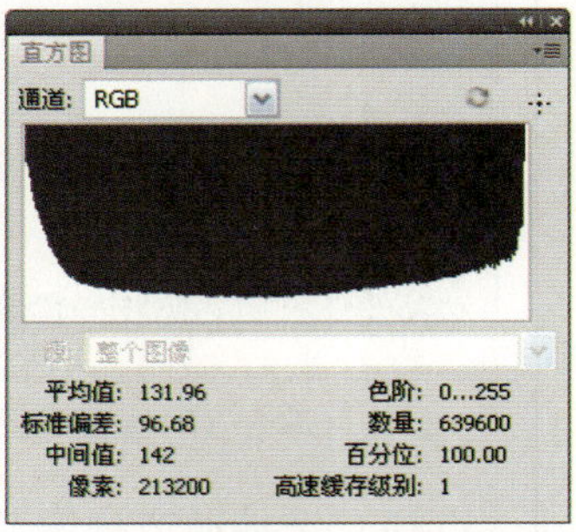

图3-42 选择整个直方图坐标

前面曾经介绍过，在RGB通道中，直方图中显示的色阶数量不同于像素数量，应该为像素数量的3倍。这里可以通过“数量”参数来验证。使用光标选择这个直方图坐标系，如图3-42所示，观察“像素”和“数量”两个参数，不难发现，“数量”的值为“像素”的3倍。

• 百分位

显示指针所指的级别或该级别以下的像素累计数。该值表示图像中所有像素的百分数，最左侧为 0%，最右侧为 100%。

• 高速缓存级别

显示当前用于创建直方图的图像高速缓存。当高速缓存级别大于1时，直方图将显示得更快，因为它是通过对图像中的像素进行典型性取样（取决于放大率）而衍生出的。原始图像的高速缓存级别为1。在每个大于1的级别上，将会对4个邻近像素进行平均运算，以得出单一的像素值。因此，每个级别都是它下一个级别的尺寸的一半（具有1/4的像素数量）。当 Photoshop需要快速计算近似值时，它可能会使用较高的级别之一。单击“不使用高速缓存的刷新”按钮，使用实际的图像像素重绘直方图。

3.1.3 直方图——图像的指针

对于直方图来讲，它的主要功能就是评价图像色调，预测图像最终效果。比如打开一幅图像，如图3-43所示。直接观察图像本身和其直方图（RGB通道），如图3-44所示，都会得出一样的结论，就是图像中总体色阶或者色调都集中在阴影部分和高光部分，在中间调部分色阶数目太少，使得画面中的图像分为两个部分；一个是天空、海洋和沙滩组成的高光部分；另一个是小孩人物和船身组成的阴影部分；画面中缺少中间调部分。在直方图面板下方的统计栏中更加详细地分析了图像的色阶分别情况，平均值为116.08，中间值为119，说明图像中的高光部分和阴影部分各自含有的色阶数量非常接近；标准偏差为88.83表明色阶分布非常不集中。

图3-43 图像

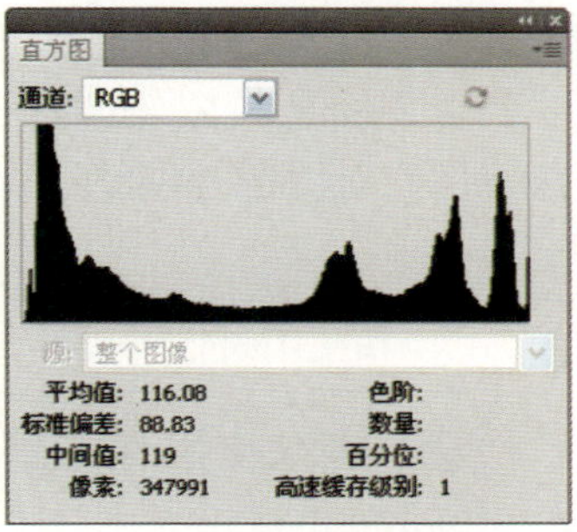

图3-44 直方图

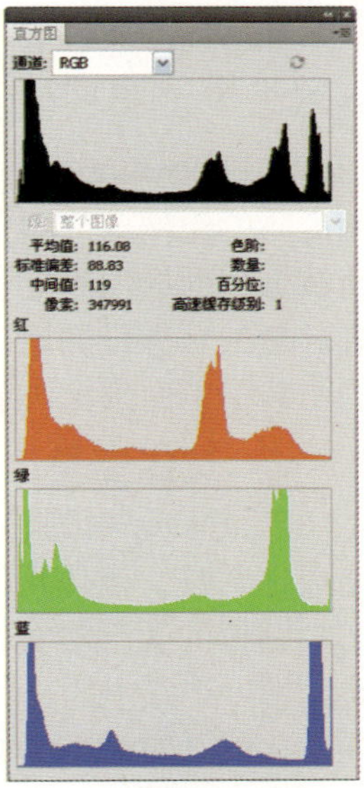

图3-45 颜色通道直方图

除了使用RGB通道观察分析处，还可以利用各颜色通道的直方图，具体分析图像中颜色的分布。如图3-45所示，“红”通道直方图中，色阶集中分布在阴影和接近中间调的位置，这个中间调就是船身部分和孩子人像图像；“绿”通道色阶主要分布在高光位置和阴影位置；在“蓝”通道中，色阶除了集中分布在高光和阴影部分，也有一部分分布在中间调位置部分，也就是船舷图像。

通过上面的分析，就可以很轻松地指定图像调整计划，即增加图像中中间调色阶的数量。同时，也可以通过颜色通道的分析预测调整后图像效果。这里使用“曲线”命令（“曲线”命令将在后面的章节详细介绍），参数设置如图3-46所示。调整后图像效果如图3-47所示。

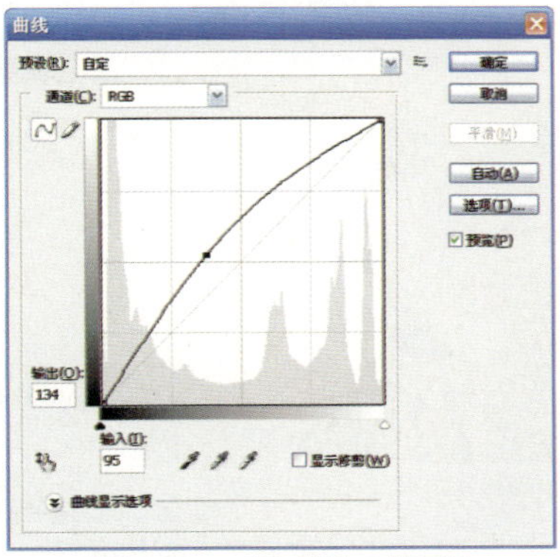

图3-46 “曲线”对话框

图3-47 调整后图像效果

可以看出，调整后的图像效果与前面分析预测的结果基本相同。再来观察一下调整后图像的直方图，如图3-48所示。从直方图中可以看出，在中间调附近的一个峰值明显地被加强了，阴影位置的峰值也随之降低。

直方图是在图像调整领域中非常好的一种辅助手段，可以使用户对图像的调整过程有很好的把握。

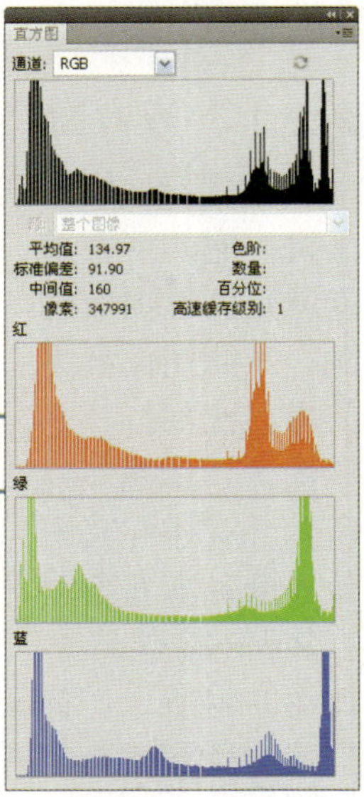

图3-48 直方图

3.2 全面的图像分析

除了可以使用直方图对图像色阶进行统计分析之外，Photoshop还提供了对图像进行全面分析的工具，如选择工具、吸管工具、颜色取样器工具、标尺工具和计数工具等。本节将详细介绍分析工具和分析方法。

3.2.1 测量图像

在Photoshop中，测量是指为图像指定一个测量比例，并用准确的比例单位测量长度、面积、周长、密度或其他值。在测量记录中记录结果，并将测量数据导出到电子表格或数据库。在测量图像时，可以选择选择工具、标尺工具或者计数工具进行测量，选择哪种工具取决于所要记录的数据类型，要根据需要选择合适的工具。下面依次讲解各种测量工具的测量手段和记录的数据类型。

1. 选择工具

Photoshop中的选择工具种类非常多，包括选框工具、套索工具、魔术棒工具和快速选择工具。当使用选择工具在图像上建立选区后，Photoshop可以提供这个选区和选区内图像的各种参数，如高度、宽度、周长、面积和像素灰度值等。Photoshop允许同时测量一个以上的选区。

这里以圆形选框工具为例。使用“圆形选框工具”在图像上建立一个圆形选区，在相应的面板上就会显示出选区和选区内图像的相关测量结果，如图3-49所示。

图3-49 测量选区

在“信息”面板上将会显示选区的水平方向和垂直方向的长度，即选区的长和宽。

在“直方图”面板上将会显示选区内图像的直方图形状和色阶统计。

在“测量记录”面板上将会显示各种与选区和选区内图像效果的测量结果，而且可以将测量记录导出。

2. “测量记录”面板

前面提到了“测量记录”面板，这里具体介绍这个面板的用法。“测量记录”面板是Photoshop中一个新增的功能，它可以显示大量的图像测量数据，而且允许将数据导出。“测量记录”面板的整体结构如图3-50所示。

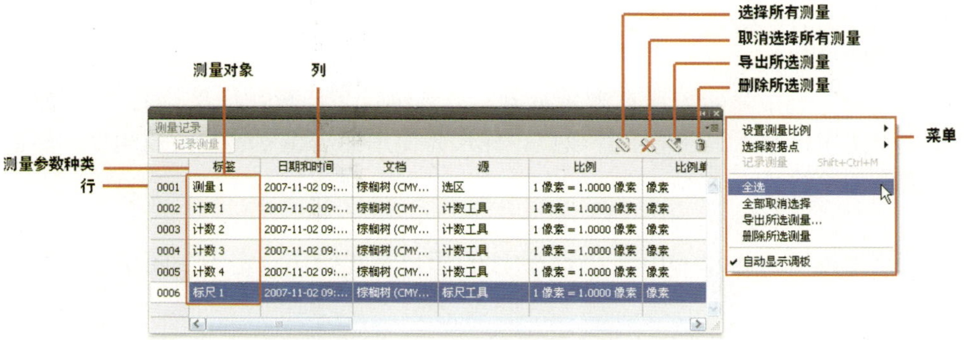

图3-50　“测量记录”面板

下面详细介绍面板的使用和各个控件的功能。

（1）测量参数种类

在参数记录表格中的第一行标注了所有可以测量的参数名称。具体参数的含意如下。

角度：标尺工具的方向角度±0-180。

面积：用方形像素或根据当前测量比例校准的单位（如平方毫米）表示选区的面积。

圆度4pi面积/周长2。若值为 1.0，则表示一个完全的圆形。当值接近 0.0 时，表示一个逐渐拉长的多边形。

计数：根据使用的测量工具发生变化。选择工具为图像上不相邻的选区的数目。计数工具为图像上已计数项目的数目。标尺工具为可见的标尺线的数目（1 或 2）。

日期和时间：应用表示测量发生时间的日期/时间戳。

文档：标识测量的文档（文件）。

灰度值：这是对亮度的测量，范围从 0 ～ 255（对于 8 位图像）、0 ～ 32 768（对于 16 位图像）或 0.0 ～ 10（对于 32 位图像）。对于所有与灰度值相关的测量，将使用默认灰度配置文件在内部将图像转换为灰度（相当于执行“图像”|“模式”|“灰度”命令）。然后为每个特征和摘要执行请求的计算（如平均值、中间值、最小值、最大值）。

高度：选区的高度max y - min y，其单位取决于当前的测量比例。

直方图：为图像中的每个通道（RGB 图像有3个通道，CMYK 图像有4个通道等）生成直方图数据，并记录 0 ～ 255（将 16 位或 32 位值转换为 8 位）之间的每个值所表示的像素的数目。从测量记录中导出数据时，数字直方图数据将导出到CSV（以逗号分隔的值）文件中。该文件被放在其自己的文件夹中，其位置与以制表符分隔的测量记录文本文件的导出位置相同。将为这些直方图文件分配一个惟一编号，编号从 0 开始并且每次增加 1。对于一次测量的多个选区，将为整个选定区域生成一个直方图文件，并为每个选区生成附加的直方图文件。

累计密度：选区中像素值的总和。此值等于面积（以像素为单位）与平均灰度值的乘积。

标签：标识每个测量并自动将每个测量编号为测量 1、测量 2等。对于同时测量的多个选区，将为每个选区分配一个附加的“特征”标签和编号。

长度：标尺工具在图像上定义的直线距离，其单位取决于当前的测量比例。

周长：选区的周长。对于一次测量的多个选区，将为所有选区的总周长生成一个测量，并为每个选区生成附加测量。

比例：源文档的测量比例（例如，100 像素为3 英里）。

比例单位：测量比例的逻辑单位。

比例因子：分配给比例单位的像素数。

（2）测量对象

在“标签”列中显示着所有测量对象。分为测量、计数和标尺3种，其中测量为选区；计数为使用计数工具建立的计数点；标尺为使用标尺建立的线段或角度。然后按照建立的顺序加注编号。

（3）在记录中选择行或列

如果使用过Microsoft Office Excel软件的用户对此操作肯定不会陌生。这里简单介绍一下。

- 要选择单个行，只需用光标在记录表格中单击该行即可。
- 要选择相邻的行，使用光标在所需行间拖拉，也可以按住Shift键，用光标分别单击起始行与终止行进行选区。

选择不相邻的行，按住Ctrl键，用鼠标单击选择所需行即可。

- 要选择所有行，只需单击“选择所有测量”图标。
- 要取消选择行，只需单击“取消选择所有测量”图标。

选择列的操作与选择行的操作相同。

（4）数据排列

在“测量记录”面板上，可以像在Excel软件中一样，对每列数据按照其数据值的大小排列数据。排列的方法非常简单，直接双击每列前面的参数名称即可。例如如果想按照“时间和日期”排列数据，只需双击“时间和日期”参数标题即可，如图3-51所示。如果按照升序排列，在标题旁就会出现向上的三角形▲，如图3-51所示。如果按降序排列就会出现向下的三角形▼。

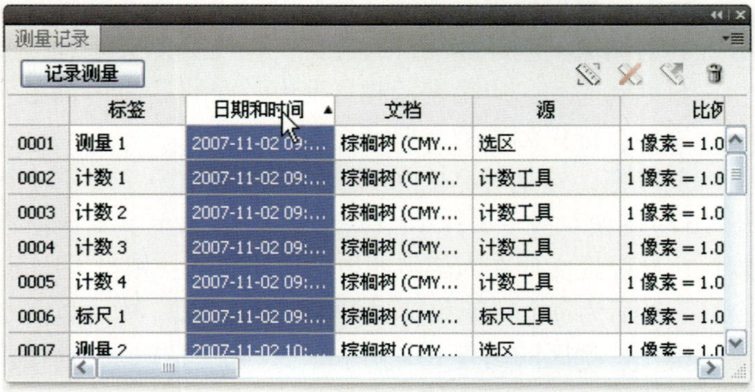

图3-51 排列数据

也可以直接在面板菜单上右击，从弹出的快捷菜单中选择“升序排序”或“降序排序”命令。

(5) 导出数据

在"测量记录"面板上，Photoshop允许用户将数据导出为用逗号分隔的文本格式文件。可以使用文本软件或者电子表格程序将其打开。

首先在面板上选择需要导出的数据，然后可以通过3种方式将其导出。第一种，直接单击面板上的"导出所选测量"图标；第二种，在面板菜单中选择"导出所选测量"命令；第三种，在选中的数据上面单击鼠标右键，从弹出的菜单中选择"导出所选测量"命令。无论使用哪种方法，都会弹出"存储"对话框，如图3-52所示。在对话框中可以设置存储的文件名称和位置。

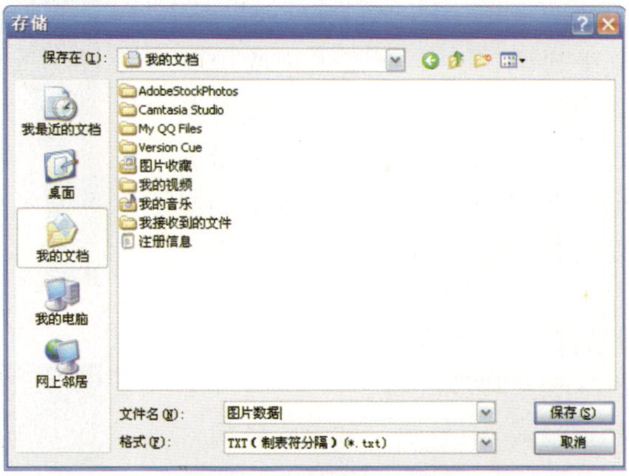

图3-52 "存储"对话框

文件存储后，可以使用写字板软件，如图3-53所示。或者使用Excel软件，如图3-54所示。打开该文档。这样就方便对图像测量数据进行统计和管理。

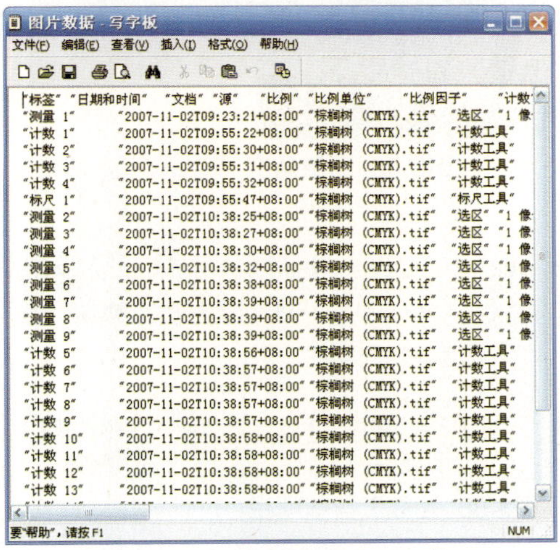

图3-53 用写字板打开文件

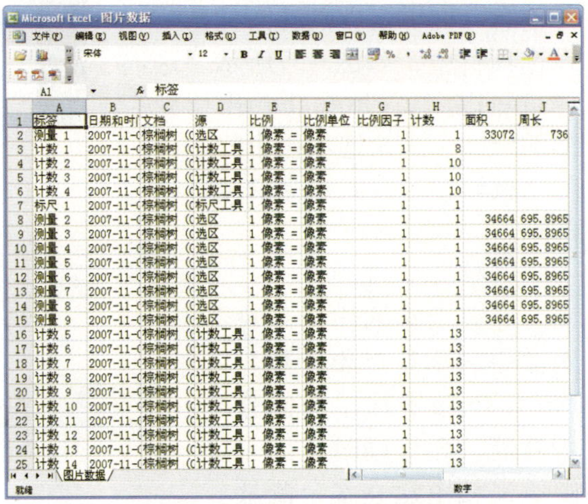

图3-54 用Excel打开文件

"测量记录"面板可以用来同时监视图像中多个区域的参数变化，进而更好地控制图像。

3. 标尺工具

使用"标尺"工具可以测量图像中两点间的距离，也可以测量两条线段之间的角度等数据。

(1) 测量两点间的距离

选择"标尺工具"，在起点处单击建立测量线的起点，然后将光标拖拉至终点位置就建立了测量线。此时"信息"面板将显示所有测量线相关的参数数据。如图3-55所示，在"信息"面板上，X和Y分别为起始点的坐标；A为测量线与水平线的夹角；L为线段长度；W和H分别为终点与起点间的水平和垂直距离。所有这些参数的单位都在对话框中设定。

（2）测量角度

使用“标尺工具”建立一条测量线之后，按住Alt键，可以从测量线的任意一个端点再拖出一条测量线，这样就可以测量两条线段间的角度，如图3-56所示。此时在“信息”面板上显示的参数数据如下：X和Y分别为终点的水平坐标和垂直坐标；A为两条测量线的夹角；L1和L2分别为两条测量线的长度。

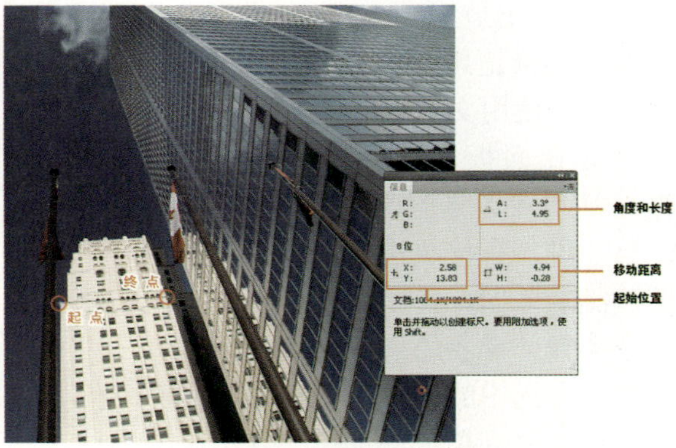

图3-55 建立测量线

（3）调整测量线

用户可以直接使用光标调整测量线的端点位置、长度以及夹角度数。

测量线的数据不但显示在“信息”面板上，而且同样显示在选项栏中，如图3-57所示。这样就可以节省Photoshop操作界面的空间。单击选项栏中的“清除”按钮，可以将建立的测量线清除。

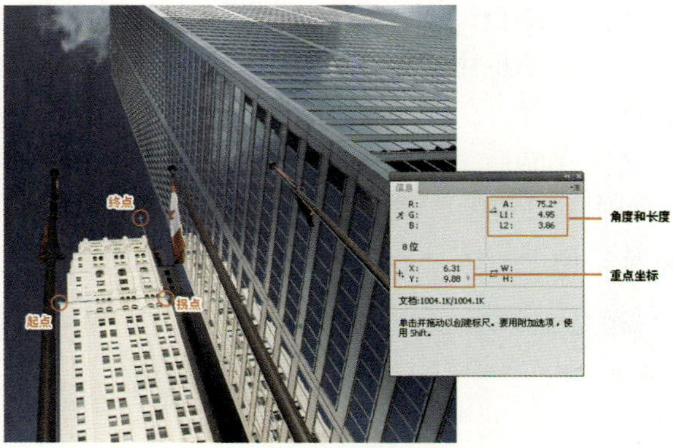

图3-56 测量角度

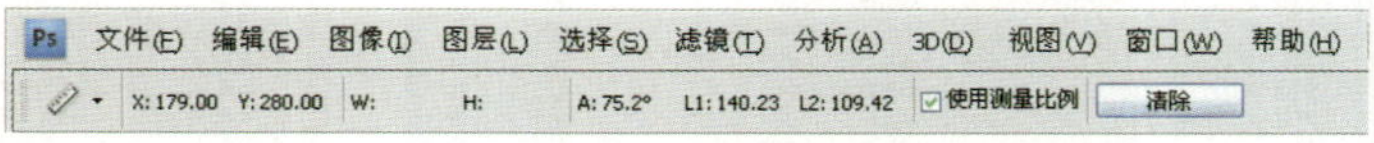

图3-57 选项栏

（4）计数工具

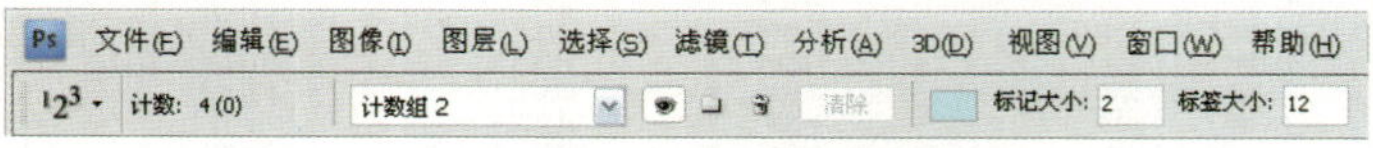

图3-58 计数工具选项栏

计数工具的作用是对图像中的测量对象计数。Photoshop增加了图像分析功能。允许同时在同一图像文档中建立多个测量对象，这是就需要使用计数工具对对象进行编号，这样有利于对测量对象的管理。在Photoshop中，可以手动计数也可以自动对图像中的多个选区自动计数。

在图像中建立多个测量对象后，选择“计数工具”。首先在选项栏中设置计数工具的颜色。如图3-58所示，单击“标签颜色”后面的颜色图标，就可以调出“拾色器”对话框，在“拾色器”对话框中可以设置标签的颜色。要尽量设置与图像颜色反差大的颜色，这样更有利于观察，也可以在“首选项”对话框中设置“计数”颜色。

设置好颜色后，在图像上单击就会依次建立计数点。可以随意拖动计数点并调整其位置。在选项栏中会显示建立的计数点的数目，单击“清除”按钮会清除所有的计数点，将“总计数”复位到0。

使用“计数工具”的好处在于可以手动为测量对象编号，这样就不会将测量对象和其对应的测量数据弄混以方便管理。

（5）自动计数

在Photoshop中，除了可以使用“计数工具”记录测量对象以外，还增添了自动计数功能，如图3-59所示。首先在图像中建立7个选区，然后执行“分析”｜“选择数据点”｜“自定”命令，在“选区”区域勾选“计数”复选框，并且单击“确定”按钮，如图3-60所示。

图3-59 建立选区

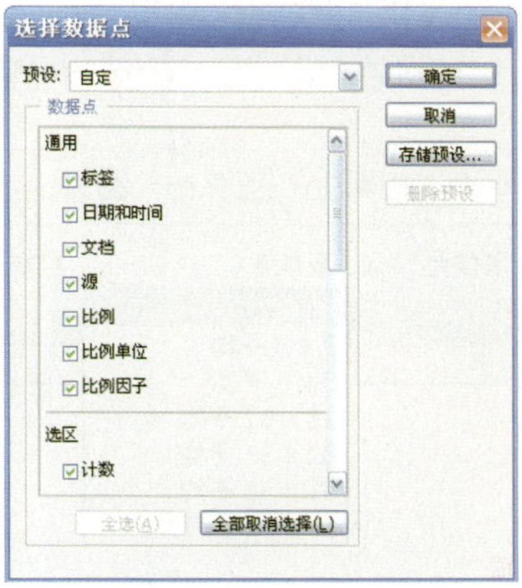

图3-60 设置参数

接下来调出“测量记录”面板，执行“分析”｜“记录测量”命令，或者单击面板上的“记录测量”按钮，Photoshop自动将选区计数。如图3-61所示，在“测量记录”面板上会显示建立的7个选区的测量数据。在面板上会发现一共有8组测量数据，第一组为所有选区之和，剩下7组分别为这7个选区。

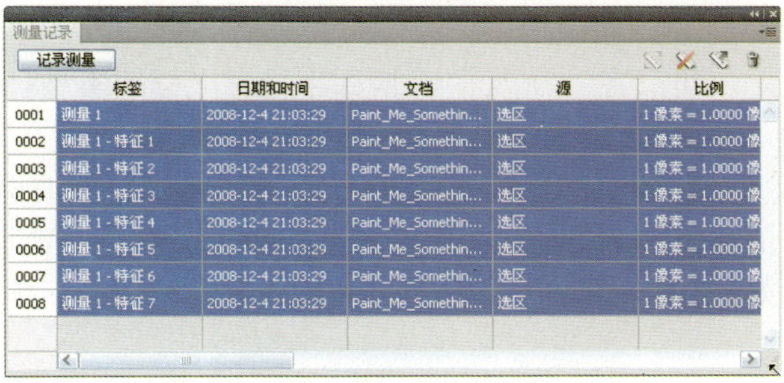

图3-61 自动计数

如果分步建立选区，每建立一个选区会记录一次测量。

3.2.2 跟踪色调变化

前面介绍了Photoshop的分析图像功能。在Photoshop中，可以使用“选择工具”、“标尺工具”和“计数工具”并配合“信息”面板、“直方图”面板和“测量记录”面板对图像中的选区或者线段进行分析。但是对于分析结果并不能进行自动更新，所有该项功能只适用于对最终图像结果的分析，而不适用于对图像变化的监视。

接下来讲解如何使用“吸管工具”和“颜色取样器工具”跟踪图像中某点或者某个区域内的色调变化。通过这项功能，可以观察到操作对图像中某点或者某个区域内图像色调的影响，进而控制操作以达到满意的效果。

由于图像要显示在显示器的屏幕上，所以必须在受控观察环境中评价校准后显示器上的图像。由于显示器性能的不同，往往视觉效果与真实效果存在偏差，这时就不能够完全相信在屏幕上的图像的视觉色调，要依靠“吸管工具”或“颜色取样器工具”以及“信息”面板上显示的颜色值来控制评价和调整图像。

1. 吸管工具

吸管工具是一个经常用到的工具，不但可以使用其设定“拾色器”中的颜色，同时也可以用它评价图像中的颜色。

选择“吸管工具”，在属性栏中设置取样大小，如图3-62所示。Photoshop提供多种取样点大小的选项，用户可以根据需要选择取样点的大小。

设置好取样大小后，调出“信息”面板，将光标移至所需观察色调的位置，如图3-63所示。可以在“信息”面板上观察取样点的颜色信息。

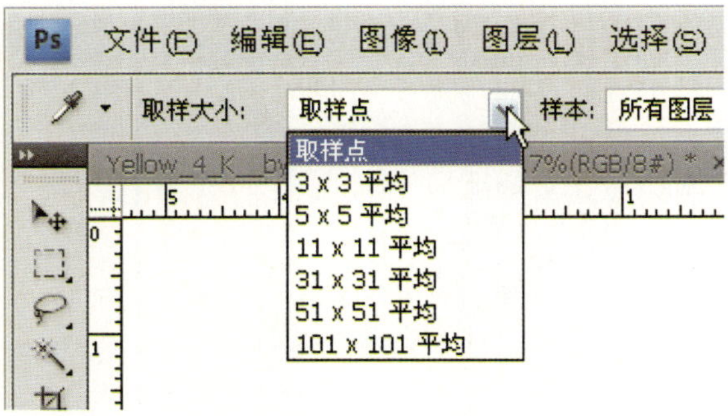

图3-62 设置取样大小

图3-63 观察取样点色调

（1）取样点

可以在 “光标”对话框中设置光标的类型。

（2）第一或第二颜色模式

在“信息”面板上，可以同时显示图像的取样点在两种不同的颜色模式下的颜色值。单击“信息”面板右上角的“面板菜单”按钮，可以弹出“信息面板选项”对话框，如图3-64所示。在对话框中可以设置第一或第二颜色信息的模式类型，如图3-65所示。

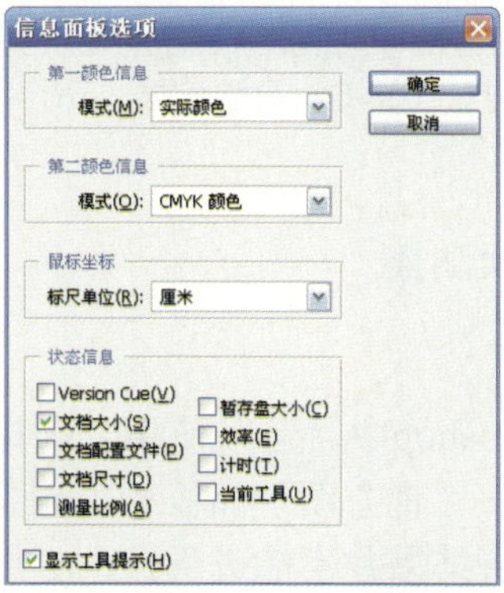

图3-64 “信息面板选项”对话框

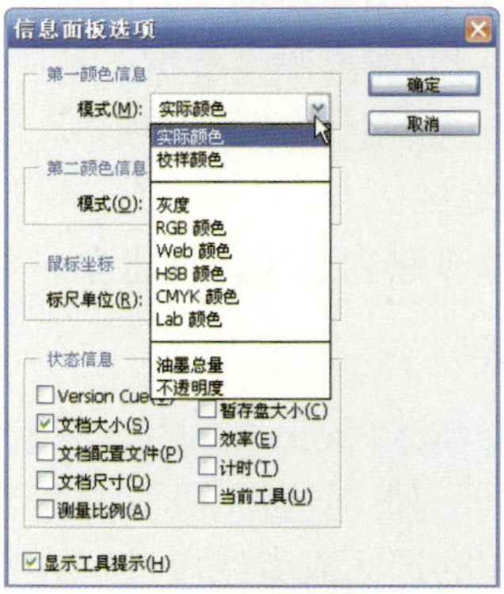

图3-65 设置模式

实际颜色：显示图像当前颜色模式下的值。

校样颜色：显示图像的输出颜色空间的值。可以执行“视图” | “校样设置”命令来设置校样颜色。

颜色模式：显示该颜色模式下（灰度至Lab颜色）的颜色值。

油墨总量：显示指针当前位置的所有CMYK油墨的总百分比，取决于“CMYK设置”对话框中值的设置。

不透明度：显示当前图层的不透明度，该选项不适用于背景。

（3）取样点坐标

显示当前取样点或者区域中心的坐标。

（4）状态信息

显示当前图像的状态信息。如图3-64中所示，可以在“信息面板选项”对话框中的“状态信息”选项组中设置所要显示的信息。

2．颜色取样器

颜色取样器可以锁定取样点的“吸管工具”，最多支持同时创建4个取样点。如图3-66所示，使用“颜色取样器工具”在图像中建立4个固定取样点之后，在“信息”面板上会显示这4个取样点的颜色信息，同时还会显现光标当前位置的颜色信息，这个与“吸管工具”相同。

图3-66 取样点信息

所以使用“颜色取样器工具”可以同时观察5个取样点的颜色信息。但是只能跟踪4个固定取样点的色调变化。

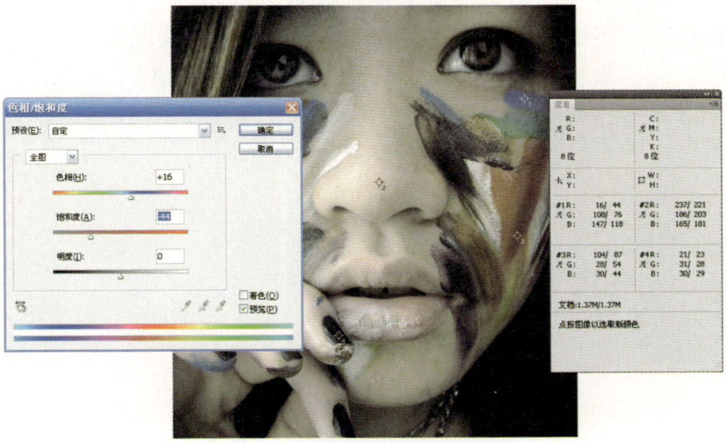

图3-67 跟踪色调变化

当对创建了取样点的图像进行调整时，在“信息”面板上将会同时显示4个取样点初始状态和当前调整状态下的颜色信息。如图3-67所示，当对图像进行“色相/饱和度”调整时，勾选对话框中的“预览”复选框，此时图像会根据参数的变化而变化。对于“信息”面板上的取样点的颜色信息同样也随之变化，这时每个颜色值都变为两个，中间用“/”号隔开，前面为调整前颜色值，后面为当前调整状态下的颜色值。这样，就可以更精确地跟踪调整后图像颜色的变化，进而控制调整参数的设置。

要修改取样点的位置，只需使用光标点选取样点，然后将其拖移至合适的位置即可。要删除取样点，直接将该取样点拖出图像画面即可，也可以按住Alt键后单击该取样点。在图像中建立取样点之后，单击属性栏上的“清除”按钮，将会清除所有建立的取样点。

第4章 映射与色调调整

在本章中，我们主要介绍“图像”|“调整”命令菜单中的图像色调调整命令。所谓色调，通俗地讲就是图像的明暗。可以说，色调调整是Photoshop中所有图像调整命令的基础。尤其是“色阶”和“曲线”命令，更是基础中的基础。同时这两个色调调整命令控制最为复杂，如果理解了这两个调整命令的原理，可以说其他调整命令都会迎刃而解。在本章中，这两个调整命令所占的篇幅也是最大的。

4.1 颜色效果与调整

通过前面几个章节对Photoshop的色彩理论作了介绍，接下来将学习如何使用Photoshop对图像文件的色彩进行调整。在学习之前，应该先解决两个问题：一是为什么要调整图像，也就是在什么情况下需要对图像进行调整；二是Photoshop通过何种方法对图像进行调整。

4.1.1 为什么要调整图像

为什么要将图像的颜色改来改去呢？主要有两个原因：第一个是原有图像存在某些缺陷。在日常生活中，会经常遇到这种问题，所获得的图像文件，无论是来自数码相机还是扫描仪，图像不会总是令人满意，模糊、划痕以及偏色都是常见的问题，如图4-1和图4-2所示。如果有Photoshop软件，那么就不用担心这些问题，它会帮我们轻松地将这些问题解决。如图4-3和图4-4所示，我们可以很容易使用Photoshop对图像进行修改。

图4-1 对比度低

图4-2 存在划痕

图4-3 增加对比度

图4-4 消除划痕

第二个是我们想获得特殊的艺术效果。在这个提倡张扬个性的年代，是否已经厌倦了单调的数码照片，Photoshop可以帮你打造个性效果，使其与众不同，如图4-5和图4-6所示。

图4-5 个性写真

图4-6 个性写真

图像调整与修饰一直是Photoshop的重要功能。无论在传统平面领域，还是在网页、视频等领域，Photoshop一直占据着图像处理第一软件的位置，由此可见其功能的强大。Photoshop的图像调整和修饰功能覆盖范围广，参数设置全，效果细腻，给用户提供了很大的发挥空间，在专业领域一直享有很高的口碑和广泛的市场占有率。近几年，Adobe公司重视了普通用户，使得Photoshop的操作更加人性化，尤其在最新的PhotoshopCS4版本中，新添了一些使用方便的参数设置，改善了面板和对话框中的布局，增加了与用户的互动性。在Photoshop CS4中，图像调整和修饰功能主要通过“图像”菜单和“调整”面板上的命令来完成，如图4-7和图4-8所示。其中“图像”菜单中的命令对图像（或图层）进行不可逆的调整；而“调整”面板中的命令可以为图像（或图层）添加可随时进行修改的调整图层。接下来，我们将逐一介绍各种调整功能的原理，使用方法以及应用案例。

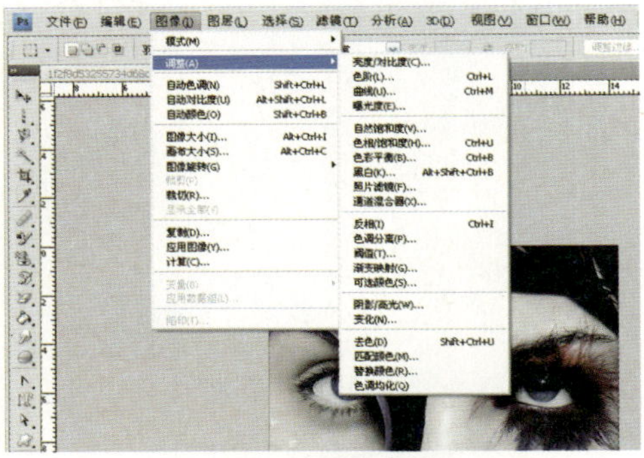

图4-7 图像菜单

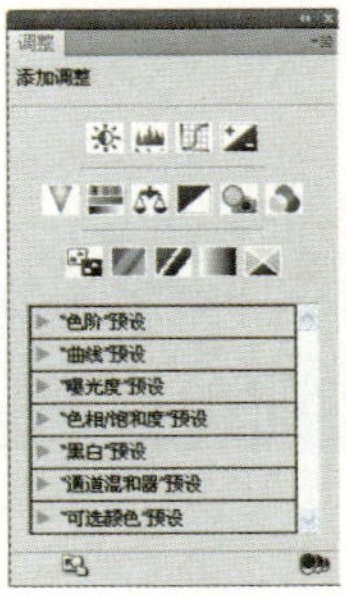

图 4-8 “调整”面板

4.1.2 什么是映射

映射是Photoshop色彩调整最基本的一个概念。那什么是映射呢？映射的英文单词为Mapping，本身是数学领域的一个术语，意思为“一种集合间一一对应关系的规则，一个集合中的每个元素与同一或另一集合中的一个元素相对应”。在Photoshop中，是指重新调配像素颜色（或色阶）的过程。例如，把颜色（或色阶）A映射为颜色（或色阶）B，就是指将图像中所有颜色（或色阶）为A的像素提取出来，并将其全部转换为颜色（或色阶）B。映射是一种重新确定图像颜色（或色阶）分布的关系式。举一个简单的例子，有一个班级，全班一共有30人。开始的时候，按照年龄从小到大排列学号，这样全班每个人都有自己的学号，1至30号。接下来，换一种排列学号的方法，按照身高由矮到高排列，这样每个人又重新有了自己的学号。这种学号的排列方式就是映射，所以说，映射最重要的是确定这种重新分布的关系，Photoshop中的调整命令就是通过各个参数的设置（例如等参数）来确定这种关系，进而重新分布图像颜色（或色阶）。

下面用一个简单的例子来讲解Photoshop中的映射。

案例16　理解映射

设计思路

本案例通过一个特殊的图像文件感受一下映射的效果。

操作步骤

01 打开配套光盘中的“均匀色阶.JPG”文件，如图4-9所示。

02 图像大小为256×256像素，黑色至白色色阶均匀分布。如图4-10 所示，图像的“直方图”分布也验证了色阶的分布。

图4-9 原图

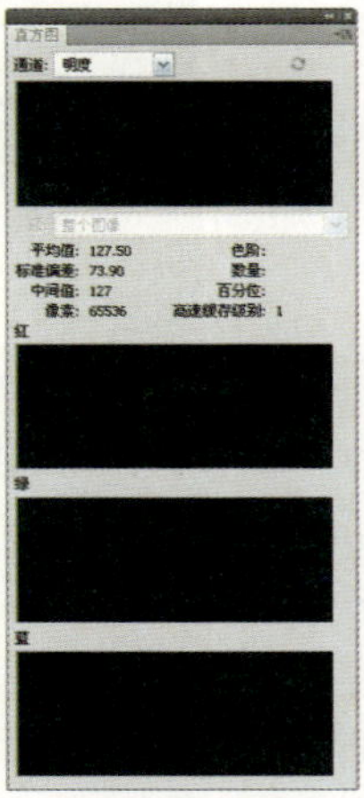

图4-10 直方图分布

03 调出“调整”面板，单击面板上的“创建新的色阶调整图层”按钮，如图4-11所示，为背景图像添加“色阶”

调整图层。此时，“调整”面板布局会随之变为“色阶”设置，如图4-12所示，此时图像色阶处于初始状态。在“输出色阶”文本框中，色阶值为0代表黑色，色阶值为255代表白色。接下来，设置映射关系，“输出色阶”文本框中黑色设为色阶值255，白色设为色阶值0，如图4-13所示。

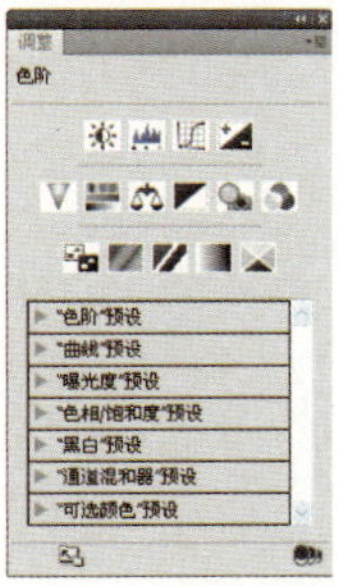

图4-11 “调整”面板

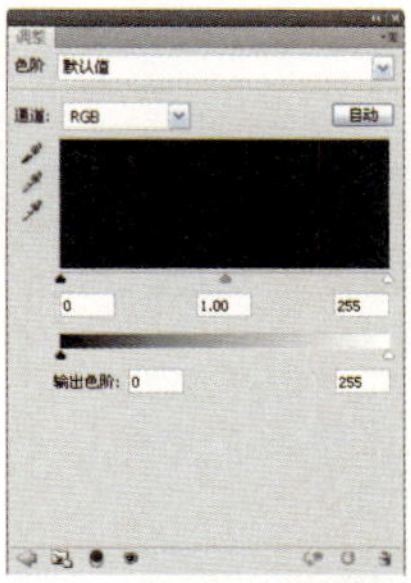

图4-12 初始色阶的设置

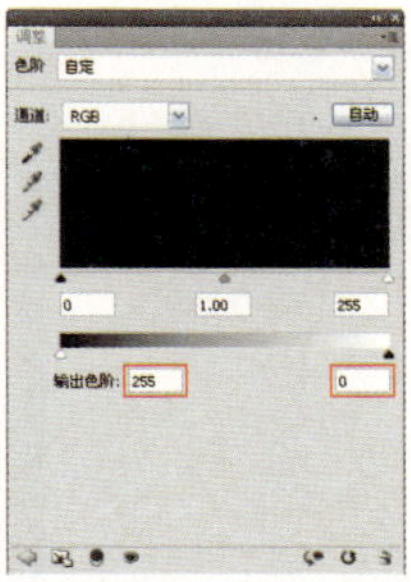

图 4-13 调整后色阶的设置

04 调整后图像效果如图4-14所示。对比前面的图4-9和图4-10中的“直方图”，可以发现，这个映射的作用就是将图像中的色阶“反向”，即黑色变白色，白色变黑色。再次观察“直方图”。如图4-15所示，通过“直方图”可以看出，整个图层的色阶分布仍然很均匀，各个色阶值的像素数量均相等。

图4-14 映射后的效果

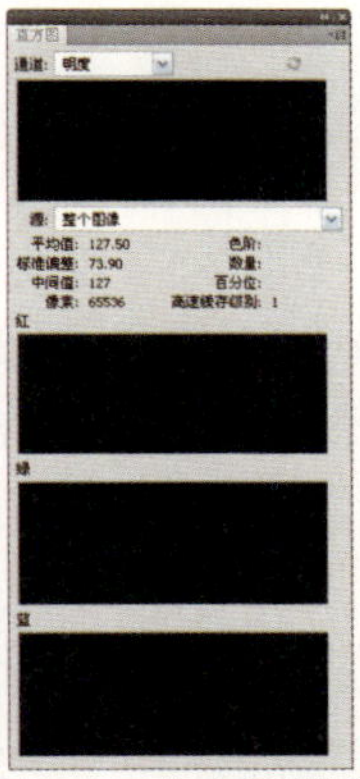

图4-15 直方图效果

05 前面的映射仍然保持了图像的灰度性质。下面再来观察一种彩色的映射效果。隐藏“色阶调整”图层，调出“调整”面板，单击面板上的“创建新的渐变映射调整图层”按钮，如图4-16所示。此时“调整”面板也随之变为渐变映射设置，现在将渐变设置为如图4-17所示。

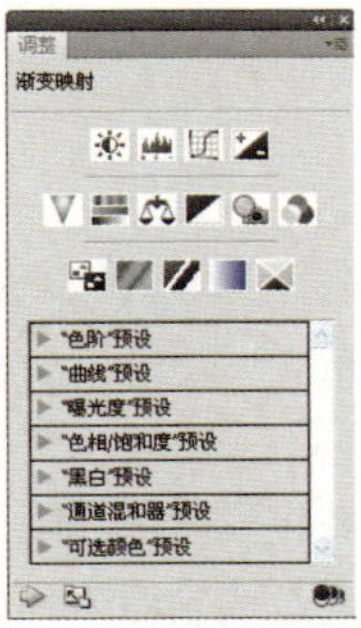

图4-16 “调整”面板

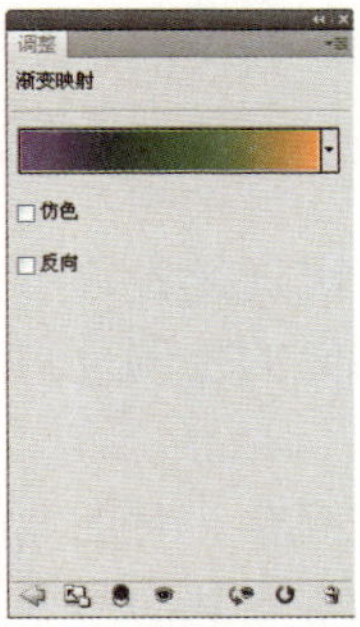

图4-17 设置渐变映射

06 映射后图像效果如图4-18所示。Photoshop将原图中黑色至白色的色阶按照“渐变映射”建立转换关系，自动转变为紫色至橙色。此时通过如图4-19所示的图像的“直方图”可以发现，这个映射关系要远远比前面建立的“色阶”映射关系复杂。映射后，图像颜色和色阶的分布都发生了明显的变化。

图4-18 渐变映射效果

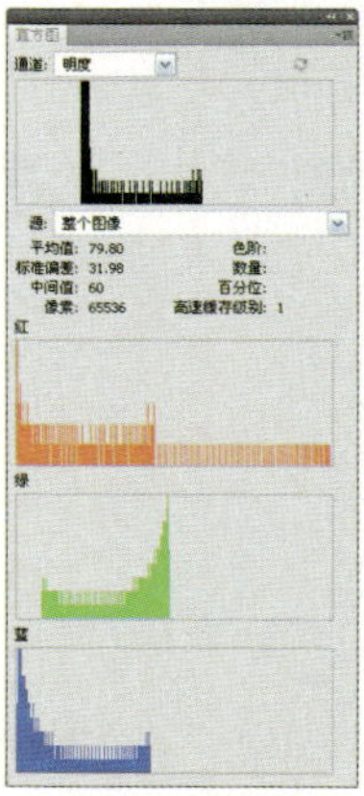

图4-19 直方图

07 最后将文件存储为“映射效果.PSD”。

案例总结

映射的种类多种多样，既可以映射图像的明暗度，又可以映射图像的色彩。

通过上面的案例，可以更进一步理解映射的含义。映射过程就是将图像中原有的颜色(或色阶)通过一个或一组方程转变为另外一种颜色(或色阶)。由于方程或方程组与映射效果是一一对应的，所以用户可以通过控制方程来控制映射，进而达到满意的效果。

映射可以说是Photoshop颜色调整的基础。无论是调节图层的对比度。颜色的饱和度还是改变色调，Photoshop都是遵循映射规则。

4.2 “色阶”命令

前面提到的“色阶”是一个表示像素明暗程度的概念。这里所讲解的“色阶”是指“图像”菜单中的“色阶”命令。

4.2.1 初识“色阶”调整命令

使用“色阶”命令可以通过设置“色阶”对话框来调整图像的阴影、中间调和高光的强度级别，进而校正图像的色调范围和颜色平衡。“色阶”命令的本质就是设置色阶映射的工具。

由于该命令操作比较简单，对图像的调整效果也非常明显，所以对于许多初学者来说，“色阶”命令是一个常用到的命令之一。无论是否能够真正理解每个参数的意义，用户都可以尝试设置参数来达到预期的效果。

下面将通过一个简单的案例来讲解“色阶”命令的含义和使用方法。

案例17 初识色阶调整

设计思路

本案例将使用“色阶”调整命令来校正图像的色调范围和颜色平衡。

操作步骤

01 打开配套光盘中的“照片.jpg”文件，如图4-20所示。

02 调出“直方图”面板，如图4-21所示。通过图像文档和其直方图形状可以看出，图像存在的问题在于整体图像色调集中在阴影和中间调部分，高光部分像素太少，而且整个图像的对比度不够。

图4-20 原图

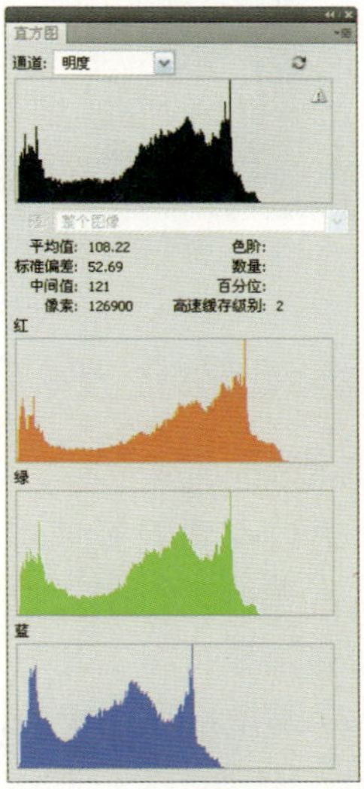

图4-21 “直方图”面板

03 下面使用“色阶”命令来校正图像的色调范围。对图像执行“图像”|“调整”|“色阶”命令，弹出“色阶”对话框，如图4-22所示。可以看出，“色阶”对话框中的“输入色阶”区域中的直方图与“直方图”面板上的直方图完全一样。

04 调整色阶参数，如图4-23所示，色阶参数分别设为8、1.05和200。

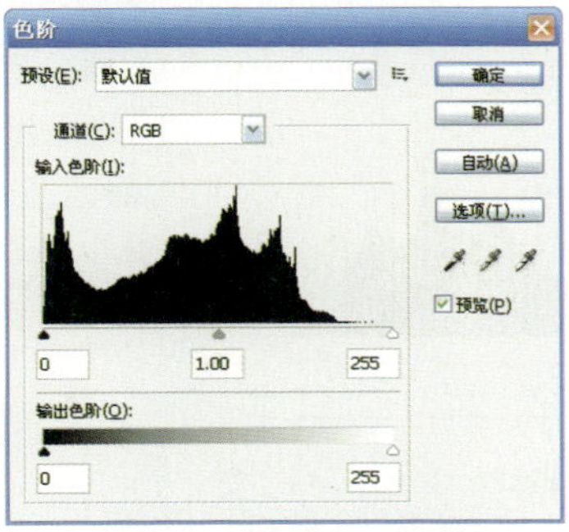

图4-22 “色阶”对话框

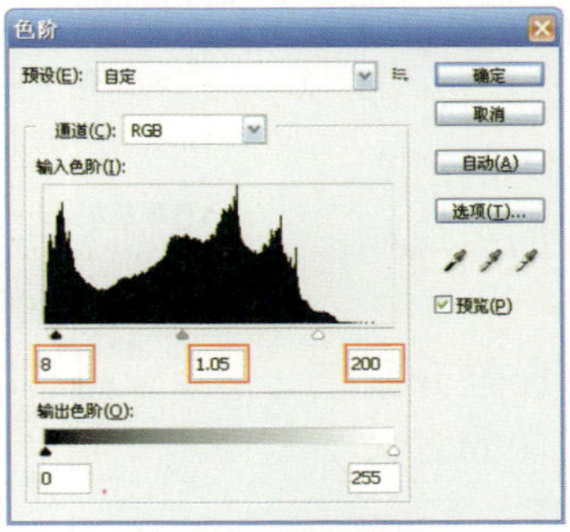

图4-23 调整色阶

05 设置参数后，单击“确定”按钮完成色阶调整。调整后，图像效果与“直方图”面板分别如图4-24和图4-25所示。调整后的图像色调分布均匀，对比度也很恰当。

06 最后，将文件存储为“色阶调整.PSD”。

图4-24 调整效果

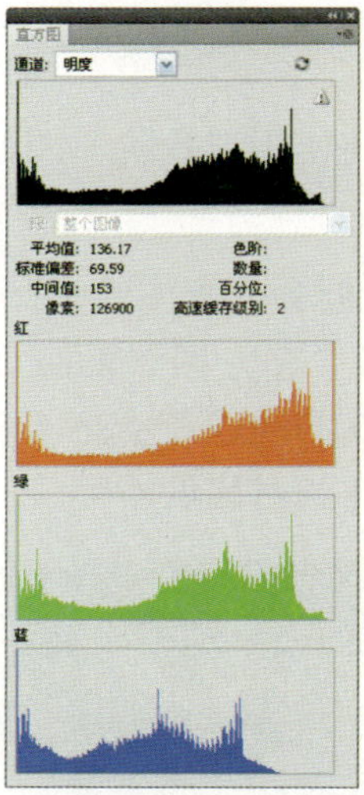

图4-25 “直方图”面板

案例总结

通过本案例可以看出，使用色阶能够很轻松地校正图像的色调范围和颜色平衡。但是，在使用“色阶”调整命令时，如何设置参数，“输入色阶”和“输出色阶”又分别代表什么含义，以及为什么调整后图层的直方图会出现“断层”现象等，一系列问题等待我们去回答。

4.2.2 掌握“色阶”对话框

打开图像文档，执行“图像”|“调整”|“色阶”命令，弹出“色阶”对话框。对话框中的所有参数和控件的组成如图4-26所示。

下面将详细介绍各参数和组件的意义以及如何操作。

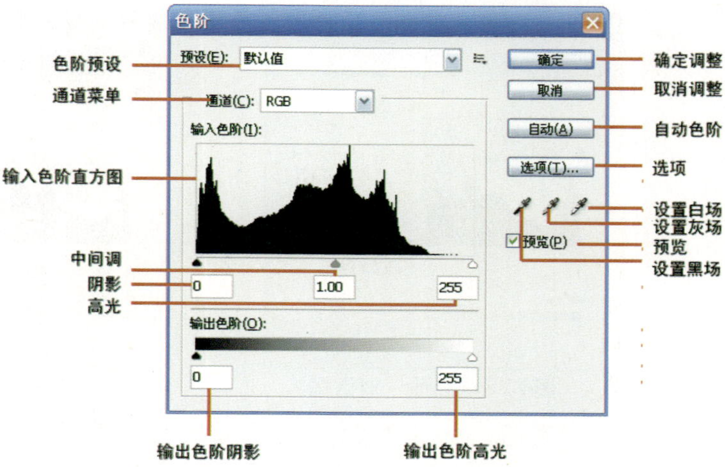

图4-26 “色阶”对话框

1.通道菜单

在“色阶”对话框中，可以在“通道”菜单中选择所要调整色阶的通道。这里同样可以选择RGB、红、绿和蓝通道（RGB颜色模式）。各通道的色阶直方图与“直方图”面板上的色阶相同，如图4-27所示。

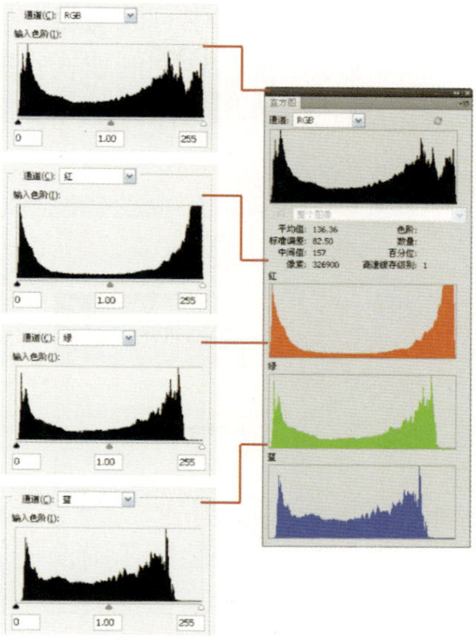

图4-27 通道菜单

可以选择通道就意味着可以单独对图像的每个通道进行色阶调整。这样对调整图像偏色等方面是非常有好处的。由于RGB通道色阶是由各个颜色通道色阶简单相加而成，在调整RGB通道色阶时，就等于用同样的方法调整各个颜色通道。在后面的讲解中，如果不特殊说明，在调整时默认使用RGB通道。

2.输入色阶直方图

在“色阶”对话框中，输入色阶直方图为调整前图像的色阶直方图。它在整个调节过程中不会发生变化。前面提到过，“色阶”命令就是一种色阶的映射过程。输入色阶直方图就是这一映射的源色阶，任何映射都相当于使用某一特定的方程或方程组来对该直方图进行计算，进而得到新的直方图。

3. 阴影、中间调和高光

阴影、中间调和高光用于分别设置调整后图像中色阶值和源色阶的关系，本质就是建立映射方程。“色阶”调整建立的是一种线性的方程。建立方法为，首先设置“阴影”色阶值，设置后，在源色阶中等于或小于该值的所有色阶值都映射为0，也就是黑色；然后设置“高光值”，在源色阶中等于或大于该值的所有色阶值都映射为255，也就是白色；源色阶中余下的色阶值，按照“中间调”设置的比例分别映射至0~255。

（1）阴影映射

下面将使用一个特殊的图像来具体讲解这种映射方法。这里借用案例“理解映射”中的图像。如图4-28所示，该图像在水平方向上每个像素为一个色阶值，从左至右按照0~255依次排列。选择“颜色取样器工具”，分别在水平位置为30、50、51和70建立4个取样点。如图4-29所示，在“信息”面板上显示这4个取样点的色阶值也分别为30、50、51和70。

图4-28 打开文档

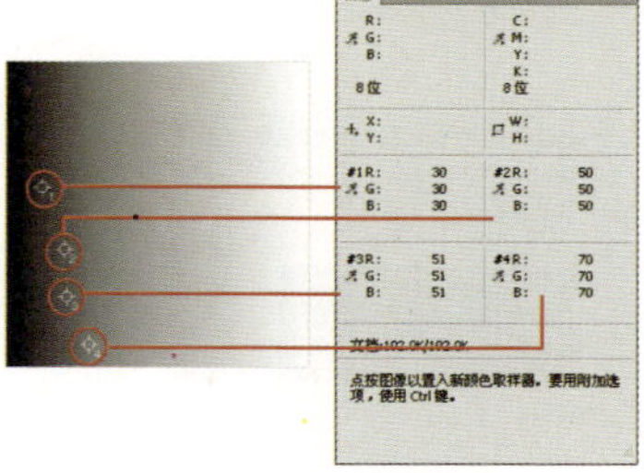

图4-29 建立取样点

接下来对该图像执行“色阶”命令，在“色阶”对话框中设置“阴影”色阶值为50，如图4-30所示。这就意味着源色阶中所有色阶值等于或小于50的色阶都自动变成0。

调整后，从图中可以看出，图像的左侧源色阶值小于50的区域都变成了黑色。接下来，再次观察前面建立的取样点的色阶变化。如图4-31所示，源色阶值为30和50的取样点的当前色阶值均变化为0，而源色阶值分别为51和70的取样点的当前色阶值为1和25。

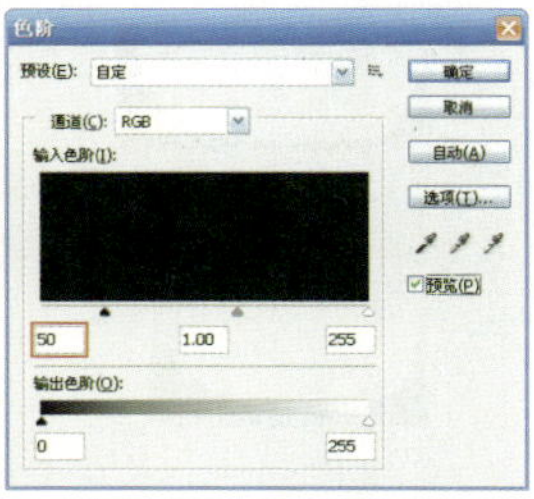
图4-30 调整阴影

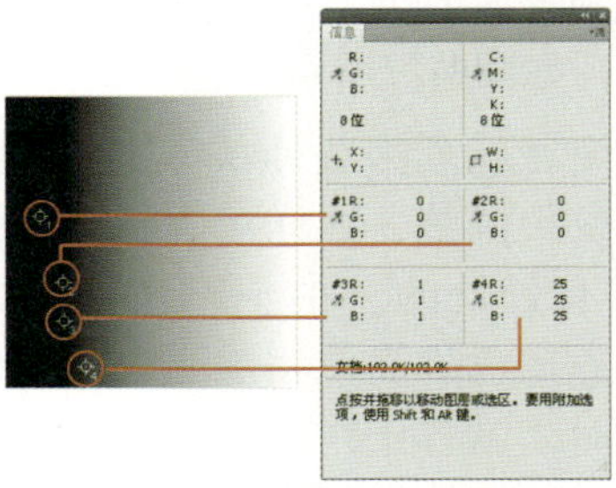
图4-31 调整后取样点色阶变化

通过这个例子验证了前面提出的“阴影”映射理论。如图4-32所示，该映射的原理就是将“色阶”对话框中的红色直方图部分（小于“阴影”色阶值）映射为最终图像直方图的最左一列（色阶值为0）。

（2）高光映射

下面继续验证“高光”映射理论。

同样使用前面图4-28所示的图像。这次重新建立4个取样点，如图4-33所示。4个取样点的水平位置分别为220、200、199和170，其色阶值分别为220、200、199和170。

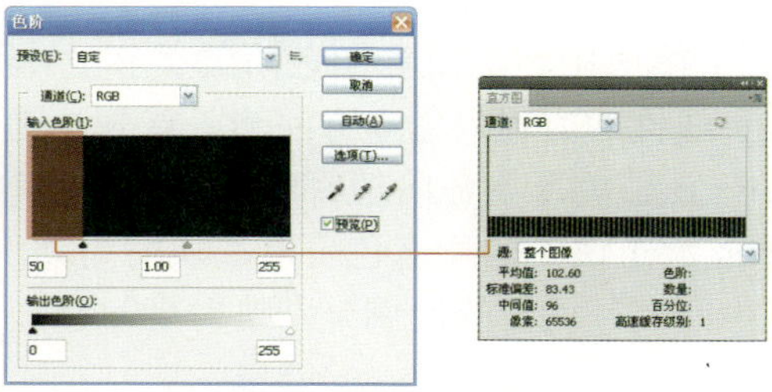
图4-32 阴影色阶映射原理

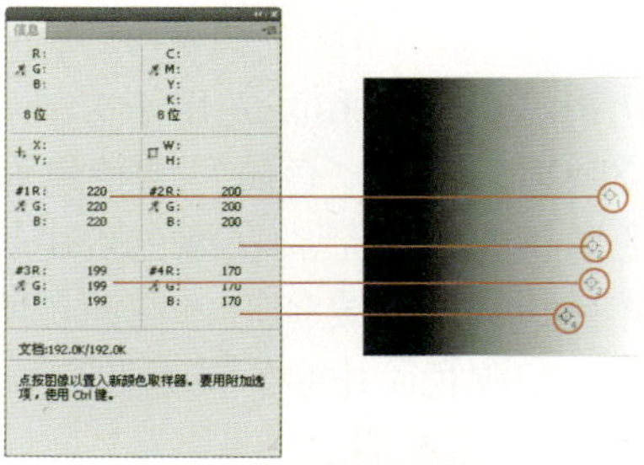
图4-33 设置取样点

执行“色阶”命令，在对话框中设置高光为200，如图4-34所示。这意味着在源色阶中，色阶值大于或等于200的所有色阶将自动转变为255，即为白色。

调整后，再次观察取样点。如图4-35所示，取样点1和取样点2由于源色阶值大于和等于200，所以当前色阶值映射为255；取样点3和取样点4由于源色阶值小于200，所以当前色阶值分别映射为254和217。

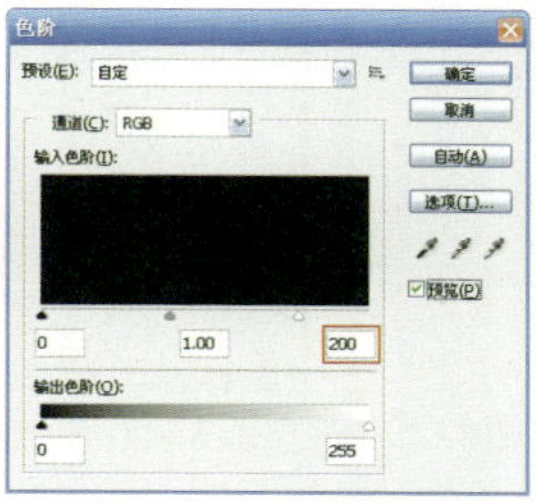
图 4-34 设置高光

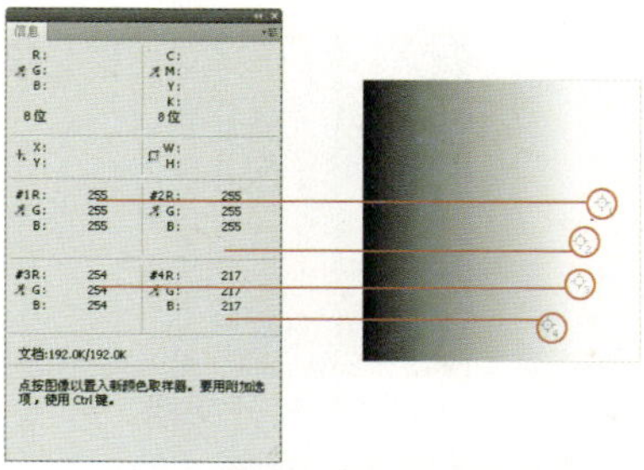
图4-35 调整后取样点色阶变化

取样点色阶的变化证实了“高光”映射原理。如图4-36所示，“高光”映射原理就是将“色阶”对话框中源色阶直方图红色部分（色阶值大于200）全部映射至最终图像直方图的最右边一列（色阶值为255）。

（3）中间调映射

相对于“阴影”和“高光”，“中间调”映射原理就要复杂一些。在“色阶”对话框中，可以看出“中间调”并非为色阶值，而是一个范围为0.10～0.99的比值。其代表中间色调，即gamma值，用来设置图像中间灰度值在源色阶中处于“阴影”和“高光”之间的位置。“中间调”值越小，图像中间灰度值越接近“高光”，图像变得越暗；“中间调”值越大，图像中间灰度值越接近“阴影”，图像变得越亮。

接下来仍然使用前面的渐变图像作为源图像。对其执行“色阶”命令，在“色阶”对话框中设置中间调为0.5，如图4-37所示。

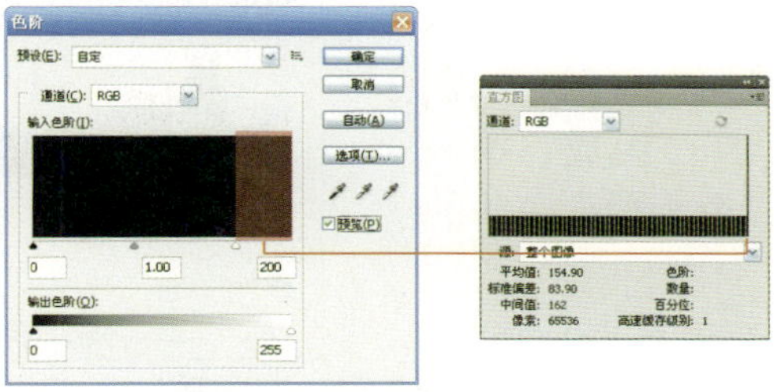

图4-36 高光映射原理

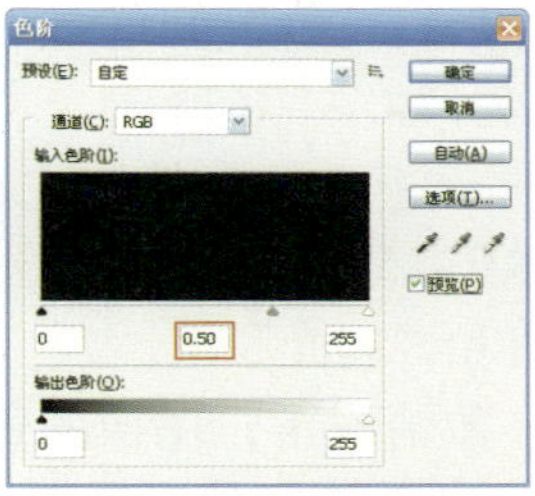

图4-37 设置中间调

调整后，图像与“直方图”面板效果如图4-38所示。从图中可以看出，图像“阴影”以及“阴影”至“中间调”之间的色阶分布比例扩大；“高光”和“高光”至“中间调”的色阶比例减少。

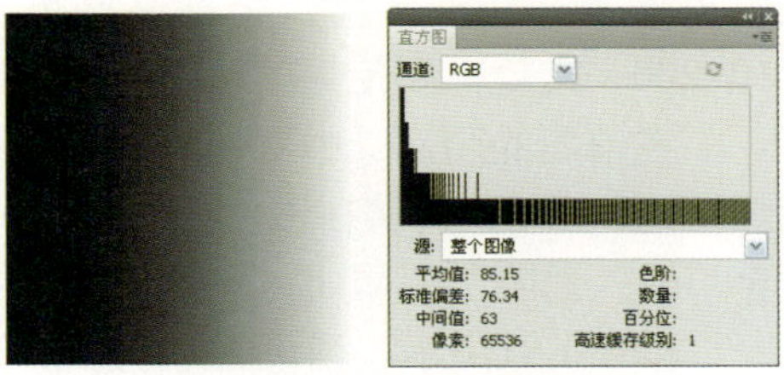

图4-38 图像效果和直方图

“中间调”的基本原理如图4-39所示。将“色阶”对话框中源色阶直方图“阴影”至“中间调”的所有色阶（红色部分）映射至最终图像的直方图的0～128区域（红色部分）；将源色阶直方图“高光”至“中间调”的所有色阶（蓝色部分）映射至最终图像的直方图的255至129区域（蓝色部分）。

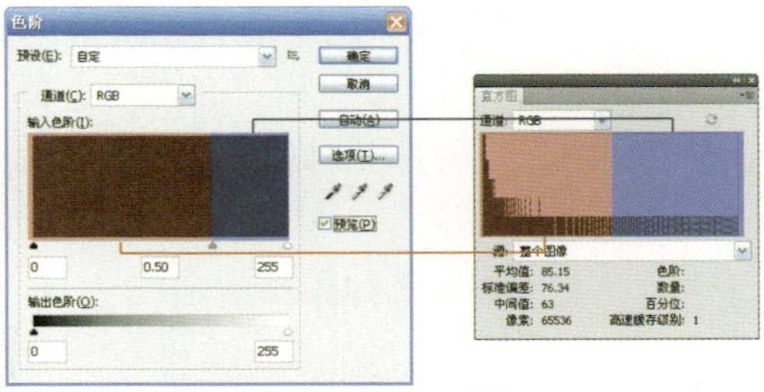

图4-39 中间调原理

图4-39所示只是“中间调”原理的简单示意图，其内部有一个比较复杂的方程，这里不再深入介绍这一映射方程的构成。对于普通用户来说，Photoshop只是一个功能强大的图像处理应用软件，只要凭感觉来处理图像就可以了。很多原理和计算方程都属于计算机图像处理领域工作者研究的问题，对使用软件帮助并不大，而太多的方程反而会使得思维变混乱。

对于“中间调”映射，只要掌握，“中间调”值越小，映射至暗色调部分的色阶数目就越多，图像变得越暗；“中间调”越大，映射至明色调部分的色阶数目就越多，图像越亮。

提示

编辑“输入色阶”的方法很多，可以直接用鼠标拖动输入色阶的阴影、中间调过高光箭头，也可以直接在下面的文本框中输入色阶值。

如果按住Alt键并拖动黑色或白色的输入色阶箭头，就可以看到在RGB图像中阴影和高光的出现位置。

4. 输出色阶

“输出色阶”为“色阶”映射最后一个关键参数，其控制图像最终色阶值的范围，也就是控制图像调整后的亮度范围。如图4-40所示，“输出色阶”区域在“色阶”对话框靠下方的位置。它由两个部分组成，第一个为色阶值0~255的色阶示意图；第二个为输出色阶的“阴影”值和“高光”值。

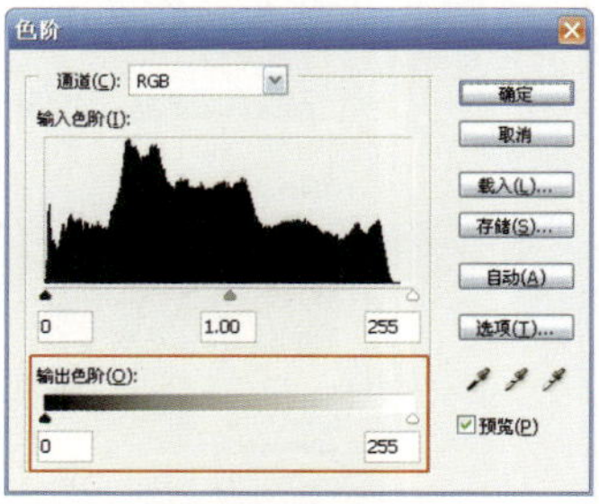

图4-40 输出色阶

在大多数情况下，图像的色阶值范围都为0~255，这也是“输出色阶”的默认状态范围，在前面的讲解中也采用这一默认值。但在某些情况下，图像最终效果要求要有特殊的范围，例如10~200，这就需要使用“输出色阶”来控制图像最终的色阶范围。

在前面的阴影、中间调和高光映射原理的介绍中，没有考虑输出色阶的问题，将其默认为0~255。其实在做完阴影、中间调和高光映射后，还需将这些映射结果再次映射至“输入色阶”范围。

如图4-41所示，当设置输入色阶时，源色阶值小于或等于50的色阶值都被映射至输出色阶的“阴影”色阶值（色阶值为0）；源色阶值大于或等于200的色阶值都被映射至输出色阶的“高光”色阶值（色阶值为255）；源色阶值大于50小于200的色阶值被映射至输出色阶的“阴影”和“高光”之间的灰度范围（色阶值为0~255）。色阶调整后，图像效果和“直方图”面板如图4-42所示。可以看出，图像左右两端分别为输出色阶的“阴影”和“高光”。中间为灰度，直方图形状也验证了这一点。

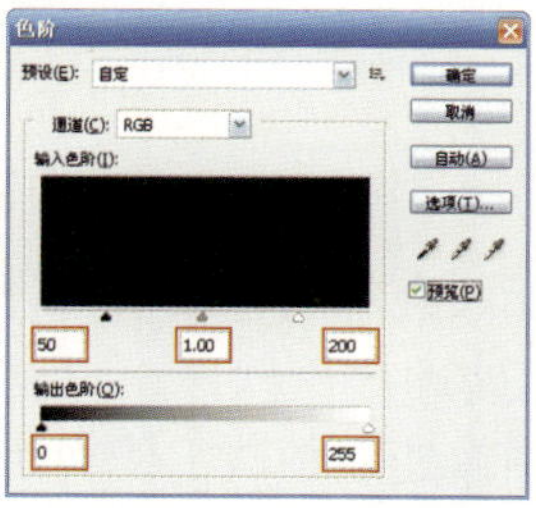

图4-41 调整色阶

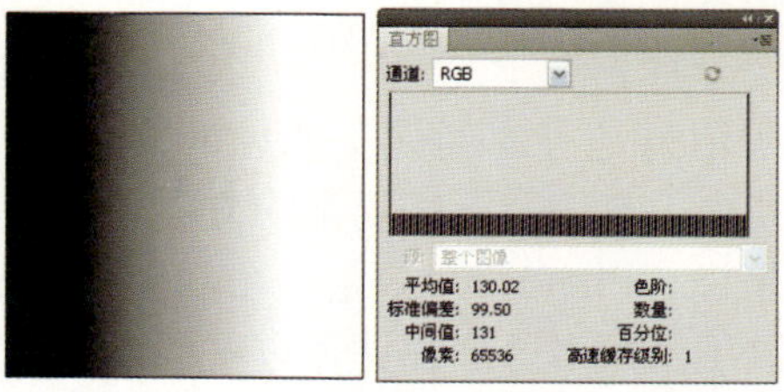
图4-42 图像效果与“直方图”面板

如图4-43所示，这里重新设置输出色阶，将其“阴影”和“高光”的色阶值分别设为50和200。在“色阶”对话框中，源色阶值小于或等于50的色阶值都被映射至输出色阶的“阴影”色阶值（色阶值为50）；源色阶值大于或等于200的色阶值都被映射至输出色阶的“高光”色阶值（色阶值为200）；源色阶值大于50小于200的色阶值被映射至输出色阶的“阴影”和“高光”之间的灰度范围（色阶值为50~200）。调整后，图像效果和其“直方图”面板如图4-44所示。可以看出，图像左右两端分别为输出色阶的“阴影”和“高光”。中间为灰度，直方图形状也验证了这一点。

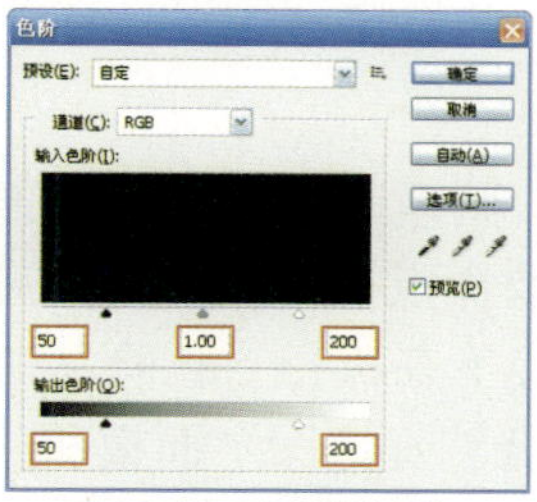

图4-43　调整色阶

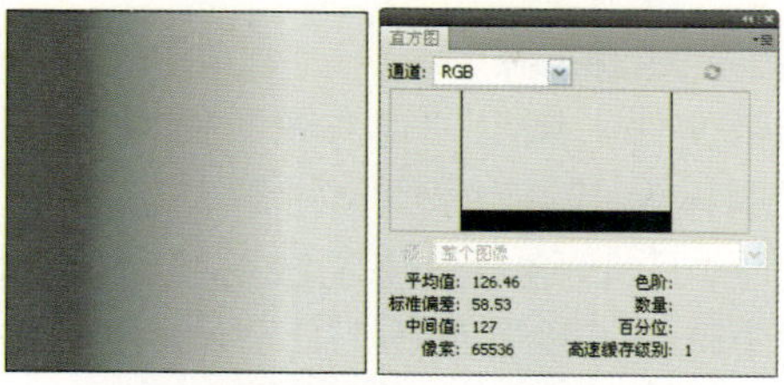

图4-44　图像效果与“直方图”面板

图 4-45显示的是整个色阶映射的原理，其中红、绿和蓝色分别代表阴影、中间调和高光色阶区域。

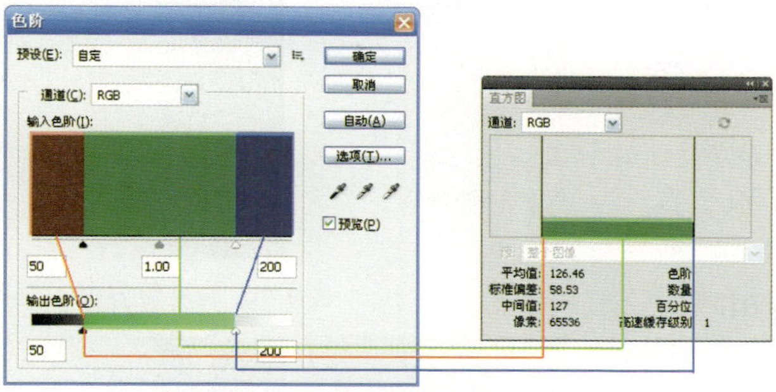

图4-45　色阶映射原理图

其实对于调整输出色阶的阴影值和高光值就相当于在直方图坐标中，从左右两端向中间挤压直方图的形状。

知识点：色阶滑块

在“输入色阶”和“输出色阶”的下方都有三角形的色阶滑块，不同的颜色代表不同颜色的区域色阶。黑色代表“阴影”，灰色代表“中间调”，白色代表“高光”。在“色阶”对话框中，设置以上参数，既可以直接在对话框中输入数字，也可以通过拖动色阶滑块来完成调整。使用色阶滑块的好处在于，可以一边拖动滑块，一边观察图像的预览效果，这样更容易控制图像的调整。

5.设置黑场、灰场和白场

在“色阶”对话框中，有3个吸管工具。这3个吸管工具分别用来设置图像的白场、灰场和黑场。简单地讲，“白场”和“黑场”分别为图像中最亮和最暗的色阶，好像输出色阶的阴影和高光一样。设置“白场”和“黑场”后，调整后图像的色阶方位就要限制在“白场”和“黑场”之间。灰场即为各颜色分量的色阶值均相等的颜色。在RGB颜色模式下，R、G和B的色阶值相等。灰场主要用于校正图像中的色偏。

(1) 图像中的“黑场”和“白场”。

在大多数情况下，接触到的数码图片的黑场和白场都为黑色（R:0、G:0、B:0）和白色（R:255、G:255、B:255）。

- 设置简单的黑场

设置黑场的步骤如下：

打开图像文件，调出“直方图”面板和“信息”面板。选择“吸管工具”，在属性栏中设置取样大小，为了方便讲解，这里选择“取样点”，在平时的应用中，这里选择“3×3平均”，这样会使区域更具有代表性。接下来执行“色阶”命令，在“色阶”对话框中选择“设置黑场工具”。使用鼠标配合“直方图”面板和“信息”面板寻找所要设为“黑场”的位置。“信息”面板上可以显示出当前鼠标的位置和该位置的颜色信息，这里选择位置为（X:50、Y:50），颜色为（R:50、G:50、B:50），如图4-46所示。单击鼠标，此点就被设为了图像的“黑场”了，此时，图像中所有色阶值小于该位置色阶值的均被映射为“黑场”，即黑色（R:0、G:0、B:0）。单击“确定”按钮，观察图像、“信息”面板和“直方图”面板，如图4-47所示。该点左侧将均被映射为黑色，从“信息”面板上也能看出设置前后该点的颜色变化，即从（R:50、G:50、B:50）变为（R:0、G:0、B:0）。

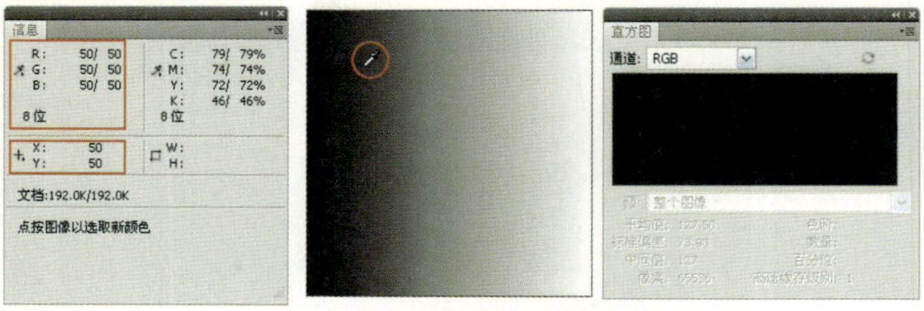
图4-46 确定位置并设置黑场

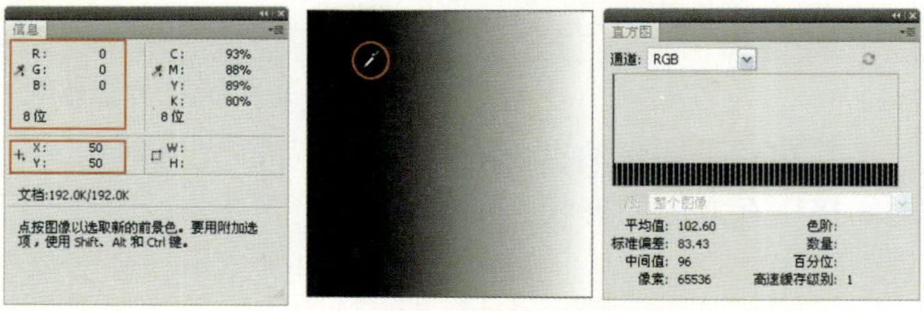
图4-47 设置黑场后的效果

- 设置简单的白场

设置白场的步骤与设置黑场的步骤相同。首先，选择“设置白场工具”，配合“直方图”面板和“信息”面板确定白场的位置，如图4-48所示。然后，单击鼠标确定白场，如图4-49所示。

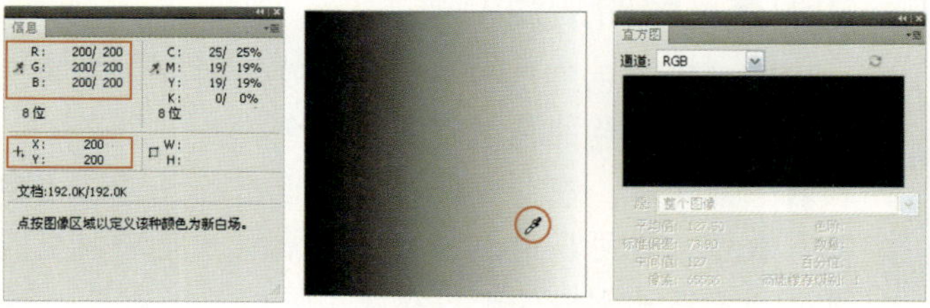
图4-48 确定位置并设置白场

图像的“黑场”和“白场”除了默认的黑色和白色之外，Photoshop还允许用户根据需要自定义“黑场”和“白场”的颜色。

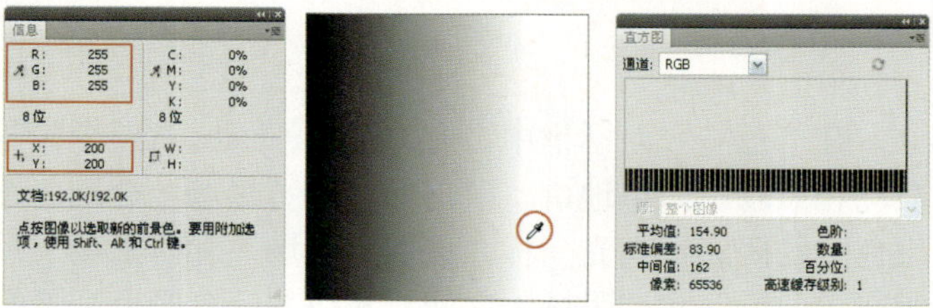
图4-49 调整后的效果

自定义图像的“黑场”和“白场”是非常重要的功能，因为在很多情况下，所处理的图像由于图像效果的需要不一定要含有白色和黑色。

综上所述，在进行“色阶”调整时，一定要根据实际情况的需要设置“黑场”和“白场”的颜色。

• 设置“黑场”和“白场”的颜色

下面介绍如何设置“黑场”和“白场”的颜色。

同样，首先打开图像文件调出“直方图”面板和“信息”面板。执行“色阶”命令，在“色阶”对话框中双击“设置黑场”图标，调出“拾色器”对话框，在对话框中选择所要设置的黑场的颜色，如图4-50所示，这里设置为蓝色。

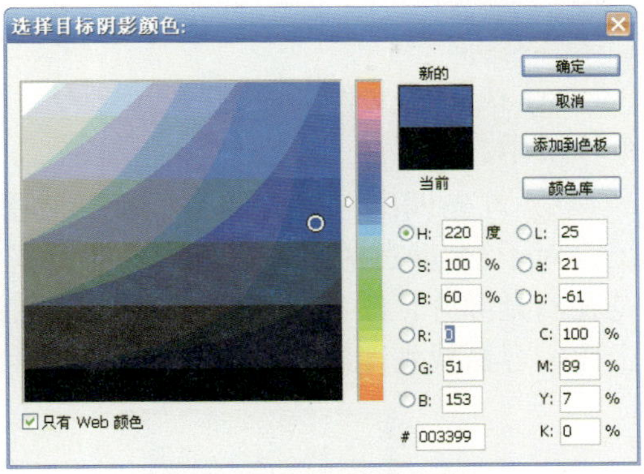

图4-50 设置黑场的颜色

黑场颜色设置完成后，同样使用“设置黑场工具”确定图像中黑场的位置，如图4-51所示。然后单击“确定”按钮完成调整，图像效果如图4-52所示。该点颜色将变为蓝色，其前后颜色将根据该点的色阶值发生变化。

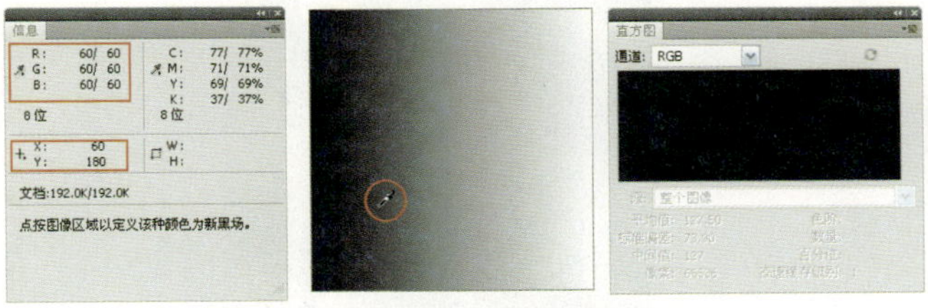

图4-51 选择位置并设置黑场

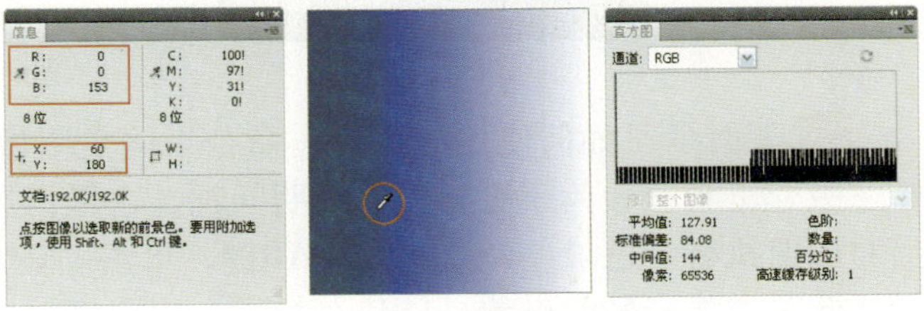

图4-52 调试后图像的效果

同样也可以设置“白场”的颜色。这时就存在一个问题，为什么设置“黑场”和“白场”颜色后，不能将在图像中所有色阶值小于取样点色阶值的颜色都设为设置的“黑场”颜色呢？

这个问题的根基在于设置的取样点，并非图像的真正的“黑场”和“白场”。除了使用黑色和白色外，自定义的颜色不能通过单击图像来改变图像“黑场”和“白场”。其实“设置黑场”和“设置白场工具”的主要用途是在于矫正图像中已存在的“黑场”和“白场”的色调。要准确地设置“黑场”和“白场”的范围，还是要通过“色阶”对话框中的“输入色阶”和“输出色阶”来实现。

这样一来，问题的关键就变成了如何在图像调整过程中，非常准确地找出“黑场”和“白场”。下面通过一个案例来讲解寻找图像中的“黑场”和“白场”，以及为其上色。

案例18 寻找和设置图像中的“黑场”和“白场”

设计思路

在本案例中，通过“直方图”和“阈值”模式确定“黑场”和“白场”的范围，然后使用鼠标配合“信息”面板确定其准确位置，并更改“黑场”和“白场”的色调，制作出梦幻效果。

操作步骤

01 执行“文件”|“打开”命令，打开配套光盘中的“风景.JPG”文件，如图4-53所示。

02 首先调出“直方图”面板。如图4-54所示，通过观察每个颜色通道，可以看出，对于3个颜色通道，色阶的分布有些类似，主要集中在阴影部分和中间调部分，但是在高光部分，红色通道含量最多，绿色通道次之，而蓝色通道含量很少。因此在视觉上比较容易找到图像“黑场”的位置，但是“白场”的位置比较难确定。

图4-53 原图

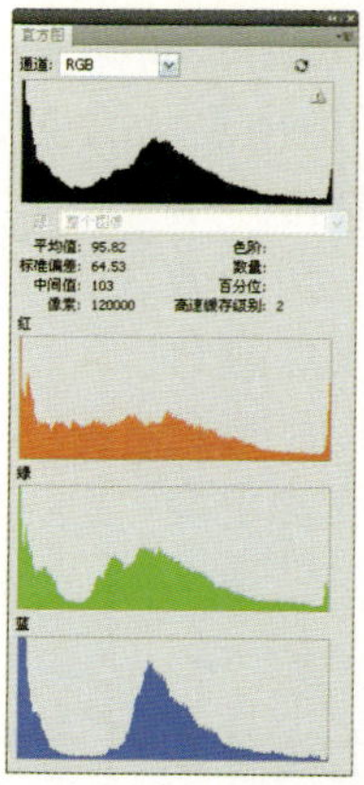

图4-54 “直方图”面板

03 下面学习如何使用“色阶”命令来确定图像的“黑场”和“白场”。首先选择“吸管工具”，为了更方便地说明问题，这里仍然在属性栏中选择“取样点”，然后对图像执行“色阶”命令。按住Alt键，单击“输入色阶”的阴影滑块，如图4-55所示。此时图像会暂时转为“阈值”模式，出现高对比度的图像，如图4-56所示。单击阴影滑块可以显示出图像最暗的部分，也就是图像的“黑场”，图像中黑色的部分即为“黑场”。

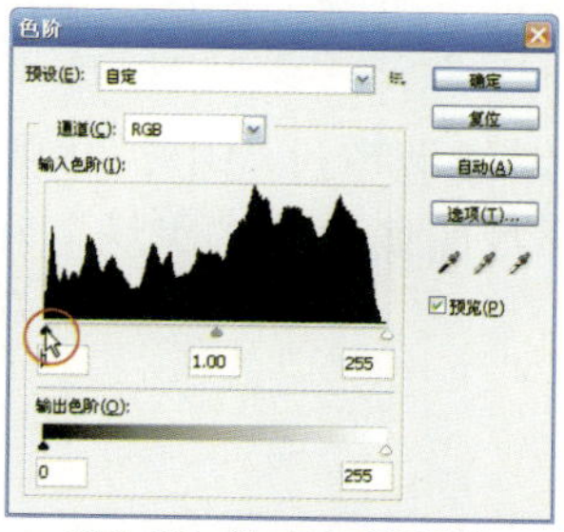

图4-55 单击阴影滑块

图4-56 显示黑场

04 然后双击“设置黑场工具”，调出“选择目标阴影颜色”对话框。如图4-57所示，在对话框中设置黑场的颜色，颜色为深蓝（R:0、G:0、B:102）。

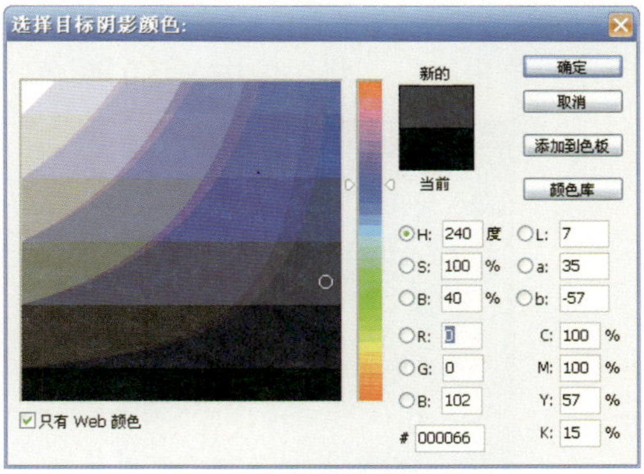

图4-57 设置黑场的颜色

05 设置好黑场颜色后，使用鼠标在图像中寻找“黑场”的位置。区域就在图4-56所示的黑色部分，如图4-58所示。确定“黑场”位置，颜色为（R：0、G：0、B：0）。单击鼠标将其转换“黑场”颜色，转换后图像效果如图4-59所示。从图中可以看出，Photoshop已经将黑场的颜色转换为蓝色，同时映射了其他色阶。

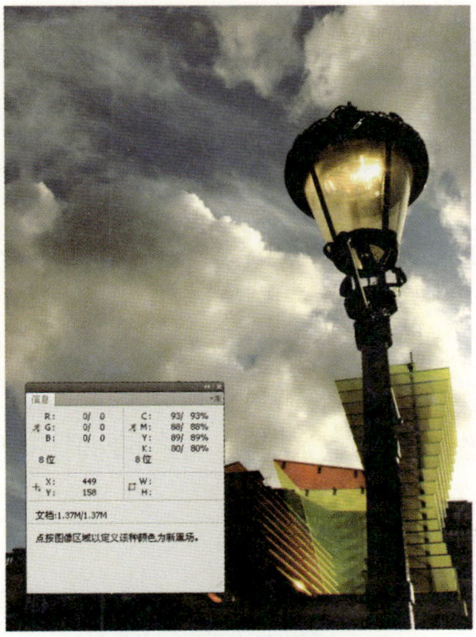
图4-58 确定黑场的位置

图4-59 转换后的效果

06 同样，按住Alt键，单击“输入色阶”的高光滑。此时图像变为“阈值”模式。如图4-60所示，红色部分即为图像白场的区域，放大后会发现其中有一个黄色的像素，这就是准确的“白场”位置。

07 双击“设置白场工具”，调出“拾色器”对话框。如图4-61所示，设置“白场”的颜色为粉色（R:255、G:2204、B:255）。

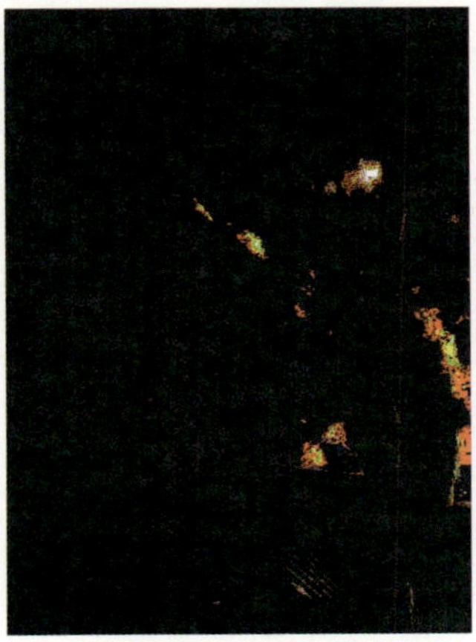
图4-60 显示白场

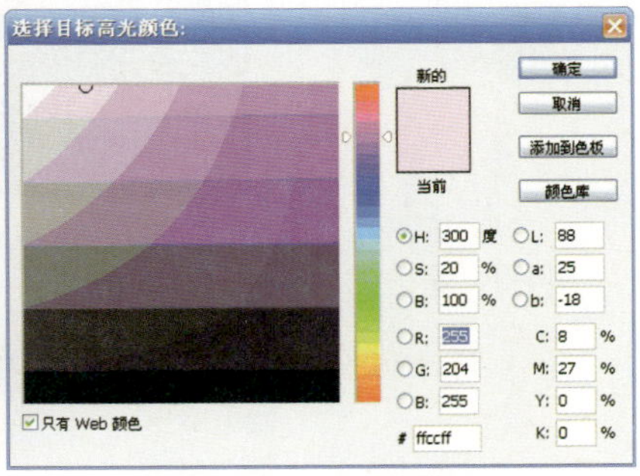

图4-61 设置白场颜色

08 设置好颜色后，同样使用鼠标配合“信息”面板确定“白场”位置，如图4-62所示。单击鼠标，将图像中白场的颜色转换为粉红色，效果如图4-63所示。

图4-62 确定白场位置

图4-63 设置白场后的效果

09 调整“色阶”后，图像的“直方图”面板如图4-64所示。观察每个颜色通道的直方图形状和统计数据，发现调整后图像各个颜色通道内的色阶值被限制的范围为（R:0~255、G:0~204、B:102~255）。这也就是“黑场”颜色（R:0、G:0、B:102）和“白场”颜色（R:255、G:204、B:255）之间的范围。对比图4-54所示调整前图像的直方图，可以看出，调整相当于红色通道没有变化；在绿色通道中将色阶向阴影部分压缩；而蓝色通道相当于将色阶高光部分压缩。

10 调整前后图像效果对比如图4-65所示。

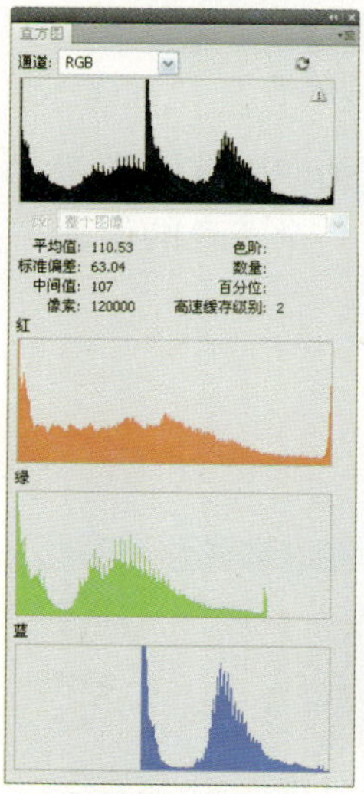

图4-64 直方图

调整前

调整后

图4-65 调整前后图像效果对比

11 将图像存储为“设置黑白场.PSD”。

案例总结

在本案例中，重点在于“黑场”和“白场”的确定。在很多情况下，不能马上通过视觉发现图像中“黑场”和“白场”的位置，这就需要用到介绍的技巧。暂时将其转换为“阈值”模式，这样就能很轻松地确定图像的“黑场”和“白场”位置，然后再配合“信息”面板确定准确位置。

提示

在使用“吸管工具设置”取样大小时，往往会选择“3×3平均”，这样既能使选择的颜色有代表性，又能使映射变得比较平滑，减少突兀感。这种设置会使得“白场”或“黑场”的颜色不是很精确，但是对于肉眼来说是无法分辨差异的。所以，建议用户选择“3×3平均”，这样会节省大量的时间。

(2) 灰场

“色阶”对话框中还有第三个吸管形状的工具，叫做设置灰场工具。设置灰场工具主要是用来调整图像的色偏。在现实生活中，有些物体的真实颜色应该为灰色，也就是中性，例如白色的墙面，一些岩石的颜色，以及人的影子等。但是由于照射光线颜色等问题，会使得这些物体的颜色出现偏移，偏向某一个或两个颜色分量，这就造成了偏色。在“色阶”命令中，可以根据这些本来应为灰色的图像来校正整个图像的色偏问题，这时就需要用到设置灰场工具。

设置灰场工具可以自动校正图像中的色偏，将单击位置的图像的各个颜色分量的色阶值变成一致，也就是转为灰色。其他颜色根据这个灰场设置自动单独完成颜色映射。

打开一幅出现色偏的图像，如图4-66所示。大家知道雕塑应该为灰色，这幅图像出现了色偏。执行“色阶”调整命令，弹出“色阶”对话框。选择“设置灰场工具”，在图像上需要矫正色偏的位置单击。如图4-67所示，在“信息”面板上可以看出该点的颜色值（R:146、G:124、B:77），明显出现了色偏，蓝色少，而红色和黄色偏多。单击鼠标，此时图像效果如图4-68所示。该点的颜色值变为（R:118、G:115、B:114），也就是转换为灰色。

图4-66 原图

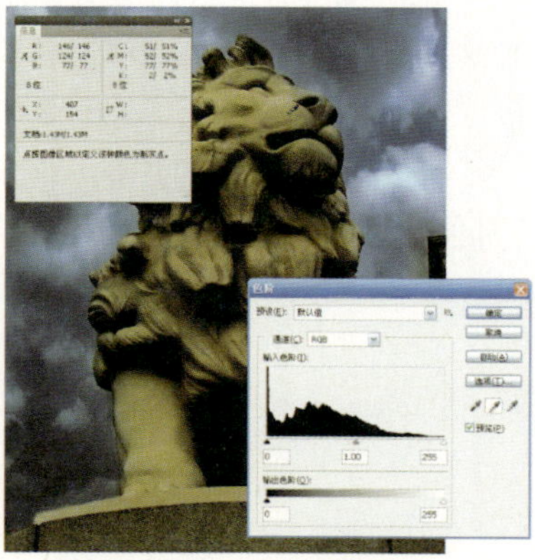

图4-67 确定位置

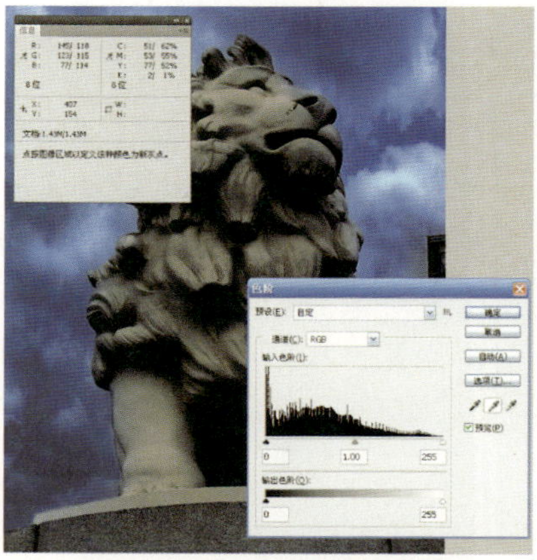

图4-68 完成自动校正偏色

6. 自动颜色校正选项

在“色阶”对话框的右侧有两个按钮，一个为“自动”按钮；另一个为“选项”按钮。单击“自动”按钮，将会对当前图像进行自动色阶调整操作。单击“选项”按钮，将会弹出“自动颜色校正选项”对话框。在“图像”菜单的“调整”子菜单中有3个命令与该对话框有关，分别为“自动对比度”、“自动色阶”和“自动颜色”。同时，该对话框也控制着“色阶”和“曲线”对话框中的“自动”按钮。

“自动颜色校正选项”对话框不但控制着上述命令的算法，也控制着高光和阴影的剪贴百分比，以及阴影、中间调和高光的颜色。“自动颜色校正选项”对话框的控件如图4-69所示。

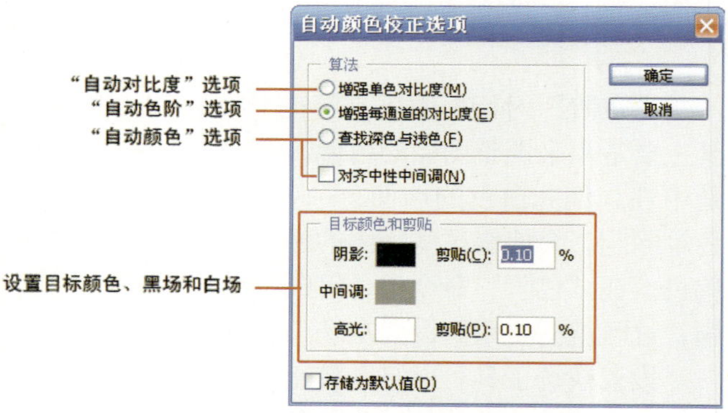

图 4-69 “自动颜色校正选项”对话框

接下来依次介绍各个控件的含义和设置方法。

- 增强单色对比度

增强单色对比度为“自动对比度”命令的计算方法。统一修剪所有通道可以在使高光显得更亮而阴影显得更暗的同时保留整体色调关系。统一修剪所有通道就是修剪RGB复合通道。前面已经介绍过，RGB通道色阶为各个颜色通道色阶的简单相加，对RGB通道进行调整，就意味着对各个通道作同样的调整。

图4-70所示为一幅RGB模式的图像，从该图像的“直方图”面板可以看出，3个颜色通道中的色阶值的范围明显不同选项。对该图像执行“色阶”命令，单击“选项”按钮，在“自动颜色校正”对话框中选择“增强单色对比度”选项，其他均为默认值，然后单击“确定”按钮完成调整。调整后的图像效果如图4-71所示。从图4-71中可以看出，在输出色阶中，只有“绿”通道的色阶覆盖整个色阶值范围，“红”通道和“蓝”通道的色阶仍然只覆盖了部分色阶值。

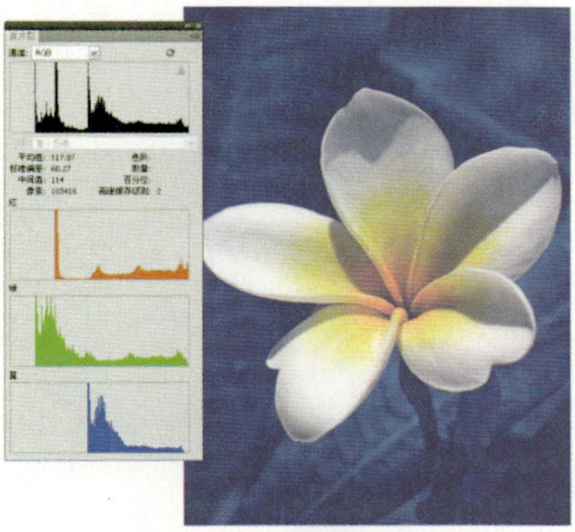

图4-70 调整前效果

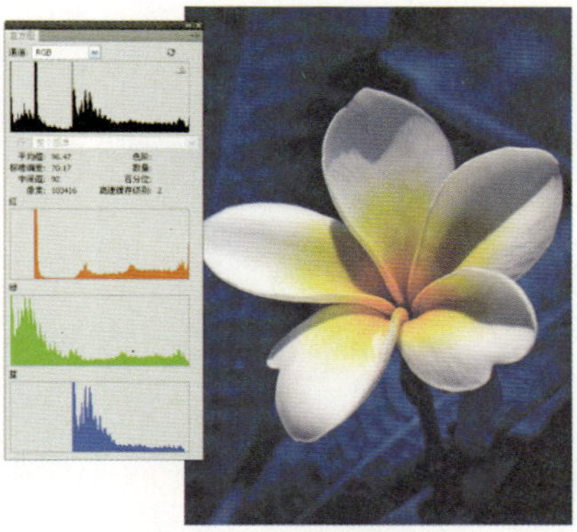

图4-71 调整后效果

通过前面图像调整前后的“直方图”可以很容易发现“增强单色对比度”映射的原理。图4-72直观地反应了这种映射过程，图中的红色、绿色和蓝色部分分别表示阴影、中间调和高光区域。在“增强单色对比度”映射中，首先将输入色阶RGB通道色阶的0.10%阴影部分（即整个RGB色阶值范围的前0.10%像素的像素值）的色阶值全部映射为输出色阶的阴影（色阶值为0），在图中显示为输入色阶的红色区域的色阶都映射至输出色阶的红色部分；同理，将输入色阶RGB通道色阶的0.10%高光部分（即整个RGB色阶值范围的后0.10%像素的像素值）的色阶值全部映射为输出色阶的高光（色阶值为255），在图中显示为输入色阶的蓝色区域的色阶都映射至输出色阶的蓝色区域；输入色阶的中间调部分（除了前面已经映射的阴影和高光部分）将线性映射至输出色阶的中间调部分（色阶值为1~254），在图中显示为输入色阶的绿色区域映射至输出色阶的绿色区域。

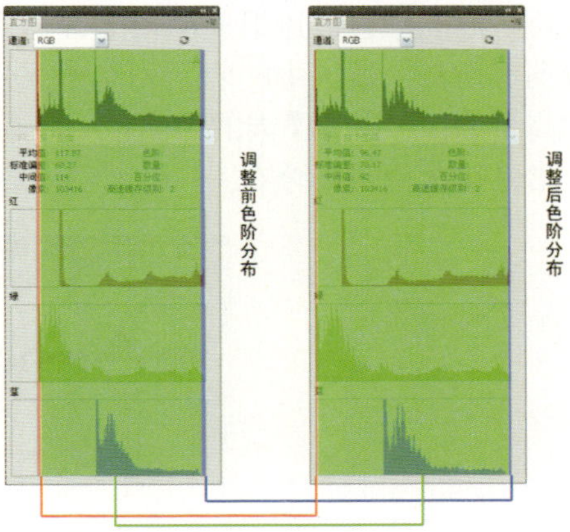

图4-72 “增强单色对比度”映射原理

在图4-72中可以观察到，由于各个颜色通道色阶阴影起始点不同，并不是所有通道色阶的0.10%阴影被映射为0，只有在RGB通道色阶0.10%阴影区域内的色阶才能被映射。根据本图的情况，只有绿色通过执行阴影的映射。在高光映射方面，由于3个通道在这个0.10%的高光区域都存在色阶，所以均参与了高光映射。

“增强单色对比度”映射的好处在于相同的区域映射各个颜色通道，因此不会改变图像的色调，只是改变图像的对比度。

● 增强每通道的对比度

增强每个通道的对比度为“自动色阶”命令的算法。该算法可以使每个通道中的色调范围最大化以产生更显著的校正效果。这种映射为各通道单独调整的，所以“增强每通道的对比度”可能会消除或引入色痕。

为了与前面介绍的“增强单色对比度”映射对比，仍然使用前面的图像进行调整。图4-73和图4-74所示分别为调整前以及使用“增强每通道的对比度”映射调整后的图像和“直方图”面板。对比图4-74和图4-71，很容易看出“增强每通道的对比度”映射和

“增强单色对比度”映射的差别。使用“增强每通道的对比度”映射后，输出色阶每个通道的色阶值均覆盖了这个色阶范围。

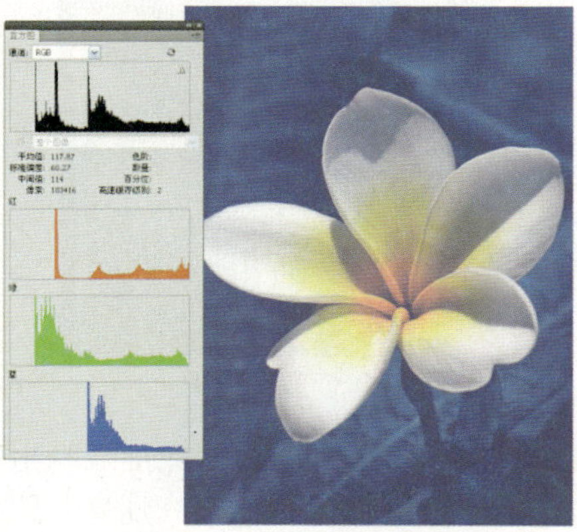

图4-73 调整前的效果

图4-74 调整后的效果

对于“增强每通道的对比度”映射的原理，同样使用示意图来讲解。如图4-75所示，“增强每通道的对比度”映射的原理与“增强单色对比度”映射原理正好相反。增强单色对比度映射以RGB复合通道作为映射基础，根据RGB复合通道色阶分布设定各个通道色阶的映射，而增强每个通道的对比度映射，首先分别设置每个颜色通道，然后将映射后的颜色通道组成RGB复合通道。每个颜色通道的映射方式同前介绍的相同，即分别剪切每个通道中的阴影和高光部分，并将每个颜色通道中最亮和最暗的像素（阴影和高光的前0.10%像素的像素值）映射到纯白（色阶为255）和纯黑（色阶为0）。中间像素值按比例重新分布。

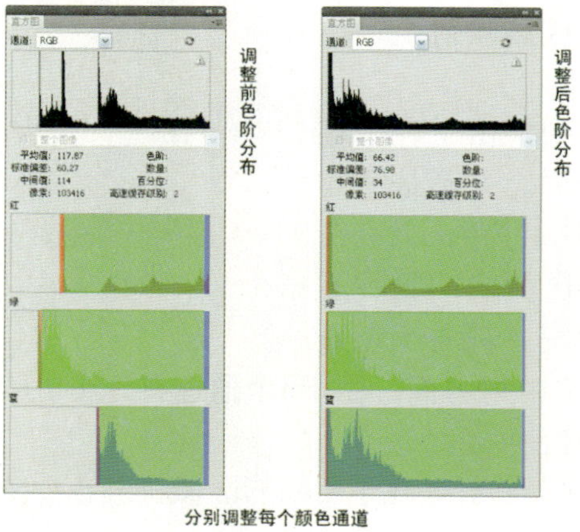

图4-75 “增强每通道的对比度”映射原理

使用该映射会增强图像中的对比度，原因是像素值会增大。因为“增强每通道的对比度”单独调整每个颜色通道，所以可能会移去颜色或引入色痕。

- 查找深色与浅色

“查找深色与浅色”映射是“自动颜色”命令的算法。该映射查找图像中平均最亮和最暗的像素，并使用它们来使对比度最大化，同时使修剪最小化。图4-76和图4-77所示为调整前后图像和“直方图”面板的变化对比图。从直方图的变化可以看出，“查找深色与浅色”与“增强单色对比度”映射对直方图的改变效果类似。但是这种算法尽量使用最小的剪贴，也就是说尽量将少的色阶映射至阴影和高光。

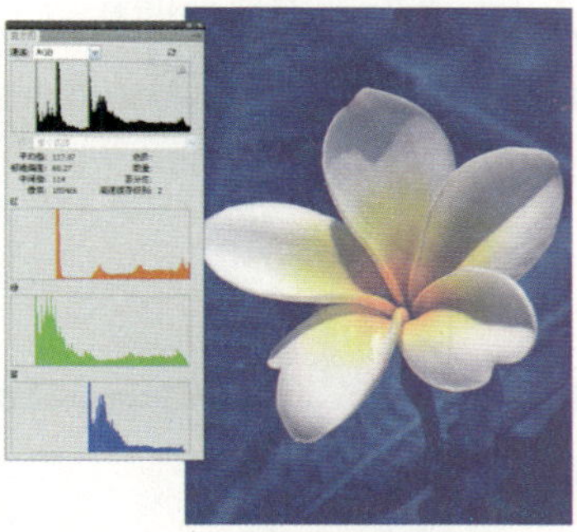

图4-76 调整前的效果

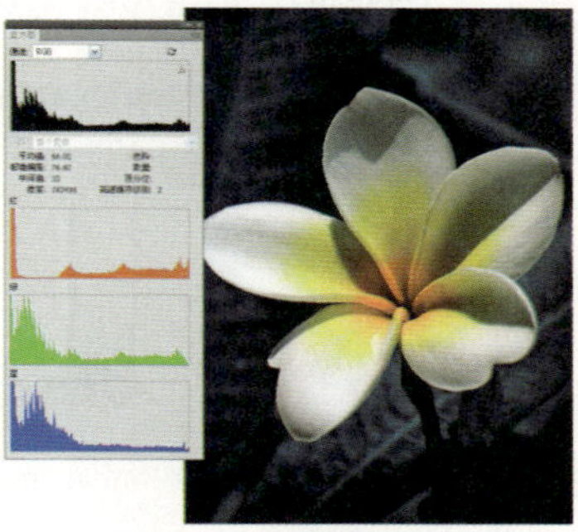

图4-77 调整后的效果

使用“查找深色与浅色”映射时，还有一个“对其中性中间调”复选框。勾选该选框后，将调整灰度系数（中间调）值使颜色成为中性色。

- 目标颜色和剪贴

在使用数码扫描仪和数码相机获得图片时，经常会因为产品的问题在图像中产生“杂点”（或者称为“颗粒”）。这些“杂点”如果出现在图像色阶的“阴影”和“高光”区域就会影响Photoshop等软件对图像调整的对图像阴影和高光的分析。这里就可以使用“剪贴”命令将这些“杂点”去掉。在“目标颜色和剪贴”区域中，剪贴值的范围为0.01%~9.99%，默认状态下为0.10%。

剪贴值的含义是什么呢？拿阴影剪贴值来讲，如果设剪贴值为0.10%,，就在执行前面介绍的3种映射时，Photoshop将在“输入色阶”直方图中从色阶值为0开始查找，以第一个遇见的阴影像素值计算，直到占总像素值的0.10%为止，将这一部分像素的色阶值直接映射为“输出色阶”的阴影。这样就可以去掉杂色，将其合并为阴影，使图像的对比度增强。

仍以前面的图像作为例子进行讲解。如图4-78所示，在调整之前图像中各个通道的直方图都存在同样的特点。在高光和阴影处像素比较少，大部分像素都集中在中间调靠近阴影的位置，这就造成了图像中高光处杂色多，这种零星的高光造成了图像高光和阴影区域对比度很差。这时就可以通过“增强每通道的对比度”映射进行调节，这里阴影和高光剪贴值分别设为设为0.10%和0.50%。调整后图像和直方图效果如图4-79所示。从图中可以看出，RGB复合通道和“绿”通道的阴影的杂色已经消除，整个图像的对比度增强。

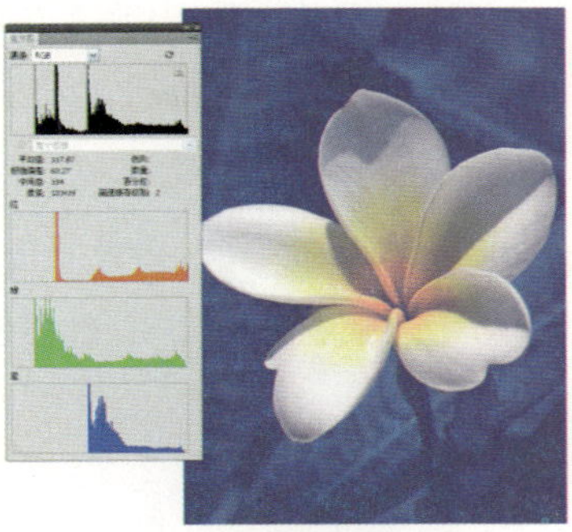

图4-78 调整前的效果

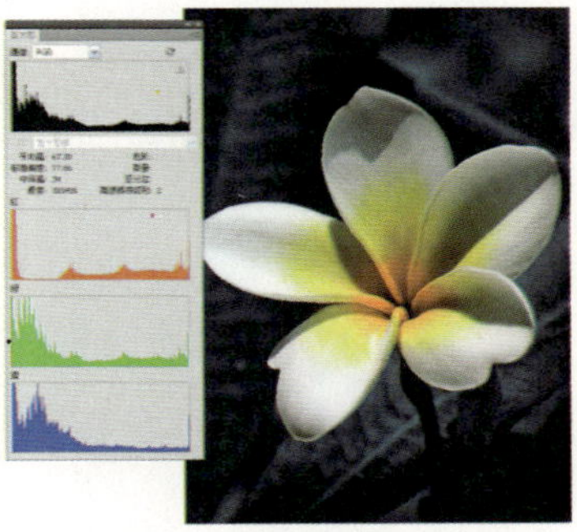

图4-79 调整后的效果

用调整前后直方图的统计结果来对比图像的变化。如图4-80所示，由于使用“增强每通道的对比度”映射方式，各个颜色通道分布映射，这就使得调整后图像的阴影部分像素比较集中，从直方图的变化就很容易看出。所以，这里主要观察调整前后图像高光的参数变化。使用光标在直方图中选择色阶值为255处，如图4-80所示。可以看到调整前后高光像素含量由492增加到2524，增加效果明显。这使得调整后图像高光部分占的比例减少了杂色。

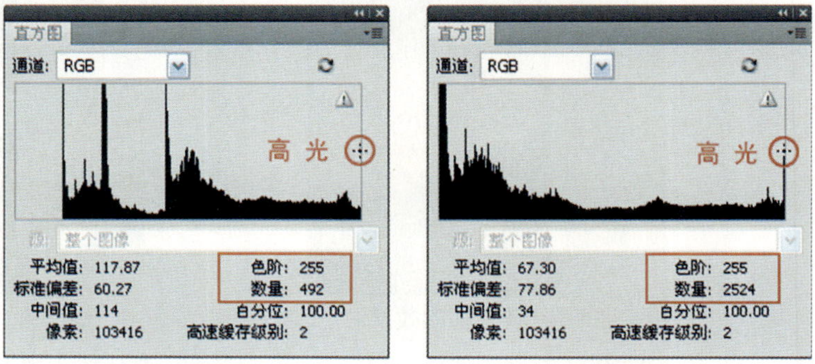

调整前　　调整后

图4-80 调整前后图像中高光对比图

从上面的分析可以验证剪贴主要的功能是用来去掉杂色。在使用时，剪贴值建议设为0.01%～0.99%。由于如今的扫描仪和数码相机的输出品质很高，因此默认的剪切百分比可能会太大，这就需要根据实际情况设置合适的剪贴值。

目标颜色类似于前面介绍的设置黑场、灰场和白场的颜色。图4-81至图4-83所示显示了目标颜色对图像映射的影响。

图4-81 调整前的效果

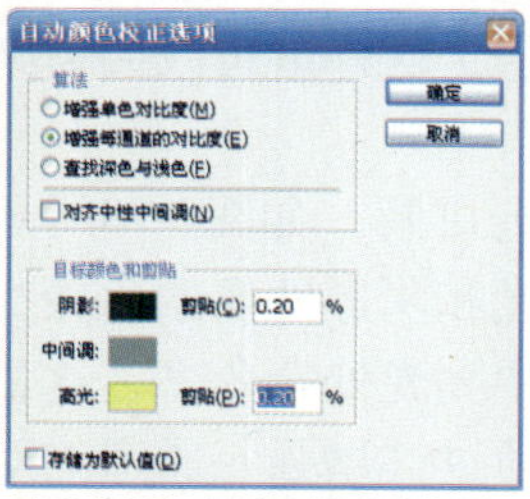

图4-82 目标颜色设置

图4-83 调整后效果

到这里，已经将“色阶”对话框中的控件都详细地加以介绍了。希望读者可以仔细阅读，配合动手练习促进对知识点的理解。

提示

当需要校正大量的有相似问题的图像时，就可以充分利用“自动颜色校正”选项，利用对第一幅图像的校正设置来批量处理其余的图像。

4.2.3 直方图的断层现象

1.什么是直方图断层

什么是直方图断层呢？直方图断层是指在对图像进行图像调整后，直方图色阶值出现不连贯的现象。下面通过一个例子讲解直方图断层。如图4-84所示，这是一幅没有处理的图像，从图像的直方图可以看出，图像的色阶连续分布在整个色阶值范围。接下来对其进行色阶调整，参数设置如图4-85所示。调整后图像和直方图效果如图4-86所示。

图4-84 调整前的效果

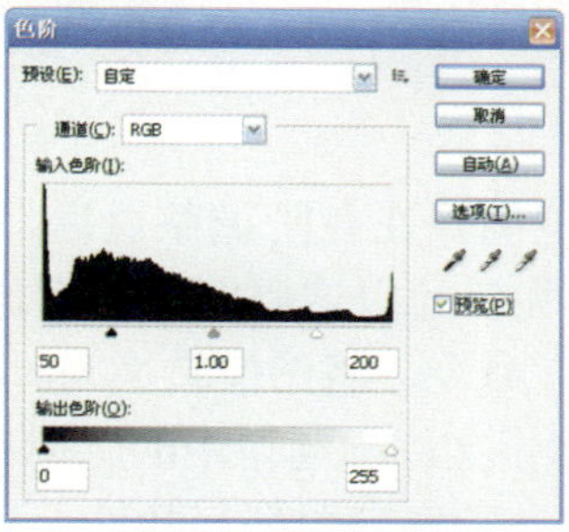

图4-85 色阶调整

图4-86 调整后的效果

下面仔细观察调整后图像的直方图。如图4-87所示，调整后直方图明显出现了断层现象。

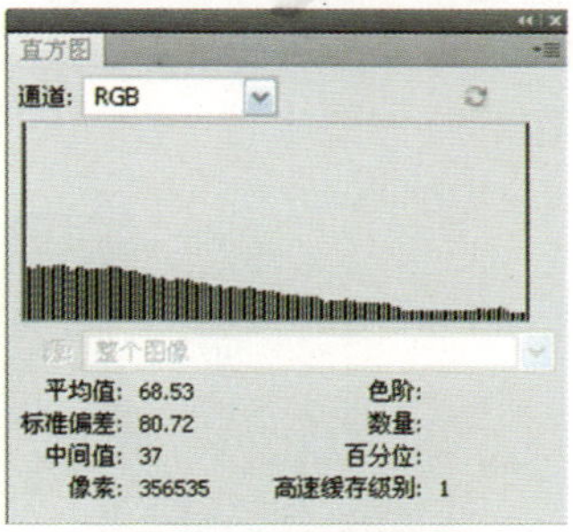

图4-87 直方图断层

断层现象是如何产生的呢？大家知道，普通的8位图像的色阶值为0~255，只有256个色阶值。在前面的色阶调整中，将“输入色阶”中色阶值为51~199的色阶映射至“输出色阶”中的1~254色阶值。这里的计算方程为：

Y=（X-50）×253/148

其中X为输入色阶值，Y为输出色阶值。

下面分别取输入色阶为149、150、151和152时计算其输出色阶。

输出色阶为：Y=（149-50）*253/148=169.24，取整为169；

Y=（150-50）*253/148=170.95，取整为171；

Y=（151-50）*253/148=172.66，取整为173；

Y=（152-50）*253/148=174.36，取整为174。

从这4组计算结果可以看出，映射出的色阶值缺少170和172，也就是说在这两个色阶值处没有像素分布，发生了断层。断层的主要原因是由于色阶值必须为整数造成的。Photoshop会自动将这种断层尽量平均地分布于直方图中，以减少颜色的跳跃。平时调整图像后产生的断层现象，还不至于到达肉眼很容易辨别的程度，因此轻度的断层现象不用处理。

2.高位数码图像的优势

前面介绍过，8位图像的色阶级数为256，16位图像的色阶级数为65 536。可以看出，16位图像的色阶级数要远远大于8位图像，这也意味着16位图像的颜色的种类也大大超越了8位图像。

由于16位图像的色阶级数大，在相等的调整下，16位图像要比8位图像更难发生直方图断层现象。图4-88所示为一幅16位图像，从图像标题栏中（RGB/16）可以看出，其直方图色阶分布连续，没有断层。对其执行色阶调整，调整后图像效果如图4-89所示。

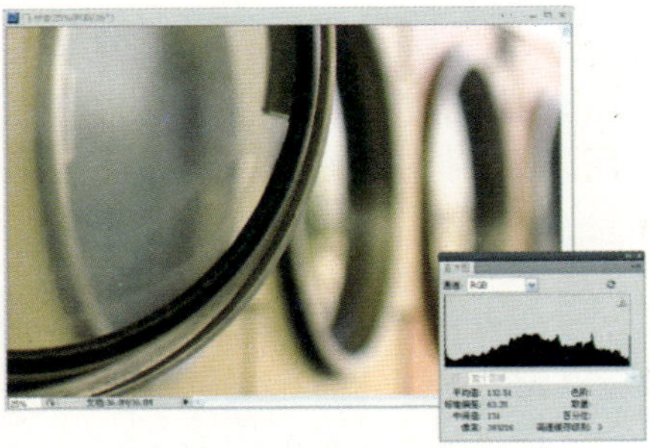
图4-88 调整前的效果

图4-89 调整后的效果

从图4-89中可以看出，16位图像在色阶调整之后，直方图依然非常连贯，没有出现断层现象。那8位图像会怎样呢？还以这幅图像为例。在色阶调整前，首先对其执行“图像”|“模式”|“8位/通道”命令，将图像转换为8位图像。此时图像和直方图如图4-90所示。从图中可以看出，除了文件标题栏中的（RGB/8）表示告诉大家，它已经变成了8位图像，其余无论图像效果和直方图都与其处于16位图像时（图4-88），没有任何视觉差别。下面对其执行与前面一样的“色阶”调整，调整后图像和直方图效果如图4-91所示。对比图4-91与图4-89所示，可以很轻松地发现两幅图像直方图的差别。8位图像的直方图出现了明显的断层现象。

图4-90 转换为8位图像

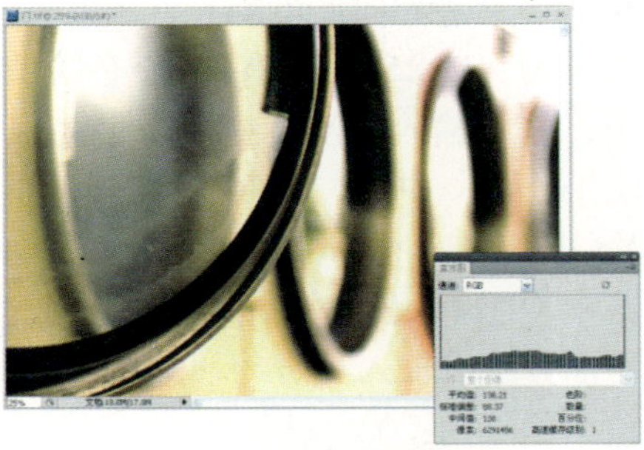
图4-91 色阶调整

从对比中可以得出结论，在相同的条件下，图像调整对16位图像的色阶均匀程度的影响要远小于8位图像。换句话说，16位图像比8位图像具有更大的调整空间。

因此，如果使用的是能够获得高位数据的扫描仪或者数码相机，可以利用高位图像这个优势，在高位图像模式下对图像进行色调和颜色校正以及清除杂色等操作。然后将其转换为8位图像。使用高位图像需要大量的硬盘和内存空间，16位图像文档的长度是8位图像文档的两倍，尤其在使用大量的图层时，这一问题会格外突出。而且，在Photoshop中，并不是所有的滤镜和操作都允许应用于高位图像。

3. 真假高位图像

既然高位图像具有这么多优点，为什么不将8位图像都转换为高位图像后进行调整修饰？因为假的高位图像在Photoshop中很容易“露馅”。

接下来做个实验。将前面已经转换为8位图像的文档（图4-90）再转换为16位图像。对其执行“图像”>“模式”>“16位/通道”命令。此时图像被转换为16位图像，如图4-92所示，在文档的标题栏中也显示为（RGB/16），但是这是一个假的高位图像。对比图4-92与图4-88，肉眼发现不了任何差别。可以看出无论通过肉眼的文档标题都无法分辨其本身就是一幅16位的图像，还是8位图像转变的16位图像。但是在Photoshop中，只要对该图像进行一些简单的操作就能分辨出真假高位图像。接下来，对其执行与前面相同的色阶调整。调整后图像结果如图4-93所示，凭借肉眼也许仍然难以分辨图4-91和图4-93中图像的差别。但是调整后的直方图很轻松地揭穿了各种骗术。直方图中明显的断层现象告诉，这是一个假的高位图像。

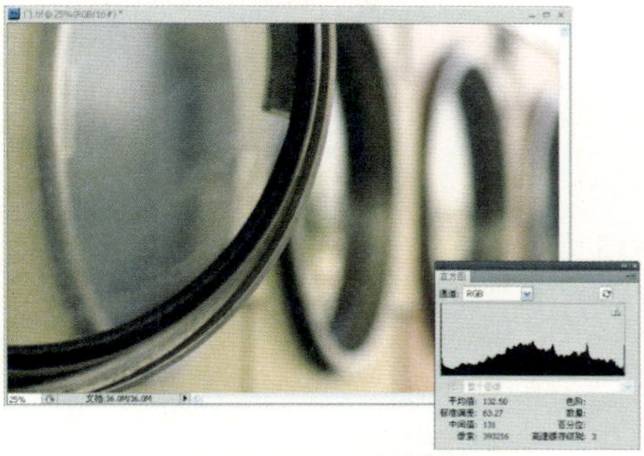
图4-92 转为16位图像

图4-93 色阶调整

这个例子证明，将8位图像转为16位图像，并不能改善图像色阶的分布均匀情况。

4.2.4 “色阶”命令的作用

“色阶”调整是Photoshop图像调整命令中最为重要的。它是后面介绍的其他功能的基础，只有掌握了“色阶”调整中的映射规则，才能领悟后面的命令。因此，这里花费了大量的篇幅对其功能进行了详尽的介绍。下面开始讲解“色阶”调整命令的应用范围。

1. 用色阶改善图像色调

“色阶”命令最重要的用途就是改善图像的色调。前面已经介绍了，“色阶”命令可以通过设置“输入色阶”的阴影、中间调和高光的色阶值，来完成至“输出色阶”的映射。通过这个映射，可以很容易改善图像的色调。

下面通过一个案例来讲解如何使用“色阶”命令来改善图像的色调。

案例19 改善图像色调

设计思路

本案例中，使用“色阶”命令来改善一幅照片的色调。

操作步骤

01 执行“文件”|“打开”命令，打开配套光盘中的“照片.JPG”文件，如图4-94所示。调出“直方图”面板，如图4-95所示。配合图像和直方图，可以发现。图像缺乏中间调和高光部分的色阶分布，色阶集中分布在阴影区域，色偏的问题并不严重。下面可以使用“色阶”命令来调整图像的色调。

02 对图像执行“图像”|“调整”|“色阶”命令，弹出“色阶”对话框，如图4-96所示。勾选“预览”复选框后，可以用鼠标一边拖动色阶滑块，一边观察图像色调的变化。首先拖动阴影和高光滑块，确定照片明暗区域，然后再调节中间调的位置，控制图层明暗对比，最后设置阴影为0；中间调为1.33；高光为188。

图4-94 原图

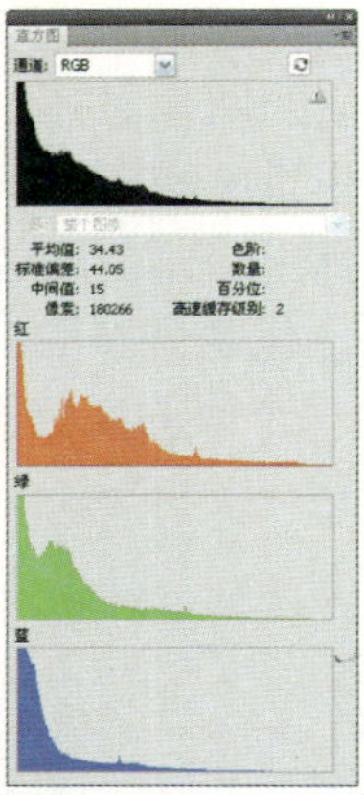

图4-95 “直方图”面板

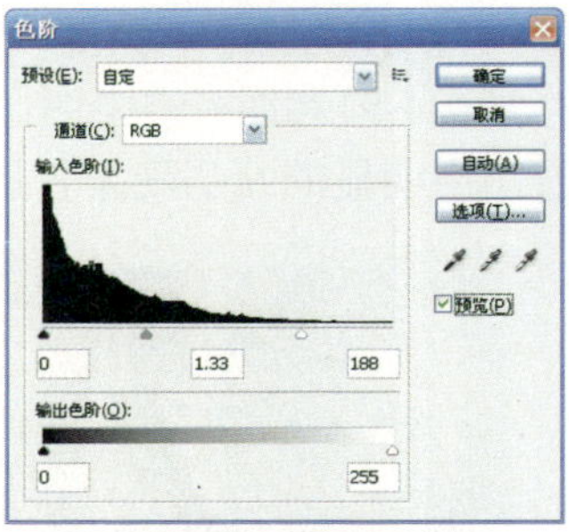

图4-96 调整色阶

03 完成调整后，图像与直方图效果如图4-97所示。可以看出调整后图像色调分布更加均匀。

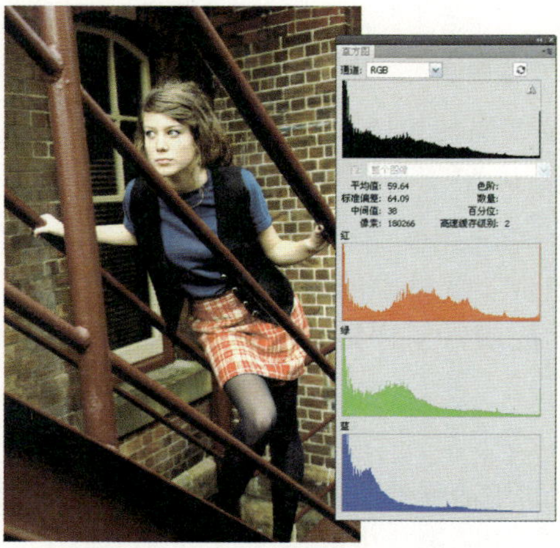

图4-97 调整后图像与直方图

04 图像调整前后对比如图4-98所示。

图4-98 调整前后图像对比

05 存储文档为“改善图像色调.PSD”。

案例总结

改善色调是“色阶”命令最基本的功能，操作也相对简单。

2. 查找“黑场”和“白场”

“色阶”命令，另一个功能就是查找图像的“黑场”和“白场”。在“色阶”对话框中的“设置黑场工具”和“设置白场工具”就是进行该操作的利器。使用它们点选图像中的“黑场”或“白场”，色阶会自动完成映射。

案例20 查找“黑场”和“白场”

设计思路

本案例中，使用“阈值”调整图层来协助“色阶”调整命令找出图像的“黑场”和“白场”。

操作步骤

01 执行“文件”|“打开”命令，打开配套光盘中的“照片.JPG”文件，如图4-99所示。弹出“直方图”面板，如图4-100所示。通过图像和“直方图”面板，可以观察到照片有些退色，无法分辨哪些是纯白色，哪些是纯黑色。

图4-99 原图

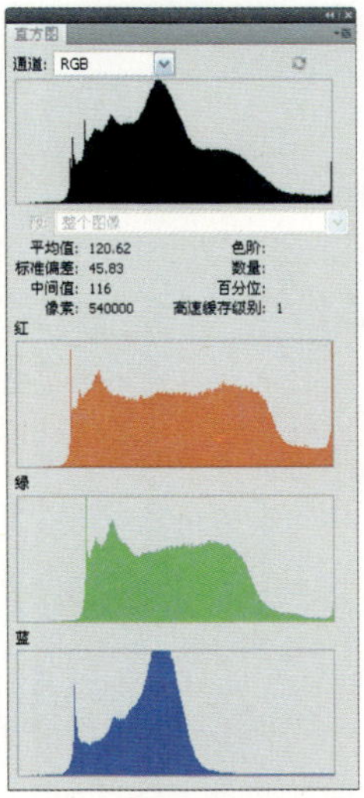

图4-100 “直方图”面板

02 因此，当前最重要的任务是找出“黑场”和“白场”的位置。执行“窗口”|“调整”命令，弹出“调整”面板，在面板上单击“创建新的阈值调整图层”按钮（或者“图层”面板下面的“创建新的填充或调整图层”按钮），如图4-101所示。在“背景”图层的上面新建一个“调整”图层，效果如图4-102所示。此时图像变为黑白两色，通过调整“调整”面板上的“阈值色阶”值来控制黑白图像的范围。

03 首先寻找“黑场”位置。将“阈值”对话框中的色阶滑块移到最左端，然后向右慢慢拖动该滑块，当出现少量黑色斑点后就停止移动色阶滑块，如图4-103所示。开始出现的几个像素的黑色斑点为噪点，不用理会。当黑色斑点近似呈现物体边缘形状后就要马上停止移动，这时黑斑即为黑场。此时的阈值色阶为49。选择“颜色取样器工具”，在黑色斑点位置建立第一个取样点，标注黑场位置，如图4-104所示。

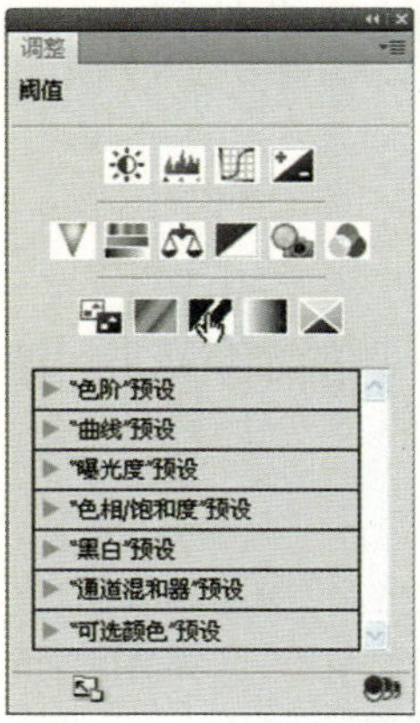

图4-101 “调整”面板

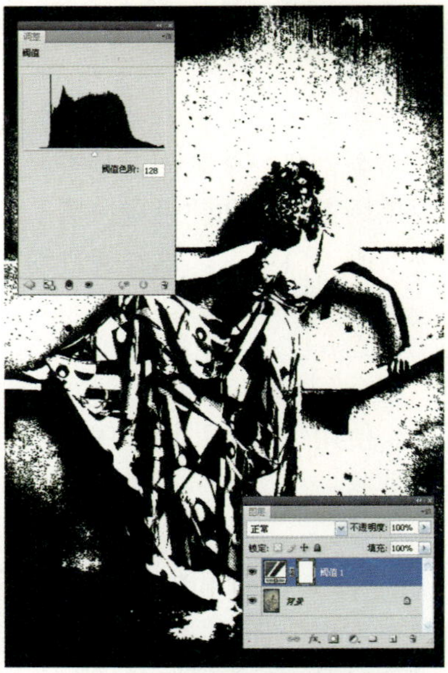
图4-102 创建阈值调整图层

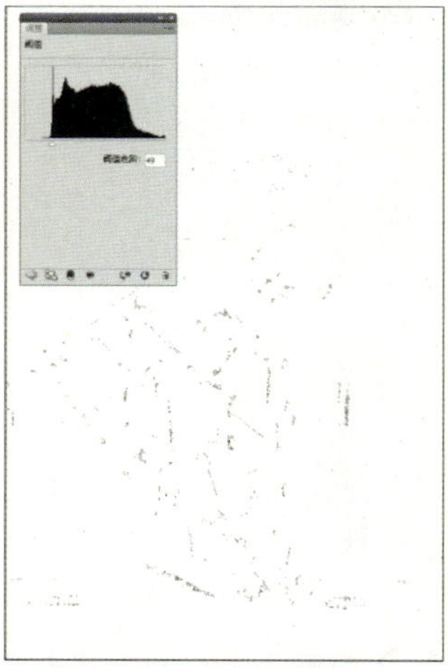
图4-103 出现黑色斑点

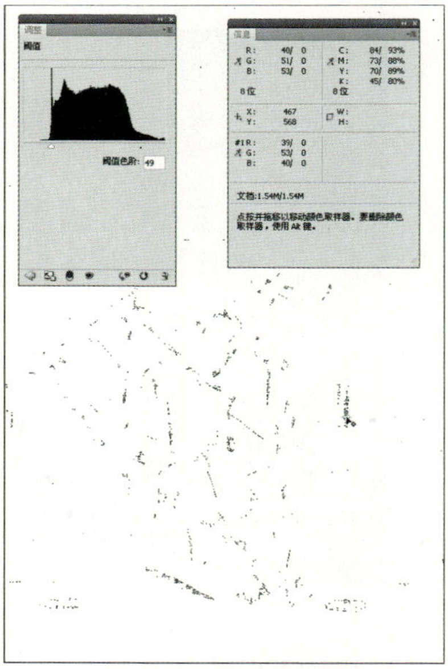
图4-104 建立取样点

04 接下来，继续调整“阈值”寻找“白场”。这次，将色阶滑块拖至最右侧，然后将其慢慢向左移动。当出现第一组白色斑点时，停止移动滑块，如图4-105所示，这时阈值色阶为253。单击“确定”按钮完成阈值设置。选择“颜色取样器工具”，在白色斑点位置建立第二个取样点，标注白场位置，如图4-106所示。

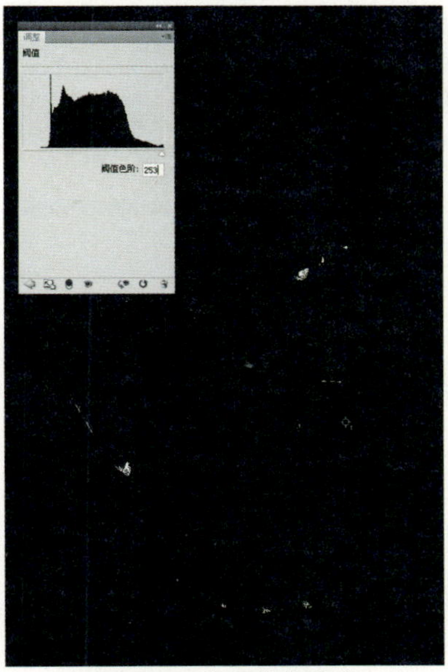

图4-105 出现白色斑点

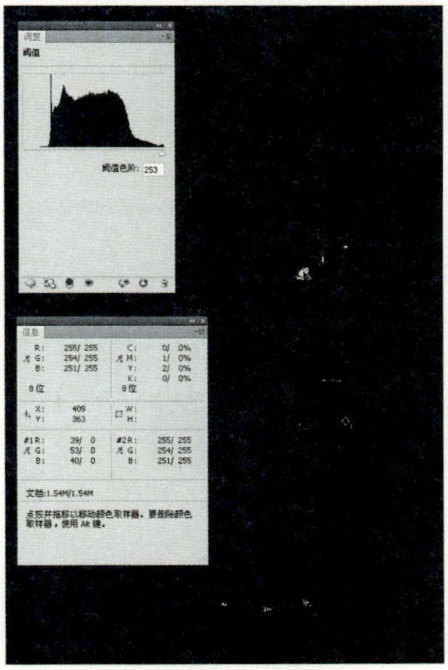

图4-106 建立取样点

05 接下来删除“调整”图层。如图4-107所示，此时图像没有任何变化，但是建立的取样点仍在。

06 为了使图像的“黑场”和“白场”调整的更柔和，选择“吸管工具”，在属性栏上将取样大小设为“3X3平均”。接下来，对图像执行“图像”|“调整”|“色阶”命令，弹出“色阶”对话框。在对话框中选择“设置黑场工具”，单击“取样点1”位置，确定白场。图像将自动根据“黑场”映射色阶，如图4-108所示。

图4-107 删除调整图层

图4-108 设置黑场

07 选择“设置白场工具”，单击“取样点2”位置，确定白场。图像将根据“白场”映射色阶，如图4-109所示。

08 还可以调整“输入色阶”中间调的位置，进一步控制图像的明暗程度，如图4-110所示。

图4-109 设置“白场”

图4-110 调整中间调

09 调整好后，单击“确定”按钮完成“色阶”调整。此时图像和直方图的效果如图4-111所示。可以看出图像的阴影和高光调整后分配比较合适。

10 调整前后图像对比如图4-112所示。

图4-111 完成调整

图4-112 调整前后对比

11 将文档存储为“查找黑场和白场.PSD”。

案例总结

本案例介绍了一个技巧，使用“调整”图层确定“黑场”和“白场”的位置。这个技巧相对于前面介绍的暂时转入“阈值”来说更加准确。因为同时可以使用颜色取样器设定取样点来标记“黑场”和“白场”的具体位置。

3. 校正色偏

前面介绍过，使用“设置灰场工具”可以校正图像的色偏，但是很少单一使用这个工具来校正色偏，因为这样往往会使得图像颜色偏向另一个方面。在校正色偏时要同时配合“设置黑场工具”和“设置白场工具”，以及“输入色阶”调整。下面这个案例就用到了这些调整方法。

案例21 校正色偏

设计思路

本案例中，使用“色阶”调整命令，配合“设置黑场”、“灰场”和“设置白场工具”，对偏色的照片进行校正。

操作步骤

01 执行“文件”|“打开”命令，打开配套光盘中的“照片.JPG”文件，如图4-113所示。调出“直方图”面板，如图4-114所示。从图像中可以看出，画面整体色彩偏黄，缺少蓝色。观察各个颜色通道的直方图可以验证这一结论，“红”通道和“绿”通道色彩分布比较均匀，但是“蓝”通道的高光和中间调部分明显缺少像素。下面就使用“色阶”命令来校正色偏。

图4-113 原图

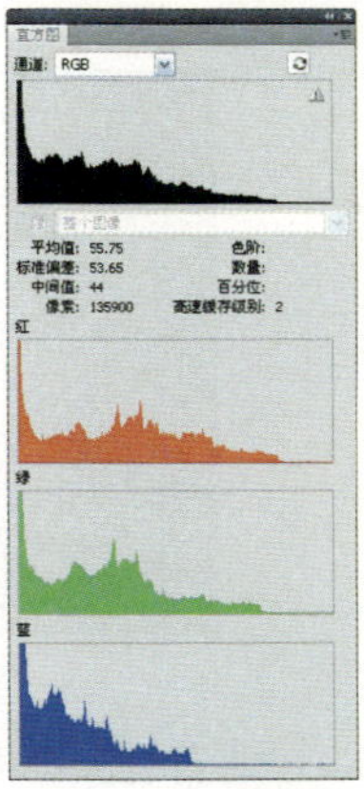

图4-114 直方图

02 首先选择“吸管工具”，在属性栏上设置取样大小为“3×3平均”。对图像执行“图像”|“调整”|“色阶”命令，弹出“色阶”对话框。首先调整“蓝”通道色阶，参数设置如图4-115所示。此时，图像效果如图4-116所示。现在色偏已经不是很明显了，意味着已经完成了第一步调整。

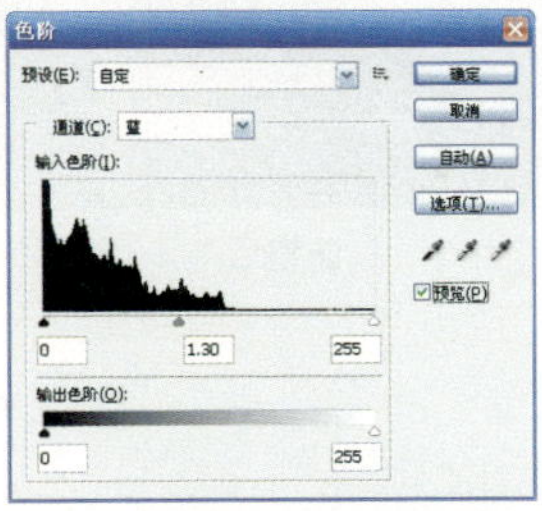

图4-115 调整“蓝”通道色阶

图4-116 调整效果

03 接下来对图像进行细节调整。选择RGB复合通道，选择“设置白场工具”，点选图像中的水滴最亮的区域，这个区域的颜色应该为实际中的白色。点选后，图像效果如图4-117所示。

04 下面来设置黑场。选择“设置黑场工具”，点选图像中头发的黑色部分。这个区域的颜色应为现实中的黑色。点选后，图像效果如图4-118所示。

05 设置灰场是最重要的。如果选择的灰场位置不正确，很有可能使图像的色偏又偏向蓝色。所以，首先要选择“灰场”的位置。在整个图像中，最不容易受到旁边物体反射光干扰的应该是衣领图像区域，它应该呈现自然光的色彩，因此，使用“设置灰场工具”点选衣服的领子区域。点选后，图像效果如图4-119所示。这样，就完成了整个色偏校正。

图4-117 设置“白场”

图4-118 设置“黑场”

图4-119 设置“灰场”

06 图像调整前后对比如图4-120所示。

调整前

调整后

图4-120 调整前后对比

07 将文档存储为“校正效果.PSD”。

案例总结

校正色偏是一个比较复杂的工作。虽然“设置灰场工具”被定义为校正色偏的工具。但是在大多数情况下，只使用这一个工具是无法校正色偏的，而且很有可能带来更严重的色偏。所以一般的步骤应该首先调整色偏严重的颜色通道的色阶分布，然后再分别使用“设置黑场工具”、“设置白场工具”以及“灰场”对细节进行校正。

4. 创造特殊效果

除了上面介绍的“色阶”命令常用的功能之外，使用该命令也可以创造出许多特殊的效果。

案例22 制作特殊效果

设计思路

本案例中，使用“自动颜色校正选项”对话框来制作特殊效果。

操作步骤

01 执行“文件”|“打开”命令，打开配套光盘中的“照片.JPG”文件，效果如图4-121所示。

02 对其执行“图像”|“调整”|“色阶”命令，弹出“色阶调整”对话框。单击“选项”按钮，弹出“自动颜色校正选项”对话框，如图4-122所示。“阴影”颜色设为（R:51、G:0、B:102），“高光”颜色设为（R:255、G:204、B:0）。

图4-121 原图

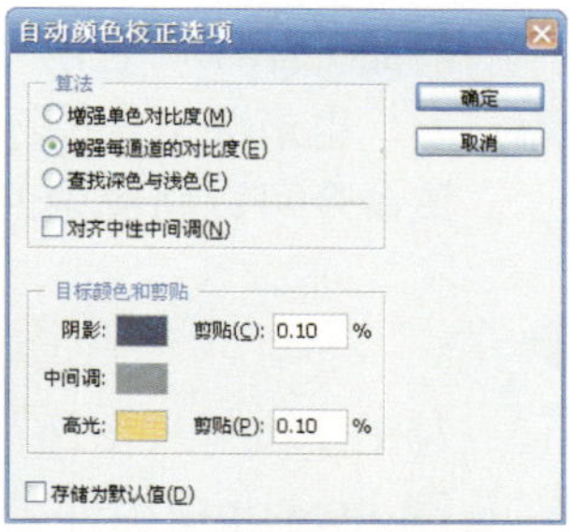

图4-122 设置目标颜色

03 完成设置后，图像效果如图4-123所示。

图4-123 最终效果

04 调整前后图像效果对比如图4-124所示。

调整前　　调整后

图4-124 调整前后图像效果对比

05 将文档存储为“效果.PSD”。

案例总结

这里只介绍了一种使用“色阶”命令制作特殊效果的方法。由于“色阶”对话框中的控件比较多，可以尝试调整各个控件的参数，以达到意想不到的效果。

4.3 “曲线”命令

前面介绍了“色阶”命令，它是所有映射调整的基础。接下来介绍Photoshop中最为强大，也最为复杂的颜色校正命令——“曲线”命令。

该命令可以将图像的任意亮度绝对地映射成为其他亮度值。

4.3.1 “曲线”对话框

对图像执行“图像”|“调整”|“曲线”命令，可以弹出“曲线”对话框。该对话框是Photoshop中控件最多、设置最复杂的对话框。在“曲线”对话框中可以在图像的色调范围（从阴影到高光）内最多调整14个不同的点，而“色阶”对话框仅包含3种调整（如白场、黑场和灰度系数）。也可以使用“曲线”对话框对图像的个别颜色通道进行精确调整。

在Photoshop CS4版本中，“曲线”对话框有了很大的改进，参数种类更多，设置更直观，而且操作也更为方便。

Photoshop CS4版本的“曲线”对话框的控件组成如图4-125所示。

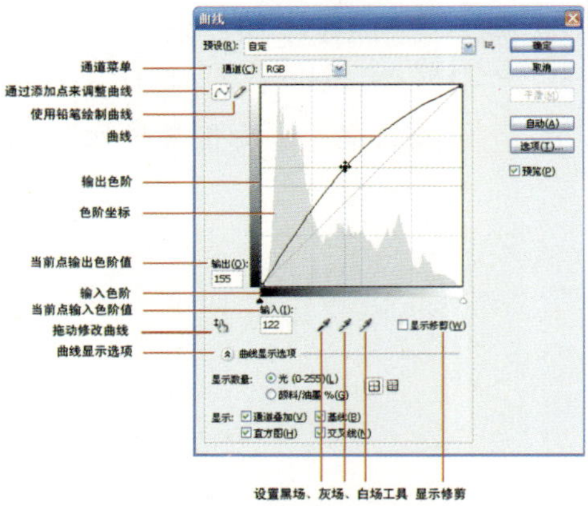

图4-125 “曲线”对话框

下面将具体讲解每个控件的功能。

1.色阶坐标

色阶坐标是“曲线”对话框中最重要的组件，也是整个“曲线”调整的基础。这里是将图像的输入色阶转换为输出色阶的地方。色阶坐标由水平方向的输入色阶和垂直方向的输出色阶构成，色阶的转换由色阶曲线控制。

曲线映射的原理如图4-126所示。在水平方向的输入色阶的色阶值沿垂直方向向上映射至色阶曲线上，然后从这个交点向左水平映射至输出色阶的色阶值，这就完成了一次映射。

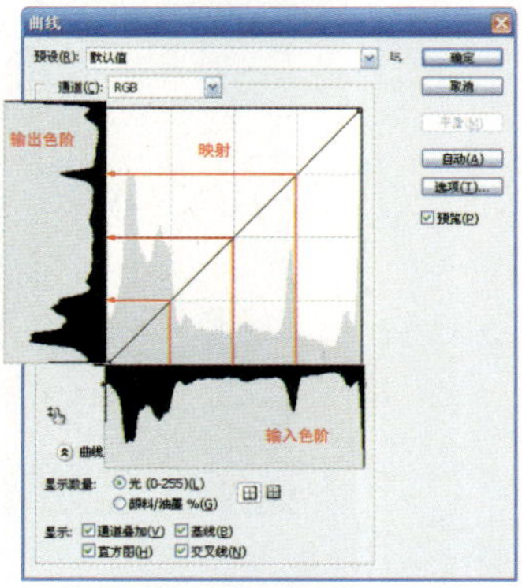

图4-126 曲线映射

在初始的默认状态下，色阶曲线为从原点出发的一条对角线，所以输入色阶的色阶值映射为相等的输入色阶的色阶值，此时输出色阶与输入色阶完全相等。当改变曲线的形状时，就会直接影响映射的效果，输出色阶也将随之改变。

提示

在默认状态下，色阶坐标被水平和垂直的虚线网格划分为4等份。为了增加精度，按住Alt键单击色阶坐标，就可以在10等份和4等份之间来回切换。

2.色阶曲线

既然输出色阶和输入色阶之间的映射关系是由曲线控制的，那么如何调整曲线的形状就成为进行映射的重要问题。

在Photoshop的“曲线”对话框中，允许用两种方法来调整曲线形状，它们分别为“编辑点”和“通过绘制”。

（1）用编辑点来修改曲线

在“曲线”对话框中，曲线的构成如图4-127所示。曲线的两个端点分别代表“阴影”和“高光”，其余两点之间都为色阶的中间调部分，这两个端点即为色阶曲线中的两个重要的控制点。只能编辑这两个点的位置，但是不能将其删除。

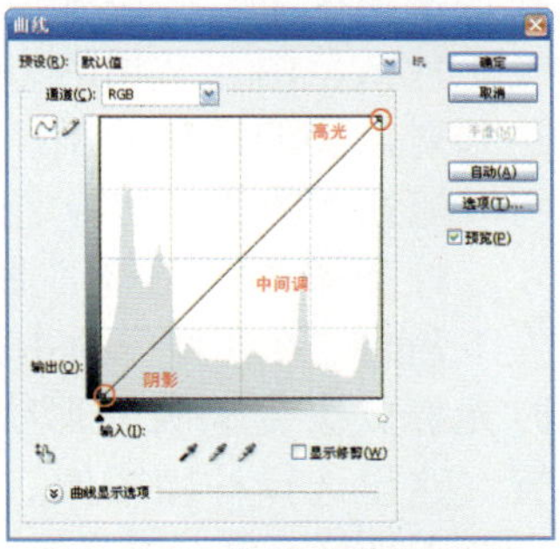

图4-127 色阶曲线控制点

通过鼠标可以随意在色阶坐标中编辑“阴影”和“高光”控制点的位置，但是此时色阶曲线仍为一条直线。要改变曲线的形状，就需要在这两个控制点之间建立新的控制点。

建立控制点的方法很简单，首先要单击“曲线”对话框中的“编辑点”图标~，然后将鼠标移至曲线上或者附近，当指针变为“+”形状时，单击鼠标就会建立一个新的控制点。用鼠标拖动控制点就会改变曲线的形状，如图4-128所示。要删除控制点，只需用鼠标将该点拖到色阶坐标之外即可。

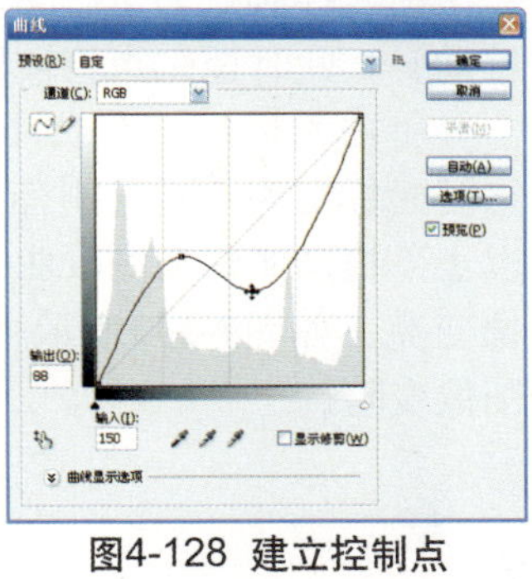

图4-128 建立控制点

使用控制点可以精确地控制映射。当用鼠标编辑控制点时，在“曲线”对话框中的“输出”和“输入”文本框中就会显示该点在色阶坐标中对应的“输出色阶”和“输入色阶”的色阶值，即该点向两个坐标轴投影的坐标值。根据前面介绍的“曲线”映射规则，这两个数值为该点输入色阶值和通过映射后的输出色阶的色阶值。因此拖动控制点，就可以准确地控制某个输入色阶的色阶值映射后的色阶值，进而控制整个色阶的映射。当然，可以通过在“输出”和“输入”文本框中输入数字来精确地调整控制点的位置，如图4-129所示。

除了色阶曲线两端的“阴影”和“高光”控制点，Photoshop允许用户在这两个控制点之间最多再创建14个控制点来调整曲线。

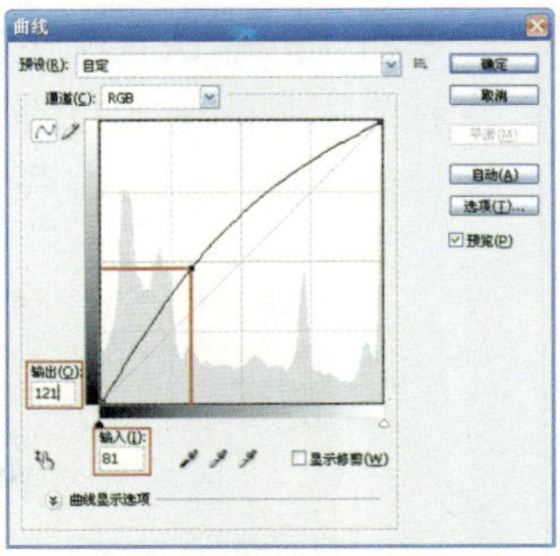

图4-129 控制点映射

(2) 通过绘制来修改曲线

除了前面介绍的通过编辑控制点来调整曲线形状的方法之外，Photoshop还允许用户使用“铅笔工具”直接在色阶坐标中绘制曲线。

首先，在“曲线”对话框中单击“通过绘制来修改曲线”图标。然后用鼠标直接在色阶坐标中绘制曲线。如图4-130所示，使用这种方法绘制曲线的优点在于非常方便，缺点在于不易准确控制曲线的形状。在调整“曲线”时，很少应用这种方法来编辑曲线。

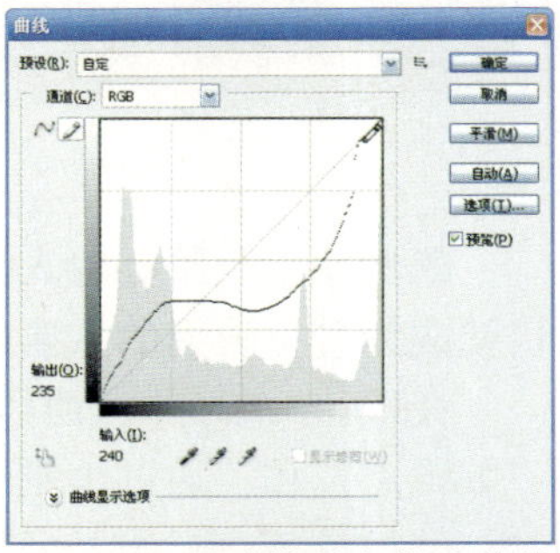

图4-130 通过绘制来修改曲线

(3) 通过用光标直接在图像拖动修改曲线

Photoshop CS4版本提供一个更方便的修改曲线的方法，使用光标直接在图像上拖动就会调整曲线的形状。在很多情况下，并不知道图像中想要调整的部分的色阶处于什么范围，常用的方法是使用光标直接修改曲线，达到对需要的调整效果。现在有了新的调整方法，使得可以随意对图像中的特定区域进行方便快捷的调整。

打开图像，调整“曲线”对话框后，单击对话框左下角的“在图像上单击并拖动可修改曲线”按钮，这时光标就会变为吸管形状，将光标移到需要调整的位置，这里选择柠檬图像。如图4-131所示，确定好位置后单击光标，此时在曲线上就会出现实心的控制点（在单击前，控制点为空心的，并随着光标的移动在曲线上移动），此时控制点将被建立。

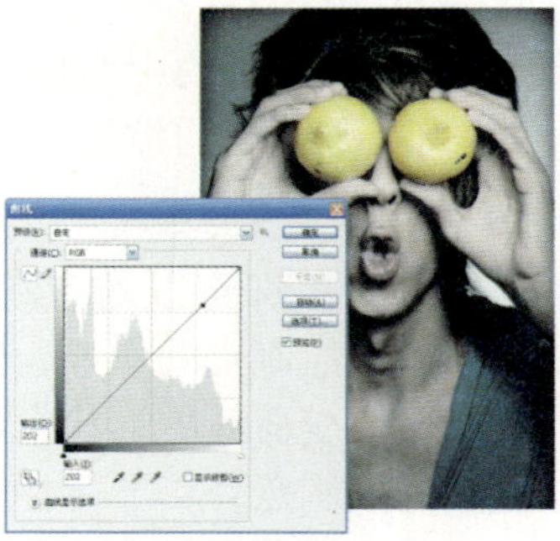

图4-131 建立控制点

单击光标后不要松开鼠标左键，如图4-132所示，这时光标变为手指左侧有上下箭头的图标，这就提示可以上下拖动光标来修改曲线。向上拖动鼠标，就会相应地将控制点向上移动，使柠檬图像变亮，如图4-133所示。同理，按住鼠标左键向下拖动，将控制点向下移动，使柠檬图像变暗。

图4-132 图像变亮

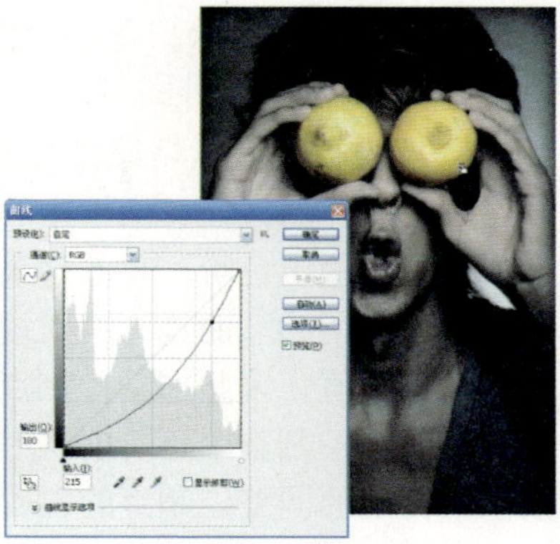

图4-133 图像变暗

可以反复使用该工具建立多个控制点来修改曲线形状。

3.曲线形状与直方图映射

前面介绍了“曲线”映射原理，又介绍了如何编辑色阶曲线。接下来，在这里介绍几种代表性的曲线形状，看看它们对图像色阶映射的影响。

（1）“Z”型曲线

“Z”型曲线是指只调整“高光”和“阴影”控制点的曲线。以图4-134为例，这是一幅没有经过调整的图像，接下来的讲解都要以这幅图像为蓝本。

下面对其执行“图像”|“调整”|“曲线”命令，弹出“曲线”对话框，设置“高光”控制点的位置为（输出：255、输入：190），如图4-135所示。

图4-134 调整前的效果

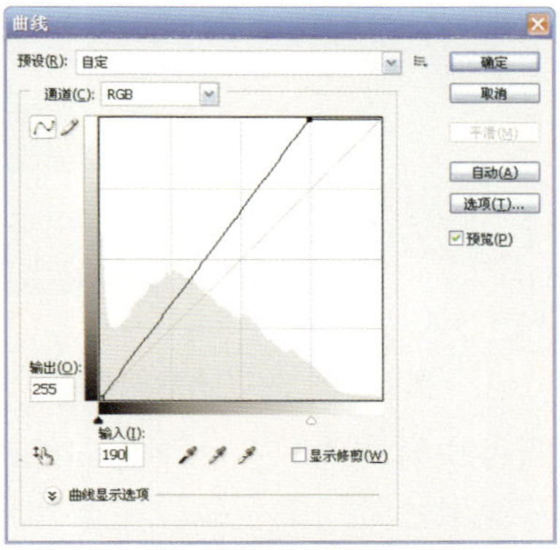

图4-135 设置高光控制点

此时，调整后的图像效果如图4-136所示。从图中可以看出，图像整体变亮。在直方图中，色阶值为255处的色阶数量明显增加。

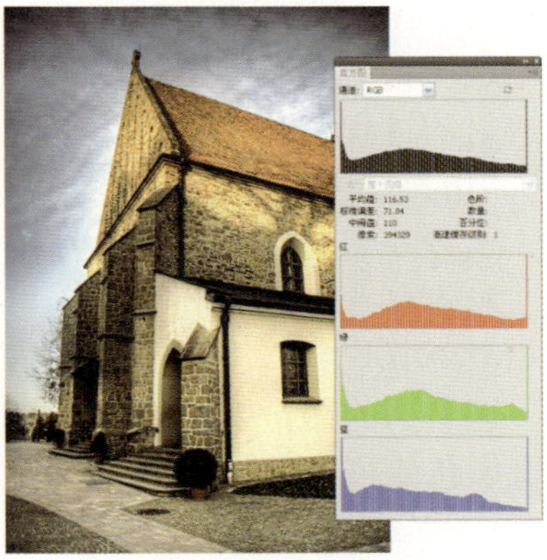

图4-136 调整后的效果

下面通过一个示例图来具体分析该设置过程。如图4-137所示，在“曲线”对话框中，红色部分表示了高光映射过程。由色阶曲线的形状可知，在“输入”色阶值为190～255之间的曲线上各点的“输出”色阶值均为255，这意味着，在输入色阶中190～255之间的色阶都同一映射为输出色阶中的255色阶值。绿色部分表示其余部分的映射，同样由曲线的形状可知，输入色阶值为0～189的色阶按线性映射为输出色阶中的0～254色阶值。

图像调整前后的直方图变化也同样验证了该映射过程，如图4-137所示。红色区域代表高光部分；绿色区域代表剩余部分。

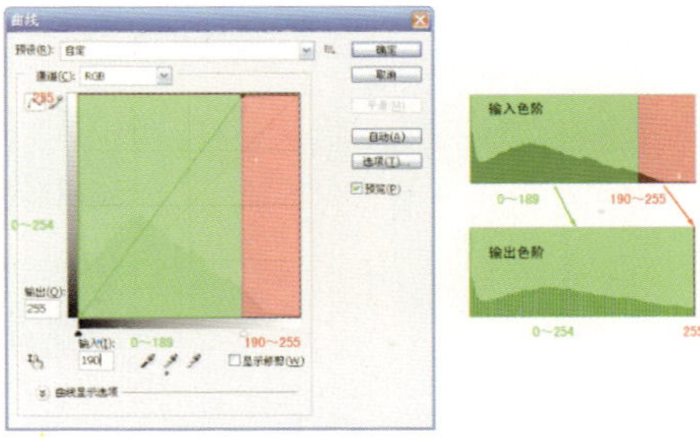

图4-137 曲线映射原理

这种映射的特点是直接增加高光色阶数量，其余色阶按线性重新分配。

下面看另外一种曲线形状。这次将“阴影”控制点拖至坐标为（输入：63、输出：0）。这次曲线映射过程如图4-138所示。其中蓝色代表阴影区域；绿色代表其他色阶区域。这次映射是将输入色阶值为0～63的色阶都映射为输出色阶中的0色阶值；将输入色阶中的色阶值为64～255区域的色阶线性映射至输出色阶中的1～255色阶值。

这种映射的特点是直接增加阴影的色阶数量，其余色阶按线性重新分配。映射后，图像效果如图4-139所示。

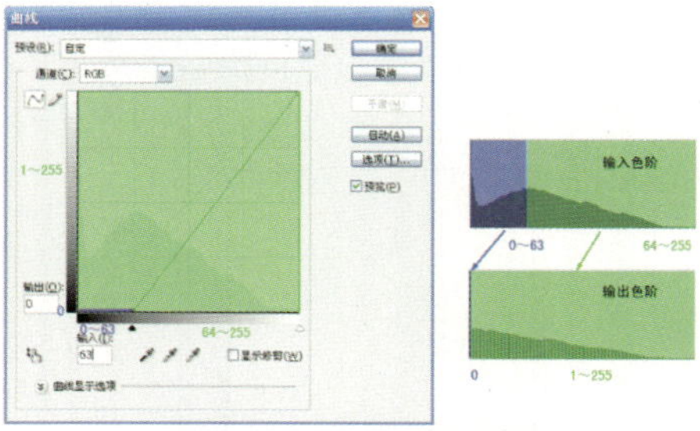

图4-138 曲线映射原理

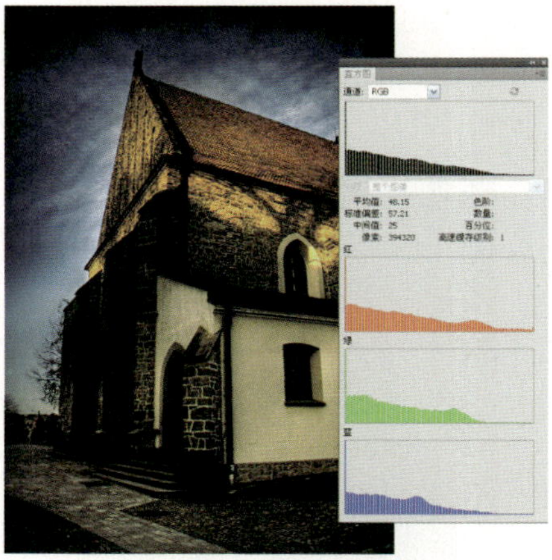
图4-139 调整后的效果

上面两种映射均为只在水平方向编辑“阴影”或“高光”控制点的曲线，这种映射不会改变“输出色阶”的范围，主要作用是增加了“输出色阶”中阴影和高光的色阶数量（像素数量）。下面介绍在垂直方向上编辑“阴影”或“高光”控制点会对图像和其直方图有什么影响。

这次将“高光”控制点拖至坐标（输入：255、输出：191），如图4-140所示。这次映射的过程为将“输入色阶”中的色阶值范围0～255的色阶线性的映射至“输出色阶”中的0～191色阶值，即绿色部分；“输出色阶”中192～255之间无色阶，即灰色部分。这意味着，在垂直方向拖动“高光”控制点可以调整“输出色阶”中的高光色阶值。对于直方图的形状来说，映射过程相当于将这个直方图形状水平方法上向左压缩，减小色阶值范围。

调整后的图像效果如图4-141所示。可以看出，调整后，图像的高光值降低，造成图像颜色偏暗，对比度下降。

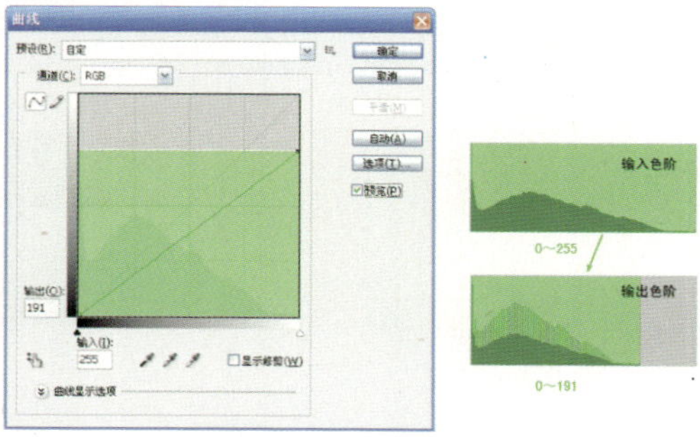

图4-140 曲线映射原理

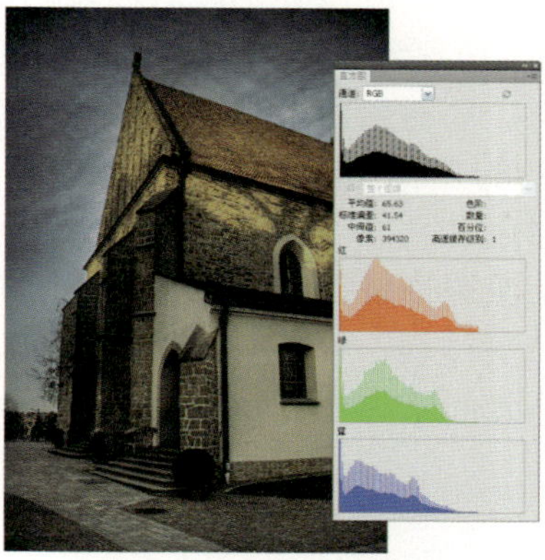
图4-141 调整后的效果

另外一种情况就是垂直移动“阴影”控制点。这次将“阴影”控制点移至坐标（输入：0、输出：65），如图4-142所示。这次同样减少了“输出色阶”的色阶值范围，减少的为阴影部分，使得“输出色阶”的色阶值范围为64～255。映射过程为将“输入色阶”中0～255的色阶线性映射为“输出色阶”的64～255色阶值。对于直方图形状变化来讲，相当于将整个直方图在水平方向向右整体压缩。

调整后的图像效果如图4-143所示。从图中可以看出，调整图像的阴影色阶值变大，造成图像整体色调偏亮，对比度降低。

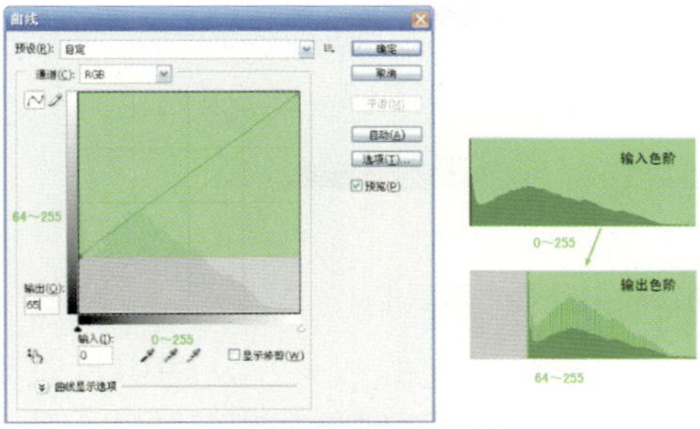

图4-142 曲线映射原理

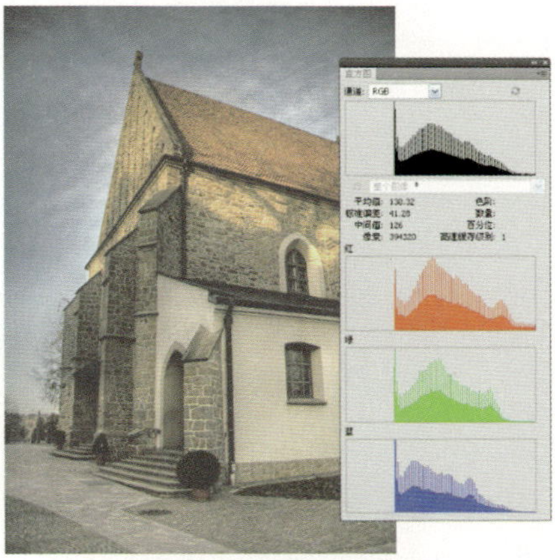
图4-143 调整后的效果

通过上面4个曲线映射结果，可以总结出以下规律：在水平方向移动“阴影”或“高光”控制点，会增加输出色阶中阴影和高光区域的色阶，使得图像对比度增加；在垂直方向移动“阴影”或“高光”控制点，会减小输出色阶的色阶值范围，使得图像对比度降低。

（2）“J”型曲线

典型的“J”型曲线是指只调整“中间调”控制点，而不调整“阴影”和“高光”控制点的曲线。

下面来看第一种“J”型曲线。如图4-144所示，建立一个“中间调”控制点，将“中间调”控制点移到坐标（输入：100、输出：156）。调整后图像整体颜色变亮，如图4-145所示。高光附近色阶数目增加，阴影附近数目降低。

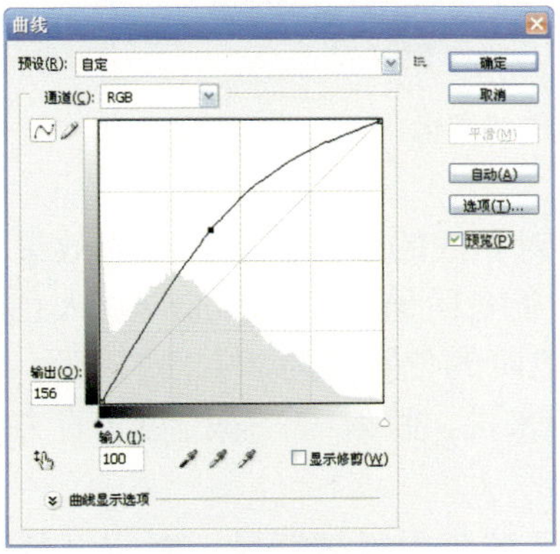

图4-144 调整曲线

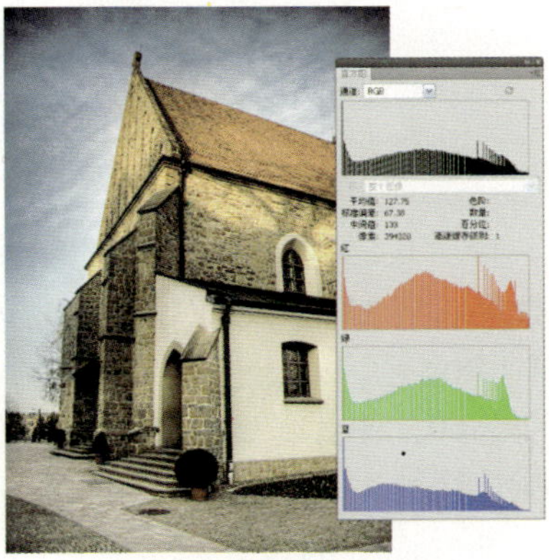
图4-145 调整后的效果

下面来分析这种映射的过程。如图4-146所示，在整个“输入色阶”范围内，曲线都处于对角线的上方，这说明除了“阴影”和“高光”这两个点，其他区域像素映射后，其输出色阶的色阶值都大于其原理输入色阶的色阶值，即图中的黄色部分。以新建的控制点为例，在改变曲线形状之前，输出色阶的色阶值应该等于输入色阶的色阶值，即均为100；改变曲线形状后，输出色阶的色阶值变为156，造成亮度增加。再观察直方图的变化，可以看出，输出色阶直方图中色阶数量明显集中于高光附近，这就造成了在阴影附近区域出现持续色阶断层现象，即绿色区域。

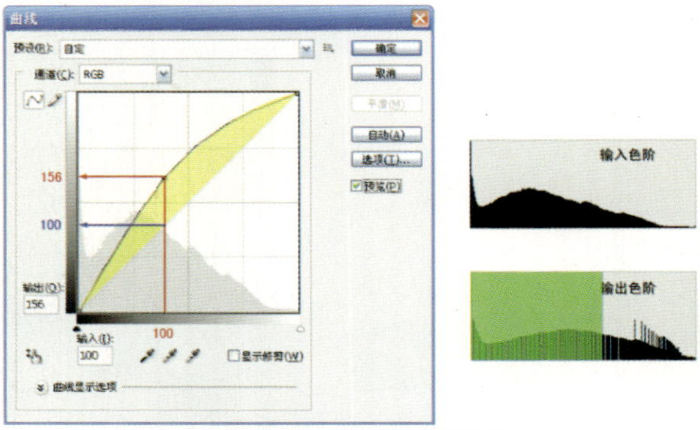

图4-146 曲线映射原理

图4-147显示了图像输出色阶直方图随曲线形状变化的效果。从图中可以得出结论，曲线向上弯曲越大，色阶越向高光区域集中，色阶断层现象和范围越随之扩大。当曲线控点达到色阶坐标上面边缘，这时映射已接近“Z”型曲线映射效果。

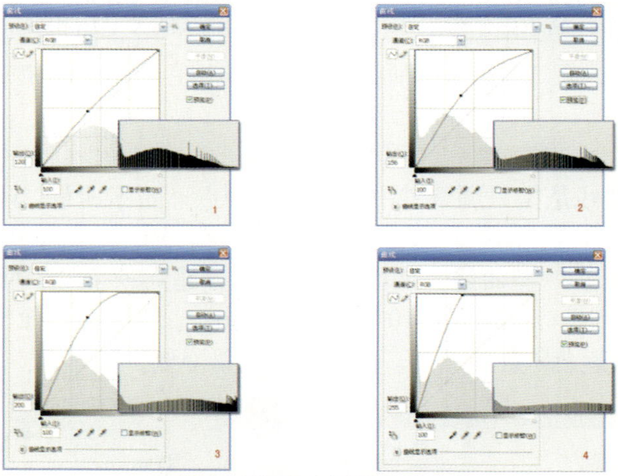

图4-147 直方图随曲线变化

还有一种“J”型曲线映射，这时曲线处于对角线的下方。这种映射效果与前面介绍的映射效果正好相反。像素映射后的输出色阶的色阶值要小于其原理输入色阶的色阶值。如图4-148所示，对于控制点来说，其输入色阶的色阶值为100，映射后，输出色阶的色阶值变为60，使其暗度增加。从直方图形状来说，映射后，输出色阶直方图在高光区域出现断层线性，色阶向阴影区域集中。

同样，曲线向下的弯度越大，色阶向阴影区域集中得越明显，断层区域范围也越大。采用这种映射后，图像整体色调会变暗，如图4-149所示。

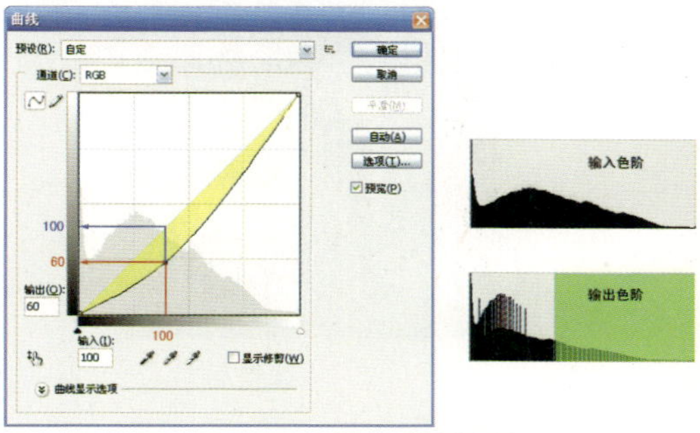

图4-148 曲线映射原理

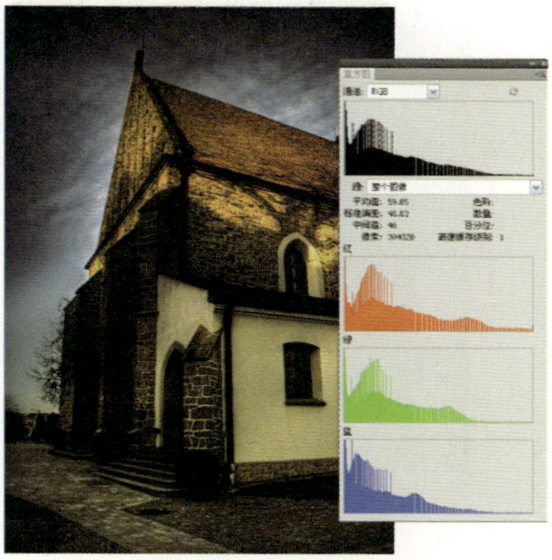

图4-149 调整后的效果

通过这两种“J”型曲线映射的分析可知，这种曲线调整可以重新分配图像中中间调色阶的分布，让其向阴影区域或者高光区域偏移，这就可以使得整个图像色调变亮或者变暗。映射的方式有别于“色阶”中的线性映射，而是由曲线形状控制的非线性映射。这样可以通过控制曲线来控制不同色阶值的映射效果。

(3) “S”型曲线

“S”型曲线是指部分曲线位于对角线上方，另一部分位于对角线下方的曲线形状。这类曲线映射用于调整图像细节对比度。

下面通过前面“J”型曲线映射原理可知，这种映射使输入色阶靠近阴影区域的色阶向输出色阶阴影集中，色调变暗，即蓝色区域；而输入色阶高光附近的色阶向输出色阶中高光集中，色调变亮，即红色区域。图4-150中的直方图变化可以看出相同的映射效果，色阶分别向直方图的两端集中，在中间区域造成断层现象，即绿色区域。

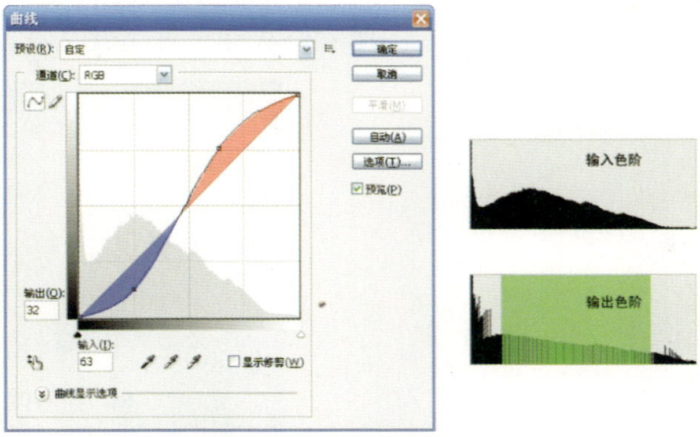

图4-150 曲线映射原理

下面来观察这种曲线映射对图像的修饰效果。如图4-151所示，从调整前后的图像效果可以看出，这种曲线调整可以加大图像的对比度，而不会直接加大阴影和高光的像素数量。

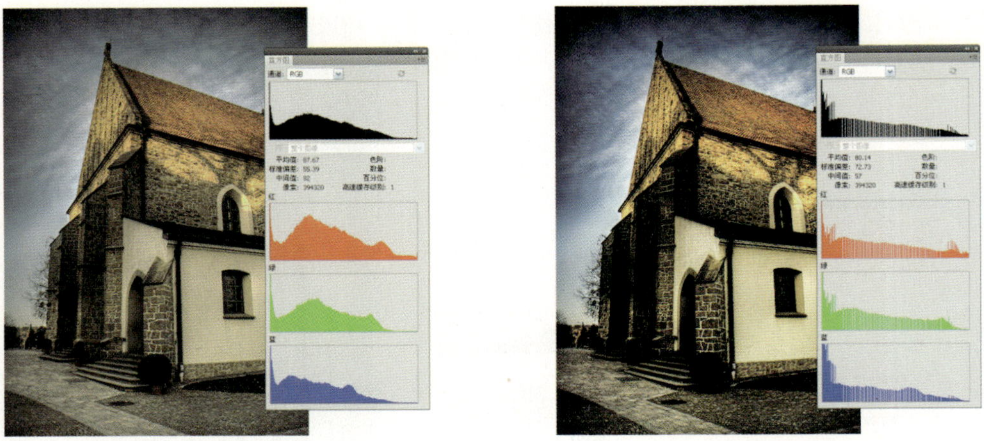

调整前　　　　　　调整后

图4-151 调整前后效果对比图

下面来介绍第二种“S”型曲线形状。如图4-152所示，该曲线的前半部分处于对角线之上，后半部分处于对角线之下。这就造成了色阶都向中间调集中，从输出色阶和输入色阶的直方图变化更容易看出这一点。在输出色阶的直方图中，阴影和高光附近都出现了断层现象（绿色部分），中间调的色阶数量变多。

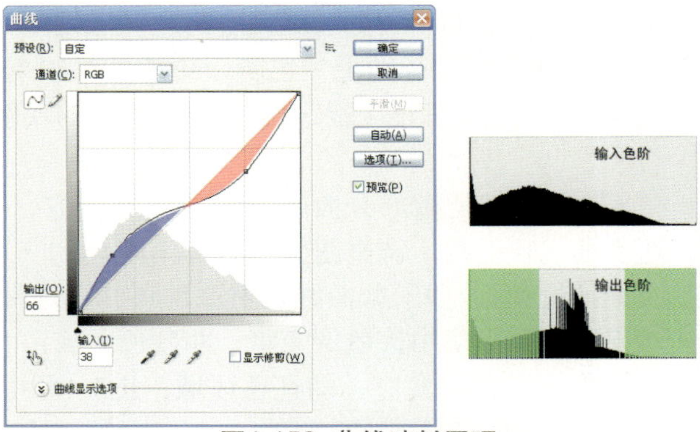

图4-152 曲线映射原理

同样，观察调整前后的图像效果对比，依然可以发现这个现象。如图4-153所示，调整后，图像变得灰暗，对比度下降。

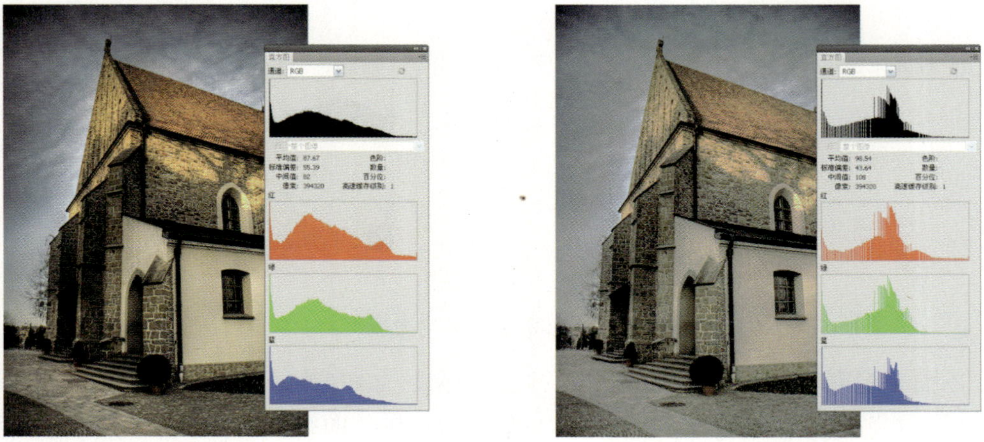

调整前　　　　　　调整后

图4-153 调整前后效果对比图

(4)“M”型曲线

“M”型曲线是一种比较特殊的曲线形状，曲线多次交叉通过对角线，用来制作特殊效果。如图4-154所示，这是一个典型的“M”型曲线。在“曲线”对话框中，曲线的“阴影”部分高出对角线；“中间调”部分低于对角线；而“高光”部分又高于对角线。使得在曲线上的某两个点，高输入色阶值的点反而低于低输入色阶值的点从而造成了色阶的重新分配。

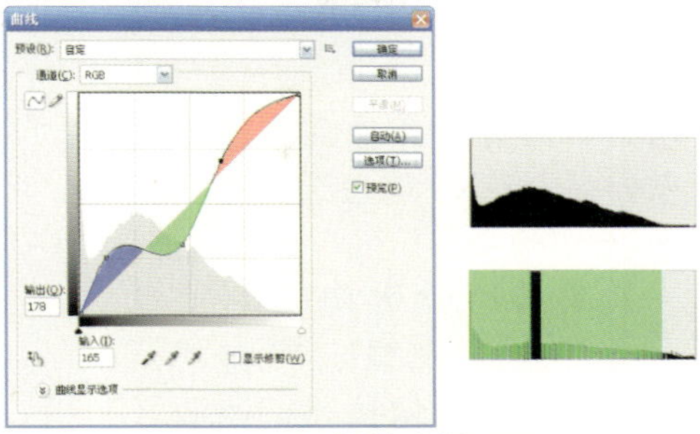

图4-154 曲线映射原理

图4-155所示为调整前后图像效果对比图。从图中可以看出，调整后图像呈现的效果和前面的图像完全不同，出现了类似于“反片”的效果。后面会以案例的形式介绍该种模式的应用。

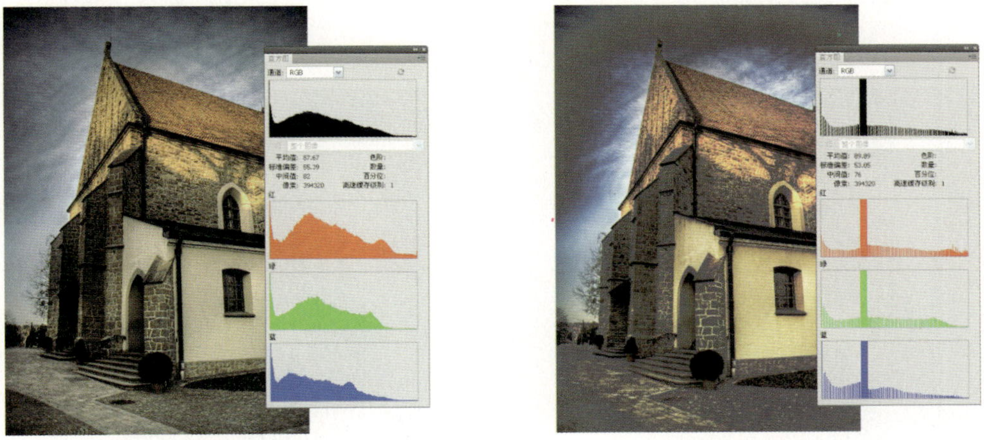

调整前　　调整后

图4-155 调整前后效果对比图

提示

可以使用键盘上的方向键来精确控制曲线中的“控制点”。首先选择“控制点”，然后按相应的方向键，每按一次，控制点随之移动1个像素。如果按住Shift键同时按方向键，每按一次，移动10个像素。

4.设置黑场、灰场和白场工具

在“曲线”对话框中同样有“设置黑场工具”、“设置灰场工具”和“设置白场工具”。它们的作用与“色阶”调整中的“设置黑场”、“设置灰场”和“设置白场工具”基本相同，但调整方法不同。

(1) 设置黑场工具

“设置黑场工具”通过对各颜色通道创造“Z”型曲线来设置“黑场”。如图4-156

所示，在“曲线”对话框中选择“设置黑场工具”，然后在画面中点选所要设置“黑场”的位置。此时，Photoshop会自动根据所选位置的各个颜色通道的色阶值来分别调整3个颜色通道的曲线形状。

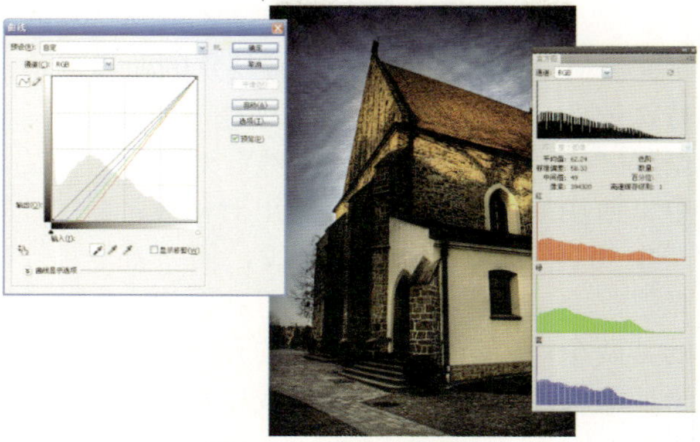

图4-156 设置“黑场”

下面具体分析曲线调整过程。为了配合观察，调出“信息”面板。对图像执行“曲线”命令，弹出“曲线”对话框，在对话框中选择“设置黑场工具”。用鼠标在图像上选择所需设置黑场的位置，如图4-157所示。在“信息”面板上，可以看出该点现在的各颜色色阶为（R:47、G:60、B:69）。然后单击鼠标，设置“黑场”后，该位置的各颜色色阶变为（R:0、G:0、B:0）。

确定位置　　单击光标确定黑场

图4-157 设置“黑场”的过程

设置“黑场”的原理如图4-158所示。当点选位置设置“黑场”后，Photoshop将自动根据该点的各个颜色色阶分量，重新设置各个颜色通道曲线的黑场控制点的位置。将各颜色色阶分量设为输入色阶，输出色阶均设为0。这样就保证了把比该点各个色阶分量小的像素均设为黑色。从图4-158中可以看出，设置“黑场”相当于对各通道创建“Z”型曲线。

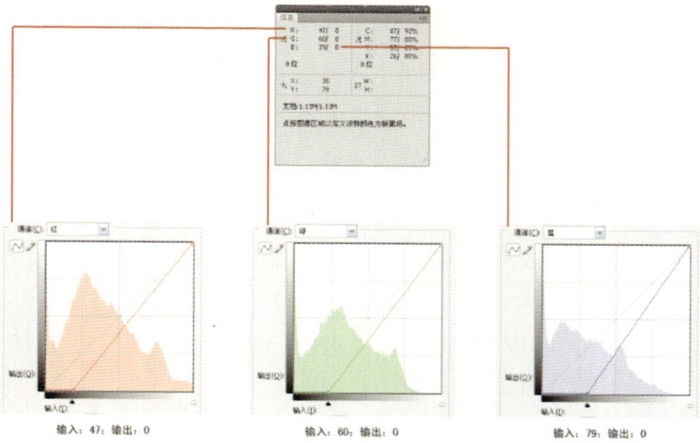

图4-158 设置“黑场”的原理

图 4-159所示为使用“设置黑场工具”进行曲线调整前后图像的效果对比图，从直方图的变化也验证了前面分析的原理。曲线调整中的“设置黑场工具”就相当于将各颜色通道从0至一定数值的色阶值的像素压缩至色阶值为0，然后再组成RGB通道。

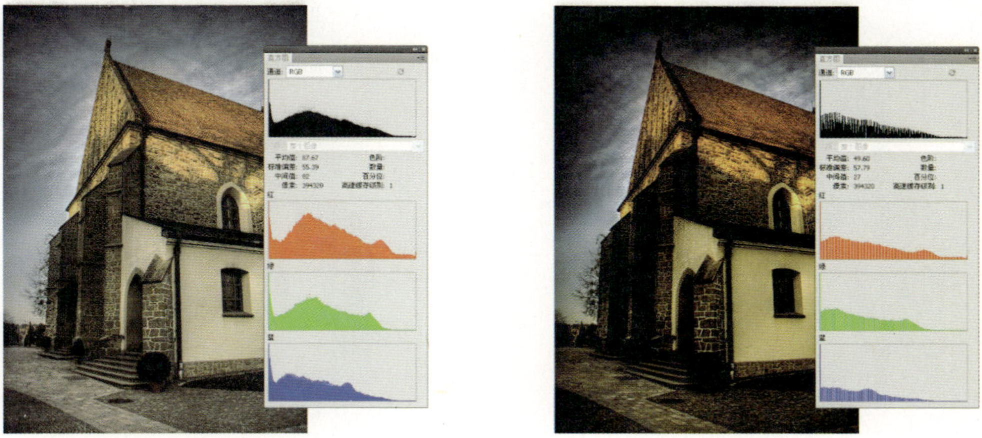

调整前　　调整后

图4-159 调整前后效果对比图

（2）设置白场工具

设置“白场”的过程和原理与设置“黑场”相同。它是根据在图像上选择“白场”位置，调整分布各颜色通道中曲线的高光点的位置，形成“Z”型曲线，然后将各个颜色通道组成复合通道，进而达到设置图像“白场”的作用，如图4-160所示。

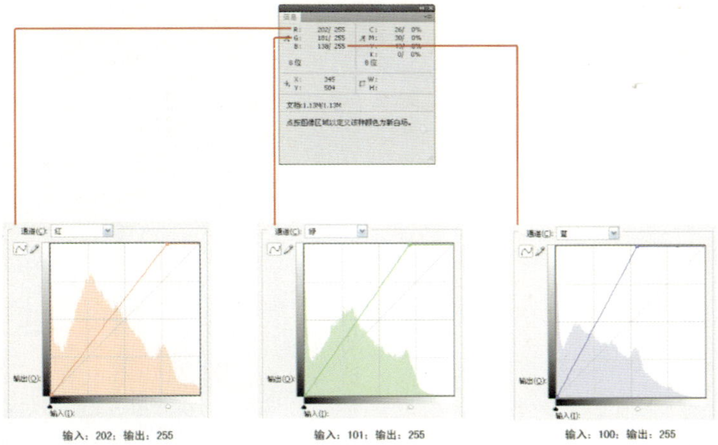

图4-160 设置“白场”原理

图4-161所示为设置“白场”前后图像效果对比图。从图中可以看出，设置“白场”相当于分别将各颜色通道中大于某一色阶值的高光部分的像素（具体的色阶值由“设置白场工具”在图像上选择的位置的色阶值确定）都集中在“白场”（色阶值为255）处，进而完成对图像的调整。

（3）设置灰场工具

“设置白场工具”和“设置黑场工具”是创建“Z”型曲线来调整图像的，而“设置灰场工具”是通过建立“J”型曲线来调整图像的。如图4-162所示，Photoshop根据设置灰场点的各颜色通道的分量来调整“曲线”对话框中各颜色通道的曲线形状来进行设置“灰场”的操作。观察信息调整时会发现，设置“灰场”该点的颜色调整分别为（R:118、G:133、B:150）和（R:133、G:133、B:133），这是如何得来的呢？

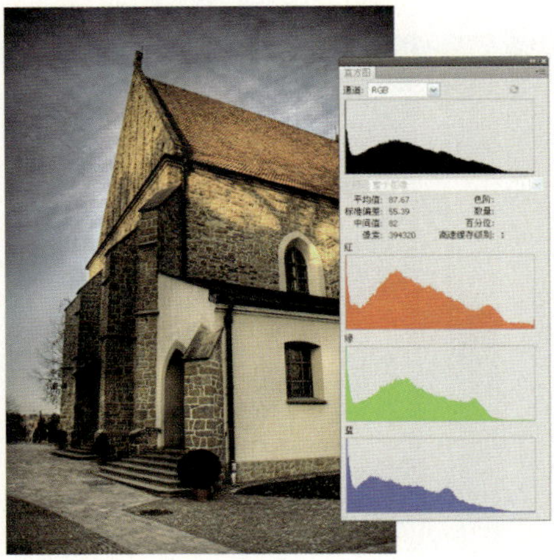

调整前

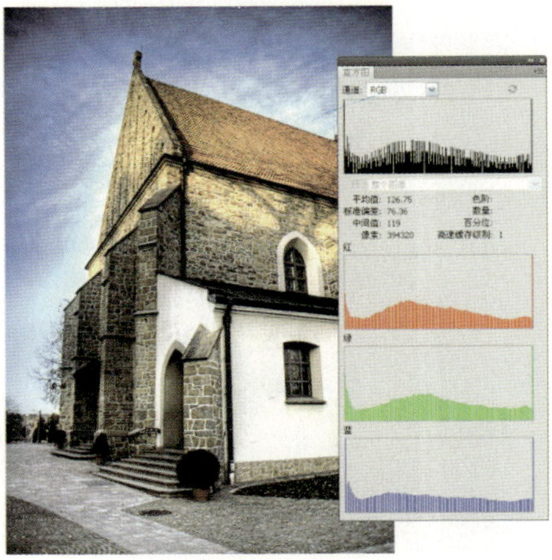

调整后

图4-161 设置“白场”前后图像效果对比图

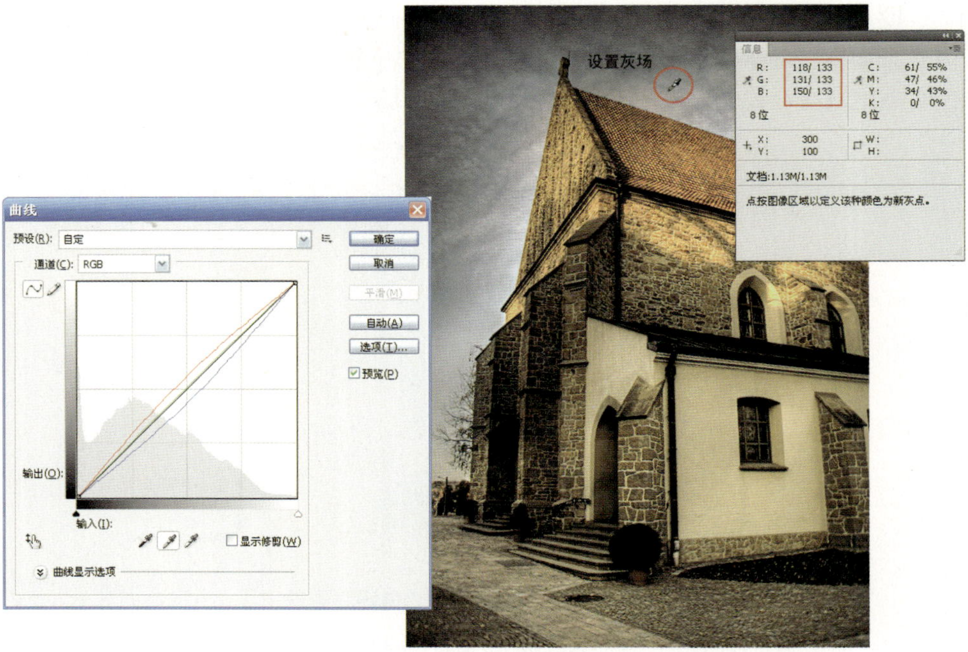

图4-162 设置“灰场”

下面就向读者讲解设置“灰场”的原理。当使用“设置灰场工具”在图像上确定“灰场”位置后，Photoshop会自动在各颜色通道的曲线上建立控制点来调整曲线的形状。控制点在色阶坐标中的坐标由“灰场”的色阶值确定，其中输入色阶为“灰场”位置该颜色通道中的原色阶值，输出色阶为“灰场”位置原各个颜色通道色阶值的平均值。还以这幅图像为例，如图4-163所示，这里分别展示了设置“灰场”对各个颜色通道曲线的影响。首先观察“红”通道，控制点的输入色阶值为灰场位置原色阶值，即为118，而输出色阶值为原色阶值的平均值，即为133（[118+131+150]/3=399/3=133），使得调整的曲线高于对角线，形成“J”型曲线，另外，两个颜色通道的曲线调整也按照这个原理进行。

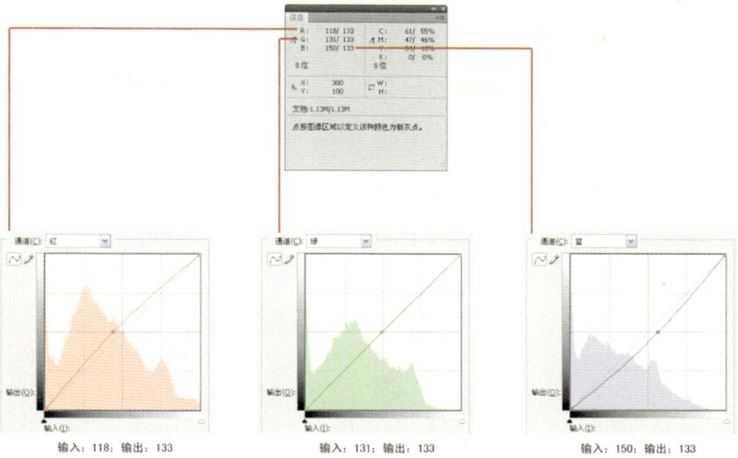

图4-163 设置“灰场”的原理

图4-164所示为设置“灰场”前后图像效果对比图，可以看出调整前后图像效果和直方图变化比较细微。在多数情况下，“设置灰场工具”用来对图像中不太严重的色片进行矫正。就是需要设置“灰场”位置的原各颜色通道的色阶差别不大，这样才能得到较好的矫正效果，调整后灰场位置各颜色色阶值基本相当，呈现为灰色。但是要是偏色严重，Photoshop也不能将该位置调整为灰色。

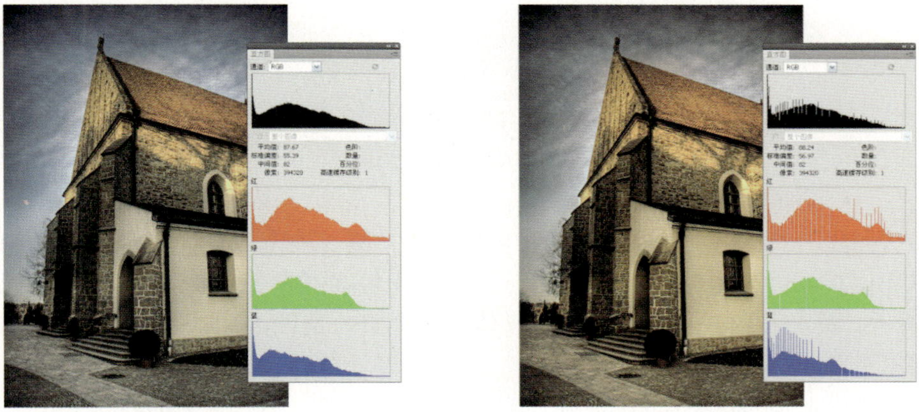
调整前　　调整后

图4-164 调整前后效果对比图

知识点:使用“吸管工具”建立控制点

除了使用“设置黑场工具”、“设置灰场工具”和“设置白场工具”在曲线上建立控制点之外，使用“吸管工具”同样可以在曲线上建立控制点。建立方法有两种，分别为建立RGB通道控制点和建立各颜色通道控制点。

建立RGB通道控制点

首先选择“吸管工具”，然后调出“曲线”对话框，在RGB通道模式下，按住Ctrl键，用鼠标在图像上点选所需位置，就会根据该位置的像素的色阶值在RGB曲线上建立控制点，各颜色通道不建立控制点。

建立各颜色通道控制点

同时按住Ctrl和Shift键后单击鼠标，就会分别在各个颜色通道中的曲线上建立控制点。

5.曲线显示选项

在“曲线”对话框中的左下角有一个“曲线显示选项”按钮，如图4-165所示。单击该按钮就会在对话框的下面调出曲线显示选项控件。曲线显示选项用于控制对话框中显示控件的种类。

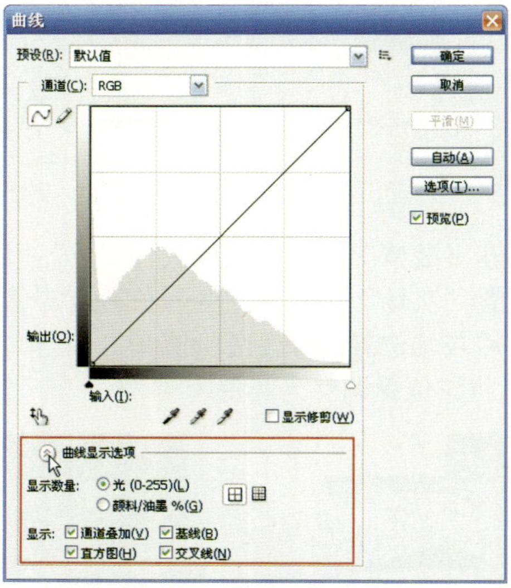

图4-165 曲线显示选项

（1）显示数量

在“曲线”对话框中允许使用两种坐标模式，第一种为“光”模式，也就是色阶坐标（RGB模式），如图4-166所示；第二种为“颜料/油墨”（CMYK模式）模式，如图4-167所示。第一种模式主要用于对多媒体图像调整，是Photoshop默认格式；第二种模式主要用于对印刷品前期处理。

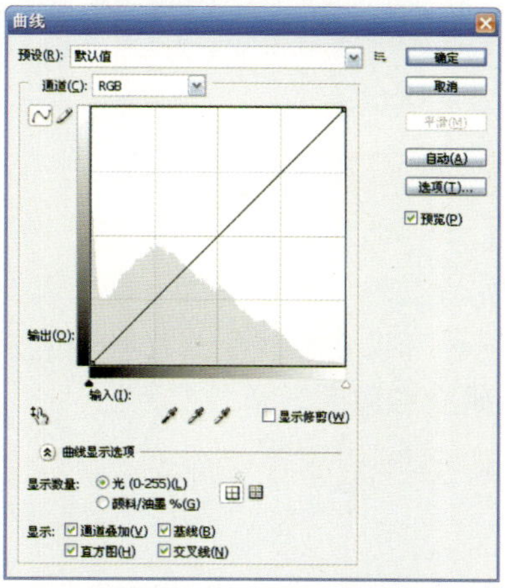

图4-166“光”模式

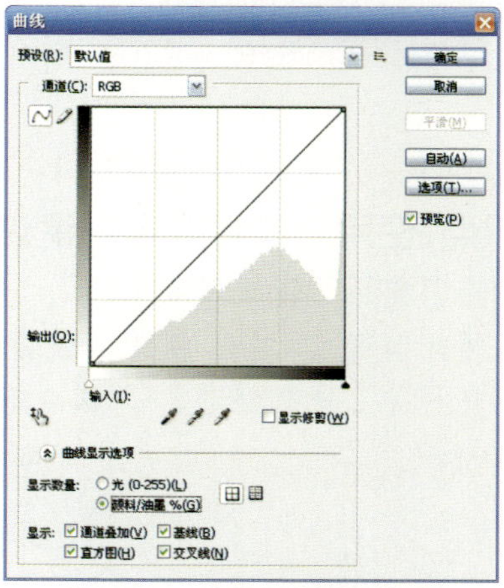

图4-167“颜料/油墨”模式

（2）显示

设置通道叠加、基线、直方图和交叉线等控件的显示情况。

4.3.2 “曲线”命令的作用

“曲线”命令的应用与“色阶”命令相近，但曲线调整更加直观和灵活。

1.改善图像对比度

增加图像的对比度，要用到“Z”型曲线调整。下面通过一个简单的案例进行讲解。

案例23 改善图像对比度

设计思路

本案例中，使用“曲线”命令，调整阴影和高光以达到增加图像对比度的效果。

操作步骤

01 执行“文件”|“打开”命令，打开配套光盘中的“照片.JPG”文件，如图4-168所示。

图4-168 原图

02 再观察图像的“直方图”面板，如图4-169所示。整个图像的色阶分布比较均匀，但是中间调色阶数量比较多，造成了图像对比度不够理想。

03 对图像执行“图像”|“调整”|“曲线”命令，弹出“曲线”对话框。如图4-170所示，勾选“预览”复选框。一边调整高光和阴影控制点，一边观察图像调整效果，以达到满意的效果。

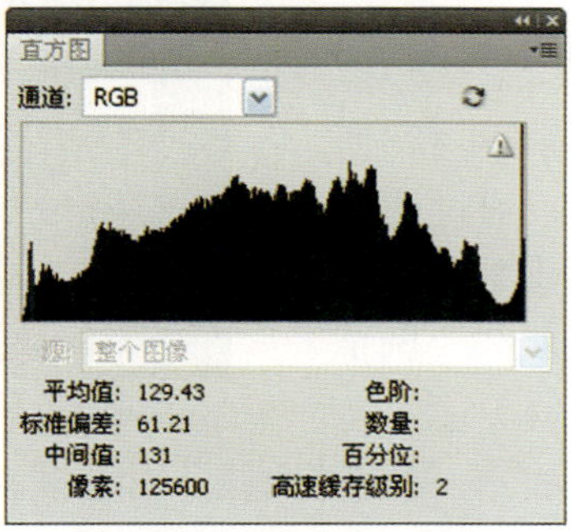

图4-169 “直方图”面板

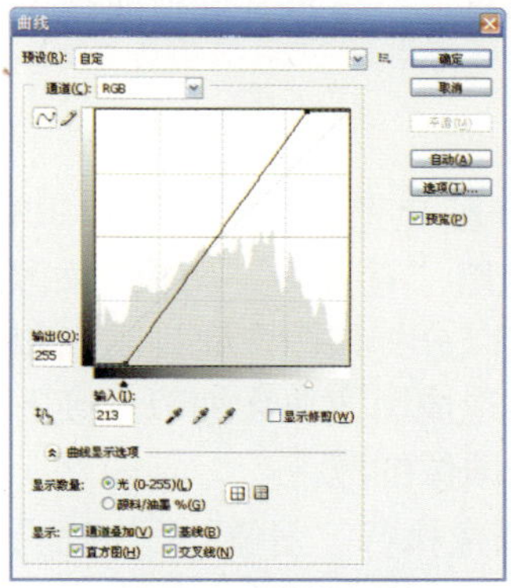

图4-170 曲线调整

04 调整后图像效果如图4-171所示。

05 调整前后图像效果对比图如图4-172所示。

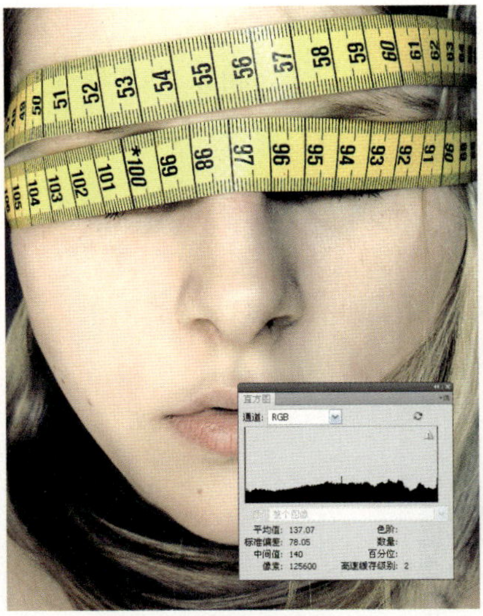

图4-171 调整后的效果

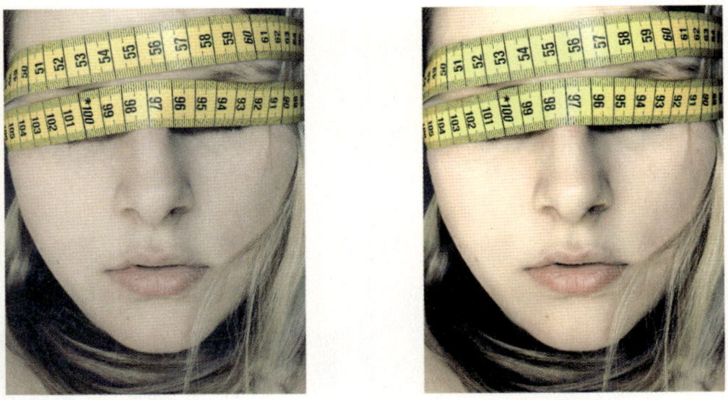

图4-172 调整前后效果对比图

06 最后存储文档为“调整效果.PSD”。

案例总结

对于简单的增加对比度的操作，使用“曲线”命令非常简单，适当地改善“白场”和“黑场”即可。

2.调整图像细节

除了上述介绍的简单调整对比度的功能外，使用“曲线”命令可以对图像的细节进行调整。

案例24 调整图像细节

设计思路

本案例中，使用Photoshop新增加的曲线选择和拖动工具建立控制点，然后对其进行曲线调整，可以很好地控制细节。

图4-173 原图

操作步骤

01 打开配套光盘中的“照片.JPG”文件，如图4-173所示。同时调出“直方图”面板，如图4-174所示。通过图像和直方图可以分析该图像缺少高光和中间调，像素都集中在阴影部分，造成图像缺乏细节。接下来将使用“曲线”调整功能来增加图像细节。

02 对图像执行“图像”|“调整”|“曲线”命令，弹出“曲线”对话框。如图4-175所示，单击“在图像上单击并拖动可修改曲线”按钮。

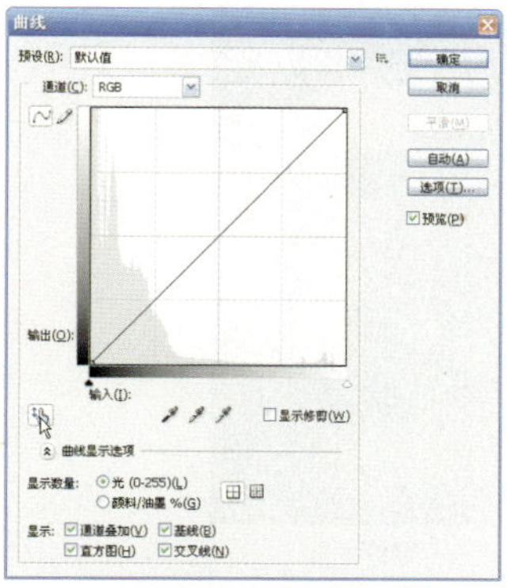

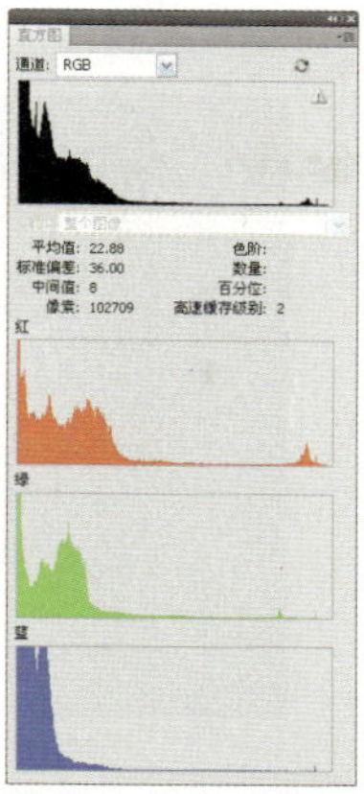

图4-174 “直方图”　　图4-175 单击“在图像上单击并拖动可修改曲线”按钮

03 选中图像中地板图像，并向上轻微拖动。Photoshop将根据单击位置在曲线上建立控制点，如图4-176所示，并且控制点随着光标向上拖动而向上移动，地板图像也随之变亮。

04 同样，建立第二个控制点。选择沙发面料部分并向上拖动，修改后图像和曲线效果如图4-177所示。

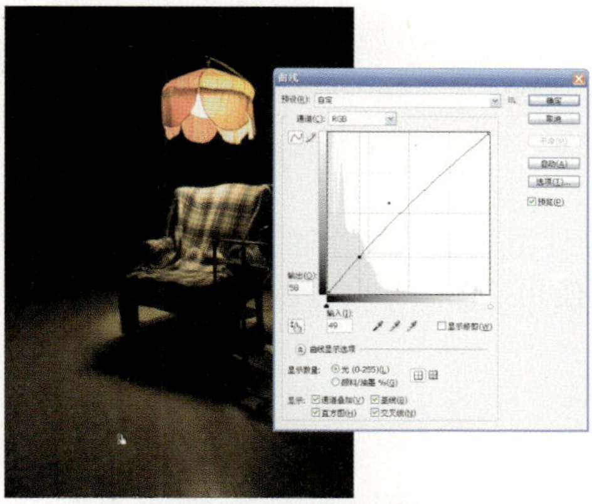

图4-176 调整曲线

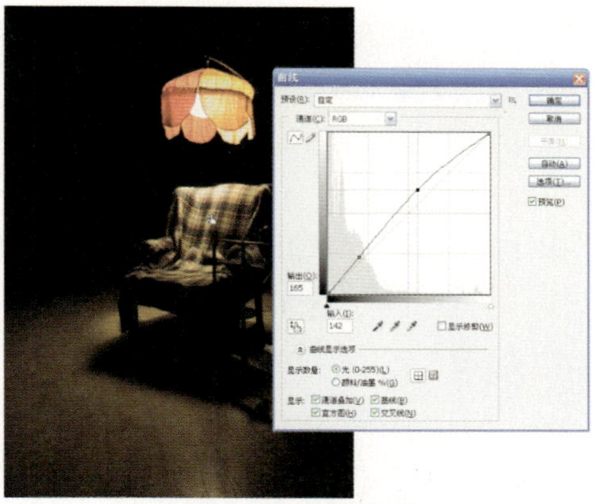

图4-177 调整曲线

05 修改好曲线形状后，单击“曲线”对话框中的“确定”按钮，完成曲线调整。调整后图像与其直方图效果如图4-178所示。相对原图，调整后的图像的中间调部分含量增加，使图像细节更加丰富。

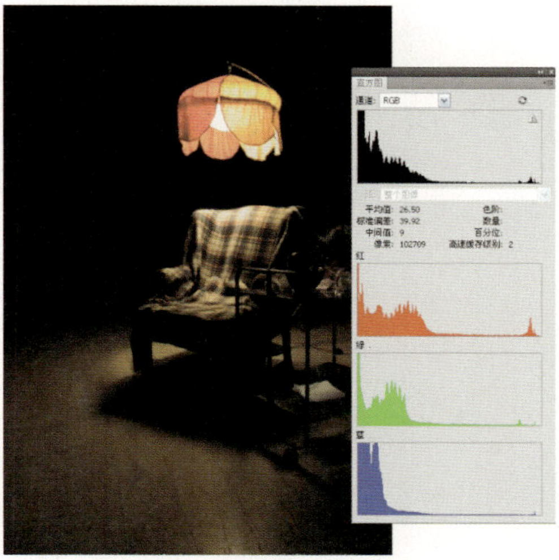

图4-178 调整后的效果

06 调整前后图像效果对比图如图4-179所示。

图4-179 调整前后效果对比图

07 最后将文档存储为“调整效果.PSD”。

案例总结

“曲线”对话框中新增的拖动工具非常实用，它允许用户在图像上直接点选在曲线上建立的控制点，这样就可以精确地控制所选位置图像的色调变化。在用曲线调整图像细节时，调整的幅度不要过大，不然会产生很多杂色，影响图像质量。

3.制作特殊效果

由于“曲线”命令使用非常灵活，而且控件组成也很多，这就使得用该命令可以制作出许多特殊效果。下面通过一个案例介绍使用“曲线”命令制作特殊效果。

案例25 制作负片效果

设计思路

本案例中，利用曲线调整功能模拟照片负片效果。

操作步骤

01 执行“文件”|“打开”命令，打开配套光盘的“照片.JPG”文件，如图4-180所示。

图4-180 原图

02 对其执行“图像”|“调整”|“曲线”命令，弹出“曲线”对话框。在对话框中先选择“红”通道，设置曲线形状，如图4-181所示。再选择“绿”通道，设置曲线形状，如图4-182所示。最后选择“蓝”通道，设置曲线形状，如图4-183所示。

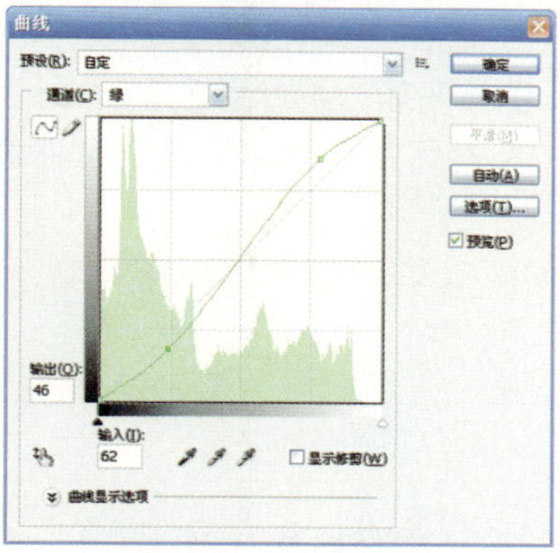

图4-181 “红”通道

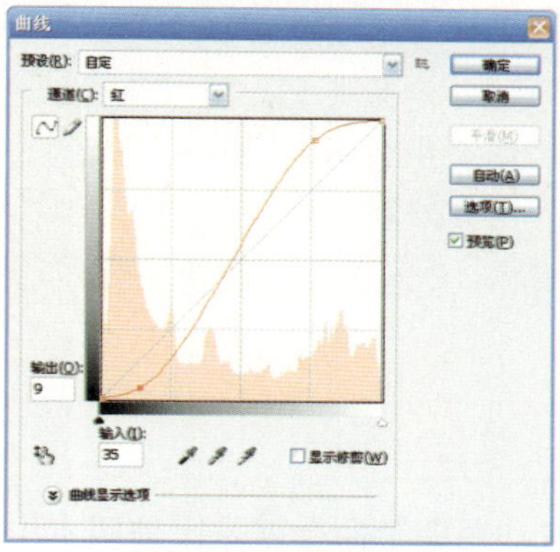

图4-182 “绿”通道

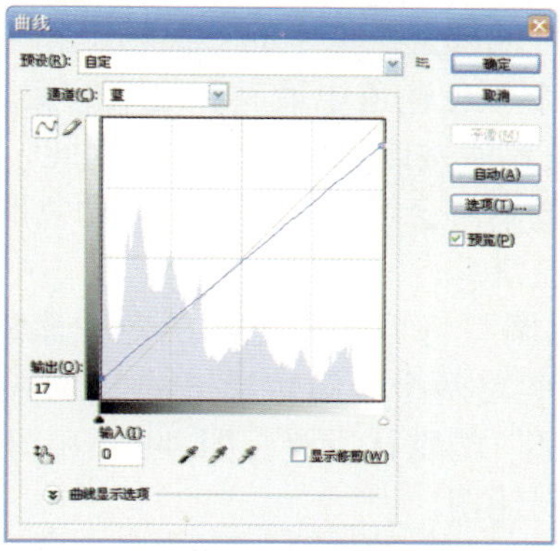

图4-183 “蓝”通道

03 设置好后单击“确定”按钮。调整后图像和直方图效果如图4-184所示。此时，通过“曲线”命令模拟出了“负片”效果。

04 图像调整前后效果对比图如图4-185所示。

图4-184 调整后的效果

图4-185 图像调整前后效果对比图

05 最后将存储为“负片效果.PSD”

案例总结

从该案例中可以看出，“曲线”命令的功能非常强大，它可以创造出许多特殊的效果。

到此为止，对“曲线”命令的讲解告一段落。该命令是Photoshop调整命令中最为复杂的命令之一。希望用户反复练习，以掌握各个控件的使用方法和原理。

4.4 “自动色调”命令

“自动色调”命令就是以前版本中的“自动色阶”命令。在介绍“色阶”命令中的“自动颜色校正选项”对话框时已经介绍了“自动色阶”命令的原理。

“自动色调”命令可以自动调整图像中的“黑场”和“白场”。它剪切每个通道中的阴影和高光部分，并将每个颜色通道中最亮和最暗的像素映射到纯白（色阶为255）和纯黑（色阶为0）。中间像素值按比例重新分布。因此，使用“自动色调”命令会增强图像中的对比度，原因是像素值会增大。因为“自动色调”单独调整每个颜色通道，所以可能会移去颜色或引入色痕。

默认情况下，“自动色调”将剪切白色和黑色像素的0.1%。也就是说，在标识图像中的最亮和最暗像素时忽略两个极端像素值的前0.1%。可以在“自动颜色校正选项”对话框中更改“自动色调”的默认设置。图 4-186和图4-187所示分别为使用“自动色调”命令前后图像效果的对比图。

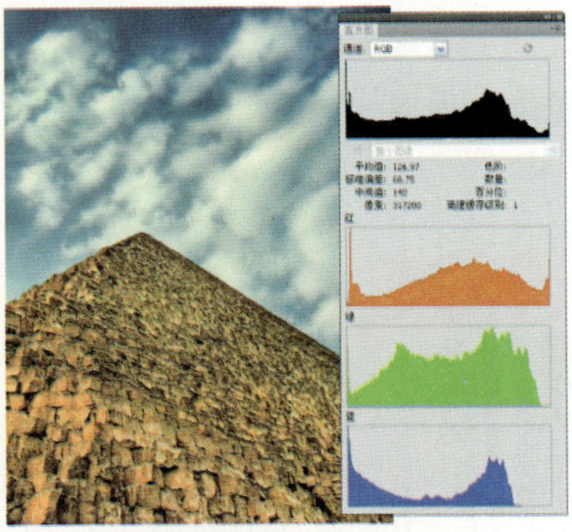

图4-186 调整前的效果

图4-187 调整后的效果

4.5 “自动对比度”命令

“自动对比度”命令将自动调整图像对比度。由于“自动对比度”不会单独调整通道，因此不会引入或消除色痕。它先剪切图像中的阴影和高光值，然后将图像剩余部分的最亮和最暗像素映射到纯白（色阶为255）和纯黑（色阶为0）。这会使高光看上去更亮，阴影看上去更暗。

在默认情况下，在标识图像中的最亮和最暗像素时，“自动对比度”将剪切白色和黑色像素的0.5%。也就是说，忽略两个极端像素值的前0.5%。可以使用“色阶”对话框和“曲线”对话框中的“自动颜色校正选项”更改默认设置。图4-188和图4-189所示分别为使用“自动对比度”命令前后图像效果对比图。

图4-188 调整前的效果

图4-189 调整后的效果

4.6 “自动颜色”命令

“自动颜色”命令通过搜索图像来标识阴影、中间调和高光，从而调整图像的对比度和颜色。“自动颜色”命令与“自动色阶”命令不同，默认情况下，“自动颜色”使用RGB128灰色目标颜色来中和中间调，并将阴影和高光像素剪切0.5%。可以在“自动颜色校正选项”对话框中更改这些默认值。图4-190和图4-191所示分别为使用“自动颜色”命令调整前后图像效果的对比图。

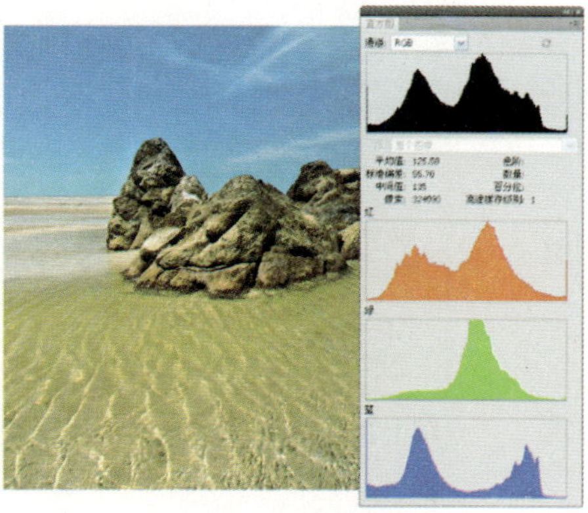
图4-190 调整前的效果

图4-191 调整后的效果

4.7 “色彩平衡”命令

Photoshop中的“色彩平衡”命令实质上也是一种色阶调整命令，通过调整图像的各通道的色阶分布进而达到调整图像色调的目的。“色彩平衡”命令操作更加方便，效果也很直观。

4.7.1 “色彩平衡”对话框

对当前的图像执行“图像”|“调整”|“色彩平衡”命令，可以调出“色彩平衡”对话框，如图4-192所示。对话框中的控件主要分为两部分：色彩平衡和色调平衡。

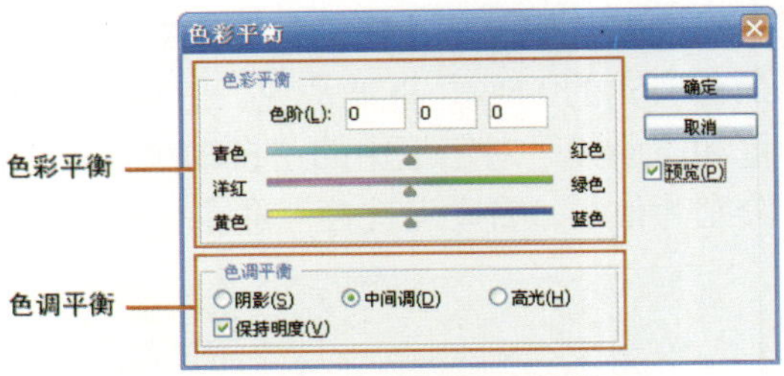

图4-192 “色彩平衡”对话框

1.色彩平衡

色彩平衡主要通过调整RGB颜色模式的每个颜色通道的原色和补色的比例控制色彩的变化。包含3个文本框，这3个数值分布对应下面的3个通道色阶轴。可以直接在文本框中输入具体数值或者拖动通道色阶轴来调整每个通道的色阶变化，每个通道调整范围为-100~100。

每个通道的色阶轴的右侧为该通道的原色，左侧为该原色的补色，如图4-193所示。按照RGB颜色模式，“红”通道的原色为“红色”，而其补色就应该为除去红色而由另外两个原色绿色和蓝色构成的颜色，即“青色”。这正好与第一个通道色阶轴相吻合。当对一个特定的色调区域进行色彩平衡调整时，将滑块向右拖动，会使得这个色调中色阶增加的颜色变红；将滑块向左移动，会使得这个色调中色阶数量减少，造成颜色变成青色。对于另外两个通道的色阶平衡调整同样为原色和补色的原理。

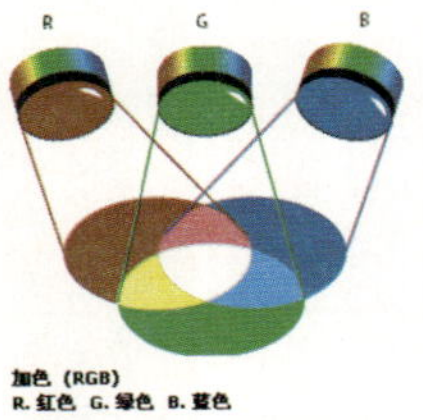

图4-193 加色原理

2.色调平衡

色调平衡用来设置所需调整颜色的色调范围。Photoshop允许用户分别对高光、中间调和阴影进行调节，同时可以选择是否保持图像的亮度。

4.7.2 “色彩平衡”命令的原理

前面大概介绍了“色彩平衡”对话框中的各个控件的含义。接下来，具体讲解“色彩平衡”调整命令是如何通过改变通道色阶分别来调整图像的色彩的。按照调整色阶的方式，将色阶调整分为“不保持明度”和“保持明度”两种方式。

1.不保持亮度

这种方式在“色彩平衡”对话框中不勾选“保持明度”复选框，如图4-194所示。

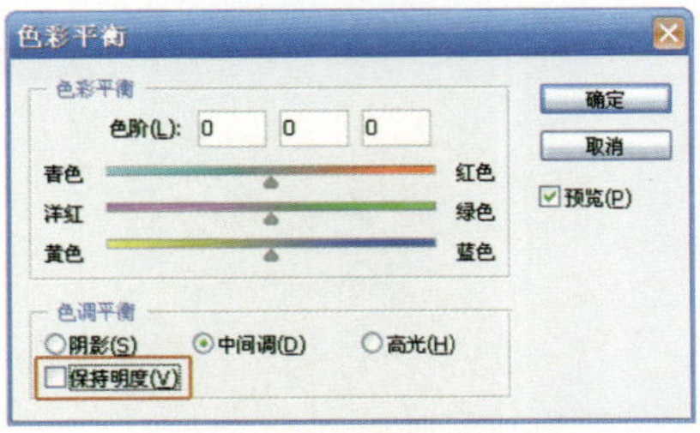

图4-194 不勾选“保持明度”复选框

不勾选“保持明度”复选框，在对某个通道进行色彩平衡调整时，只能影响该通道色阶分布，而对另外两个通道没有影响。为了直观地了解“色彩平衡”调整命令的调整方法，仍然采用前面使用的图像，如图4-195所示。在这个图像中，各通道内的色阶均为平均分布。

（1）向红色偏移

首先观察色彩平衡向红色偏移的效果。

● 调整阴影

对前面的图像执行“图像”|“调整”|“色彩平衡”命令，弹出“色彩平衡”对话框。如图4-196所示，选中“阴影”单选按钮，将“红”通道色阶轴设为100。

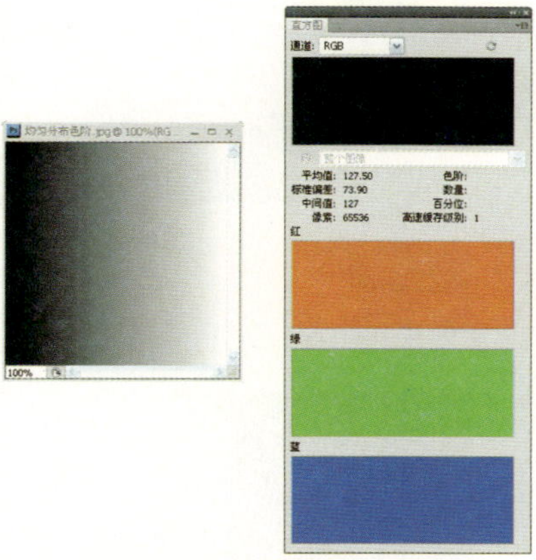

图4-195 图像色阶分布

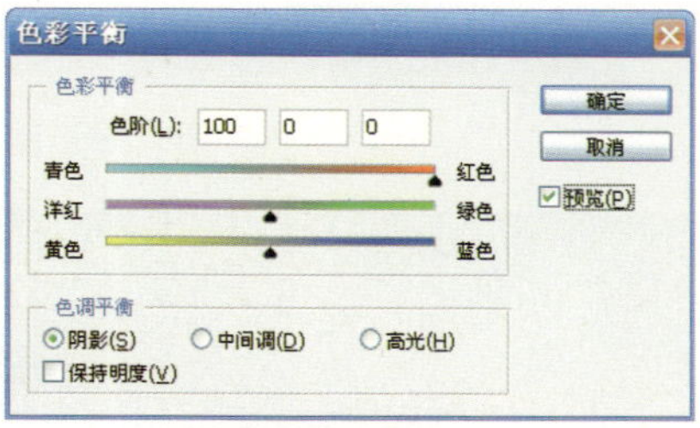

图4-196 调整色阶

调整后图像效果和直方图如图4-197所示。可以看出，首先图像阴影部分变红；其次此调整只对“红”通道中的色阶分布产生影响，对其他两个通道没有影响。

下面具体观察调整前后图像“红”通道的变化。如图4-198所示，这里显示的为调整前后，“红”通道原色显示效果和直方图形状。可以看出，调整后“红”通道中阴影部分低色阶值的色阶数量减少，相对高色阶值色阶数量增加。从原色通道中可以看出，黑色部分减少，红色部分增加。

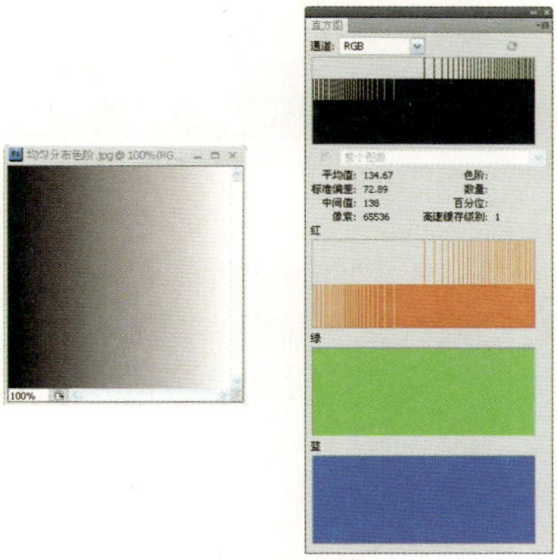

图4-197 调整后的效果

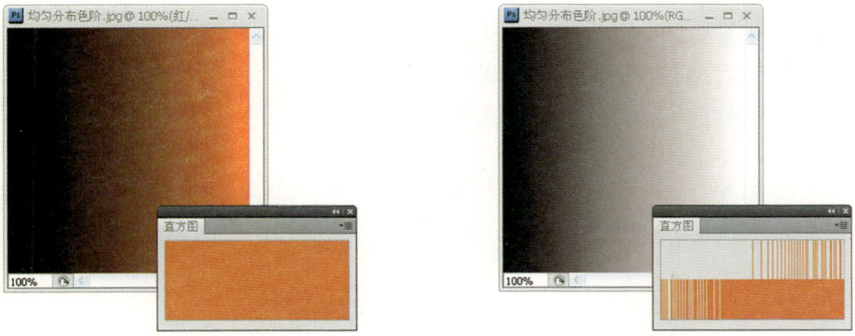

调整前　　调整后

图4-198 调整前后“红”通道对比图

图4-199所示为图像执行 “色彩平衡”调整前后图像效果和直方图效果对比图。从图中可以看出，调整后图像色彩变红，只有“红”通道色阶分布产生了变化。

图4-200所示为调整前后，图像“红”通道原色显示效果对比图。从图中可以看

出，调整后阴影部分红色变多，黑色变少。

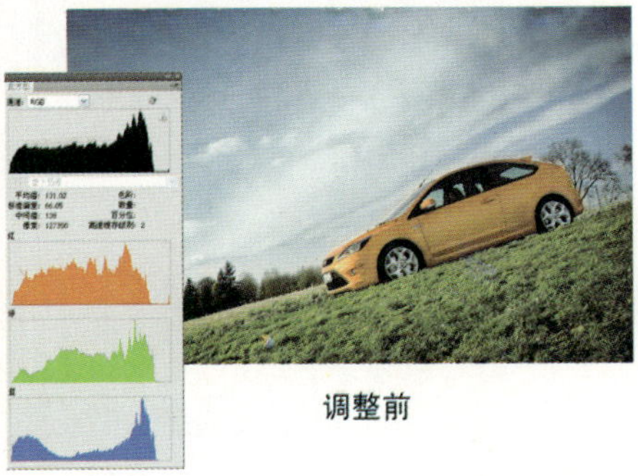

调整前

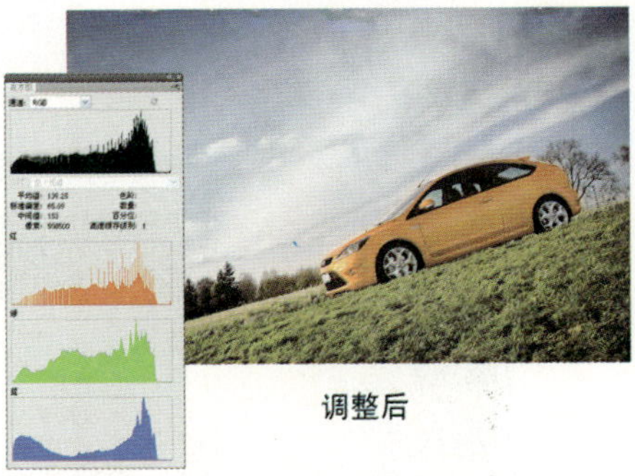

调整后

图4-199 图像调整前后效果对比图

调整前

调整后

图4-200 红通道调整前后效果对比图

综合上面的分析，可以得出结论。对于阴影色调向红色偏移的调整，就是增加“红”通道阴影部分色阶的色阶值，使整个图像阴影部分的颜色向红色偏移。

● 调整中间调

当在“色彩平衡”对话框中选中“中间调”单选按钮后，将“红”通道调整为100后，图像效果和直方图如图4-201所示。从图中可以看出，首先调整后图像整个中间调偏红；其次“红”通道中色阶分布发生变化，低色阶值色阶数量减少，高色阶值色阶数量增加。

图4-201 调整后的效果

同样观察调整前后“红”通道原色显示效果对比图。如图4-202所示，调整后“红”通道高色阶值色阶数量明显增加，从而造成中间调部分颜色变红。

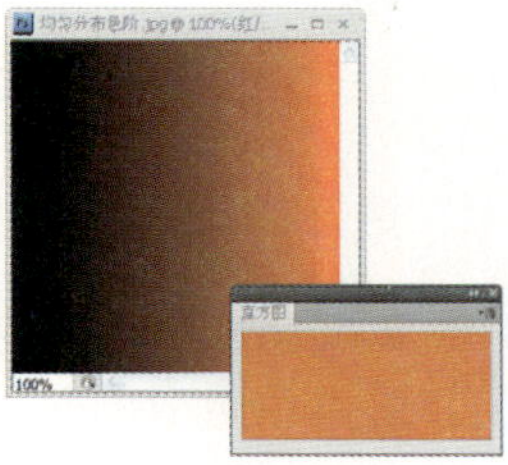

调整前

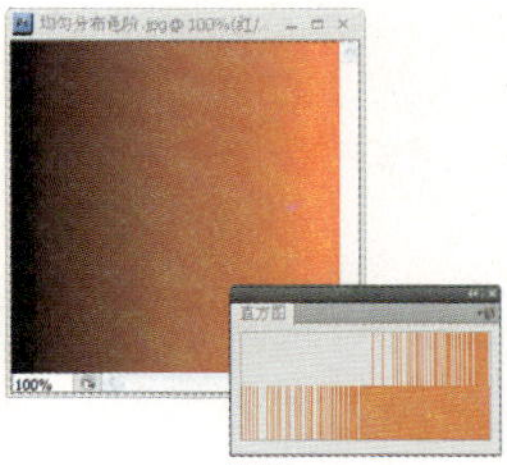

调整后

图4-202 调整前后红通道对比图

同样地，调整对于图像的影响，图像变红的程度要大于“阴影”调整，如图4-203所示。

调整前　　调整后

图4-203 图像调整前后效果对比图

同样，图4-204所示显示了“红通”道调整前后对比图。可以看出高色阶值的色阶数量明显地增加了。

调整前　　调整后

图4-204 “红”通道调整前后效果图

● 调整高光

接下来观察当选中“高光”单选按钮时，“色彩平衡”命令对图像和直方图的影响。同样将“红”通道色阶轴的值设为100后，图像效果和其直方图如图4-205所示。可以看出，首先，图像颜色变红，其次，调整同样只对“红”通道的色阶分布有所影响，对“绿”通道和“蓝”通道没有影响。

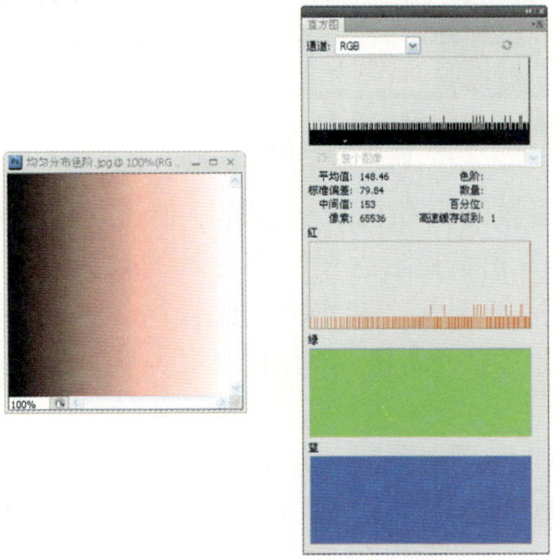

图4-205 调整后的效果

从图4-206所示中可以看出，“高光”的调整对“红”通道的影响最大，调整后，大部分的色阶集中在色阶值为255的位置。“红”通道原色图像中大部分区域为纯红色。

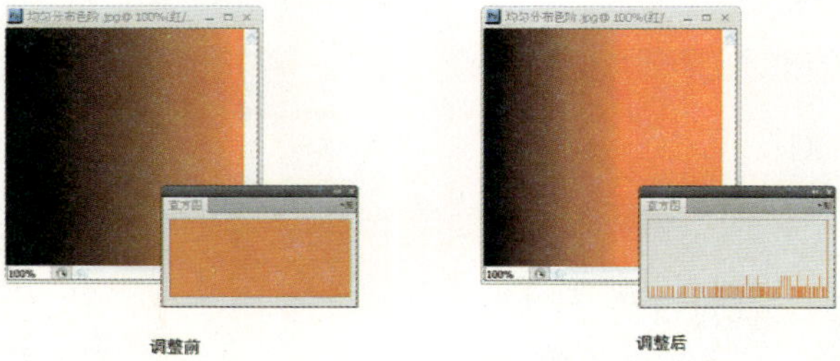

图4-206 调整前后“红”通道对比图

对汽车图像进行同样的调整，调整后的结果如图4-207所示，图像和直方图呈现了与前面相同的变化。

图4-207 图像调整前后对比图

调整前后，图像“红”通道变化对比图如图4-208所示。可以看出，调整后，“红”通道中大部分色阶的色阶值均变为255。

图4-208 调整前后图像“红”通道效果对比图

从上面3种情况的图像效果和色阶分布影响情况可以总结出，“阴影”调整对图像影响最小，阴影附近减少和高光附近增加的色阶的数量都有限；“中间调”调整可以在大范围内对色阶的分布进行调整，调整幅度比较均匀；“高光”调整将大量的色阶都集中为255的色阶值，造成色阶分布极不均匀。

(2) 向青色偏移

Photoshop通过增加“红”通道中高色阶值的色阶数量来达到使图像向红色偏移的效果。相反，Photoshop通过增加“红”通道中低色阶值的色阶数量来达到使图像向青色偏移的效果。

下面来看同样将色阶值设为-100情况下，分别对图像“阴影”、“中间调”和“高光”色调进行“色彩平衡”调整后图像的效果和直方图变化对比图。如图4-209所示，对于不同色调调整，对图像色阶分布影响差别很大。对于“阴影”调整，使得“红”通道中色阶基本都集中于色阶值为0，其他色阶值数量很小；“中间调”色调调整，色阶同样向色阶值为0的区域集中，但是这种集中程度不像“阴影”调整那样极端；“高光”调整色阶集中效果更加虚弱。

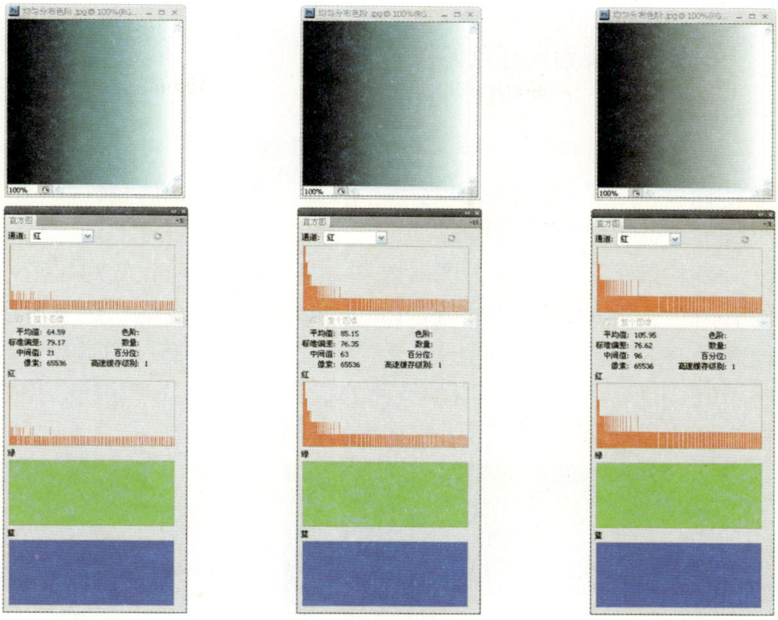

阴 影　　中间调　　高 光

图4-209 不同色调调整对图像和其直方图影响对比图

图4-210所示为对普通图像不同色调进行相同设置的“色彩平衡”调整后图像效果和直方图效果对比图，“红”通道色阶轴值均设为-100。从图中同样可以看出“阴影”色调调整对图像色彩影响最多，“中间调”次之，“高光”影响最弱。

调整前　　调整阴影

调整中间调　　调整高光

图4-210 不同色调调整效果对比图

2.保持亮度

如果在进行“色彩平衡”调整时，在“色彩平衡”对话框中勾选“保持亮度”复选框，在调整某个通道色阶时，Photoshop会同时自动调整其他两个通道的色阶分布，以尽量保持图像亮度不发生太大的变化。

(1) 向红色偏移

同样，先观察向红色偏移的情况。

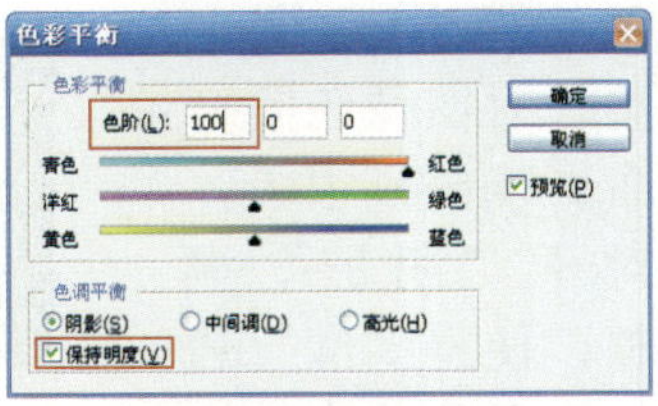

图4-211 阴影色调

- **调整阴影**

如图4-211所示，在“色彩平衡”对话框中，勾选“保持亮度”复选框和选中“阴影”单选按钮，将“红”通道色阶轴设为100。

调整前后图像和直方图对比图如图4-212所示。从对比图中可以看出，在调整过程中有一个有趣的现象。这就是Photoshop并不是调整“红”通道中色阶分布来达到使图像偏红的效果，而是同时调整了“绿”通道和“蓝”通道中色阶的分布，分别使色阶集中于0色阶值，进而达到增加红色的效果。同图4-199相比，保持亮度不变的情况下，图像变红的程度要远大于不保持亮度的情况。

图4-212 调整前后图像和直方图对比图

如果对前面那个色阶均匀分布的图像进行同样的色彩平衡的调整，观察其直方图的变化，如图4-213所示，就更容易发现其中的变化规律。

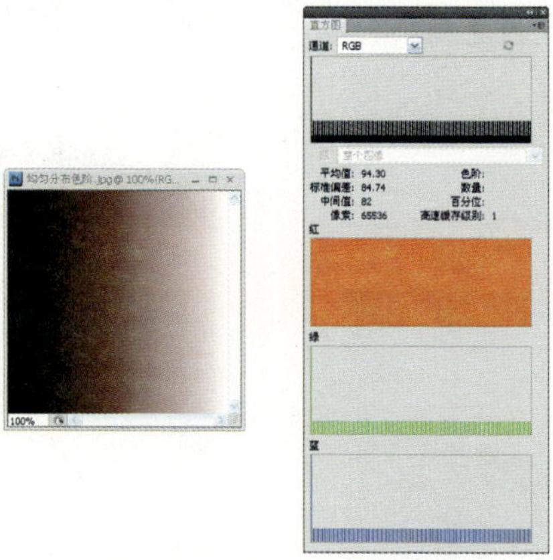

图4-213 色彩平衡调整

- **调整中间调**

下面来观察对“中间调”色调进行调整时，图像的变化情况，同时勾选“保持亮度”复选框和选中“中间调”单选按钮，将“红”通道色阶轴设为+100。

图像调整前后，图像和直方图对比图如图4-214所示。从图中可以看出，对“中间调”色调的调整是通过同时调整3个通道的色阶分别完成的。对于“红”通道，增加高色阶值的色阶数量，减少低色阶值的色阶数量；相反，对于“绿”通道和“蓝”通道，则是分别减少高色阶值的色阶数量，增加低色阶值的色阶数量，以达到使图像整体颜色偏红的效果。

图4-214 调整前后图像和直方图对比图

同样，如图4-215所示，对这个特殊图像执行同样的色彩平衡调整，观察调整后的直方图变化，更容易发现该调整方法的原理。

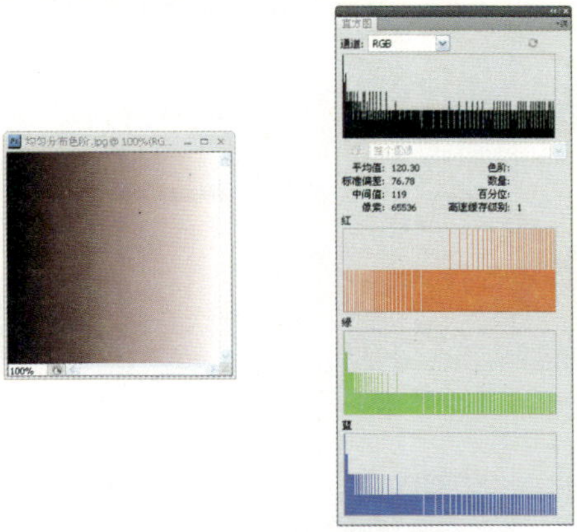

图4-215 色彩平衡调整

● 调整高光

最后观察对“高光”色调进行偏红色调整的效果。同时勾选“保持亮度”复选框和选中“高光”单选按钮，将“红”通道色阶轴设为+100。

调整前后，图像和直方图对比图如图4-216所示。从图中可以看出，对于“高光”色调的调整，只重新分配了“红”通道中色阶的分布，大部分集中于255色阶值，而“绿”通道和“蓝”通道没有变化。与图4-207对比可以看出，保持亮度时对“高光”色调的调整与不保持亮度情况下的调整结果非常类似。

图4-216 调整前后图像和直方图对比图

再一次观察图4-217，对色阶分布均匀的图像执行相同设置的色彩平衡调整后，图像直方图的变化非常明显。

(2) 向青色偏移

前面观察了在“保持亮度”条件下，使图像偏红色的调整。接下来观察向青色偏移时，图像和直方图的效果。

这里将“红”通道的色阶轴的值均设为-100，对于不同的色调进行调整。如图4-218所示，“阴影”色调，“红”通道色阶集中于0色阶值，而绿通道和蓝通道没有变化；“中间调”色调，红通道色阶向低色阶值集中，而“绿”通道和“蓝”通道则增加高色阶值的色阶数量；“高光”色调，“红”通道色阶分布不变，“绿”通道和“蓝”通道集中于255色阶值。

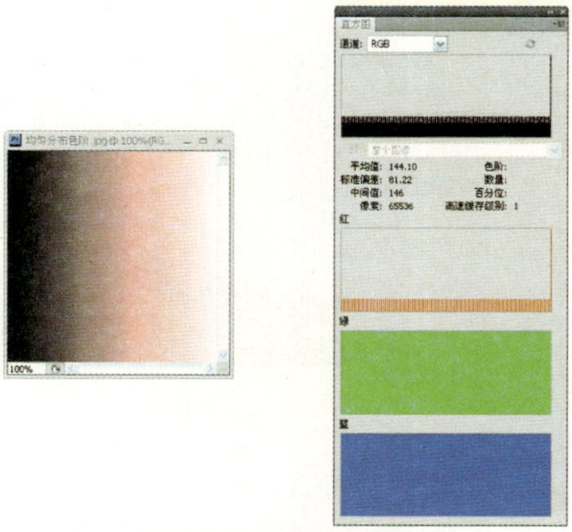

图4-217 色彩平衡调整

图4-218 向青色偏移

“色彩平衡”是一个比较方便的调整命令，用户可以使用该命令对图像的色偏进行校正，也可以用该命令创造特殊的艺术效果。

4.8 “亮度/对比度”命令

“亮度/对比度”命令是一个比较简单的图像调整命令，是“色阶”和“曲线”命令的一种简化版本，适用于对图像的简单调整。如果需要复杂的调整，建议还是使用“色阶”和“曲线”命令。

4.8.1 “亮度/对比度”对话框

对当前图像执行“图像”|“调整”|“亮度/对比度”命令，弹出“亮度/对比度”对话框，如图4-219所示。对话框中有两个控件，一个为“亮度”，取值范围为-100～+100；另一个为“对比度”，取值范围为-50～+100。

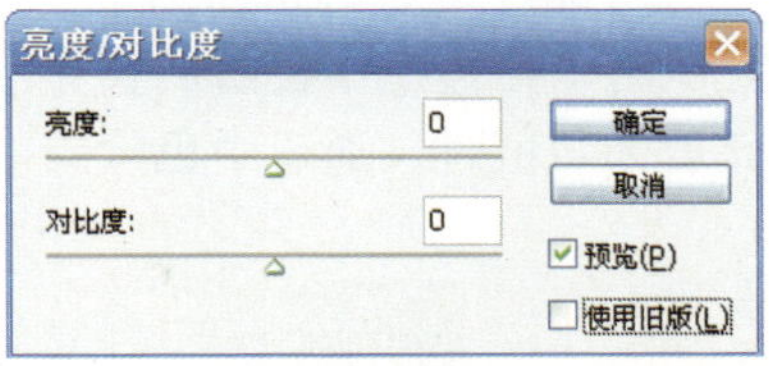

图4-219 “亮度/对比度”对话框

4.8.2 “亮度/对比度”调整命令的原理

1.调整亮度

亮度用来调整图像直方图中色阶向高光或阴影色调集中的程度。如图4-220所示，当亮度设为正值时，通道中色阶均向高色阶值集中，图像变亮。在集中时，首先集中的为RGB通道，各颜色通道根据RGB通道变化情况同步变化。当亮度值设为负值时，通道中色阶均向低色阶值集中同样，在集中时，首先集中的为RGB通道色阶，然后颜色通道根据RGB通道色阶变化情况同步变化。

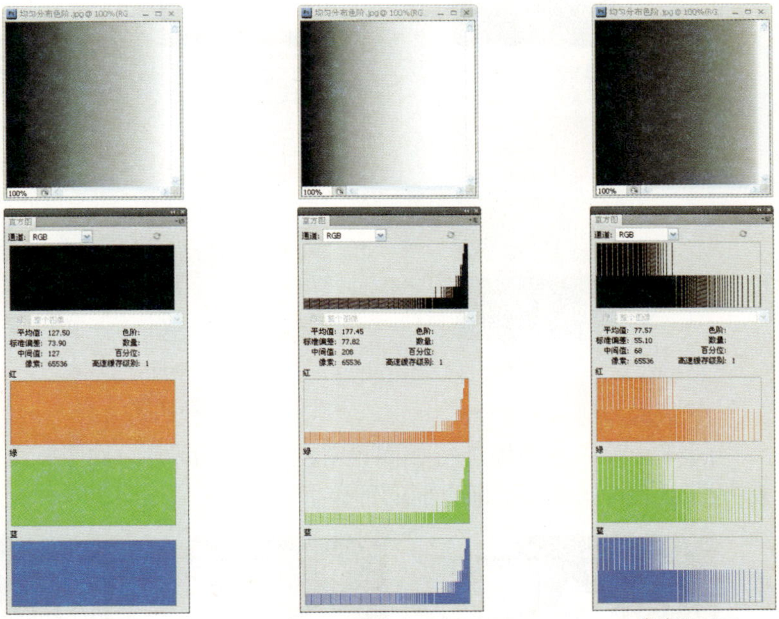

调整前　　亮度为+100　　亮度为-100

图4-220 调整亮度

同样，对普通图像进行相同设置的亮度调整，如图4-221所示。从调整前后图像直方图变化同样可以验证上面的理论。

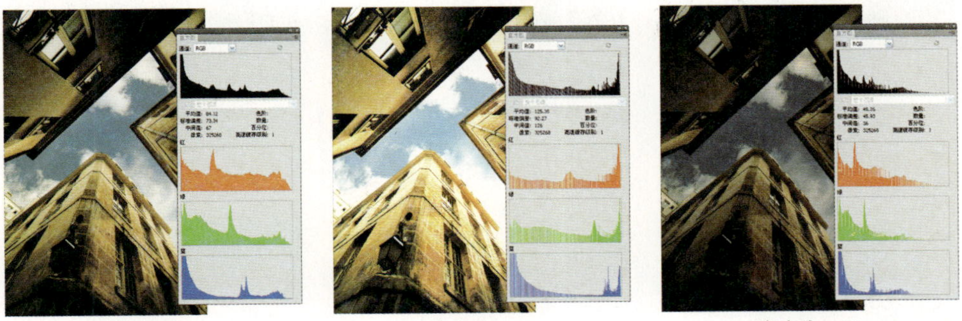

调整前　　亮度为+100　　亮度为-100

图4-221 调整亮度

2.调整对比度

对比度调整则是将通道中色阶向两侧或者中间集中。如图4-222所示，当对比度为正值时，在通道中色阶向直方图的两端集中，因此，直方图的中间出现断层现象。当对比度为负值时，通道中色阶向中间集中，因此，直方图的两端出现断层现象。

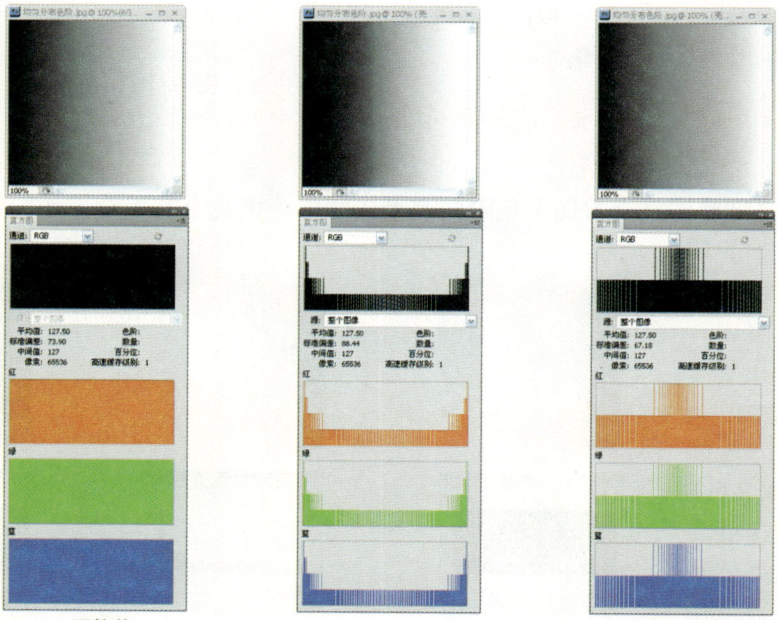

调整前　　对比度为+100　　对比度为-50

图4-222 调整对比度

同样，对普通图像进行相同设置的对比度调整，如图4-223所示。从调整前后图像直方图变化同样可以验证上面的理论。

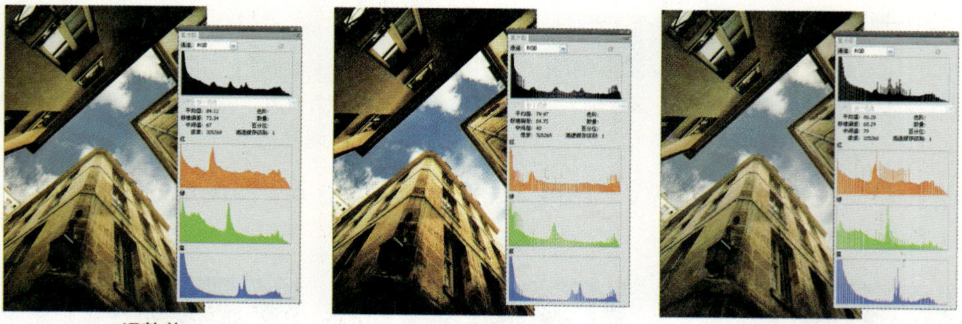

调整前　　对比度为+100　　对比度为-50

图4-223 调整对比度

第5章 色彩范围与颜色调整

前面介绍了“色调”命令，本章将着重介绍“色彩”命令。色彩调整，顾名思义就是直接调整图像的颜色。Photoshop提供了多种“色彩”命令，每种命令都可以解决图像的某一种颜色问题。而且“颜色”命令使用非常直观，很容易上手。为了配合对“色彩”命令的学习，本章同时配备了相应的案例。

5.1 色彩范围

在对图像进行色彩调整之前，首先要做的是设定所要调整的范围。这个范围既可以是整个图像，也可以是特定的颜色区域，或者用户自定义的选区。在创建选区时，我们可以使用选择工具、通道或者蒙版来创建选区。这里介绍一种新的创建选区的方法，即“色彩范围”命令。

“色彩范围”命令可以选择现有选区或整个图像内指定的颜色或色彩范围。如果想替换选区，在应用此命令前确保已取消选择所有的内容。“色彩范围”命令不可用于32位/通道的图像。

为什么要将这个命令安排在介绍调整色彩之前呢？因为在后面介绍的许多色彩调整

命令中，都或多或少要应用“色彩范围”中的概念，就是对特定颜色区域进行调整。

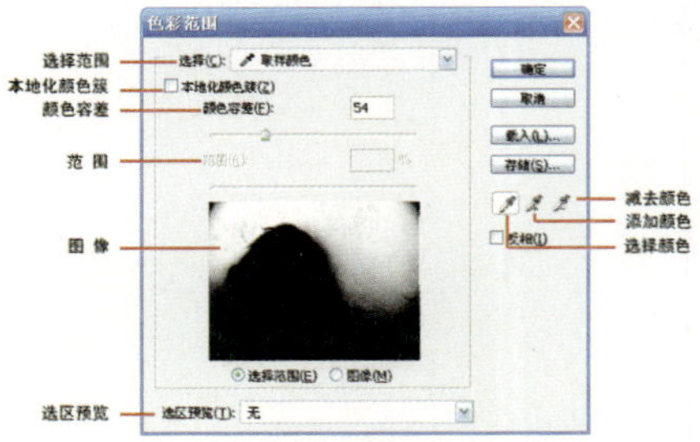

图5-1 “色彩范围”对话框

5.1.1 “色彩范围”对话框

对当前图像执行“选择”|“色彩范围”命令，就会弹出“色彩范围”对话框，如图5-1所示。图中标出了对话框中所有控件的位置和名称。下面详细介绍每个控件的功能。

1. 选择范围

选择范围是“色彩范围”对话框中最重要的控件选项。单击右侧的按钮就可以打开选择范围菜单，如图5-2所示。在菜单中可以选择所要建立选区范围的方法，可以用“吸管工具”建立选择范围，也可以直接建立颜色选择范围，还允许使用色调建立选择范围。

图5-2 选择菜单

（1）取样颜色

选择“取样颜色”选项后，用户可以直接使用“吸管工具”在图像上选择所要取样的颜色，Photoshop将会根据取样颜色建立选择范围。

使用“颜色容差”滑块或输入一个数值来调整选定颜色的范围。“颜色容差”设置可以控制选择范围内色彩范围的广度，并增加或减少部分选定像素的数量（选区预览中的灰色区域）。设置较低的“颜色容差”值可以限制色彩范围，设置较高的“颜色容差”值可以增大色彩范围。如图5-3所示，对于同样的取样点，不同的颜色容差所创建的选择范围就会相差很多。容差为150比容差为40选择范围要明显大很多，在“色彩范围”对话框中图像预览显示了选择范围，白色区域是选定的像素，黑色区域是未选定的像素，而灰色区域是部分选定的像素。

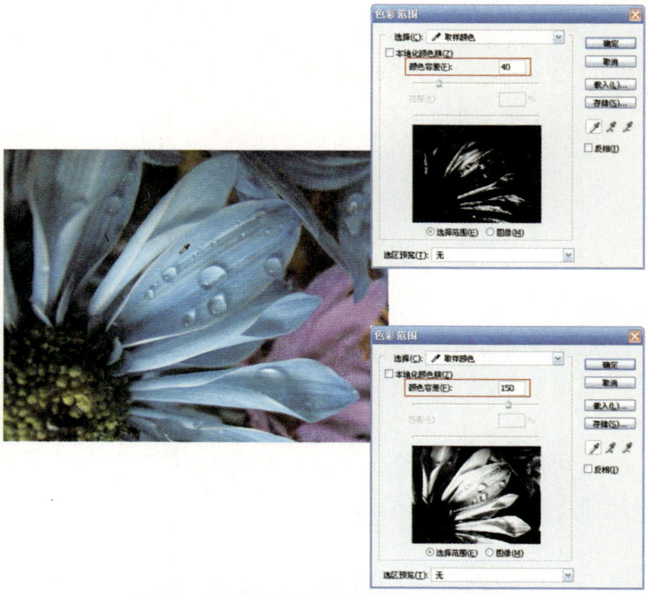

图5-3 不同颜色容差创建范围对比图

如果想要添加取样色，可以选择对话框中的“添加到取样”工具，然后在图像上选择所要添加的取样色。如图5-4所示，首先对黄色花瓣取样，然后再添加红色花瓣取样，色彩范围也随之增加。

取 样

添加到取样

图5-4 添加取样

同理，如果想要在已有的色彩范围中减去某个彩色范围，只需在对话框中选择“从取样中减去”工具，在所要减去的颜色上单击即可。

在Photoshop CS4版本中，“色彩范围”对话框中新增了一个“本地化颜色簇”组件，如图5-5所示。勾选该复选框后，在图像上单击选择颜色后，在对话框中将出现一个“范围”选项，在后面的文本框中可以输入0～100%的范围值。

本地化颜色簇是用来设置当前的取样点所选取的颜色所覆盖图像的范围。如图5-6所示，当使用“取样工具”点选图像中右侧的蓝色图像，在勾选或不勾选“本地化颜色簇”复选框的条件下，Photoshop将根据取样点的颜色对整个图像进行色彩范围的选取。从图5-6中可以看到，此时图像中除了右侧的蓝色区域被选中以外，图像中左侧的两个处蓝色区域同样被选中。

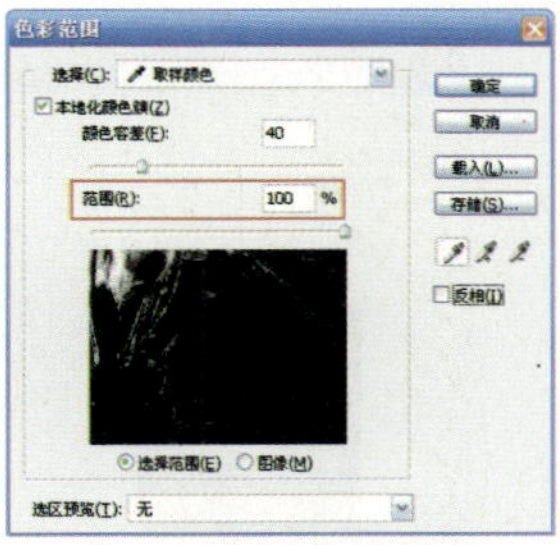

图5-5 本地化颜色簇

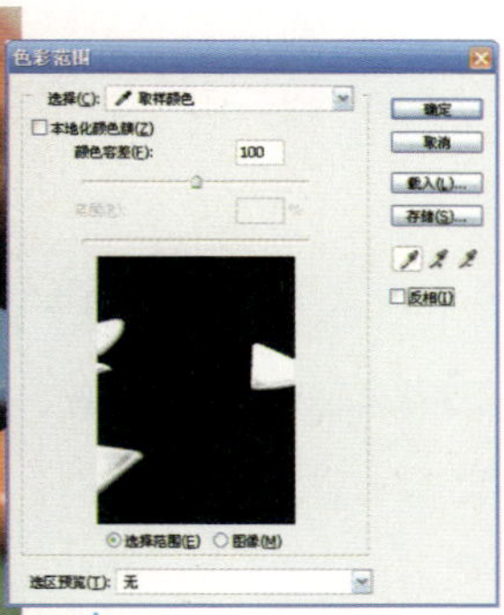

没有选择本地化颜色簇

图5-6 没有勾选“本地化颜色簇”复选框的效果

接下来观察勾选“本地化颜色簇”复选框选项后，色彩范围的变化。如图5-7所示，勾选“本地化颜色簇”复选框选项后，在同样的条件下，从第一幅图片中可以看出，当范围为100%时，左边的所选择的色彩范围已经不是很明显；当将范围设为70%后，左边的色彩范围进一步减弱；最后将范围设为50%后，左侧已经没有被选中的色彩范围，只剩下右侧的色彩范围。

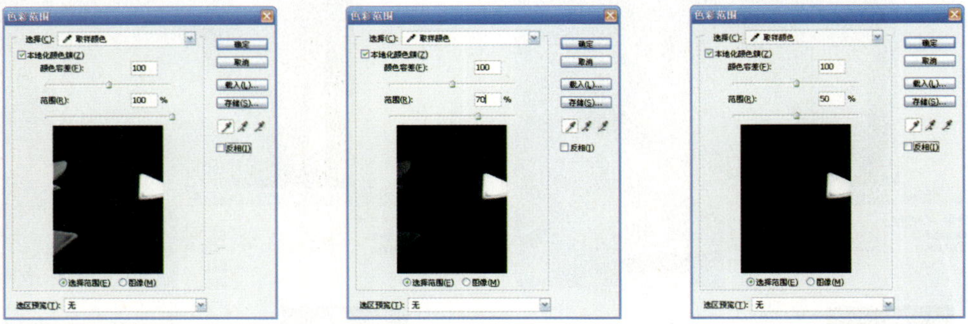

本地化颜色簇　范围为100%　　范围为70%　　范围为50%

图5-7 勾选“本地化颜色簇”复选框的效果

为了更直观地观察本地化颜色簇对色彩范围的影响，下面采用一个比较特殊的图像，纯色图像来充当进行色彩范围选择的样本。如图5-8所示，在纯色图像的中间取样，当没有勾选“本地化颜色簇”复选框时，Photoshop将对这个图像进行色彩范围的选择，可以看到，选择范围就是整个图像；当勾选“本地化颜色簇”复选框后，范围为100%时，色彩范围不是整个图像，而是一个以图像中心（色彩取样点）为中心，边缘延伸至图像边缘，并且边缘羽化的圆形选区；当范围缩小至50%时，色彩范围的选区也随之缩小；当范围为20%时，选区继续随之缩小。

在图像中心选择颜色　　没有选择本地化颜色簇

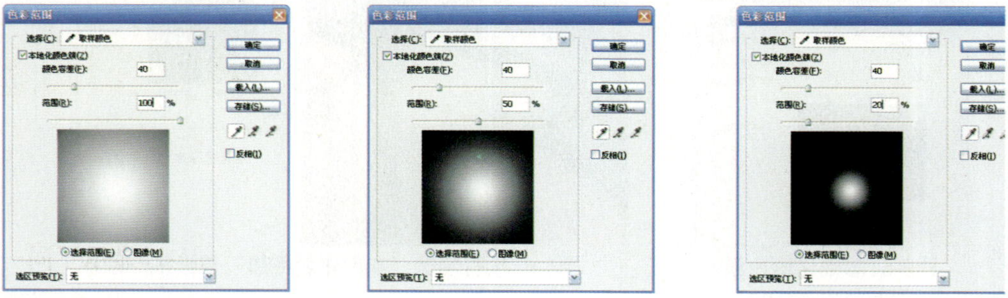

选择本地化颜色簇 范围为100%　　范围为50%　　范围为20%

图5-8 本地化颜色簇对色彩范围的影响

从上面的结果可以得出两条结论。第一，本地化颜色簇可以控制色彩范围在图像中的选取范围，可以在设置的区域内进行色彩范围的选择而不是对整个图像进行选择。第二，本地化颜色簇所控制的范围的边缘不是硬朗的，而是羽化的边缘。

（2）颜色

除了可以使用“吸管工具”选择取样色外，在选择菜单中还提供6种专色，以供用户创建专色选择范围。对于这6种专色大家已经很熟悉了，分别为RGB颜色模式的原色，红色、绿色和蓝色，以及它们的补色，青色、洋红和黄色。

图5-9显示了同一幅图像，在执行“色彩范围”命令时，选择不同的颜色，会创建不同选择范围。在选择颜色时，“颜色容差”选项是不可选的，此时预览图中的明暗程度显示了图像中该颜色的饱和度情况（饱和度表示色相中灰色分量所占的比例，它使用从 0%（灰色）至 100%（完全饱和）的百分比来度量），白色代表饱和度为100；黑色代表饱和度为0；灰色代表饱和度为0~100之间。

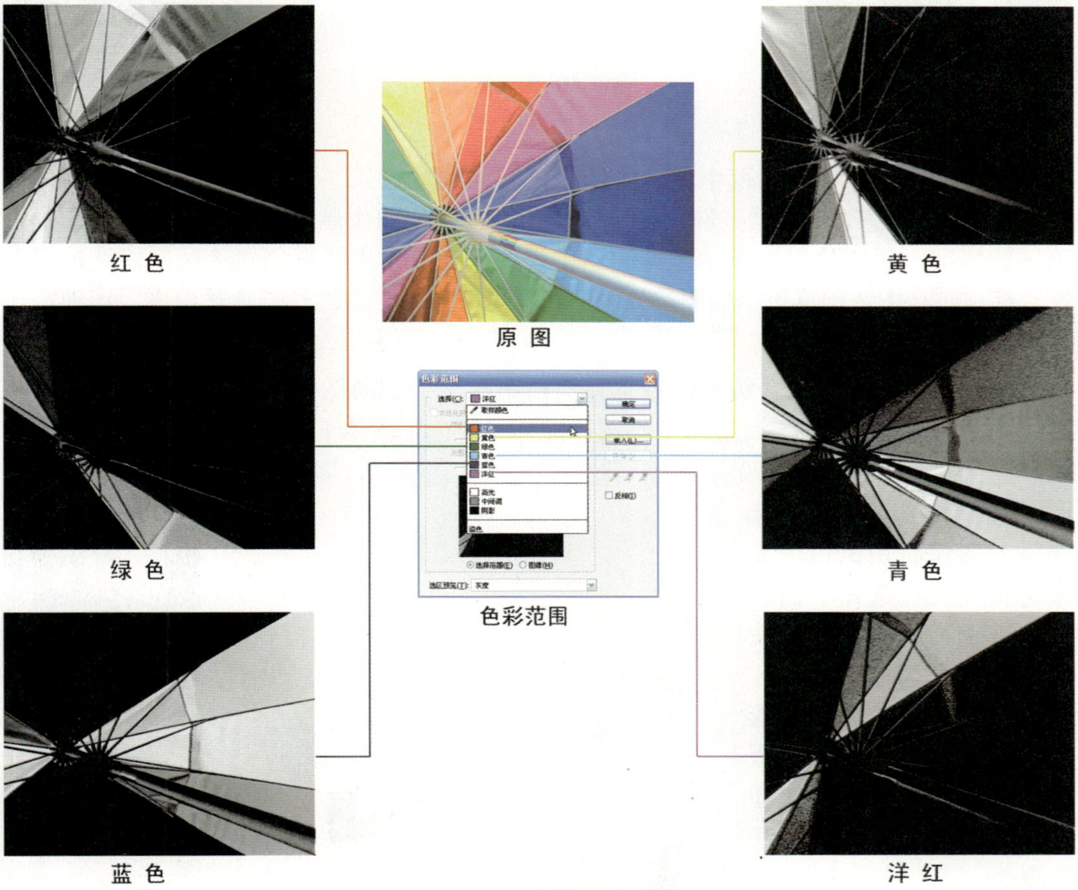

图5-9 颜色选区

（3）色调

在“选择”菜单中还可以选择色调作为建立选择范围的依据。图5-10显示了同一幅图像选择不同色调作为依据建立选区的结果。

图5-10 色调选区

2. 图像

这里可以选择在对话框中显示的选择范围的预览效果，可以选择“选择范围”和“图像”。当 “选择范围”选项时，图像预览用灰度图像显示当前条件下创建的彩色范围的情况，用明暗程度显示选择的羽化程度（类似于用通道创建选区）；选择“图像”选项时，图像预览显示原图像效果。在默认状态下，都选择“选择范围”选项。

3. 选区预览

通过“选区预览”参数可以设置在当前条件下，画布图像中显示的创建的选区范围的预览效果模式。图5-11显示了当选择设为“蓝色”条件下，所有可以选择的预览效果。选择“无”时，图像没有变化；选择“灰度”选项时，图像用灰度图像效果显示选区；选择“黑色杂边”选项时，图像将用黑色填充未选择区域；选择“白色杂边”选项时，图像将使用白色填充选择未选择区域；选择“快速蒙版”选项，图像将显示快速蒙版效果，默认状态下未选择区域用透明度为50%的红色覆盖。

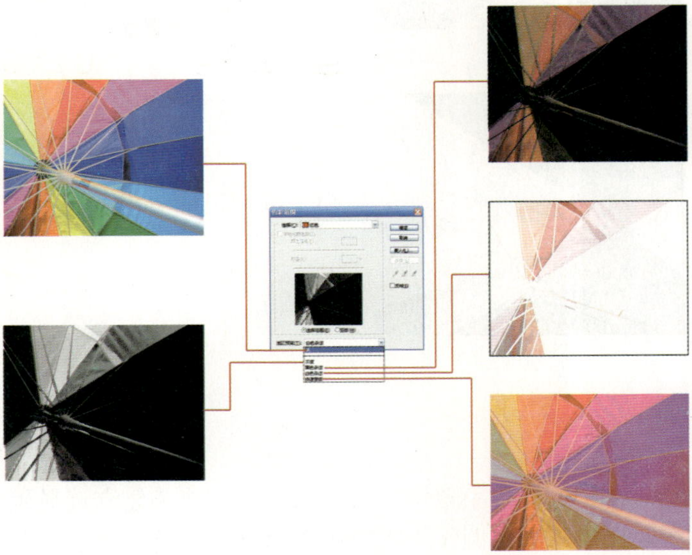

图5-11 选区预览效果

选择不同的预览模式时为了达到更容易观察当前条件下创建选区的效果，如果当前选区内颜色较深，选择“白色杂边”预览模式，对比更强烈；如果当前选区内颜色较浅，则选择“黑色杂边”预览模式，对比更强烈。

5.1.2 色彩范围分析

前面介绍了“色彩范围”对话框中各个控件的含义和使用方法。接下来具体介绍用不同选择模式创建的选区的效果。

1. 颜色选择模式

这里我们观察在颜色选择模式下，不同颜色创建的选择范围的直方图效果。首先介绍几个概念。

最大像素色阶值MAX（R，G，B）：是指当前像素的三原色色阶值中最大的色阶值。

最小像素色阶值MIN（R，G，B）：是指当前像素的三原色色阶值中最小的色阶值。

中间像素色阶值MID（R，G，B）：是指当前像素的三原色色阶值中处于中间的色阶值。

原色：当MIN（R，G，B）等于MID（R，G，B）而同时远小于MAX（R，G，B）时，这时像素的颜色主要由MAX（R，G，B）形成，此时称该像素表现为原色。

补色：当MAX（R，G，B）等于MID（R，G，B）而同时远大于MIN（R，G，B）时，这时像素的颜色主要由MIN（R，G，B）和MID（R，G，B）形成，此时称该像素表现为补色。

中性灰：当MIN（R，G，B）等于MID（R，G，B）等于MAX（R，G，B）时，像素表现为中性灰色。

（1）红色

首先在“色彩范围”对话框中选择“红色”选项，然后建立红色选区。如图5-12所示，显示了图像原有直方图和建立红色选区后选区的直方图效果。根据建立选区的直方图效果可以看出，选择红色色彩范围要满足该区域的像素的红通道色阶处于高色阶值范围，“绿”通道和“蓝”通道处于低色阶值范围。

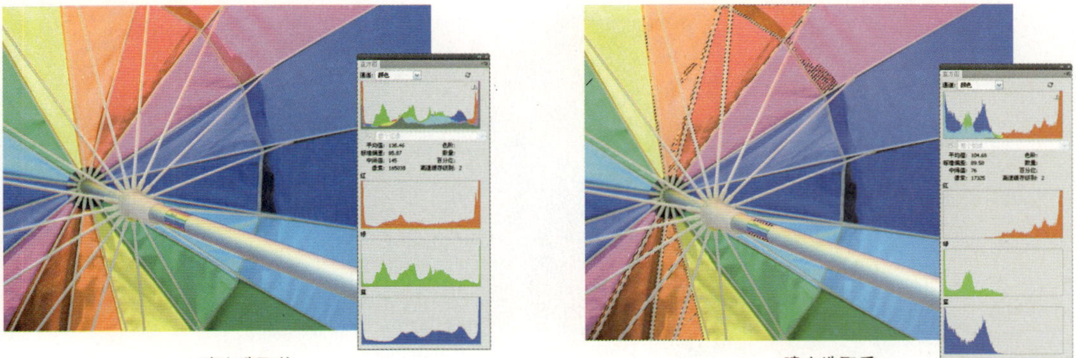

建立选取前　　建立选取后

图5-12 建立红色选区前后图像直方图对比图

当选择红色时，基本属于选择原色色彩范围，此时MAX（R，G，B）=R，要远大于MIN（R，G，B）和MID（R，G，B），正好符合前面介绍的概念。

（2）黄色

黄色为蓝色的补色，因此显示为黄色的像素就要满足其“蓝”通道色阶集中于低色阶值，而“红”通道和“绿”通道的色阶集中于高色阶值。如图5-13所示，使用“色彩范围”命令创建的黄色选区中图像的直方图效果，从中同样可以验证这个结论。

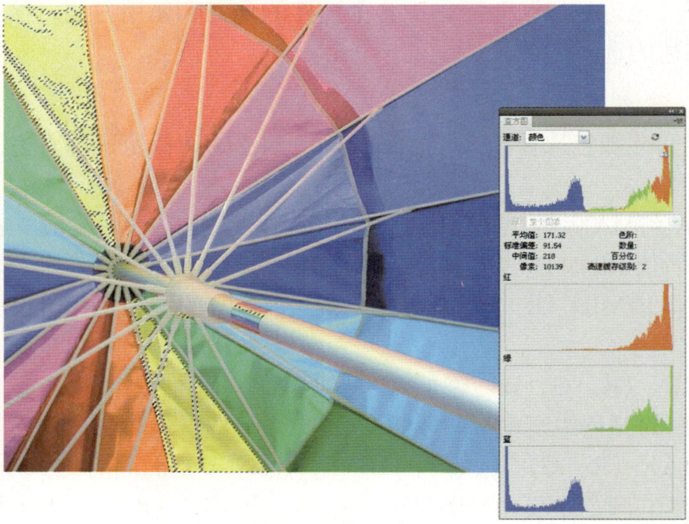

图5-13 黄色选区

黄色属于补色，此时选择的色彩范围中的像素满足MAX（R，G，B），基本等于MID（R，G，B）而同时远大于MIN（R，G，B）=B。

（3）绿色

图5-14所示为使用“彩色范围”命令创建的“绿色”选区的直方图效果。从图中可以看出，该图像中的绿色区域中的像素的“绿”通道的色阶并没有集中于绝对高色阶值，而是相对的高色阶值（与红和蓝通道相比），同样“绿”通道和“蓝”通道则是集中与相对的低色阶值。

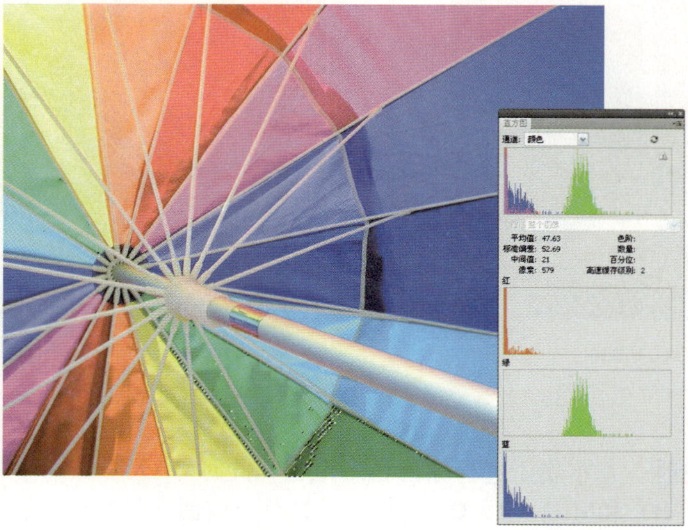

图5-14 绿色选区

（4）青色、蓝色和洋红

同理，使用“色彩范围”命令对图像分别创建青色、蓝色和洋红选区，观察选区内图像的直方图情况，如图5-15所示。

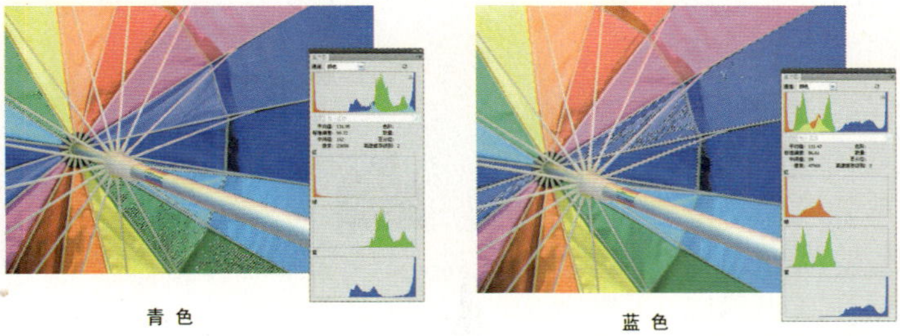

图5-15 创建青色、蓝色和洋红选区

从以上6种颜色选区的直方图形状可以看出，使用颜色创建“色彩范围”选区要综合考虑像素的各颜色通道色阶分布的比较结果，它与通道选区不同，通道选区只考虑单独通道的色阶分布情况。

2. 色调选择模式

前面介绍了颜色选区建立的依据，接下来介绍Photoshop根据什么原则创建色调选区。图5-16所示显示了图像处理前，以及使用“色彩范围”命令分别创建阴影、中间调和高光选择范围后直方图的效果对比。这里要注意的是，要观察“明度”（也叫亮度）通道。

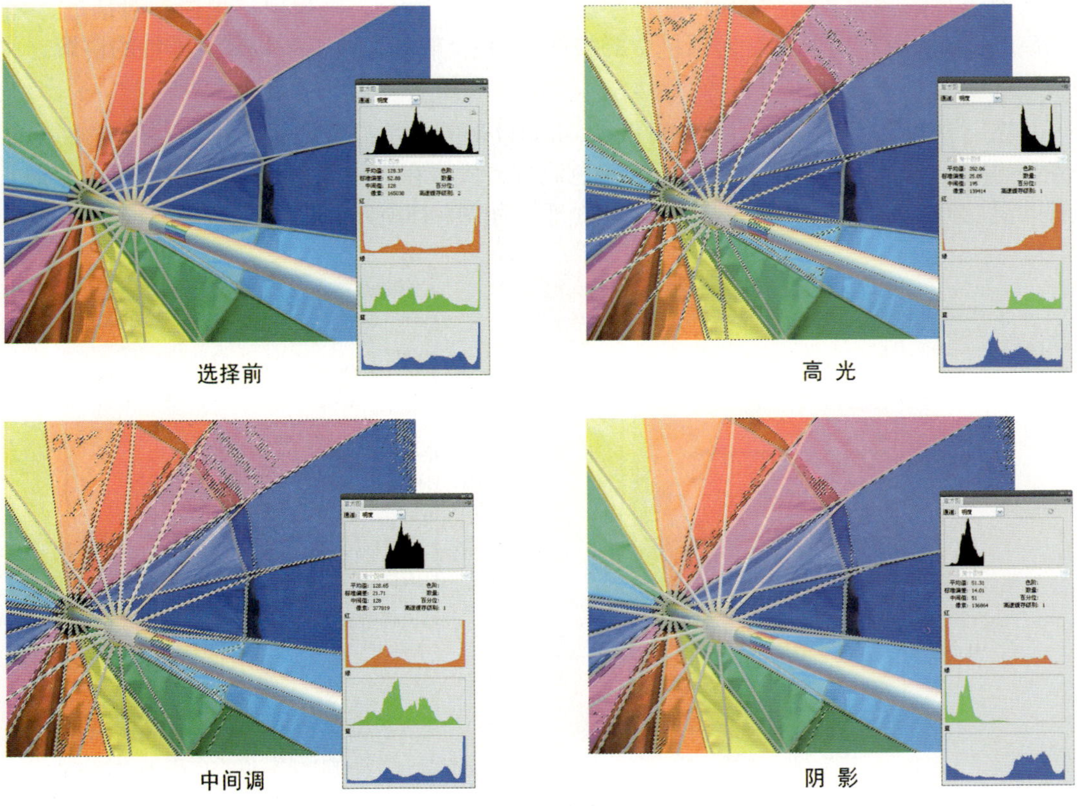

图5-16 色调选区

从对比图中可以很容易发现其中的奥秘。Photoshop其实是根据图像的“明度”通道的色阶分布建立阴影、中间调和高光区域。Photoshop将“明度”通道中的亮度值分为3段，规定亮度值0~84为阴影；亮度值85~169为中间调；亮度值170~255为高光。“色彩范围”命令根据图像中的像素的亮度值所在区域建立选区。图5-17单独列出了分别进行高光、中间调和阴影色彩范围选择后，图像稳定明度直方图的变化。从中可以看出，3个选择范围的明度直方图相当于将原有的直方图分成3等份。

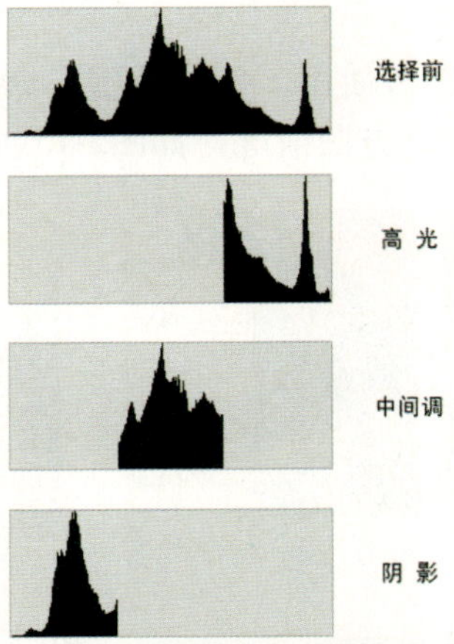

图5-17 色彩范围选择对明度通道的影响

经过上面的讲解，对各种颜色范围有了一定的认识。接下来具体讲解各种图像色彩调整命令。

5.2 “黑白”命令

使用“黑白”命令可以精确地控制各颜色的分量，进而达到将彩色图像转换为灰度图像的目的，同时允许对灰度图像着色。

5.2.1 “黑白”对话框

对当前的图像执行“图像”|“调整”|“黑白”命令，将弹出“黑白”对话框，如图5-18所示。整个“黑白”对话框中的控件分为4个部分。接下来将进行详细的讲解。

1. 预设

在“预设”下拉列表中存放着Photoshop自带的颜色混合方式，用户可以定义新的混合方式，或者从网上下载设置好的颜色混合方式。在对图像进行黑白处理时，执行已有的混合方式就能快捷地完成对图像的处理，如图5-19所示。

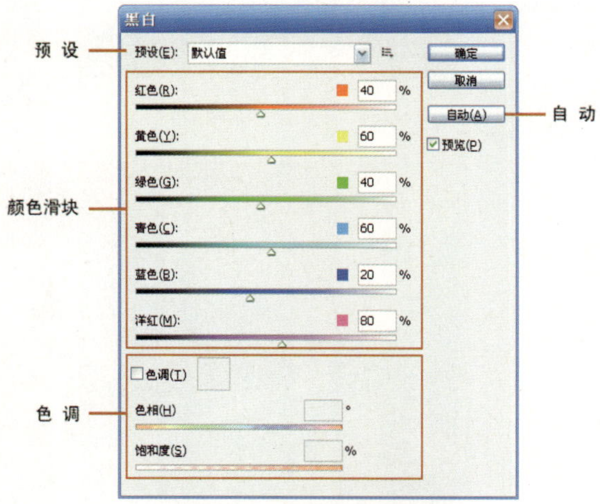

图5-18 “黑白”对话框

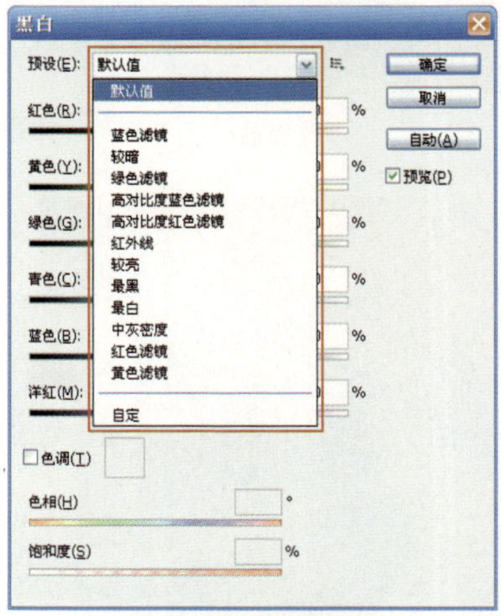

图5-19 预设菜单

图5-20所示为分别使用上面显示的预设参数处理同一图像所产生的结果。从图中可以看出，不同的预设参数可以产生不同的黑白效果，不同的效果所要表现的重点各不相同。在使用时，要根据原图的特点和最终效果的要求选择合适的预设参数。

图5-20 使用预设处理结果

2. 自动

单击“黑白”对话框中的“自动”按钮，Photoshop将根据图像的情况自动调节各颜色的混合状况，并使图像的灰度值分布最大化。使用“自动”命令创建黑白图像往往是作为进一步微调的起始状态。

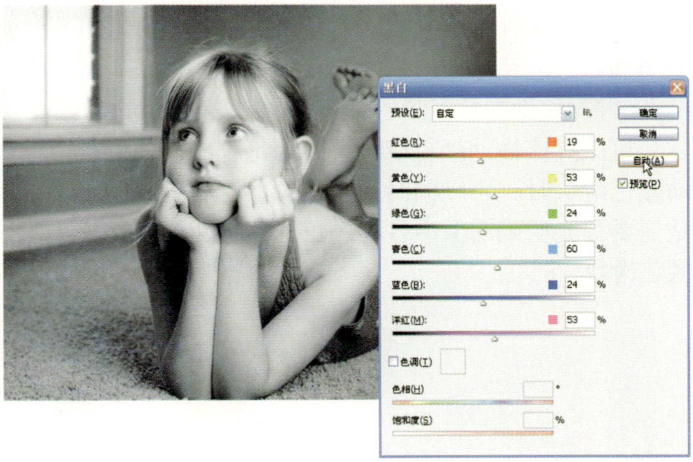

图5-21 自动选项

3. 颜色滑块

颜色滑块是“黑白”对话框中最重要的控件，也是该命令调整的基础。对话框中共有6条颜色滑块，分别为RGB模式的三原色和其补色（也可以看做加色原理的三原色和减色原理的三原色）。使用颜色滑块可以调整图像中特定颜色的灰色调。将滑块向左拖动或向右拖动分别可以使图像的原色的灰色调变暗或变亮。

在此以前面介绍“色彩范围”时使用的图像为例。图5-22显示了对于同一图像进行“黑白”调整，只调整红色颜色滑块时，产生黑白效果的对比。这里可以配合图5-5观察图像中红色色彩范围，当红色颜色混合值分别设为-100、0和+100时，图像中红色色彩范围内的图像灰色调也随之变化，混合值越低，该色彩范围图像灰度越暗，反之越亮。

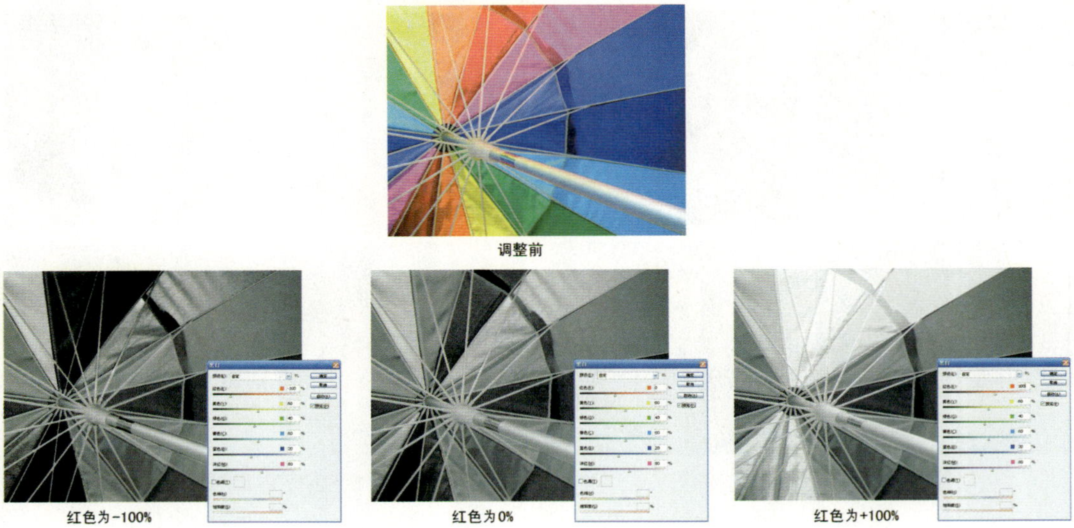

图5-22 调节红色滑块对比图

在“黑白”对话框中调整颜色混合值的方法基本上有3种。

（1）直接输入混合值

直接在颜色色卡后面的文本框中输入混合值，如图5-23所示。使用这种方法要求用户对各种颜色的混合值要有初步的预判。

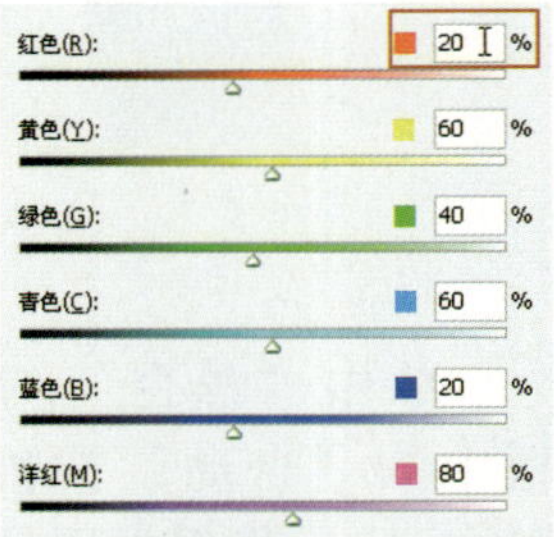

图5-23 直接输入混合值

（2）拖动颜色滑块

可以直接拖动颜色滑块来设置每种颜色的混合值。在拖动颜色滑块时，可以同时观察图像的预览效果，如图5-24所示。这种方法比较简单，但是需要首先明确图像中各种颜色的色彩范围，这样才能根据所要调整的区域选择合适的颜色滑块。

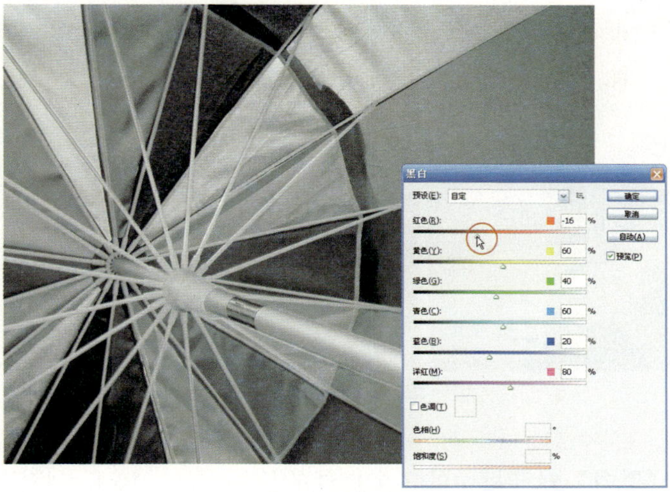

图5-24 拖动颜色滑块

(3) 在图像中拖动鼠标

如果事先对图像颜色混合值没有预判，也不明确各种颜色的色彩范围怎么办？Photoshop提供了一种非常方便，同时具有智能化的方法，就是在图像中直接拖动鼠标来调整颜色混合值。

在对图像进行“黑白”调整时，将鼠标移到图像上，此时鼠标将变为吸管工具形状。单击所要调整的图像区域并按住鼠标，此时光标将变为拖动形状，并且可以高亮显示该位置的颜色的色卡。按住鼠标左键拖动光标就相应移动该颜色的颜色滑块，从而使该颜色在图像中变暗或变亮。单击并释放可高亮显示选定滑块的文本框，过程如图5-25所示。这里单击鼠标后，选择的区域以洋红色调为主，所以对话框中洋红色卡被高亮显示；向左拖动光标，洋红值降低，相应区域色调变暗；向右拖动光标，洋红值变大，相应区域色调变亮。

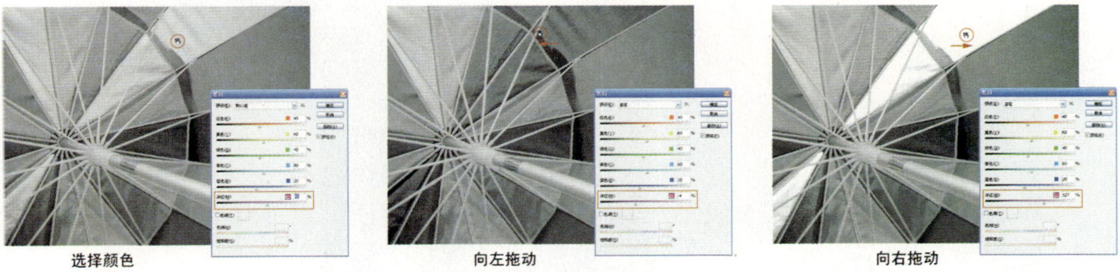

图5-25 在图像中拖动鼠标

这种方法使用非常方便，用鼠标就可以直接在图像上选择并调整颜色混合效果。

4. 色调

在“黑白”对话框中，除了可以使用颜色滑块调整各种颜色混合程度产生黑白效果图像外，还可以使用“色调”选项为图像上色。在“色调”选项中，可以通过控制“色相”和“饱和度”两个选项的参数来精确控制上色效果，如图5-26所示。

图5-26 调整色调

5.2.2 “黑白”命令的原理分析

前面介绍了“黑白”对话框中的各个控件的使用方法，接下来将详细介绍“黑白”命令的原理。

1. 颜色混合

对于“黑白”命令，其中心的调整控制即为颜色的混合程度。在对话框中，每种颜色的混合值范围均为-200%~+300%，我们在使用时就是通过控制混合值的大小来调整图像特定色彩范围的明暗程度。因此，有必要深入地了解混合值的意义。

为了精确监控“黑白”命令对图像色阶值的影响，在图像上使用“颜色取样器工具”（在属性栏上设定取样大小为“取样点”）建立4个取样点。如图5-27所示，4个取样点分别位于图像中的红色、蓝色、绿色和黄色色彩范围内。

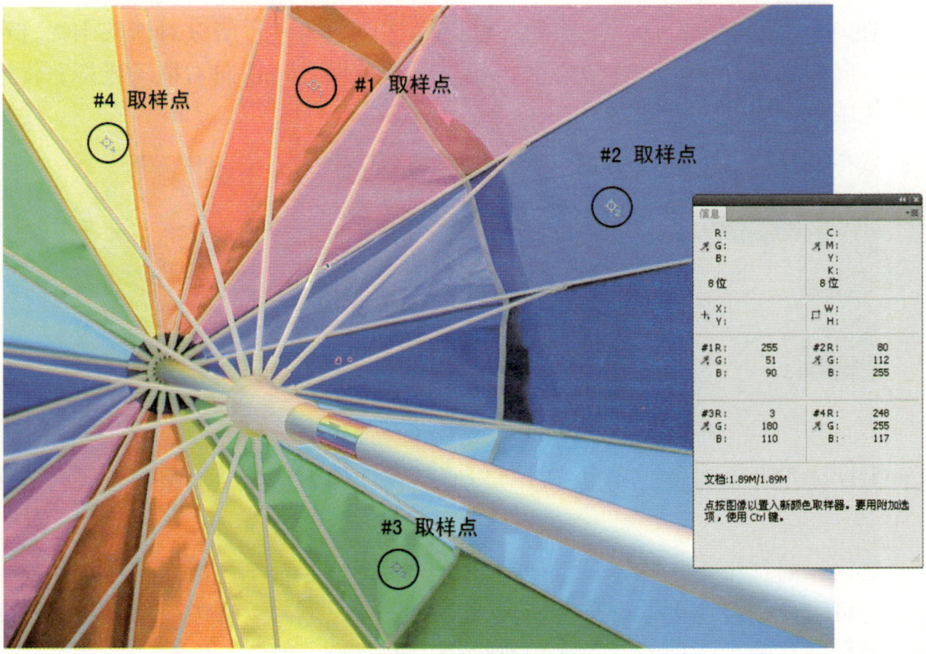

图5-27 建立4个取样点

为了方便观察调整对取样点色阶值的影响，这里使用了“黑白”调整图层，而不是直接执行“黑白”命令，这样做好处在于此时“信息”面板上每个取样点的后面都有两组色阶值，第一组为调整前的色阶值，第二组为当前情况下取样点的色阶值，每种之间用“/”隔开，在调整参数时，第二组色阶值将随时根据参数的变化而变化。

如图5-28所示，当我们在背景图层的上方新建一个“黑白”调整图层后，将弹出“调整/黑白”面板，面板的功能同“黑白”调整对话框功能相同。此时面板上将有默认的各颜色分量参数。观察“信息”面板，会发现调整前后，取样点的色阶值的变化毫无规律。接下来将从最简单的情况逐步探索其中的奥秘。

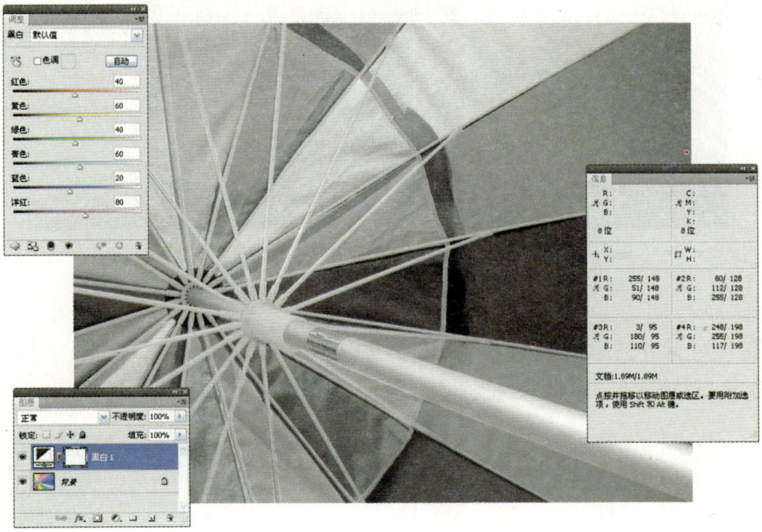

图5-28 建立“黑白”调整图层

(1) 原色和补色均设为0

下面将“黑白”对话框中所有颜色的混合值均设为0，如图5-29所示。此时观察“信息”面板，会很容易观察到其中的奥秘。当在话框中对原色和补色的混合值均设为0时，图像调整后的色阶值L等于调整前该点的最小色阶值。即：

L=MIN（R，B，G）

通过4个取样点的色阶变化来验证该公式。验证结果如表5-1所示。

表5-1 取样点的色阶变化

取样点	MIN（R，B，G）	L（计算）	L（实测）
1	MIN（255，51，90）=51	51	51
2	MIN（80，112，255）=80	80	80
3	MIN（3，180，110）=3	3	38
4	MIN（248，255，117）=117	117	117

表中的计算结果验证了该公式的正确性。

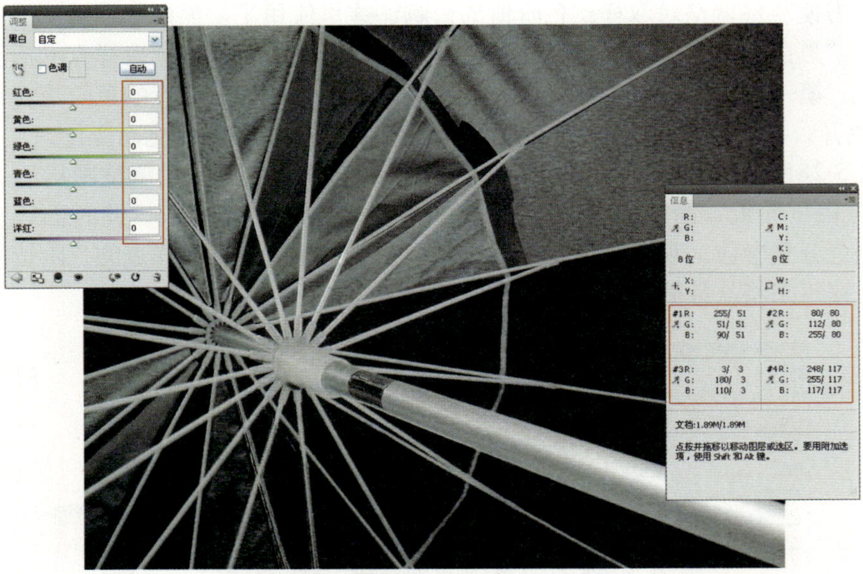

图5-29 原色和补色均设为0

（2）只有补色设为0

将“黑白”对话框中的补色设为0，原色设为非0的参数时，图像中每个像素的色阶值也会随之变化，如图5-30所示。此时，像素色阶的计算公式为：

L=[MAX（R，B，G）-MID（R，B，G）]*A+MIN（R，B，G）

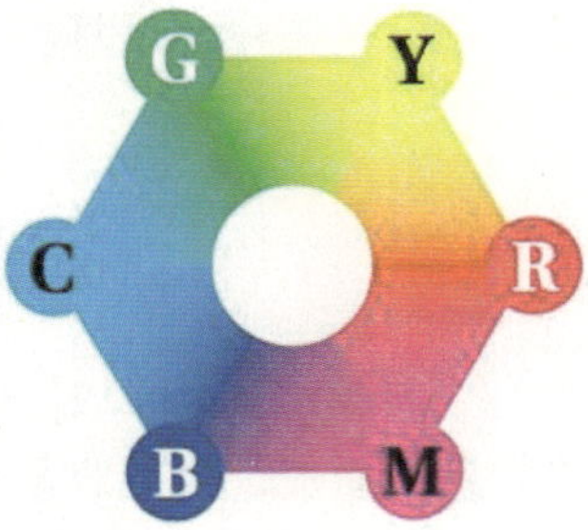

图5-30 色环

其中A为原色混合比例。这里公式的重点就在于如何选择A值。当像素处于原色色彩范围中，该像素色阶计算时就要使用所在范围的原色的混合比例值，例如取样点1，它处于红色色彩范围，所以在计算时就要取红色的混合值10%，同样，取样点2和3就要分别采用蓝色和绿色的混合值90%和50%。重点在于处于补色范围内的像素如何取值，这里就要观察“黑白”对话框中的原色和补色滑块的排列次序，其实这6个颜色的排序是按照色环上的颜色分布排列，它们可以循环，即“红色、黄色、绿色、青色、蓝色、洋红、红色、黄色、绿色……”。

这样就保证每个原色两侧为两个补色，每个补色两侧也为两个原色。例如取样点4，其位于黄色范围，它的两侧分别为红色和绿色两个原色，计算时A值采用哪个原色的混合值就要看该点红色和绿色哪个通道的色阶值大，哪个大就取哪个通道的混合值。取样点为（R:248、G:255、B:117），可以看出绿色分量色阶值更大，所以计算时这里的原色应取绿色的混合值，即50%。设置参数后，图像效果和取样点色阶的变化如图5-31所示。

同样，使用4个取样点分别计算调整后的色阶值，与实际测量的色阶值对比，以验证公式，变化结果如表5-2所示。从表中可以看出，计算结果与实际测量的色阶值相同，这就验证了公式的正确性。

表5-2 取样点的色阶变化

取样点	MAN（R，B，G）	MID（R，B，G）	MIN（R，B，G）	A	L（计算）	L（实测）
1	R=255	B=90	G=51	10%	67.5	67
2	B=255	G=112	R=80	90%	208.7	209
3	G=180	B=110	R=3	50%	38	38
4	G=255	R=248	B=117	90%	120.5	121

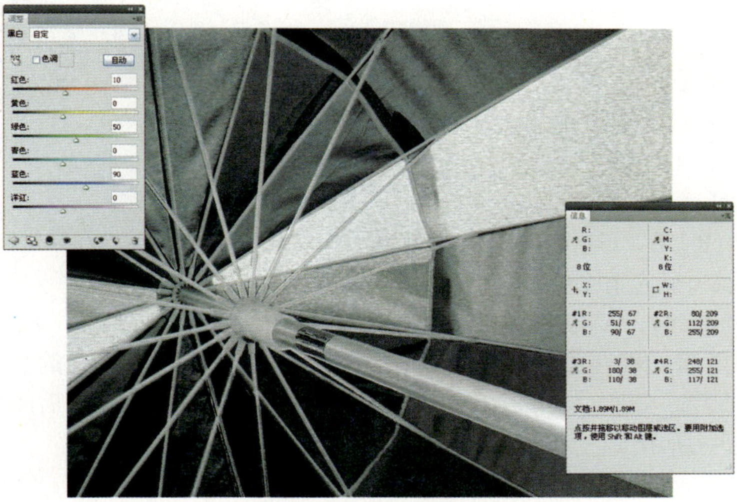

图5-31 只有补色设为0

（3）只有原色为0

当只有原色为0，而补色均不为0时，像素的色阶计算公式将变为：

L=[MID（R，B，G）-MIN（R，B，G）]*B+MIN（R，B，G）

如图5-32所示，现在将红色、黄色、绿色、青色、蓝色和洋红的混合值分别设为0、10%、0、50%、0和90%。

其中B为补色的混合值。同样，公式中的重点为B值的选择。同理，如果像素处于补色色彩范围，计算时B要采用其所在的区域的补色混合值，例如取样点4，计算时B就要取黄色的混合值10%；当像素处于原色色彩范围中，B值就要选择该色素颜色分量最大的两个原色之间的补色的混合值。例如取样点1像素的颜色为（R：255、G：51、B：90），色阶值最大的两个分量分别为红色（255）和蓝色（90），此时B就要取红色与蓝色之间的补色，即洋红的混合值90%进行计算。同理，取样点2的B值要取绿色和蓝色之间的补色，即青色的混合值50%；取样点3的B值同样要去青色的混合值50%。

这里也将4个取样点调整后的色阶计算值和实测值对比，如表5-3所示。

表5-3 取样点的色阶值和实测值

取样点	MAN（R，B，G）	MID（R，B，G）	MIN（R，B，G）	A	L（计算）	L（实测）
1	R=152	G=11	B=4	90%	86.1	86
2	B=148	G=47	R=25	50%	96	96
3	G=145	B=52	R=48	50%	56.5	57
4	R=244	G=228	B=18	10%	130.1	130

计算结果与实测值基本吻合。

（4）原色和补色均不为0

接下来分析最为复杂的情况，即原色和补色均不为0的状况。这种情况下，像素色阶的计算公式其实是将上面3种极端条件下的计算公式相加的结果。公式为：

L = [MAX （R，B，G）-MID（R，B，G）]*A+[MID（R，B，G）-MIN（R，B，G）]*B+MIN（R，B，G）

A和B分别为原色和补色的混合值。计算时，A和B值的选择原则同前面的情况。

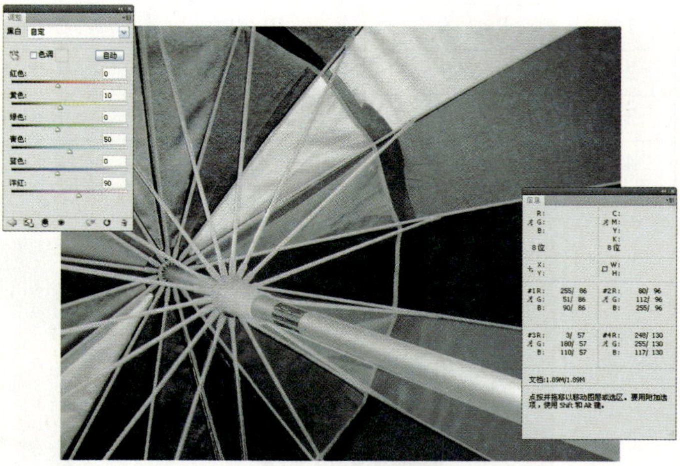

图5-32 只有原色为0

如图5-33所示，现在将红色、黄色、绿色、青色、蓝色和洋红的混合值分别设为10%、30%、50%、70%、90%和110%。同样，这里对比像素调整后的计算值和实测值，结果如表5-4所示。

表5-4 取样点的计算值和实测值

取样点	MAN（R，B，G）	MID（R，B，G）	MIN（R，B，G）	A	B	L（计算）	L（实测）
1	R=152	G=11	B=4	10%	110%	110.4	110
2	B=148	G=47	R=25	90%	70%	231.1	231
3	G=145	B=52	R=48	50%	70%	112.9	113
4	R=244	G=228	B=18	50%	30%	159.8	160

2 调整色调

勾选“色调”复选框后，就相当于对已经调整为灰度的图像再执行一次“色相/饱和度”命令。这里调整色调原理就是在已调好的灰度图像上面添加一个“颜色”混合模式的纯色图层。

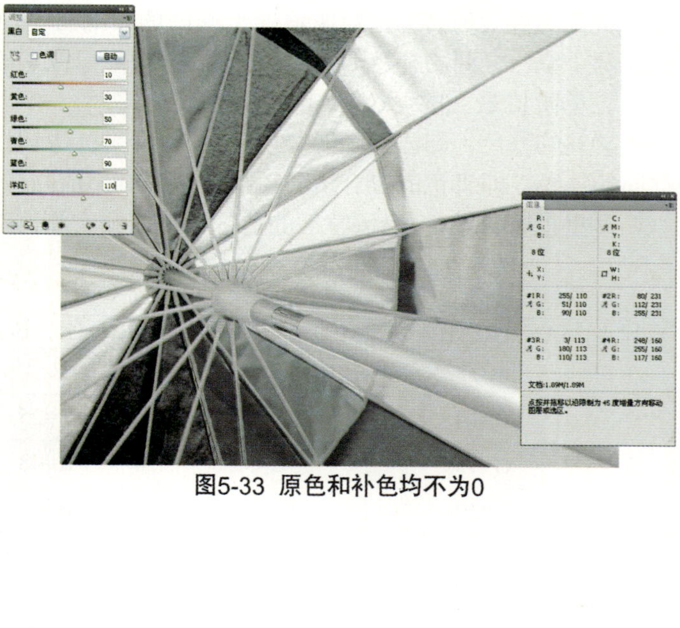

图5-33 原色和补色均不为0

下面来验证这一原理。首先为图像添加一个“黑白”调整图层，在对话框中设置参数，在“拾色器”中选择色调颜色，如图5-34所示。记住所选取的颜色，观察调整后各取样点的色阶值。

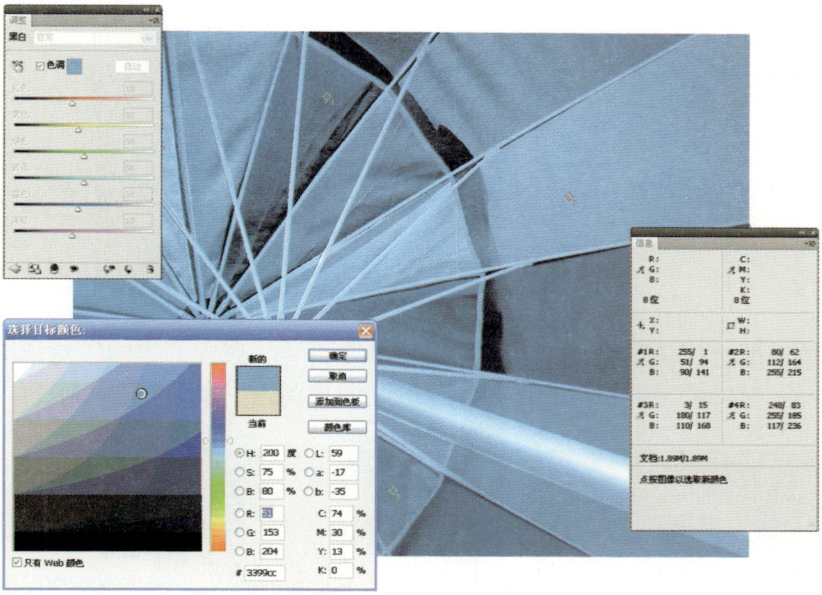

图5-34 调整色调

下面将该“黑白”调整图层隐藏。如图5-35所示，直接对“背景”图层执行“黑白”命令，设置与图5-34中相同的颜色混合值设置相同，但是不勾“色调”复选框。然后在背景图像的上面新建一个“纯色”填充图层，颜色也与上面设置相同，然后将该图层的混合模式设为“颜色”，如图5-36所示。这时观察“信息”面板，各取样点的色阶值与图5-34相同。

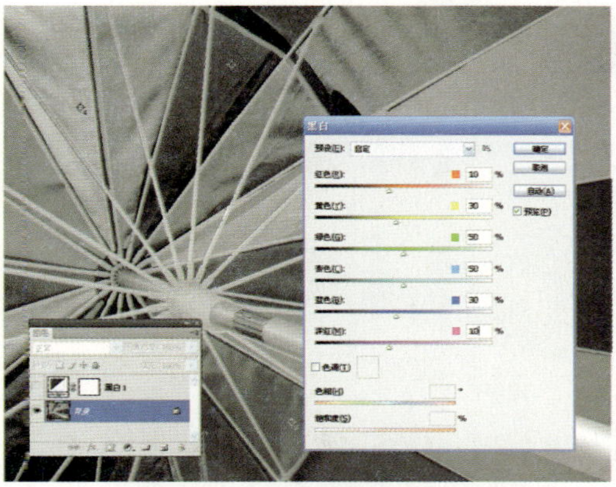

图5-35 执行“黑白”命令

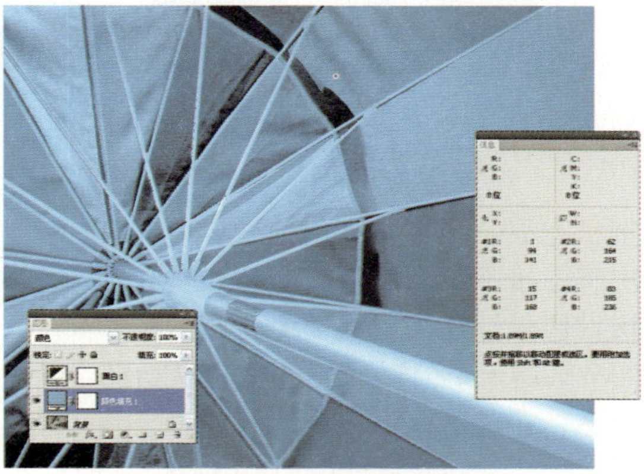

图5-36 添加纯色填充图层

通过上面的两种调整结果的比较，验证了“黑白”命令中的“色调”选项原理即为在灰度图像上面添加一个“颜色”混合模式的纯色图层。这里有一点需要注意，“色调”选项中只有“色相”和“饱和度”两个可供调整的参数，其实在调整颜色时还有一个“亮度”参数并未被考虑，我们可以通过单击色卡弹出“拾色器”对话框，在其中设置颜色的亮度参数。

5.2.3 “黑白”命令的作用

使用“黑白”命令可以很轻松地制作出灰度图像或者单色图像效果，由于其控制参数比较多，所以可以对图像的效果进行非常精确的控制。无论是在平面设计领域还是个人的数码照片处理，“黑白”命令都能够胜任。

案例26 创建艺术效果

设计思路

本案例中，我们详细地讲解了使用“黑白”命令制作艺术效果照片的过程。

操作步骤

01 执行“文件”|“打开”命令，打开配套光盘中的“照片.JPG”文件，如图5-37所示。

02 对该图像执行“图像”|“调整”|“黑白”命令，弹出“黑白”对话框。首先单击对话框中的“自动”按钮，如图5-38所示，将其作为进一步调整的基础。

图5-37 原图

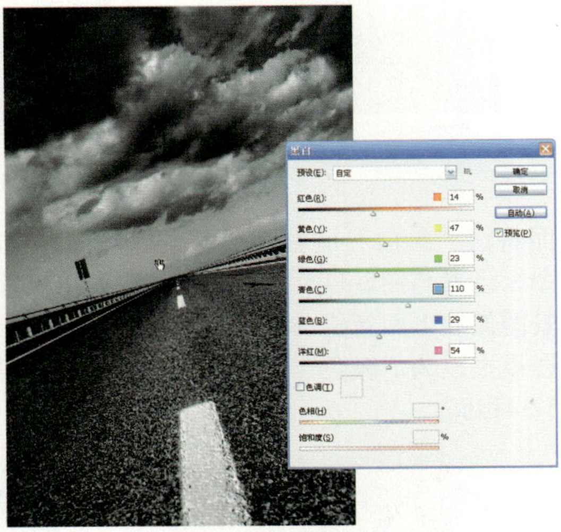

图5-38 自动调整

03 观察图像效果，发现在当前调整状态下，图像整体色调过暗，缺乏层次感。接下来，用前面介绍的功能，直接按住鼠标在天空图像上向右拖拉，如图5-39所示。这时天空图像色调会随之变亮，在对话框中相应的“青色”混合值变大。

图5-39 调整青色

04 为了进一步突出画面中的公路图像，这里也要将乌云图像的色调稍微调亮。同样使用鼠标在乌云图像中按住鼠标左键向右拖动，如图5-40所示。此时乌云图像变亮，相应“黑白”调整对话框中蓝色混合值变高。

05 调整好颜色混合后，下面为图像添加色调。勾选“色调”复选框，将“色相”和“饱和度”参数分别设为32°和21%，如图5-41所示。

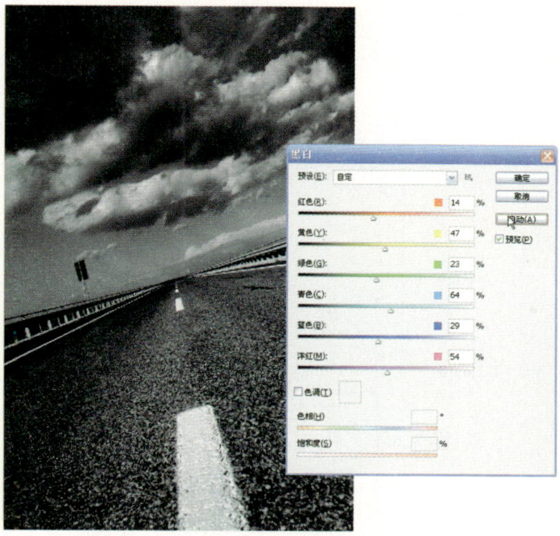

图5-40 调整蓝色

图5-41 添加色调

06 调整前后效果对比图如图5-42所示。最终效果如图5-35所示。最后将文档存储为“艺术效果”。

调整前

调整后

图5-42 调整前后效果对比图

07 最后将文档存储为“黑白调整.PSD”

案例总结

在本案例中，详细地介绍了如何使用“黑白”命令制作艺术效果的过程。在学习过程中，可以配合前面介绍的各个控件的功能以加深理解。

5.3 “色相/饱和度”命令

使用“色相/饱和度”命令可以调整图像中特定颜色分量的色相、饱和度和亮度，或者同时调整图像中的所有颜色。此命令尤其适用于微调CMYK图像中的颜色。

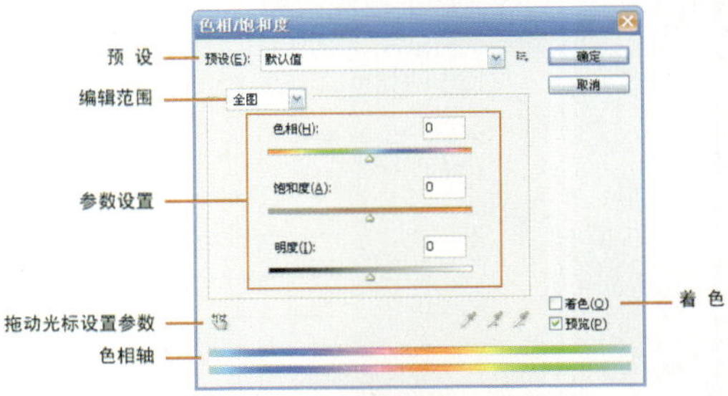

图5-43 “色相/饱和度”对话框

5.3.1 “色相/饱和度”对话框

对图像执行“图像”|“调整”|“色相/饱和度”调整命令，弹出“色相/饱和度”对话框。对话框中的控件组成如图5-43所示。

1. 预设

如图5-44所示，在“色相/饱和度”对话框中有一个“预设”菜单。在菜单中列出了Photoshop提供的一些已经设置好的参数组合，用户可以将自己设置的参数组合存放到预设中，也可以在网络上下载预设。

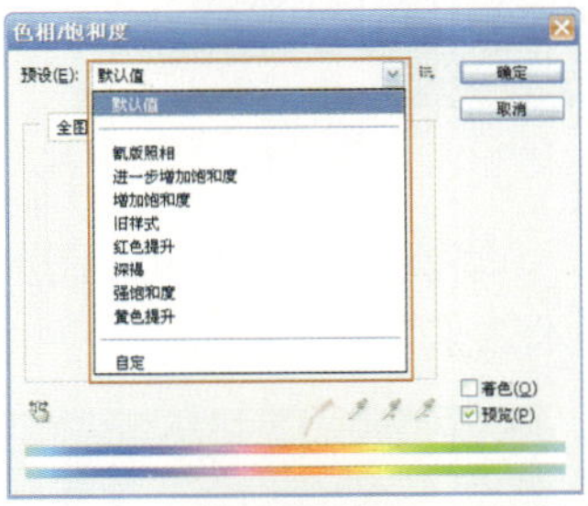

图5-44 “色相/饱和度”预设菜单

图5-45所示为Photoshop默认的色相、饱和度预设调整对图像效果影响对比图。

图5-45 色相、饱和度预设调整效果

2. 编辑范围

在编辑范围菜单中可以选择所需调整的色彩范围，可以控制对图像不同的色彩范围进行编辑和调整。如图5-46所示，同一幅图像对不同的色彩范围进行调整后的效果。第一个为对“全图”进行调整，可以看出调整后图像整体颜色都出现了变化；第二个为对“青色”色彩范围进行编辑，可以看出调整后只有原图像中青色的图像（天空和海水图像）发生改变，变为紫色；第三个为对“红色”色彩范围进行调整，调整后只有原图中红色图像（遮阳伞和文字）发生变化，变为黄色。

图5-46 不同编辑范围效果

由此可见，对于图像调色，首先就要确定调色的色彩范围，这是非常关键的。

3. 参数设置

在这里，可以通过直接输入数值或者拖动滑块对图像的色相、饱和度和亮度进行调整。

（1）色相

色相滑块在360°的颜色轮上度量颜色。可以在-180°～180°的范围内调整色相的值。当这样做时，Photoshop会绕着色相轮循环地调整颜色。如图5-47所示，色相值从小到大改变时，图像色相也相应发生变化。从图中可以观察到，色相为-180和+180时对图像的影响是相同的。

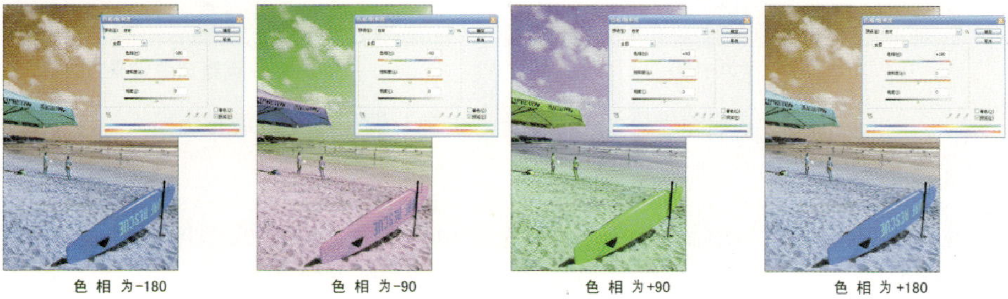

图5-47 调整色相

（2）饱和度

饱和度可以改变图像中颜色的强度。在一般状态下（没有勾选“上色”复选框），饱和度的值是从表示灰度的-100到表示最饱和的+100。图5-48所示为不同饱和度下图像的色彩效果，可以看出，饱和度值越低色彩越暗淡；饱和度值越高，色彩越艳丽。当饱和度设为-100时，图像将变为灰度图像。

饱和度为-100　　饱和度为-50　　饱和度为+100

图5-48 调整饱和度

当饱和度设为-100时，图像将变为灰度图像。这时图像效果与对其执行“图像”|“调整”|“去色”命令后图像的效果相同，如图5-49所示。也就是说这两种调整的效果是一样的。

饱和度为-100　　“去色”调整命令效果

图5-49 饱和度为-100和执行“去色”调整命令效果对比图

（3）明度

明度用来调整图像的明暗程度，范围为-100~+100。值越低图像越暗，值越高图像越亮，如图5-50所示。-100时，图像为纯黑；+100时，图像为纯白。

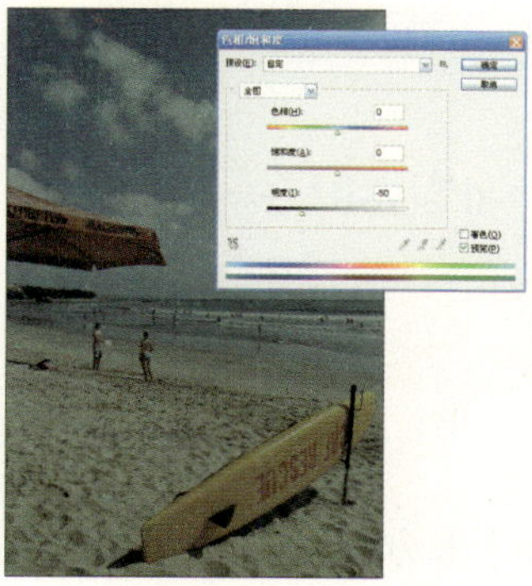

明 度 为-50

明 度 为+10

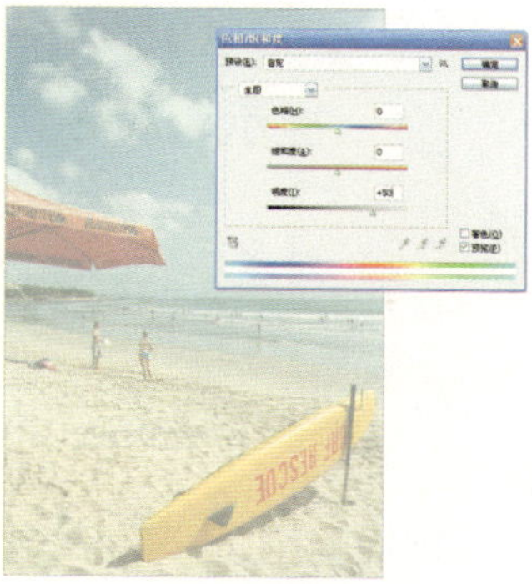

明 度 为+50

图5-50 调整明度

提示

此选项将图像中所有亮度值进行同等强度的变化，因此改变该选项值，将会造成图像的对比度降低。所以要避免使用该选项，而是尽量使用“色阶”或“曲线”命令调整图像的明暗程度。

4. 色相轴

在“色相/饱和度”对话框中含有两个色相轴，其中上面为图像调整前的色相轴，它是固定不变的；下面为调整后图像的颜色分布情况的色相轴，它是随着“色相”参数值的变化而变化的。调整后，图像将下面的色相轴映射至上面的色相轴，完成对图像的调整。关于具体的映射方式，将在后面的章节中详细介绍。

5. 着色

勾选“着色”复选框后，Photoshop会自动将图像的饱和度变为0，使之变为灰度图像。然后就可以通过调整色相、饱和度和亮度等参数将图像变为单一色相的特殊效果。此时色相为变为0°~360°的色轮值，饱和度为0~100的绝对值，明度仍为-100~+100。图5-51所示显示了图的3种着色效果。

色相为0；饱和度为50；明度为0

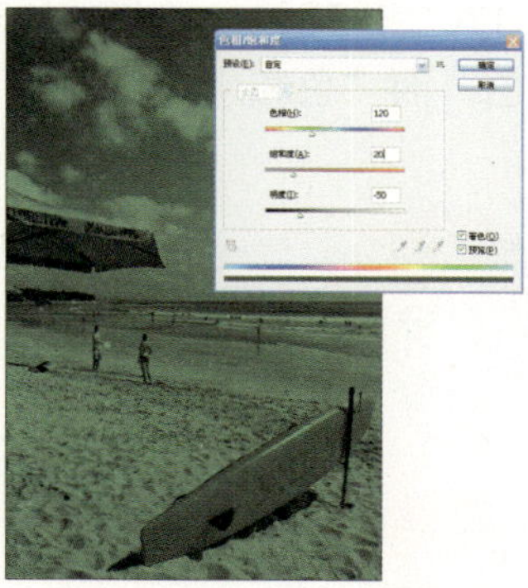

色相为120；饱和度为20；明度为-50

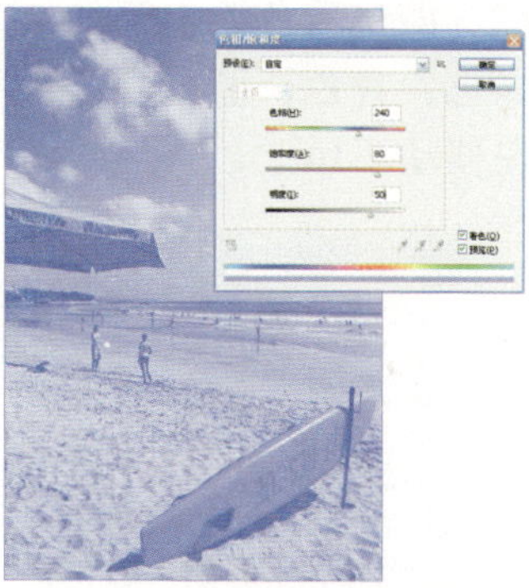

色相为240；饱和度为80；明度为50

图5-51 着色

提示

勾选“着色”复选框时，“色相”变成一个0 ~360°之间的绝对值。

5.3.2 “色相/饱和度”命令的原理分析

前面介绍了“色相/饱和度”对话框中各控件的作用，接下来分析“色相/饱和度”调整命令的工作原理。

1. 调整色相

对图像进行“色相/饱和度”调整，最重要是要设定好图像的色相，所以如何设置“色相”参数就成了首先要解决的问题。

（1）全色调整

全色调整是最为常见的调整方式，它可以校正图像的色差。在调整色相时，还要重复“色轮”的概念。如图5-52所示，“色相”为反射自物体或投射自物体的颜色。在0～360°的标准色轮上，按位置度量色相。在通常的使用中，色相由颜色名称标识，如红色、橙色或绿色。

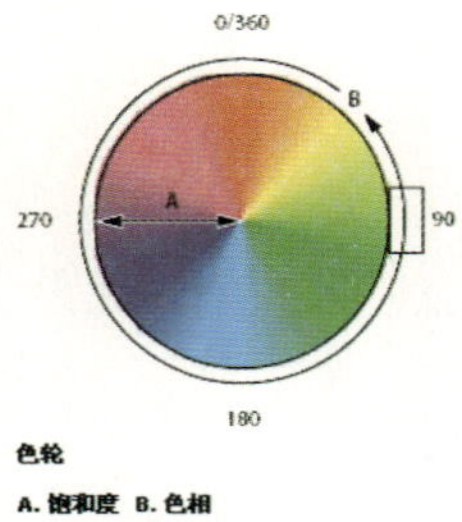

图5-52 色轮

在“色相/饱和度”对话框中，“色相”文本框中显示的值反映像素原来的颜色在色轮中旋转的度数。正值指明顺时针旋转，负值指明逆时针旋转。值的范围可以是-180°～+180°。对话框下方的两条色相轴分别对应了调整前和调整中图像的色轮状态（上面为调整前，下面为调整中）。图5-53所示，显示了当“色相”为0°时，调整前后色轮相同。

当将“色相”调整为90时，这时调整后的色轮将顺时针旋转60°。如图5-54所示，调整后，色轮中各度数所对应的颜色相应发生了变化，色相轴也随之改变。首先观察色轮，色相设为60°后，色轮的度数随之顺时针旋转了60°。调整前色轮中0°、60°、120°、180°、240°和300°分别代表的颜色为红色、黄色、绿色、青色、蓝色和洋红；调整后色轮中0°、60°、120°、180°、240°和300°分别代表的颜色为黄色、绿色、青色、蓝色、洋红和红色。而“色相/饱和度”对话框中色相轴下方的色相轴向左移动了1/6。

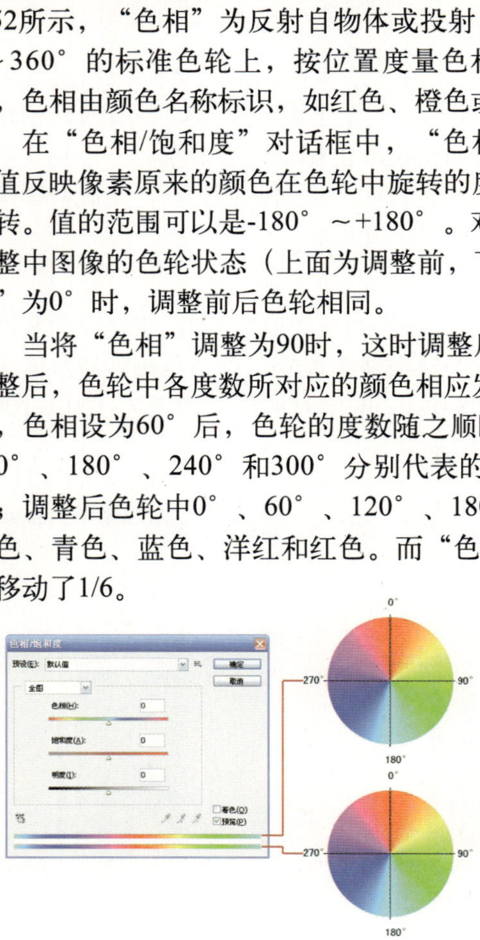

图5-53 初始状态

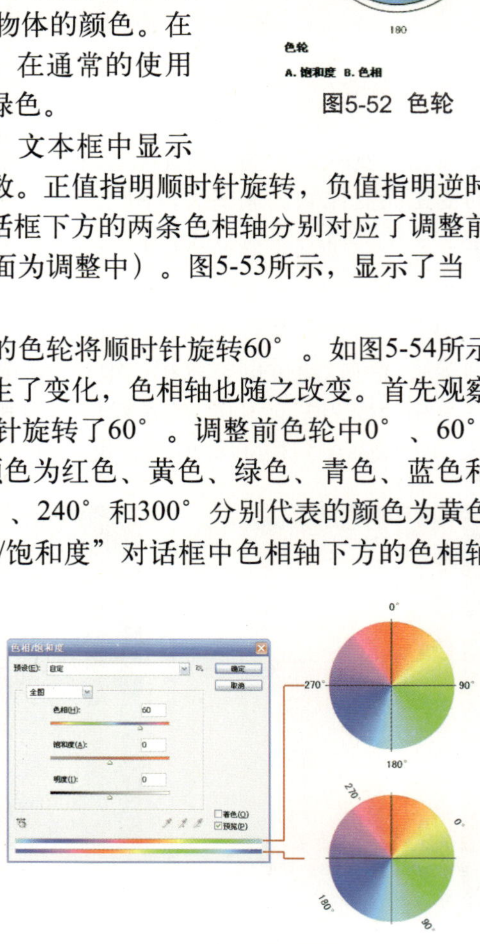

图5-54 调整色相

调整后，图像按照调整后的色相轴映射原有图像的色相轴（颜色分布）。如图5-55所示，原有图像中的蓝色，调整后映射为洋红；原有图像中的红色，调整后映射为黄色；原有图像中的黄色，调整后映射为绿色。依次类推，完成整个图像的色相映射。

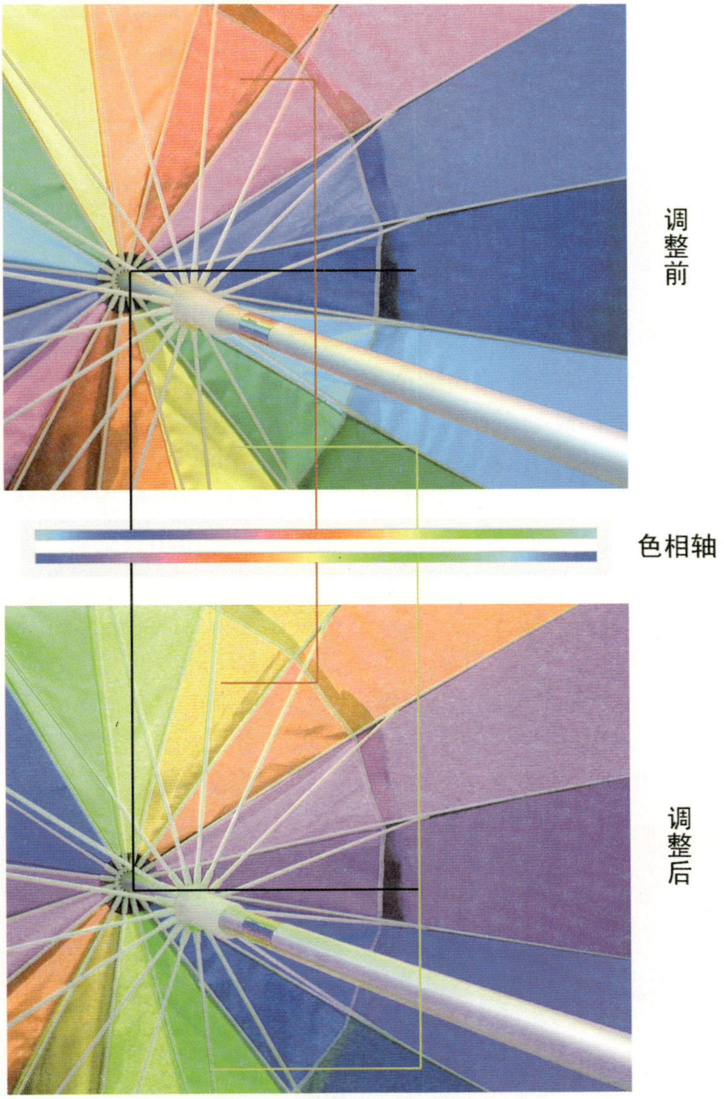

图5-55 调整色相

(2) 专色调整

Photoshop除了允许对图像进行全图调整外，还可以对图像的专有色彩范围进行“色相/饱和度”调整。

当在“色相/饱和度”对话框中的“编辑”下拉列表中选择专色后，对话框的下方将变为如图5-56所示。

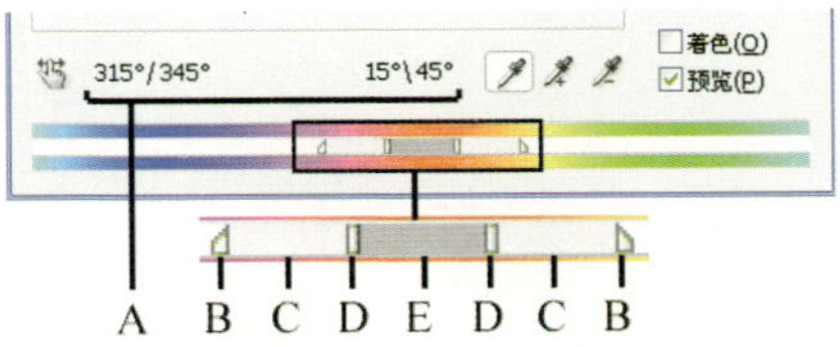

色相/饱和度调整滑块

A. “色相”滑块值　B. 调整衰减而不影响范围

C. 调整范围而不影响衰减　D. 调整颜色范围和衰减

E. 移动整个滑块

图5-56 专色调整

当选择专色范围后，在对话框中会出现4个色轮值，如图5-56所示。这4个色轮值与色轮轴中的4个滑块相对应。色相轴中的矩形滑块控制着专色在色相轴中的范围。如图5-57所示展示了3种专色所对应的色阶轴的范围。

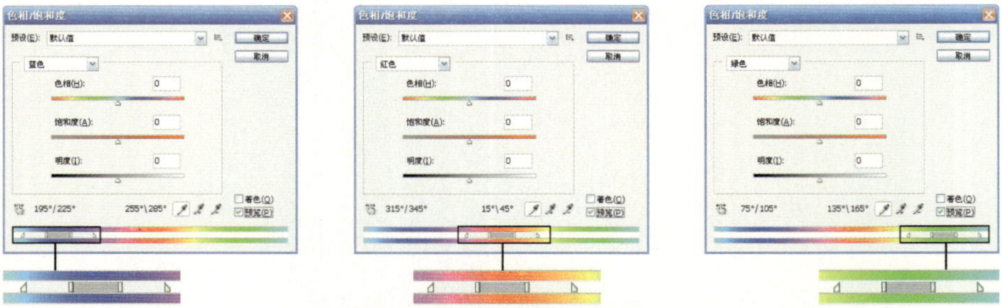

图5-57 专色与色相范围

两边的三角形滑块（图5-56所示中的B）代表着色彩范围的羽化边缘。拖动该滑块不会影响选择的色彩范围（图5-56所示中的E），只是会使色彩范围之外的羽化范围（图5-56所示中的C）增加或减少。可以使用鼠标随意拖动色相轴上的各滑块或滑块间的区域，以改变色彩范围或羽化范围。

设置好色彩范围和羽化范围后，调整“色相”参数的值时图像只对色彩范围和羽化范围间的色相进行映射处理。如图5-58所示，这里将整个范围设为红色和黄色（图5-56所示中的E），“调整衰减而不影响范围控制点”分别设为洋红和绿色处，然后调整色相值。可以观察到，调整后，图像中所有红色和黄色区域色调都发生了变化，红色变蓝色，黄色变洋红；过渡区域（图5-56所示中的C）会出现过渡的变化；其他区域色相基本没有变化。有了过渡区域可以使色彩变化边缘呈现过渡的层次感，不会使变化过于突兀。除了图像以外，色相轴也发生同样的变化，可以看到，当调整色相值时，下面的色相周围只有在专色范围以内的区域才发生变化，其他区域不变。

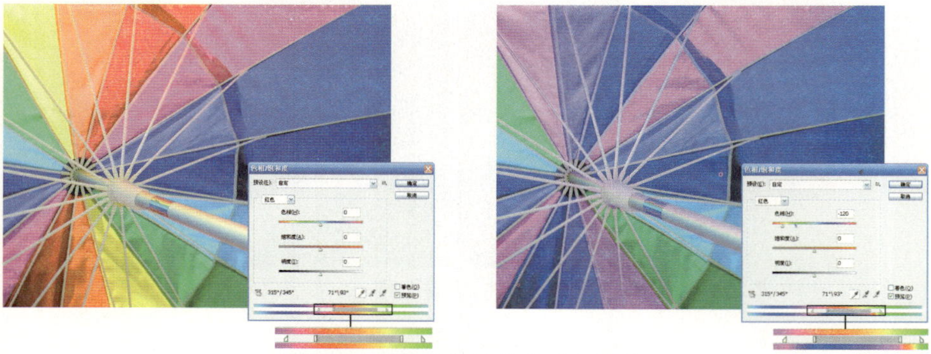

图5-58 调整“色相/饱和度”滑块

提示

在默认状态下，色带的中间为红色区域，而蓝色区域在两边。当颜色范围为红色或者暖色调值时，设置非常方便。而如果要处理蓝色时，这些控件将在两个端点间散开，此时最好将蓝色移到色带中间。要移动色带需要按住Ctrl键，然后在色带中拖动鼠标即可。

（3）选择和编辑色彩范围

除了在“编辑”菜单中选择专色外，还可以使用对话框中的“拖动工具”和“吸管工具”直接在图像中单击色彩范围。在对话框中单击“在图像上单击并拖动可修改色相和饱和度”按钮，此时光标将变为吸管工具形状。然后用鼠标在图像中单击直接选择所要调整的颜色，Photoshop会自动根据鼠标点选位置选择其所在的专色范围，“编辑”下拉列表和色相轴都会随之变化。如图5-59所示，将光标移到图像中洋红区域内，单击鼠标后，“色相/饱和度”对话框中的编辑范围会自动调整到“洋红”，色相轴中也会建立相应的专色调整范围。

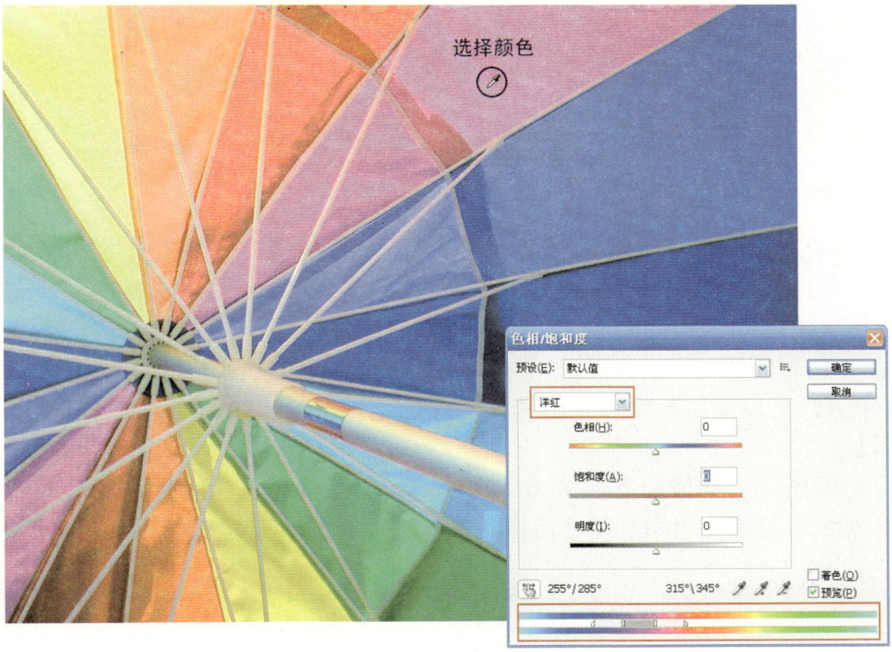

图5-59 选择颜色范围

单击鼠标建立专色范围后，按住鼠标左键，此时光标会变为拖动形状，向右拖动光标会增加该颜色区域的饱和度值，向左拖动光标会减小该颜色区域的饱和度值，如图5-60所示。

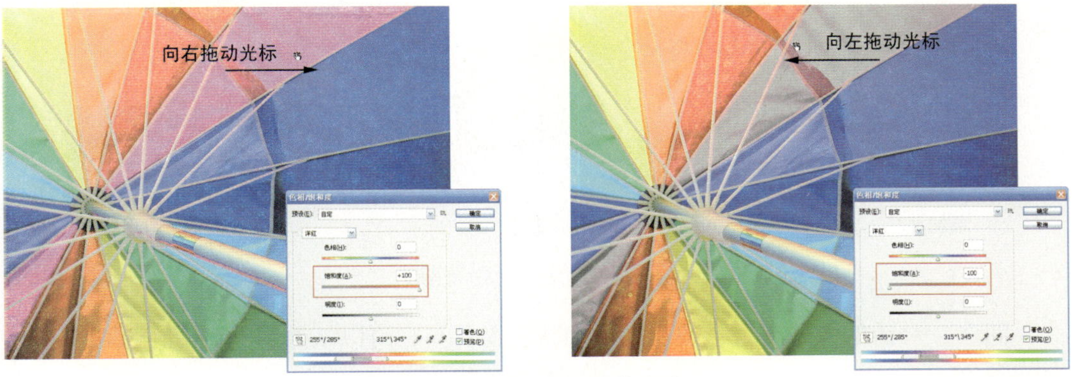

图5-60 拖动光标调整饱和度

同样，使用该工具也可以调整色相。但按住Ctrl键后拖动光标时，Photoshop会根据光标拖动的方向和距离调整色相值。如图5-61所示，向右拖动光标增加色阶值；向左拖动光标会减小色阶值。

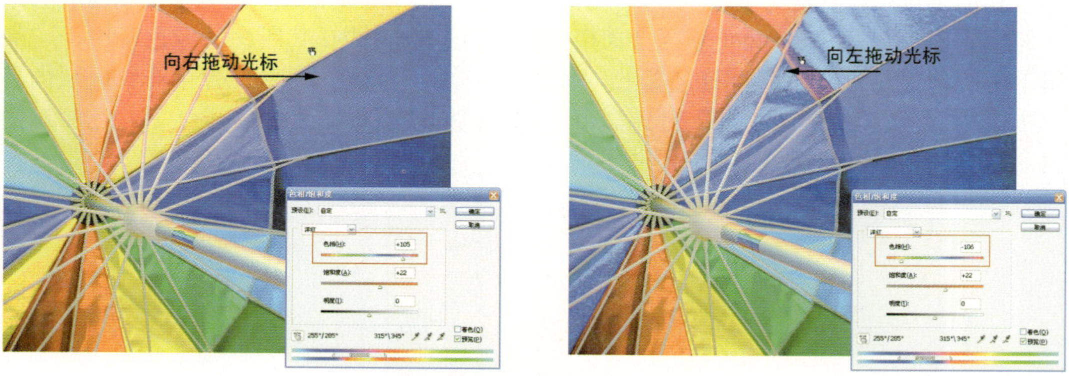

图5-61 拖动光标调整色相

如果要增加范围，就要选择对话框中的“添加到取样工具”，然后在图像上点选所要增加的颜色，Photoshop会自动更改对话框中色相轴中的滑块位置，将该色彩范围增加到原有的色彩范围中。这里需要注意一个问题，由于色相为一个首尾相连的圆环，当合并色彩范围时就会出现一个按圆环的顺时针还是逆时针添加范围的问题。在Photoshop中，是根据原有颜色范围和添加颜色范围取最小的圆度跨度来选择顺时针还是逆时针。

如图5-62所示，图像原有区域为“红色”。当添加蓝色范围时，Photoshop选择了逆时针添加色彩范围；当添加绿色范围时，Photoshop选择了顺时针添加色彩范围。

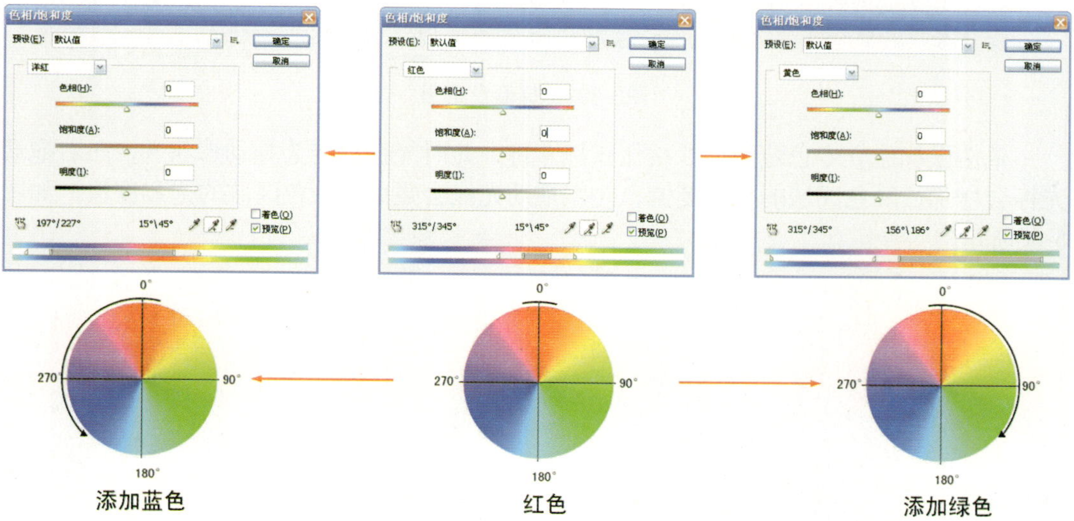

图5-62 添加色彩范围

同理，对话框中还有一个“从取样中减去工具”，可以从原有的色彩范围中减去多余的颜色。

2. 调整饱和度

在“色相/饱和度”对话框中调整图像的饱和度会改变图像中各颜色通道的色阶分布。如图5-63所示，增加饱和度会使得各通道的色阶分别向两侧集中；降低饱和度会使得各通道的色阶向中间集中。

饱和度为-100　　调整前　　饱和度为+100

图5-63 调整饱和度

3. 调整明度

图像各颜色通道中色阶分布比例情况也就是直方图形状是由色相和饱和度这两个选择来控制的。而明度选项只能控制直方图整体向阴影或高光方向压缩。如图5-64所示，当增加明度值，图像各颜色通道中的直方图会整体向高光区域按比例压缩；当降低明度值，图像各颜色通道中的直方图会整体向阴影区域按比例压缩。因此，图像的核心亮度信息是由色相和饱和度这两个信息决定的。

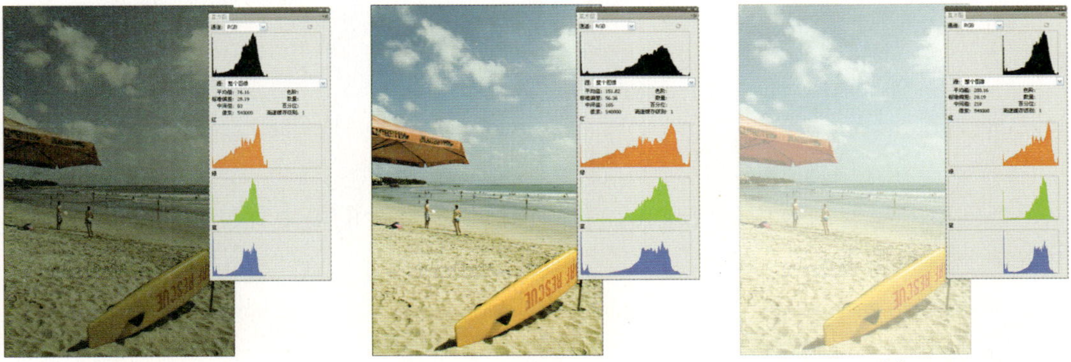

明度为-50　　调整前　　明度为+50

图5-64 调整明度

4. 着色

“色相/饱和度”命令还可以对图像执行着色处理。当在对话框中勾选“着色”复选框后，对话框中第二条色相轴变为单色，相应图像也变为单色效果。

当勾选“着色”复选框后，如果饱和度值为0，无论如何调整色相值，图像的直方图不会变化，如图5-65所示。各颜色通道的直方图形状完全相等，这样可以保证图像颜色为灰度。

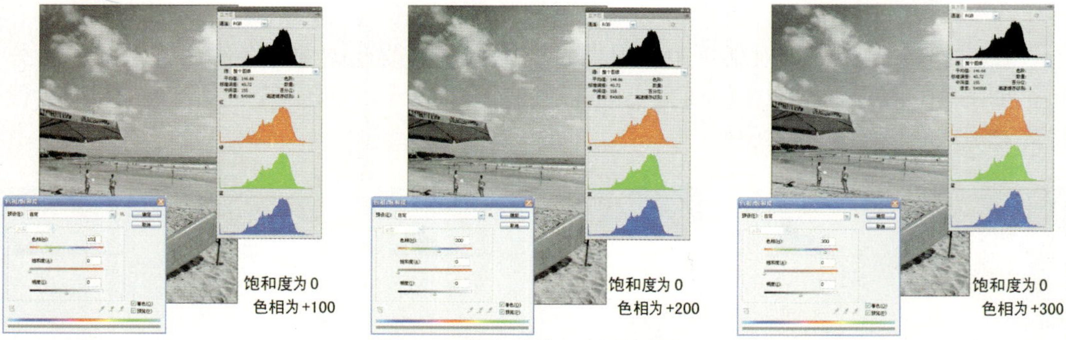

图5-65 饱和度为0时调整色相

当饱和度不为0，色相和饱和度这两个参数将控制各个通道中直方图的形状。其中色相控制各通道直方图向高光区域或者阴影区域集中的方向；饱和度控制这种集中的程度。如图5-66所示，饱和度固定为+50，当色相为0时，色相在红色范围，这时红色通道中的色阶向高光区域集中，“绿”通道和“蓝”通道同时向相反的阴影区域集中；当色相为120时，色相在绿色范围，这时“绿”通道中的色阶向高光区域集中，“红”通道和“蓝”通道同时向阴影区域集中；当色相为240时，“蓝”通道色阶向高光集中，其余两个通道向阴影区域集中。

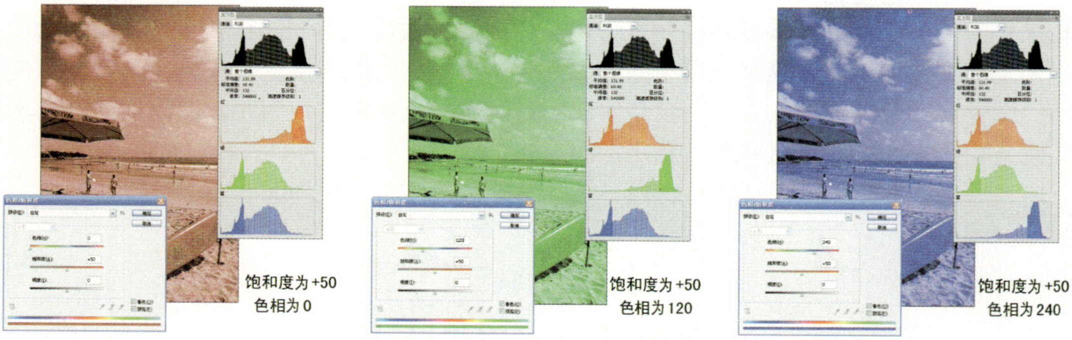

图5-66 饱和度为+50时调整色相

当色相固定后，饱和度值越大，各颜色通道中色阶的集中程度越大，如图5-67所示。

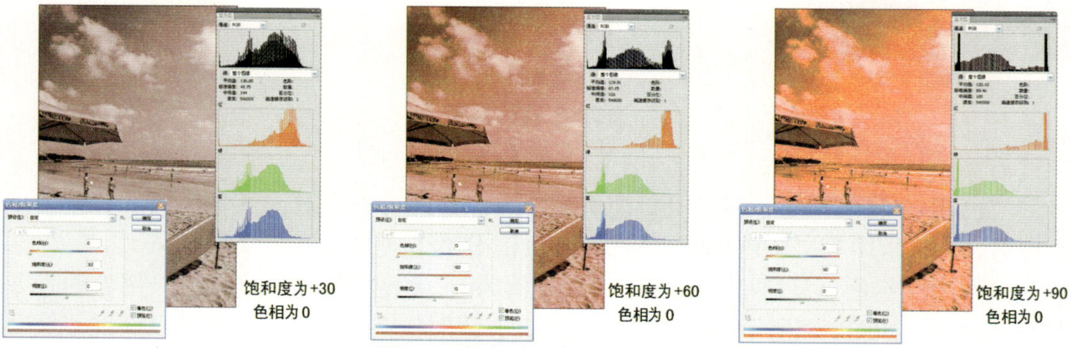

图5-67 色相为0时调整饱和度

明度的调节同前面的介绍。

5.3.3 "色相/饱和度"命令的作用

通过前面对"色相/饱和度"对话框中的控件和命令调整原理的介绍，可以得出结论，"色相/饱和度"命令具有两个主要的功能。

首先，该命令允许我们根据颜色的色相和饱和度来调整图像的颜色。可以对图像整个色相轴上的所有颜色，或者特定的色彩范围进行调整。

其次，该命令允许在保留原始图像核心亮度信息的同时，可以根据设定的"色相"和"饱和度"为图像上色。

1. 校正色域外颜色

在本节的一开始就介绍了"色相/饱和度"命令尤其适用于微调CMYK图像中的颜色，以便它们处在输出设备的色域内，这就是为原色印刷准备RGB图像。在第1章中就已经介绍了，在RGB颜色模式中有些颜色超出了色域，处于CMYK颜色模式之外。这样在进行原色打印时，Photoshop会根据相近的原则将超出色域之外的颜色自动校正为色域内的颜色。由于这种校正是自动的，所以很多情况下，校正后颜色会与用户想要的颜色出入较大。这时就要在打印之前使用"色相/饱和度"命令对图像颜色进行校正，将色域外的颜色校正至色域内。

案例27 校正色域外颜色

设计思路

本案例中，详细地讲解如何使用"色相/饱和度"命令对图像中色域外的颜色进行校正。

操作步骤

01 执行"文件"|"打开"命令，打开配套光盘中的"照片.JPG"文件，如图5-68所示。

02 对图像执行"视图"|"色域警告"命令，此时图像效果如图5-69所示。这时图像中被灰色覆盖的区域即为图像中颜色超出色域的范围。再次执行"视图"|"色域警告"命令，恢复普通视图。

图5-68 原图

图5-69 色域警告

03 下面对图像执行"选择"|"色彩范围"命令，在对话框中的"选择"菜单中选择"溢色"选项，如图5-70所示。单击"确定"按钮后，图像按照溢色范围建立选区，如图5-71所示。

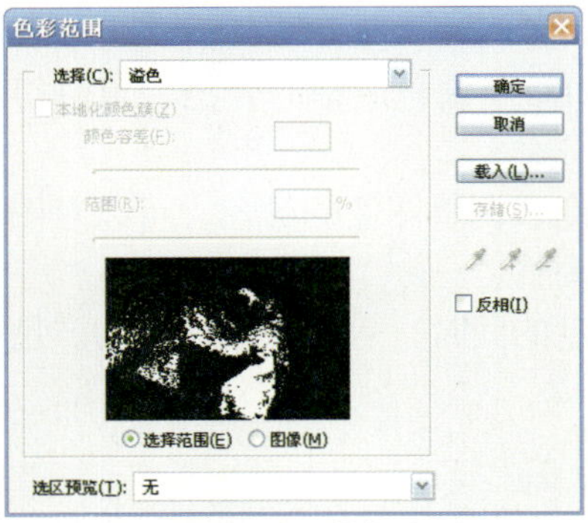

图5-70 溢色

图5-71 建立选区

04 选择“魔棒工具”，在属性栏上设置“容差”为6。然后对图像执行“选择”|“选取相似”命令，将与现有选区内颜色容差为6以内的颜色区域也划入选区，效果如图5-72所示。然后对选区执行“选择”|“修改”|“羽化”命令，羽化为3像素。此时图像选区效果如图5-73所示。

图5-72 选取相似

图5-73 羽化效果

05 接下来执行“视图”|“色域警告”命令，监视图像中超出色域的颜色范围的变化。对图像执行“图像”|“调整”|“色相/饱和度”命令，调整“饱和度”滑块，适量降低饱和度值，一边调整一边观察白色区域覆盖的范围。如图5-74所示，当图像中的灰色覆盖范围变为零星的点时，即完成了调整。

调整前

饱和度为-20

图5-74 调整饱和度

06 取消选区，对图像再执行“色域警告”命令恢复普通视图。此时图像最终效果如图5-75所示。

图5-75 最终效果

07 调整前后图像效果对比图如图5-76所示。

调整前

调整后

图5-76 调整前后图像效果对比图

08 最终将文档存储为“校正色域.PSD”

案例总结

本案例介绍了校正色域外颜色的具体方法。

2. 调整特定颜色区域色相、饱和度和明度

由于“色相/饱和度”命令提供了多种设置编辑颜色范围的方式和工具，这就允许用户对图像中特定的颜色区域进行调整，改变该区域颜色的色相、饱和度和明度。

案例28 调整特定颜色区域

设计思路

在本案例中，详细地讲解如何使用“色相/饱和度”命令对图像中特定颜色区域进行颜色调整。

操作步骤

01 打开配套光盘中的“照片.JPG”文件，如图5-77所示。

图5-77 原图

02 对图像执行“图像”|“调整”|“色相/饱和度”命令，弹出“色相/饱和度”对话框。接下来要选择图像中植物图像部分，由于植物图像的色彩介于黄色和绿色之间，凭借肉眼很难准确地确定编辑范围，因此不能直接在“编辑范围”菜单中选择专色。但Photoshop提供了自动选择专色范围的工具，单击对话框中的“在图像上单击并拖动可修改色相和饱和度”按钮，单击图像中草地区域，这时对话框中参数变为如图5-78所示，专色范围为15° /45° 至75° \105° 。从图中可以看出，此时选择的专色为黄色，因此可以确定图像中植物图像的色相更接近于黄色。

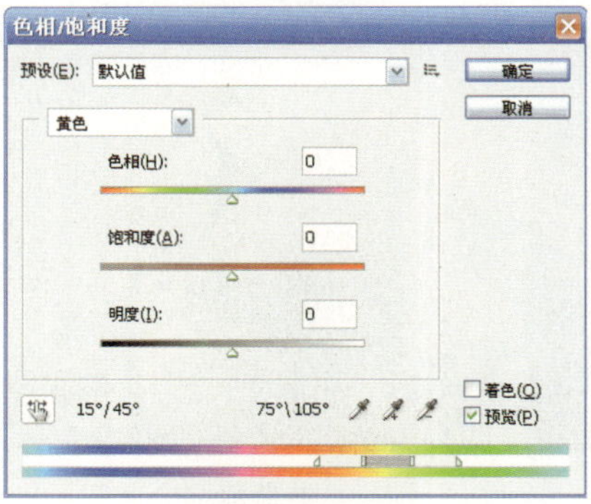

图5-78 选择专色

03 现在就可以设置对话框中的参数。如图5-79所示，色相、饱和度和明度参数的值分别设为140、0和+50。调整后，图像效果如图5-80所示。暂时不要关闭对话框。仔细观察图5-80，可以发现在草地和树木的区域仍然有少许区域色调没有变化或者变化程度比较少，隐约可以看到绿色。这说明只靠单击一次自动选择的专色范围并不能够覆盖整个图像中植物的色彩范围，需要进一步调整专色范围。

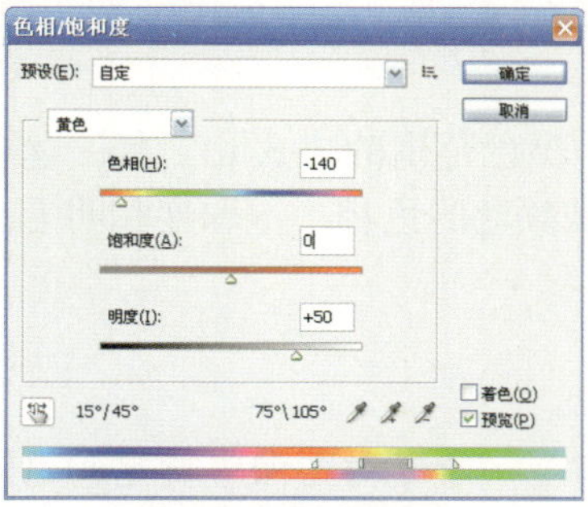

图5-79 设置参数

图5-80 调整效果

04 选择对话框中的“添加到取样工具”，单击图像中树木图像中没有变化的绿色部分。单击后对话框中的专色范围也随之调整，变为15°/45°至98°\128°，如图5-81所示，比“步骤3”的中调整范围向右扩大了，包含了部分绿色。此时图像效果也随之变化，如图5-82所示，整个图像中基本不存在绿色区域了。但是图像中木桥中有部分区域色相也发生了变化，在下面的步骤中将矫正这一色偏。

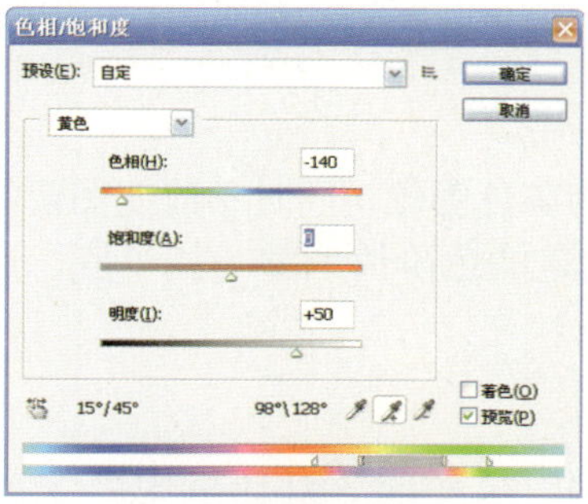

图5-81 修改专色范围

图5-82 修改后效果

05 选择对话框中的“从取样中减去工具”，单击木桥图像中变色区域。单击后对话框中的专色范围也随之调整，变为26°/56°至98°\128°，如图5-83所示，比“步骤3”的中调整范围向右缩小了，减去了部分黄色。调整后图像效果变图5-84所示。

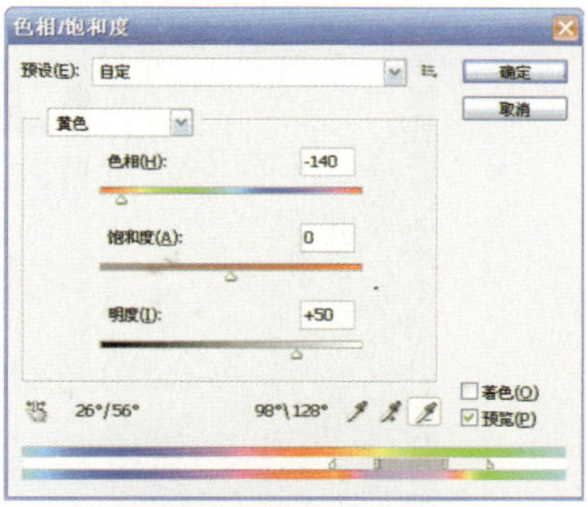

图5-83 修改专色范围

图5-84 调整效果

06 调整前后图像效果对比图如图5-85所示。

调整前

调整后

图5-85 调整前后图像效果对比图

07 最后将文档存储为“调整效果.PSD”。

案例总结

本案例重要的部分在于如何调整专色范围，这需要用户反复实践才能熟练掌握。

5.4 去色

对图像执行“去色”命令可以将彩色图像转换为灰色图像，同时不改变图像的颜色模式。Photoshop通过将图像中每个像素的各颜色通道的色阶值调整为相等值，这就使图像呈现灰度效果。

5.4.1 “去色”命令效果

对图像直接执行“去色”调整命令与在“色相/饱和度”对话框中将饱和度设为-100所得到的效果相同，也与勾选“着色”复选框后将饱和度设为0的效果相同。如图5-86所示显示了对于同一幅图像，直接执行“去色”命令或在“色相/饱和度”对话框中调整饱和度值对图像效果和直方图的影响。可以看出，3种方法可以产生同样的效果。

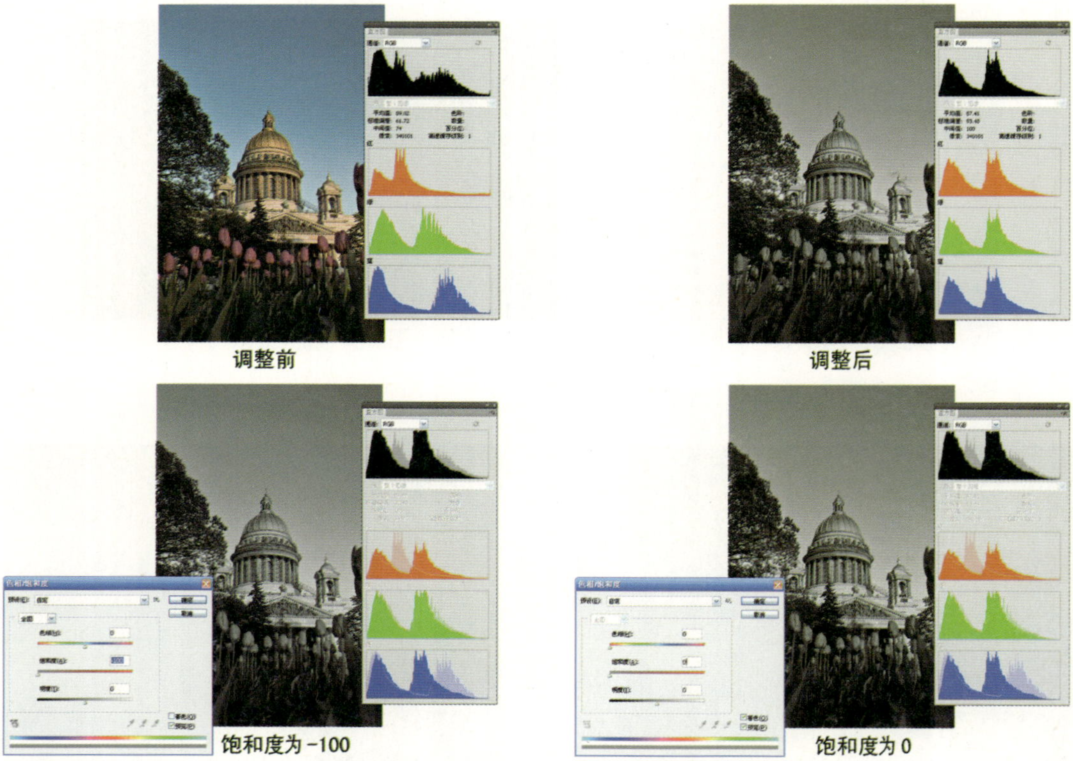

图5-86 去色和调整饱和度效果对比图

综上所述，“去色”命令其实就是“色相/饱和度”命令的一个简化版本。它的好处在于方便快捷。

5.4.2 “去色”命令计算公式

“去色”命令计算公式的表达式为：

C＝（Max（R，G，B）＋Min（R，G，B））/2

具体地说，使用“去色”命令后，图像中像素的各个颜色通道的色阶值等于该像素调整前颜色通道中最大和最小色阶值的平均数。接下来使用图像建立取样点来验证这公式。如图5-87所示，在图像中建立4个取样点，观察“信息”面板上的各取样点颜色值；对图像执行“去色”命令后，图像效果如图5-88所示，观察调整后各个取样点颜色变化。

图5-87 建立取样点

图5-88 去色后的效果

表5-5具体显示了取样点的颜色信息的实测数据和计算值。

表5-5 取样点的颜色信息

取样点	调整前（R，B，G）	Max（R，G，B）	Min（R，G，B）	计算值	实测值
1	73，135，174	174	73	123.5	123
2	147，25，62	147	25	86	86
3	201，127，82	201	82	141.5	141
4	52，47，25	52	25	38	38

5.5 匹配颜色

“匹配颜色”命令是一种非常方便的调整图像色相、饱和度等参数的命令。常被用来校正偏色，或者使同一个文档中的不同图层在色调上保持统一。

在日常生活中经常会遇到以下情况，在室外拍摄风景时，由于云彩对阳光的遮挡情况一直在变化，这就造成拍摄出的照片的明暗程度有所差别。又例如在室内拍人物照片，在自然光和灯光下所拍摄的照片效果也会有所不同。在这种情况下，使用“匹配颜色”命令就会非常方便地校正照片的偏色情况，可以使照片都统一为一种色调风格。

“匹配颜色”命令将一个图像（源图像）的颜色与另一个图像（目标图像）中的颜色相匹配。当使不同照片中的颜色保持一致，或者一个图像中的某些颜色（如皮肤色调）必须与另一个图像中的颜色匹配时，此命令非常有用。

5.5.1 “匹配颜色”对话框

对当前图像执行“图像”|“调整”|“匹配颜色”命令，将会弹出“匹配颜色”对话框，如图5-89所示。对话框中的控件主要分为3个部分，分别为目标图像，图像选项和图像统计。接下来，将依次介绍这3个部分控件的功能。

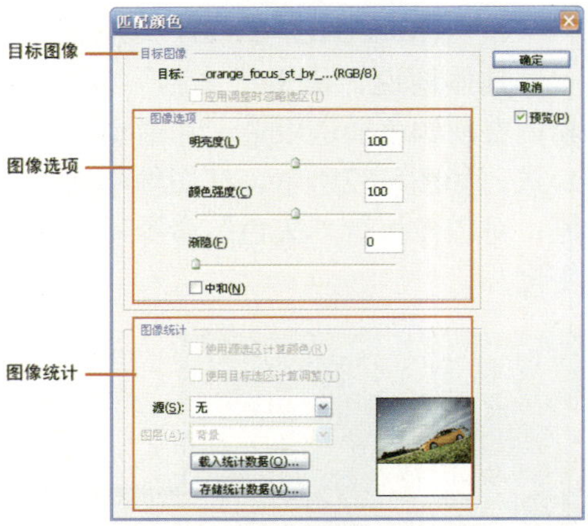

图5-89 “匹配颜色”对话框

1. 目标图像

目标图像部分主要显示当前目标图像的性质和选区的使用。在“目标”后面显示当前作为目标图像的性质，它可以为图像，也可以为一个图像中某一个图层。首先显示的是当前文档的名称，然后在括号里面显示目标文档图层和颜色模式，如图5-90所示。当目标图像中含有选区时，下面的“应用调整时忽略选区”复选框变为可选。如果不勾选此复选框，在进行“匹配颜色”时，只对选区内图像进行调整；如果勾选此复选框就对整个目标图像（图像或图层）进行调整。

图5-90 显示目标文档图层和颜色模式

2. 图像选项

这部分控件用于控制在进行匹配颜色时，目标图像最终效果的亮度和颜色饱和度等参数。“明亮度”参数默认为100，增加或减小该参数将会改变目标图像的明亮程度。“颜色强度”可以控制目标图像的颜色饱和度。“渐隐”用来控制匹配颜色调整的程度，该值越大，调整程度越小。“中和”选项可以自动移去目标图像中的色痕，可以在匹配颜色过程中尽量保持原目标图像的色调。

3. 图像统计

该控件组用来设置源图像和目标图像间匹配颜色时的统计计算方法。首先在“源”和“图层”下拉菜单中选择要作为源图像的文档和图层。源图像可以是另外的图像，也可以是目标图像本身。如果源图像中含有选区，勾选“使用源选区计算颜色”复选框，Photoshop将只分析统计源选区内图像的信息和特征，进行匹配颜色计算；如果不勾选该复选框，Photoshop将统计整个源图像。同理，勾选“使用目标选区计算颜色”复选框也有其所对应的效果。

5.5.2 “匹配颜色”命令的作用

“匹配颜色”命令主要有3个功能，分别为匹配两个图像之间的颜色、匹配同一图像中两个图层之间的颜色和消除图像色调。接下来，将依次介绍这3个功能。

1. 匹配两个图像之间的颜色

匹配两个图像间的颜色是“匹配颜色”命令最常见也是最基本的功能。如果对某一幅图像的色彩不满意，就可以将其用一幅构图基本相同的图像进行颜色匹配，已达到满意效果。

案例29 匹配两个图像之间的颜色

设计思路

在本案例中，详细地讲解如何使用“匹配颜色”命令对两个图像间进行颜色匹配。

操作步骤

01 执行“文件”|“打开”命令，打开配套光盘中的“夏天”和“秋天”文件，如图5-91和图5-92所示。这两幅照片都为自然景色，画面中主要由蓝天和植被组成。由于拍摄的季节以及技巧不同，两幅图像呈现出非常大的差别，前者的视觉效果要远远好于后者。此时，就可以使用“匹配颜色”命令对其进行调整。

图5-91 原图一

图5-92 原图二

02 将“秋天”图像处于被选中状态，对其执行“图像”|“调整”|“匹配颜色”命令，弹出“匹配颜色”对话框，如图5-93所示。在对话框中选择“源”图像为“夏天”。

03 勾选“预览”复选框，一边调整参数一边观察“秋天”图像效果的变化。如图5-94所示，设置“明亮度”为150；“颜色强度”为90。

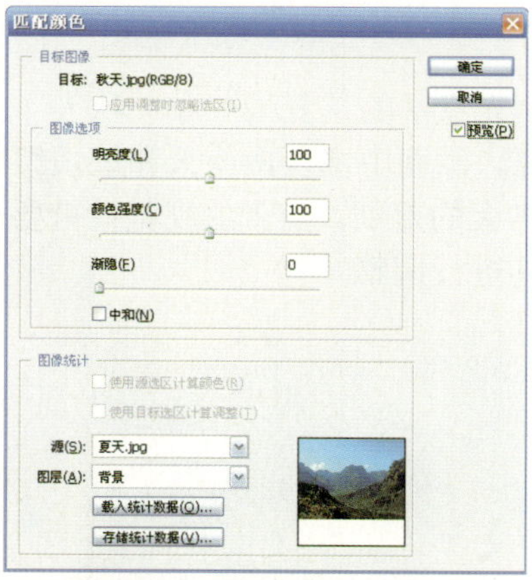

图5-93 “匹配颜色”对话框

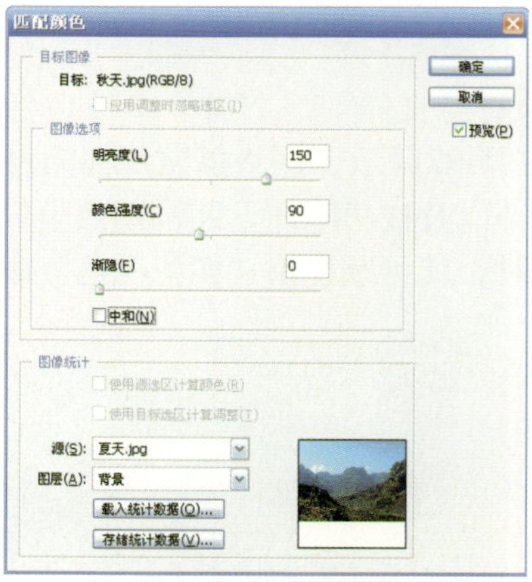

图5-94 调整参数

04 单击“确定”按钮，图像调整后的效果如图5-95所示。可以和图5-91对比一下，看看两幅图像颜色是不是基本相同。

图5-95 调整后的效果

05 调整前后“秋天”图像效果对比图如图5-96所示。

调整前　　调整后

图5-96 调整前后文档效果对比图

06 将文档存储为“秋天变夏天.PSD”。

07 同样可以对“夏天”图像进行“匹配颜色”命令。在“匹配颜色”对话框中设置参数，如图5-97所示，“明亮度”为160，“颜色强度”为110。

08 调整前后“夏天”图像效果对比图如图5-98所示。

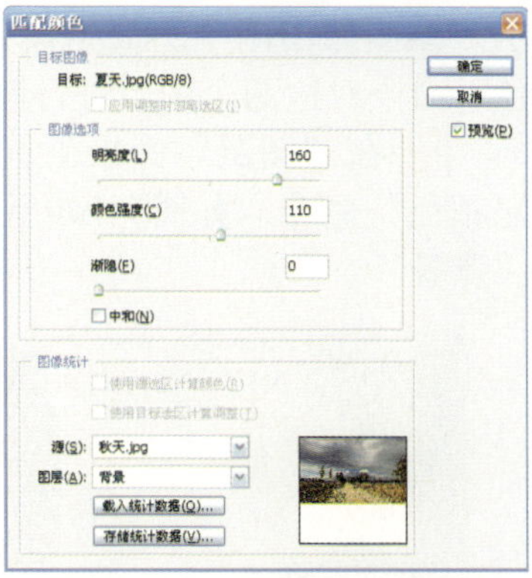

图5-97 “匹配颜色”对话框

调整前　　调整后

图5-98 调整前后文档效果对比图

09 最终将“夏天”图像存储为“夏天变秋天.PSD”

案例总结

完成这个案例后是不是觉得很神奇，只用了一个“匹配颜色”命令就将一幅照片改变了季节。在进行“匹配颜色”命令时，关键是源图像和目标图像的图像在构图上要接近，这样匹配出的效果才好。

2. 匹配同一图像中两个图层之间的颜色

使用“匹配颜色”命令不但可以对不同图像之间进行匹配，同样也可以在同一图像文档内对不同的图层之间进行颜色匹配。这主要是为了使同一个文档中各个图像保持颜色的一致。

案例30　匹配同一图像中两个图层之间的颜色

设计思路

在本案例中，我们详细地讲解如何使用“匹配颜色”命令对同一个图像中的两个图层进行颜色匹配。

操作步骤

01 执行“文件”|“打开”命令，打开配套光盘中的“纽约”文件，如图5-99所示。该图像由两个图层组成，但是两个图像的颜色并不相同。这里可以使用“匹配颜色”命令对这两个图像进行匹配，以背景图像作为源图像，人物图像作为目标图像。

02 在“图层”面板上选择“人物”图层。然后对其执行“图像”|“调整”|“匹配颜色”命令。如图5-100所示，在“源”和“图层”菜单中分别选择“纽约.psd”和“背景”。

图5-99 打开图像

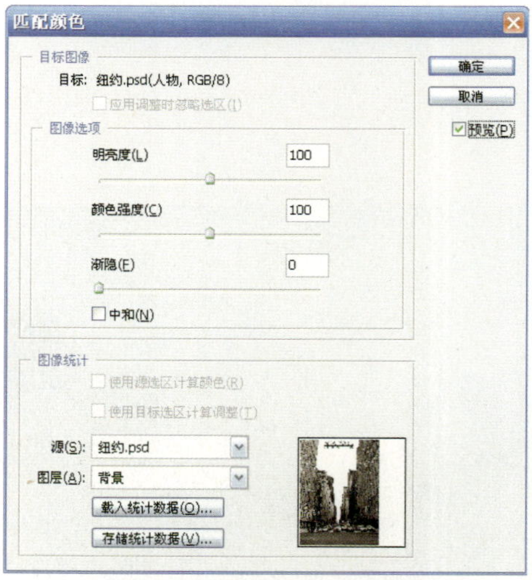

图5-100 “匹配颜色”对话框

03 勾选“预览”复选框，一边调整参数一边观察图像变化。在对话框中设置“明亮度”为80，“颜色强度”为40，“渐隐”为10，勾选“中和”复选框，如图5-101所示。

04 调整后，图像效果如图5-102所示。现在人物图像与背景图像的颜色就显得非常匹配了。

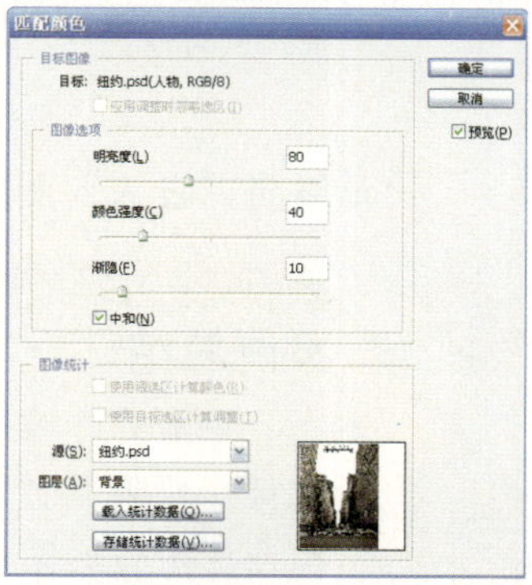

图5-101 参数设置

图5-102 调整后的效果

05 调整前后图像效果对比图如图5-103所示。

调整前　　调整后

图5-103 调整前后图像效果对比图

06 最后将文档存储为“匹配颜色.PSD”。

案例总结

在制作多图层的图像时，使用“匹配颜色”命令可以很轻松地调整各图层的颜色，使这个图像显得更加协调。

3. 消除图像色调

“匹配颜色”命令还可以与“色相/饱和度”命令一样消除图像的色调，使图像变成灰色调或近似于灰色调的效果。此时匹配颜色的源图像和目标图像为一个文件。

案例31 消除图像色调

设计思路

在本案例中，我们详细地讲解如何使用“匹配颜色”命令对同一个图像进行颜色匹配以消除该文档的色调。

操作步骤

01 执行“文件”|“打开”命令，打开配套光盘中的“照片”文件，如图5-104所示。

02 对图像执行“图像”|“调整”|“匹配颜色”命令。如图5-105所示，在“源”菜单中分别选择“无”。

图5-104 原图

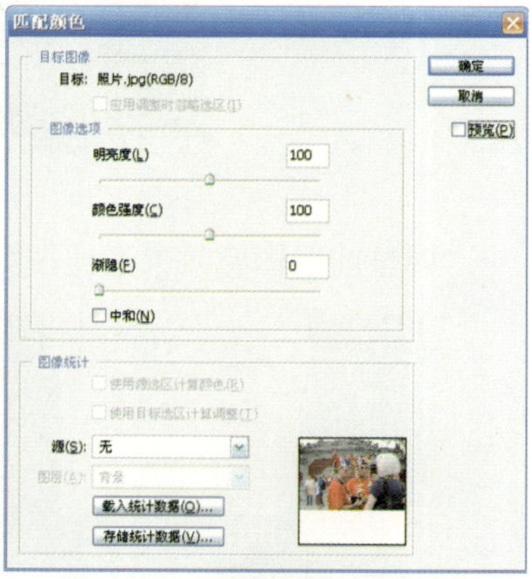

图5-105 “匹配颜色”对话框

03 勾选“预览”复选框，一边调整参数一边观察图像变化。在对话框中设置如“明亮度”为150，“颜色强度”为30，如图5-106所示。

04 调整后图像效果如图5-107所示。

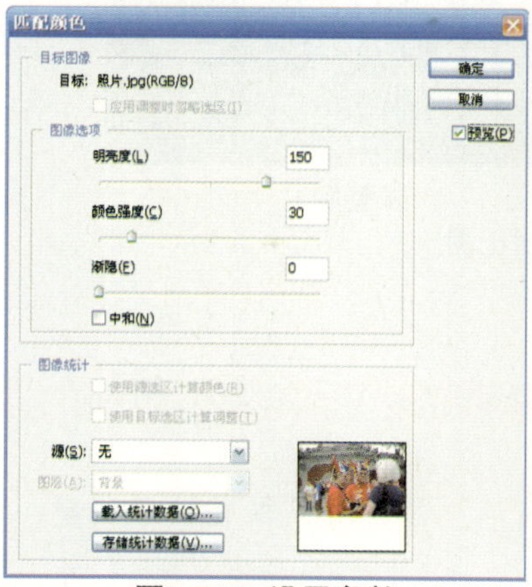

图5-106 设置参数

图5-107 调整后的效果

05 调整前后图像效果对比图如图5-108所示。

06 最后将文档存储为“消除色调.PSD”。

调整前

调整后

图5-108 调整前后图像效果对比图

案例总结

在消除色调时，Photoshop会综合图像中所有颜色来完成该调整。在该图像中主要的颜色为红色和蓝色，所以在调整后，图像的颜色还是保持整体偏黄色。

总的来说，“匹配颜色”命令是一个非常实用的调整颜色命令，但是在大多数情况下，它比较适合相差不大的图像进行微调，如果调整的程度过大，效果往往不够理想，会出现大量的杂色。

5.6 “替换颜色”命令

“替换颜色”命令是一个比较方便的调整特定颜色的命令。它的运行原理相当于“色彩范围”命令加上“色相/饱和度”命令。

5.6.1 “替换颜色”对话框

对当前图像执行“图像”|“调整”|“替换颜色”命令，就会弹出“替换颜色”对话框，如图5-109所示。对话框中的控件一共分为两个部分，分别为“选区”和“替换”。对话框中的控件会使我们联想起前面介绍的“色彩范围”和“色相/饱和度”对话框，该对话框中控件的使用方法其实与前面介绍的两个调整命令相同。所以该调整命令的本质就是首先使用“色彩范围”建立选区，然后再使用“色相/饱和度”命令调整选区内图像的颜色。

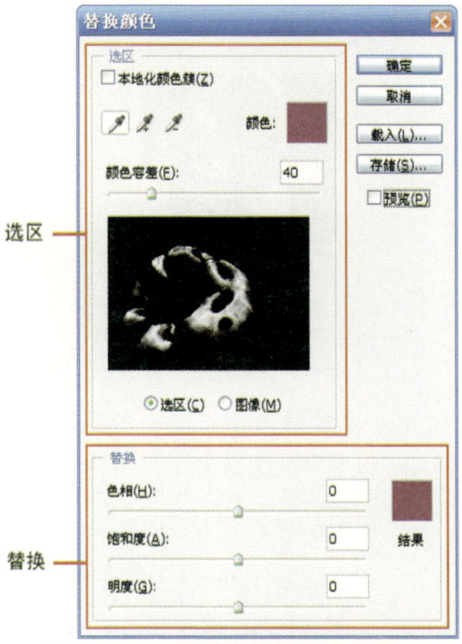

图5-109 “替换颜色”对话框

5.6.2 使用“替换颜色”命令调整图像颜色

打开所要调整的图像，如图5-110所示。然后执行“替换颜色”命令，弹出“替换颜色”对话框。

使用“吸管工具”或者“添加到取样工具”和“从取样中减去工具”将图像中红色部分（衣服、帽子和草莓图像）选择，如图5-111所示。

图5-110 原图

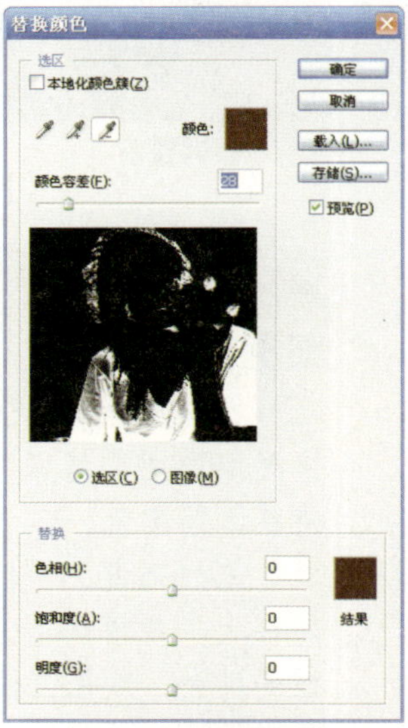

图5-111 建立选区

接下来调整选区的色相和饱和度，如图5-112所示。

单击“确定”按钮就完成了对色彩范围内图像的调整，如图5-113所示。

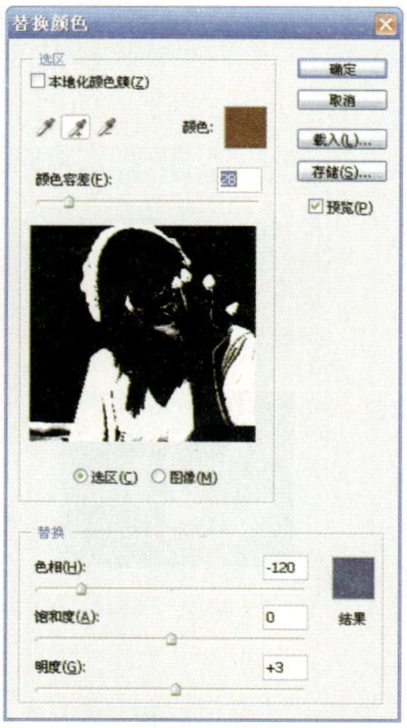

图5-112 调整色相和饱和度

图5-113 调整后的效果

“替换颜色”命令比较适合调整色彩区域比较明显的图像，如果有太多的过渡色，调整效果就会非常不理想。

5.7 “可选颜色”命令

“可选颜色”校正是高端扫描仪和分色程序使用的一种技术，用于在图像中的每个主要原色成分中更改印刷色的数量。可以有选择地修改任何主要颜色中的印刷色数量，而不会影响其他主要颜色。例如，可以使用可选颜色校正减少绿色图像中的青色，同时保留蓝色图像中的青色不变。

在平时的使用过程中，不但可以利用“可选颜色”命令在打印图像前对图像进行细微调整，也可以运用该命令创造出特殊的艺术效果。

提示

“可选颜色”命令主要针对于传统的印刷管理者。他们更习惯于直接控制墨水的用量而不愿意使用其他颜色调整方法。在Photoshop中，可以使用“变化”命令来代替“可选颜色”命令。

5.7.1 “可选颜色”对话框

对图像执行“图像”|“调整”|“可选颜色”命令，将会弹出“可选颜色”对话框。如图5-114所示，该对话框中的控件分为3个部分，第一个是预设，第二个是选取颜色，第三个是方法。

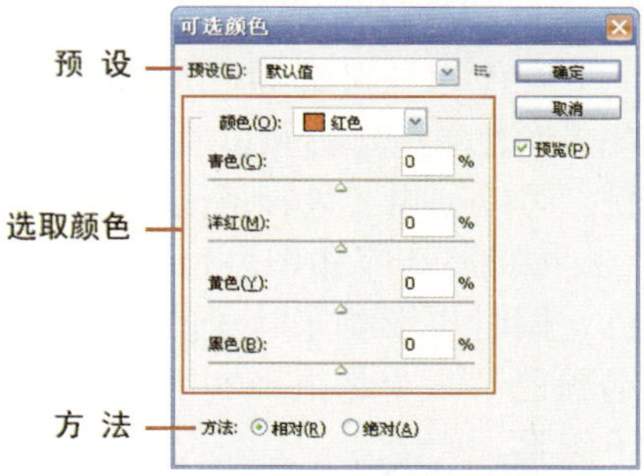

图5-114 “可选颜色”对话框

1. 预设

在“预设”菜单中可以选择“默认值”和“自定”。用户也可以储存和载入可选颜色预设文件，类型为ASV文件。

2. 颜色

这部分控件用于设置色彩范围和调整颜色。调整图像颜色时，首先要在“颜色”下拉列表中选择所要调整的色彩范围，如图5-115和图5-116所示。“可选颜色”对话框中的“颜色”下拉列表中的选项与“色彩范围”对话框中的“选择”下拉列表中的选项非常类似，包括加色原理的三原色、绿色和蓝色，以及减色原理的三原色、黄色、青色和洋红。不过“颜色”下拉列表中含有白色、中性色和黑色，但是在“选择”下拉列表中对应为高光、中间调和阴影。

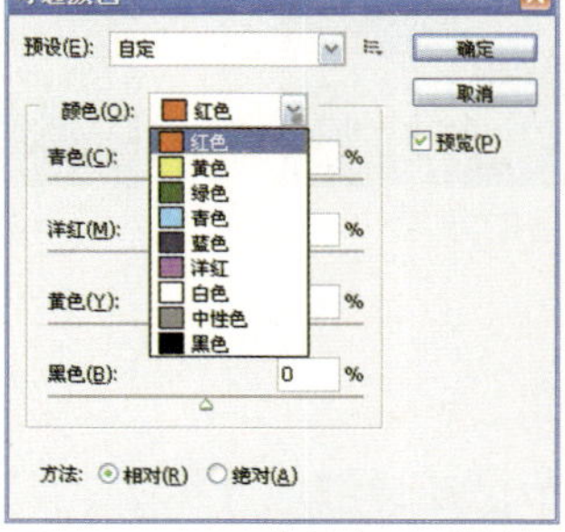

图5-115 “可选颜色”对话框

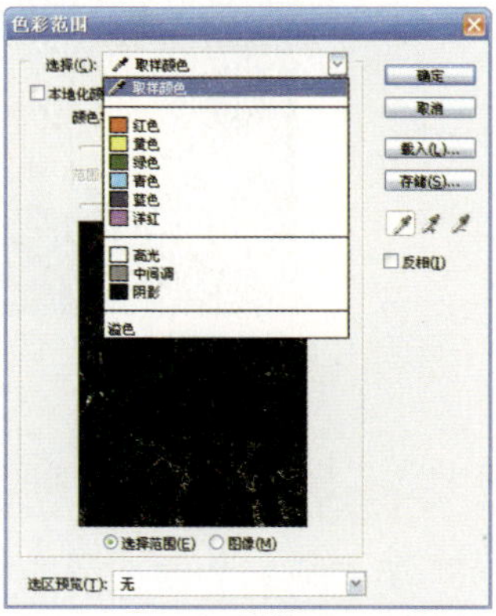

图5-116 “色彩范围”对话框

“色彩范围”对话框中的高光、中间调和阴影在前面已经介绍了。“可选颜色”对话框中的白色、中性色和黑色与高光、中间调和阴影并不相同，而是根据亮度划分的。

在对话框中可以看到，在“颜色”下拉列表的下方有4组专色调整选项，即为CMYK颜色模式的4种颜色。在本节的开头已经提到过，“可选颜色”命令是高端扫描仪和分色程序使用的一种技术，用于在图像中的每个主要原色成分中更改印刷色的数量。所以它只用来调整CMYK这4种颜色墨水的数量。但是，我们同样可以使用该命令调整RGB模式的图像，制作出特殊的艺术效果。

3. 方法

“可选颜色”对话框中的方法可以选择相对和绝对两个选项。

“相对”按照总量的百分比更改现有的青色、洋红、黄色或黑色的量。例如，如果您从50%洋红的像素开始添加10%，则5%将添加到洋红。结果为55%的洋红（50%×10%= 5%）。（该选项不能调整纯反白光，因为它不包含颜色成分。）

“绝对”采用绝对值调整颜色。例如，如果从50%的洋红的像素开始，然后添加10%，洋红油墨会设置为总共60%。

5.7.2 使用“可选颜色”调整命令能做些什么

在使用“可选颜色”调整图像颜色时，首先要做的是确定颜色所在的色彩范围。如果颜色单一，就可以直接在“可选颜色”对话框中选择色彩范围；如果颜色属于过渡色，可以利用“色彩范围”命令观察所要调整的颜色所在的色彩范围。

如图5-117和图5-118所示，对于黄色色彩的调整，不但调整了向日葵花朵的颜色，同时也影响了叶子的颜色。所以，在多数情况下，要达到完美的效果只依靠“可选颜色”命令是很难实现的，还要配合其他工具或命令，例如，使用图层蒙版屏蔽叶子图案。

图5-117 调整前的效果

图5-118 调整后的效果

5.8 “渐变映射”命令

关于映射的概念前面章节已经详细地介绍了。“渐变映射”命令，就是利用映射的原理，将相等的图像灰度范围映射到指定的渐变填充色。

5.8.1 “渐变映射”对话框

对图像执行“图像”|“调整”|“渐变映射”命令，将会弹出“渐变映射”对话框，如图5-119所示。“渐变映射”对话框分为两个部分，一个为灰度渐变所用的渐变；另一个为渐变选项。

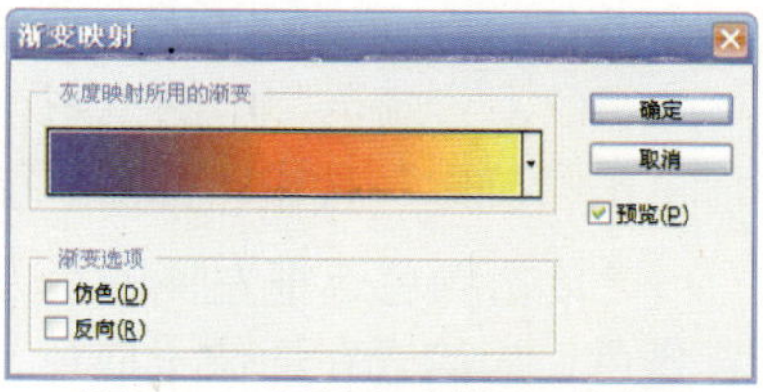

图5-119 “渐变映射”对话框

1. 灰度映射所用的渐变

这里用来设置作为映射的渐变颜色。例如，图像中的阴影映射到渐变填充的一个端点颜色，高光映射到另一个端点颜色，则中间调映射到两个端点颜色之间的渐变。

（1）渐变编辑器

单击渐变条，将会弹出“渐变编辑器”对话框，如图5-120所示。“渐变编辑器”对话框中的控件比较多，这样就可以对渐变颜色进行精确的控制。

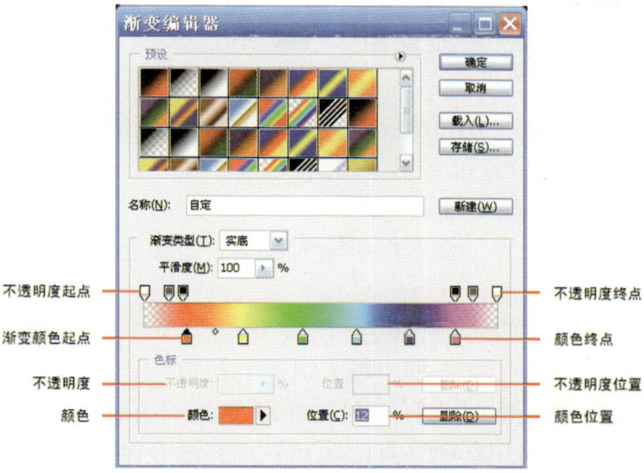

图5-120 “渐变编辑器”对话框

渐变颜色条下面的滑块用来控制渐变颜色和位置，可以直接通过拖动滑块来进行设置，也可以在其下方的色标区域进行设置。

渐变颜色条上面的滑块用来设置渐变颜色中的不透明度和其位置。同样既可以通过拖动滑块来进行设置，也可以在其下方的色标区域进行设置。

（2）建立和编辑渐变颜色

01 调出“渐变编辑器”对话框。

02 做以下各项中的一项：

- 建立新的渐变，单击“新建”按钮，然后输入名字。
- 在列表中选择你想要编辑的色彩，可以为色彩重新命名，只需在“名称”中输入新名字即可。

03 单击渐变轴下方左侧的小方块，决定开始的渐变颜色，如图5-121所示。这时“颜色”变为可选，小方块上面的三角也变黑，表示它处于编辑中。

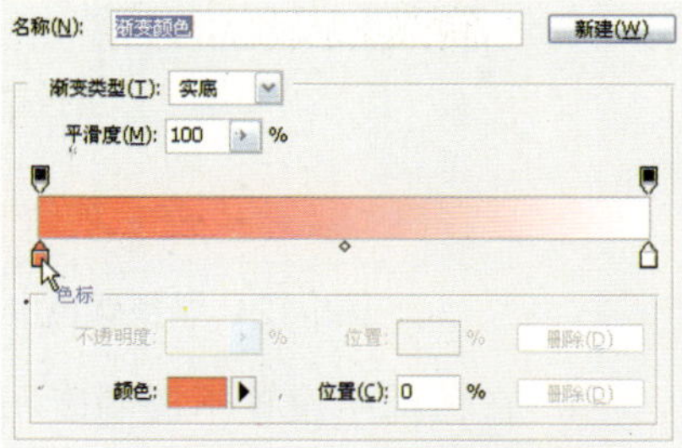

图5-121 编辑起始颜色

我们可以通过以下方法选取色彩。

- 单击“颜色”中的色彩，弹出“选择色标颜色”对话框，挑选所需要的色彩，然后单击“确定”按钮，如图5-122所示。
- 单击颜色选框左侧的小方块，出现一个下拉列表，在其中可以选择用前景色、用背景色、用滴管在图像上取色，如图5-123所示。

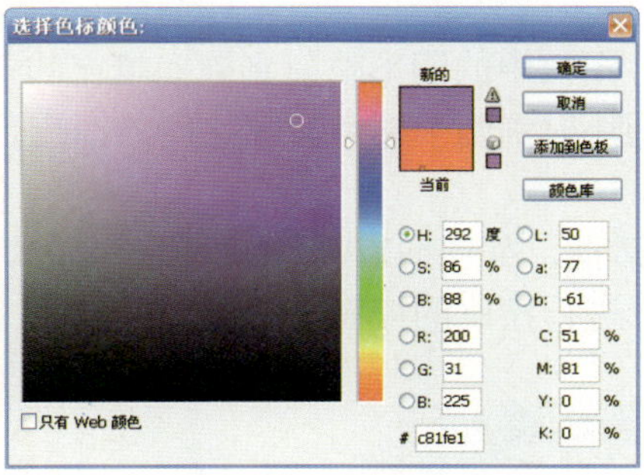

图5-122 设置颜色

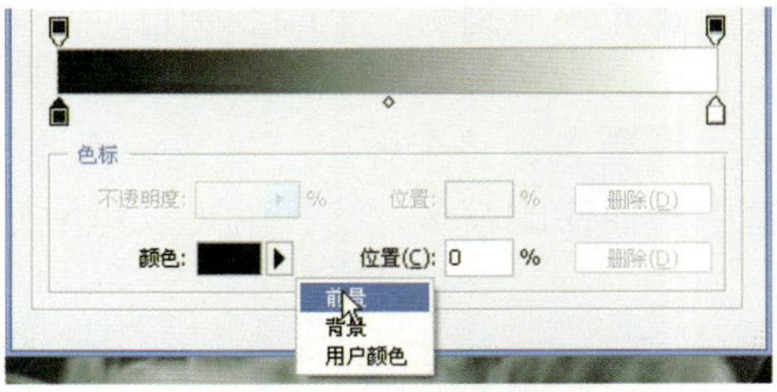

图5-123 设置颜色

04 单击渐变轴下方右侧的小方块，决定结束的渐变颜色。

05 调整起点或终点的位置可采用下列两种方法：

- 用鼠标按住小方块在渐变轴上拖动。
- 选中小方块，在“位置”文本框中输入数字，范围是0~100%。0为渐变轴的最左端，100%为最右端。

06 要调整中间点为相邻的两种颜色的色彩平衡混合处，如图5-124所示。只需用鼠标拖动菱形点，或在“位置”文本框中填入适当的数值。

07 要想在渐变中填入中间色彩，只需在渐变轴下方单击，即自动生成一个小方块，其色彩和位置的设定同起点和终点，拖动它离开渐变轴便消除了这个点。

08 一切都设定好后，单击“确定”按钮即可。

(3) 编辑渐变不透明度

每个渐变都可以调整自己的不透明度，可以在不同位置调节渐变的透明度。编辑步骤如下。

01 调出“渐变编辑器”对话框。

02 单击渐变轴上面左侧的小方块，调节起点的不透明度，如图5-125所示。这时不透明度变为可选，小方块上面的小三角也变为黑色，表示其处于编辑中。

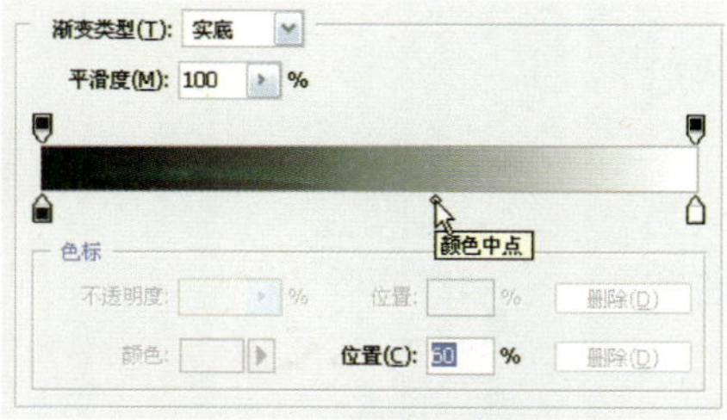

图5-124 调整颜色中点

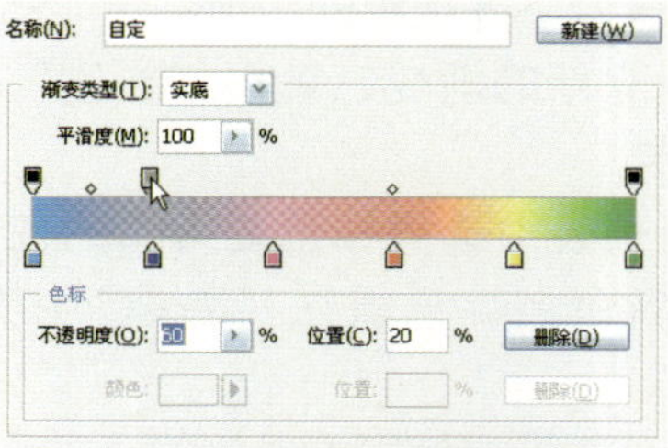

图5-125 编辑不透明度

03 在色标中设置不透明度和位置的数值。

04 单击渐变轴上面右侧的小方块，调节终点的不透明度。

05 调整透明度的中间点（相邻的两种不透明度的平衡中点），可按住小菱形沿渐变轴拖动或选中小菱形后直接在“位置”文本框中输入数值。

06 要想在其中加入中间点，只需在渐变轴上面单击，会自动产生一个小方块，其不透明度和位置的调节同上。

07 一切都设定好后，单击“确定”按钮即可。

（4） 映射效果

设置不同的渐变颜色，就会产生不同的艺术效果。图5-126所示显示了对于同一幅图像，设置不同的渐变颜色所生成的效果的差异。

图5-126 渐变映射色效果

2. 渐变选项

“渐变选项”选项组中有两个选项，分别为“仿色”和“反向”。

- 仿色

勾选此复选框后，Photoshop将自动添加随机杂色以平滑渐变填充的外观并减少带宽效应。

- 反向

勾选此复选框后，Photoshop将切换渐变填充的方向，从而反向渐变映射，如图5-127所示。

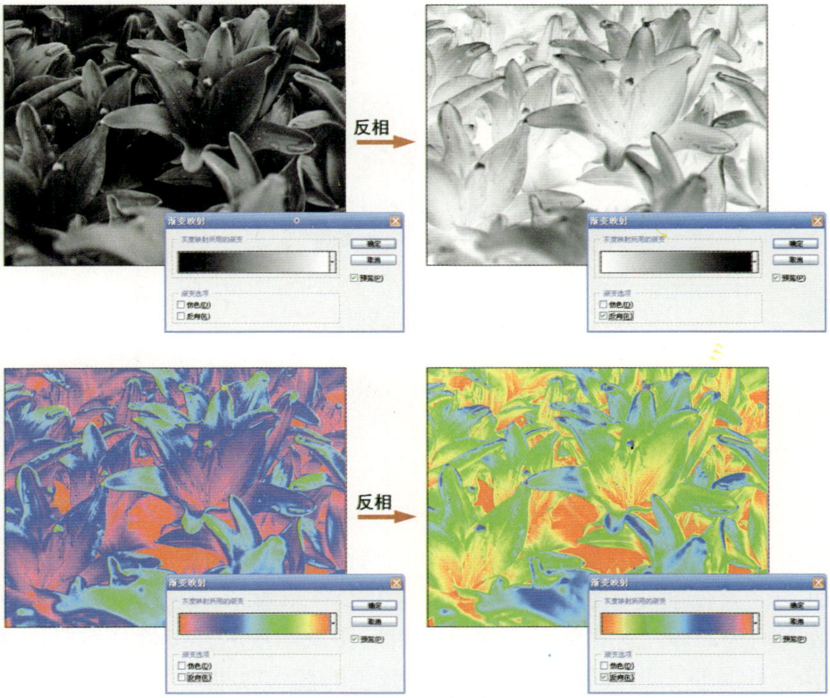

图5-127 反向效果

5.8.2 使用“渐变映射”命令制作艺术效果

接下来，通过一个案例来详细地介绍如何使用“渐变映射”命令制作艺术效果。

案例32 渐变映射制作特殊效果

设计思路

在本案例中，我们详细地讲解如何使用“渐变映射”命令将同一个图像进行“渐变映射”，以获得特殊的艺术效果。

操作步骤

01 打开配套光盘中的“照片.JPG”文件，如图5-128所示。

图5-128 原图

02 对图像执行“图像”|“调整”|“渐变映射”命令。首先在渐变颜色菜单中选择“黑色到白色”的渐变，如图5-129所示。此时图像效果变为如图5-130所示的灰度图像效果。

图5-129 设置渐变

图5-130 图像效果

03 接下来具体调整渐变颜色。单击“渐变映射”对话框中的渐变颜色，弹出“渐变编辑器”对话框。在渐变颜色条上添加一个新的颜色，颜色的具体信息如图5-131所示。该颜色的位置在渐变颜色条中为25%，如图5-132所示。这时，该渐变颜色的明度和位置的数值均为25%，这样就可以保证映射后图像明度的连续性，这时图像的效果如图5-133所示。此时整个图像呈现了一种单一蓝色的艺术效果。

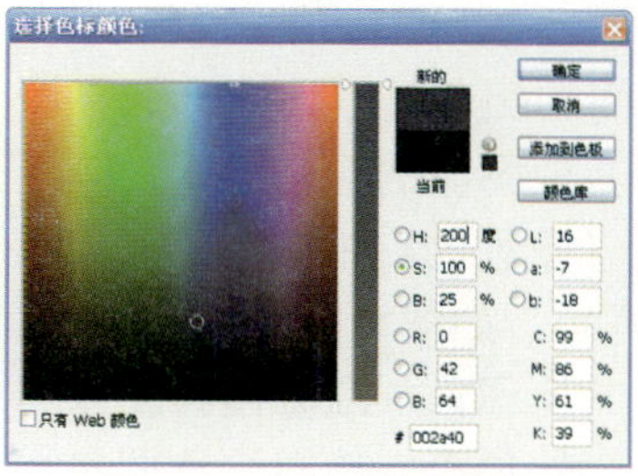

图5-131 添加渐变颜色

图5-132 渐变颜色位置

图5-133 图像效果

04 单击“确定”按钮完成渐变映射。最后将文档存储为“渐变映射.PSD”。调整前后图像效果对比图如图5-134所示。

调整前　　调整后

图5-134 调整前后图像效果对比图

案例总结

使用渐变映射可以创造出很多艺术效果。在平时练习时可以多试试不同渐变颜色。

5.9 “照片滤镜”命令

“照片滤镜”模仿在相机镜头前面加彩色滤镜，以便调整通过镜头传输的光的色彩平衡和色温，进而得到胶片曝光的效果。同时“照片滤镜”命令还允许选择预设的颜色，以便向图像应用色相调整或者在“拾色器”对话框中应用自定义颜色进行调整。

5.9.1 “照片滤镜”对话框

对图像执行“图像”|“调整”|“照片滤镜”调整命令，将会弹出“照片滤镜”对话框，如图5-135所示。“照片滤镜”对话框中的控件分为3个部分，第一部分为“使用”；第二部分为“浓度”；第三部分为“保留明度”。

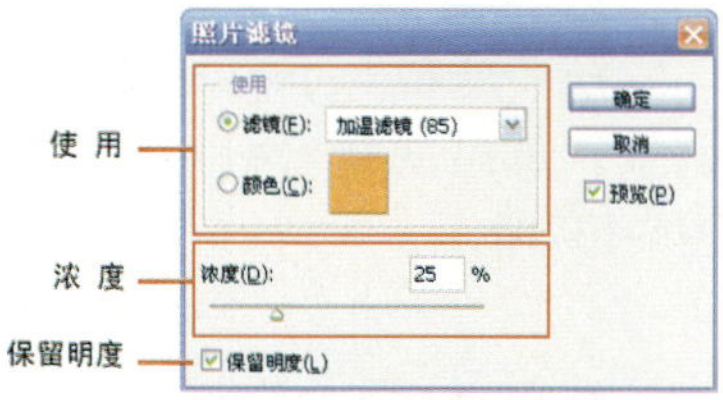

图5-135 “照片滤镜”对话框

1. 使用

在这里选择用于调整图像的滤镜种类或自定义颜色。

（1）加温滤镜（85 和 LBA）及冷却滤镜（80 和 LBB）

在“滤镜”菜单中，这4种滤镜用于调整图像中的白平衡的颜色转换滤镜。如果图像是使用色温较低的光（微黄色）拍摄的，则冷却滤镜（80）使图像的颜色更蓝，以便补偿色温较低的环境光。相反，如果照片是用色温较高的光（微蓝色）拍摄的，则加温滤镜（85）会使图像的颜色更暖，以便补偿色温较高的环境光，如图5-136所示。从效果对比图中的图像效果和其直方图变化可以总结出这些滤镜的原理，加温滤镜将图像的“红”通道色阶向高光处集中，而将“蓝”通道中色阶向阴影处集中，使图像色调向红色靠近，进而达到使图像颜色变暖的效果；冷却滤镜将图像中“红”通道中的色阶向阴影处集中，而将“蓝”通道中色阶向高光处集中，使图像色调向蓝色靠近，进而达到使图像颜色变冷的效果。

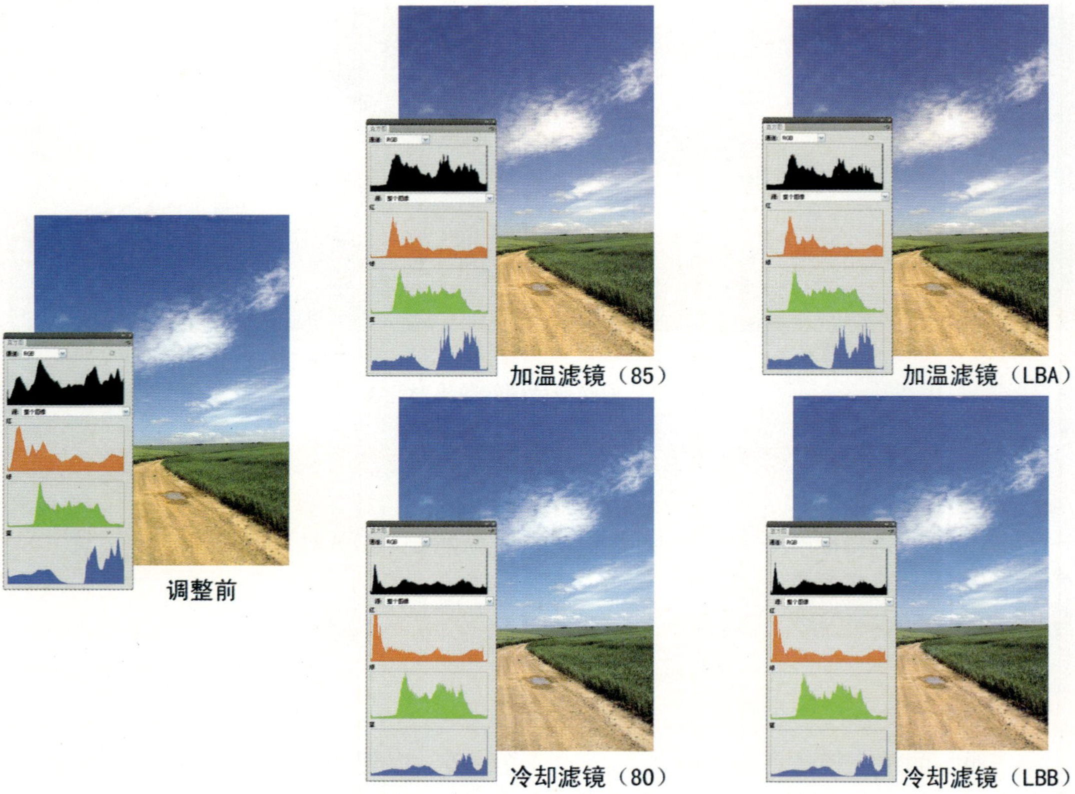

图5-136 照片滤镜调整效果

（2）加温滤镜（81）和冷却滤镜 （82）

在“滤镜”下拉列表中，这两种滤镜使用光平衡滤镜来对图像的颜色品质进行细微调整。加温滤镜（81）使图像变暖（变黄），冷却滤镜（82）使图像变冷（变蓝），如图5-137所示。

（3）个别颜色

在“滤镜”下拉列表中，我们还可以根据所选颜色预设为图像应用色相。所选颜色取决于如何使用“照片滤镜”命令。如果照片有色痕，则可以选取一种补色来中和色痕。还可以针对特殊颜色效果或增强应用颜色。

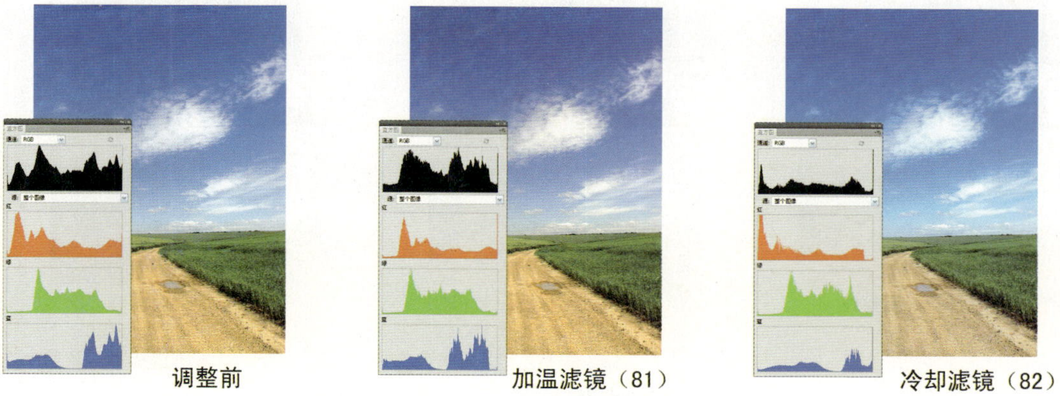

图5-137 照片滤镜调整

（4）自定颜色

单击“照片滤镜”对话框中的“颜色”色标，弹出“拾色器”对话框，然后在其中选择合适的颜色。

2. 浓度

“浓度”选项用来调整应用于图像的颜色数量。可以使用“浓度”滑块或者在“浓度”文本框中输入一个百分比来改变浓度。浓度越高，颜色调整幅度就越大，如图5-138所示。对于相同滤镜的调整，浓度不同时，图像调整的程度也就不同。

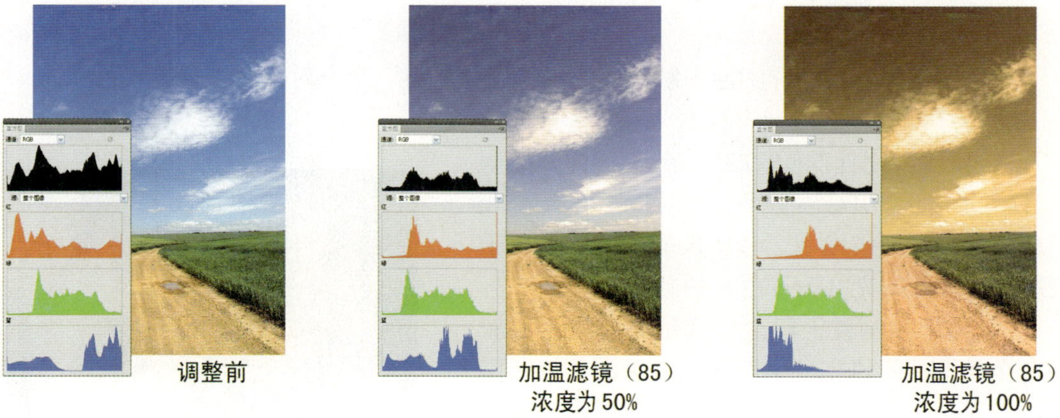

图5-138 浓度不同的效果

3. 保留明度

勾选“保留明度”复选框，可以避免使用照片滤镜调整图像使图像的亮度降低。图5-139所示显示了对于同一图像进行照片滤镜调整后，勾选“保留明度”复选框和不勾选“保留明度”复选框图像和其直方图最终效果的对比图。从图中可以看出，勾选“保留明度”复选框，图像各通道将在高光处保留适当的色阶分布，保证调整后图像“明度”通道的直方图与调整前基本相同；当不勾选“保留明度”复选框时，Photoshop将不用考虑调整后图像的“明度”通道直方图改变的问题，从而只按照一定原则分别调整图像各颜色通道中的色阶分布。

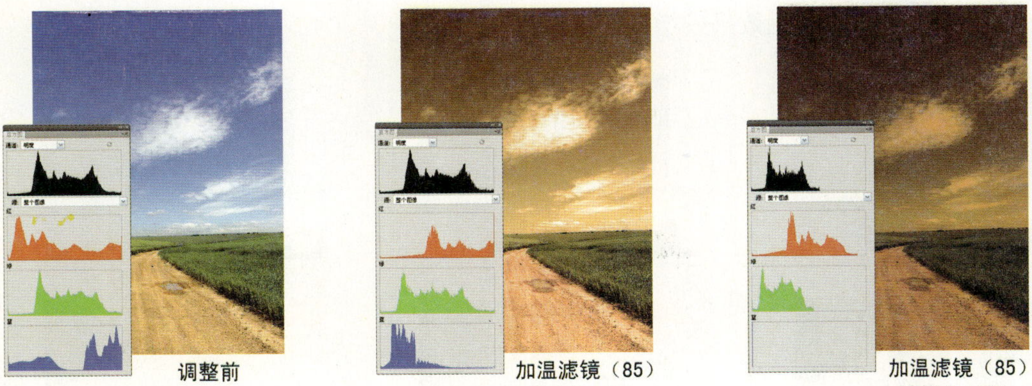

调整前

加温滤镜（85）
浓度为100%
选择“保留明度”

加温滤镜（85）
浓度为100%
不选择“保留明度”

图5-139 保留亮度和不保留亮度效果对比图

5.9.2 “照片滤镜”命令的作用

“照片滤镜”命令是一个使用方便的调整命令，它主要有两种用途，一是校正色偏；二是制作特殊效果。

1. 校正色偏

在介绍滤镜种类和用途时，已经介绍了这6种滤镜所产生的效果。对于色偏不是很严重的图像，可以直接使用滤镜对其进行校正调整。

案例33 使用“照片滤镜”调整命令校正色偏

设计思路

在本案例中，我们详细地讲解如何使用“照片滤镜”命令对图像进行校正色偏。

操作步骤

01 执行“文件”|“打开”命令，打开配套光盘中的“照片.JPG”文件，如图5-140所示。我们从视觉中就能够发现，该图像颜色偏黄，属于使用色温较低的光（微黄色）拍摄的效果。

02 为了控制校正程度，这里我们使用“颜色取样器工具”建立一个取样点，对图像进行监视。关键在于取样点的选择，这里我们选择眼睛的白色部分建立取样点，如图5-141所示。我们可以在“信息”面板上看到，该取样点的各个原色的分量分别为（R:251、G:226、B:146），颜色偏黄。而在实际的情况下，该点的颜色应为灰色，也就是R=G=B。因此，我们可以通过观察该点的颜色变化控制校正程度。

图5-140 原图

03 对该图像执行“图像”|“调整”|“照片滤镜”命令，弹出“照片滤镜”对话框，在“滤镜”菜单中选择“冷却滤镜（80）”选项，然后一边调整“浓度”参数，一边在“信息”面板上观察取样点的颜色变化，如图5-142所示。浓度最终设为50%。调整后取样点的颜色如图5-143所示。取样点的颜色调整为（R:233、G:221、B:223），近似于灰色。

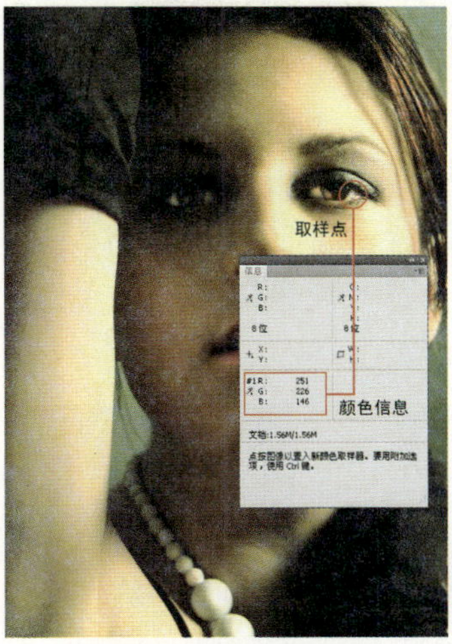

图5-141 建立取样点

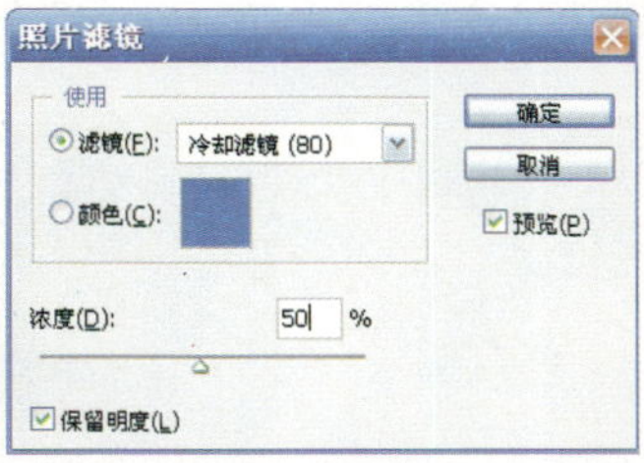

图5-142 “照片滤镜”对话框

图5-143 取样点颜色变化

04 调整后，图像的最终效果如图5-144所示。可以看出，图像的色偏已经被校正。最后将图像存储为“色偏校正.PSD”。

05 调整前后图像效果对比图如图 5-145所示。

图5-144 最终效果

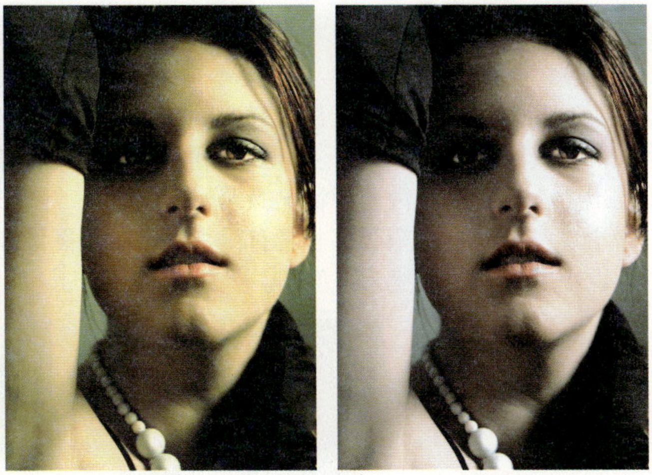

调整前 调整后

图5-145 调整前后图像效果对比图

案例总结

在这里介绍了一种校正色偏的方法，我们可以将该方法与前面介绍的方法加以对比，感受一下每种方法的优缺点。

2. 创造特殊效果

除了校正色偏外，还可以使用照片滤镜创造各种特殊效果。由于可以使用的颜色非常丰富，效果也随之绚烂纷呈。如图5-146所示，使用照片滤镜创造出多种艺术效果。

原 图

效果 1

效果 2

效果 3

效果 4

效果 5

效果 6

效果 7

图5-146 特殊效果

5.10 “阴影/高光”命令

在平时拍照片时，经常会出现逆光的情况，如图5-147和图5-148所示。此时往往高光区域的曝光度不错，但是所拍摄的主题有些偏暗。如何解决这一问题呢？Photoshop为此推出了一个专门对付这种状况的调整命令——“阴影/高光”。

对于过亮或过暗的东西都非常有用，它可以将图像细节从阴影中“解救”出来，或者将图像中明亮的区域变为灰度图。

图5-147 逆光效果一

图5-148 逆光效果二

“阴影/高光”命令不是简单地使图像变亮或变暗，它基于阴影或高光中的周围像素（局部相邻像素）增亮或变暗。正因为如此，阴影和高光都有各自的控制选项。默认值设置为修复具有逆光问题的图像。“阴影/高光”命令还有“中间调对比度”滑块、“修剪黑色”选项和“修剪白色”选项，用于调整图像的整体对比度。

对图像执行“图像”|“调整”|“阴影/高光”命令，将弹出“阴影/高光”对话框。默认条件下，第一次调出的对话框属于简化版，只含有阴影数量和高光数量两个选项。可以勾选“显示更多选项”复选框，这时对话框会变成完整版，如图5-149所示。

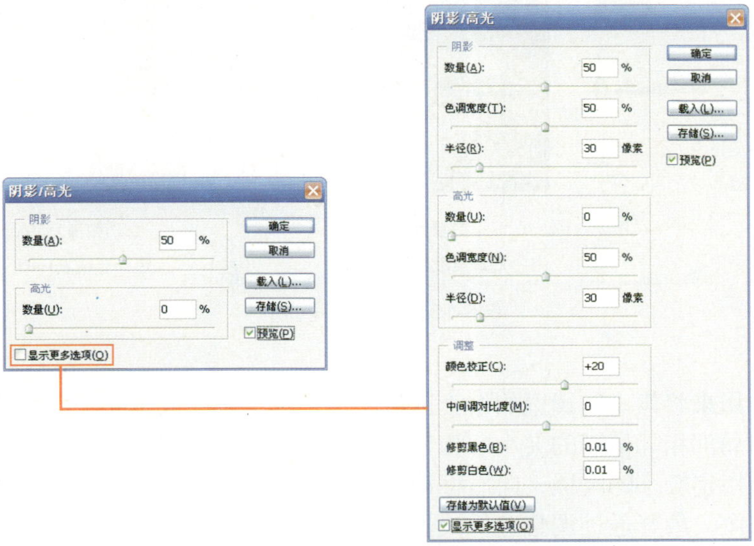

图5-149 “阴影/高光”对话框

1. 阴影

在这里设置阴影的增亮程度。

（1）数量

“数量”参数控制图像中阴影加亮的程度。当该值为0时，对图像不产生任何影响；当该值设为100%时，会将阴影的加亮程度变为最大；第一次执行“阴影/高光”命令时，在默认状态下，该值被设为50%。如图5-150所示显示了图像在对阴影调整时，数量不同，图像的效果和直方图的变化。从图中可以看出，对于数量的变化直接影响阴影的变亮程度。对于直方图来说，数量的增加可以直接影响阴影处色阶的分布，将色阶向中间调集中，基本对高光部分色阶没有影响。

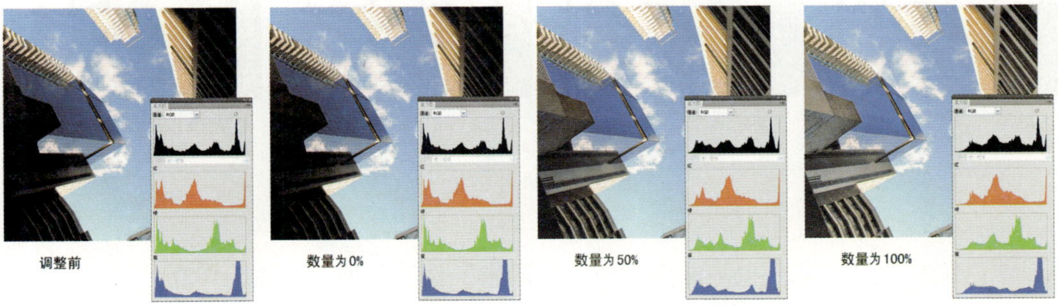

图5-150 数量调整

(2) 色调宽度

“色调宽度”用来设置调整色阶的范围。在相同情况下，值越大，变亮的范围越大；值越小，变亮的范围越小。如图5-151所示，当数量均设为50%时，色调宽度不同，直方图调整范围就明显不同。

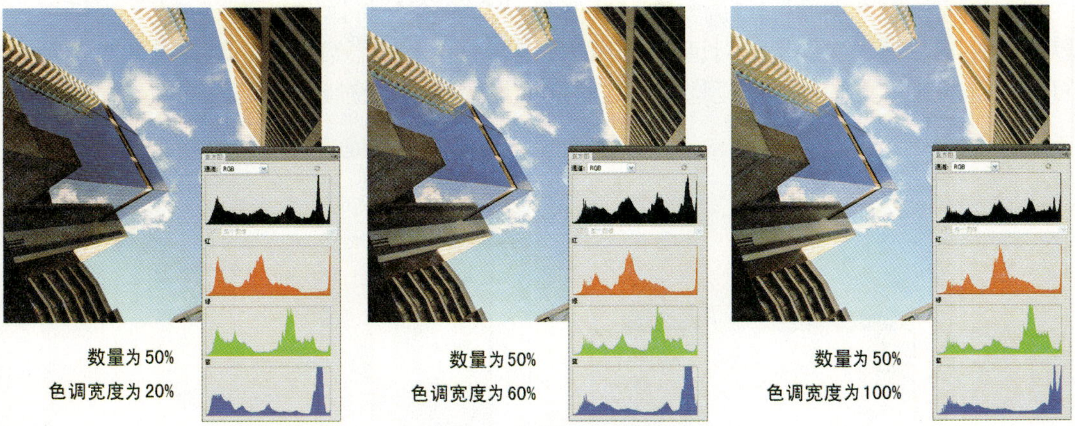

图5-151 色调宽度调节

(3) 半径

“半径”用来将像素与周围的像素进行比较，决定哪些像素处于阴影范围。控制每个像素周围的局部相邻像素的大小。相邻像素用于确定像素是在阴影还是在高光中。向左移动滑块会指定较小的区域，向右移动滑块会指定较大的区域。局部相邻像素的最佳大小取决于图像，最好通过调整进行试验。如果“半径”太大，则调整倾向于使整个图像变亮（或变暗），而不是只使主体变亮。最好将半径设置为与图像中所关注主体的大小大致相等。

2. 高光

这里设置高光变暗的程度。

(1) 数量

“数量”控制高光区域的变暗程度。数值越大，变化程度越大。如图5-152所示，在只调整高光区域时，数量不同产生的调整效果也随之不同。

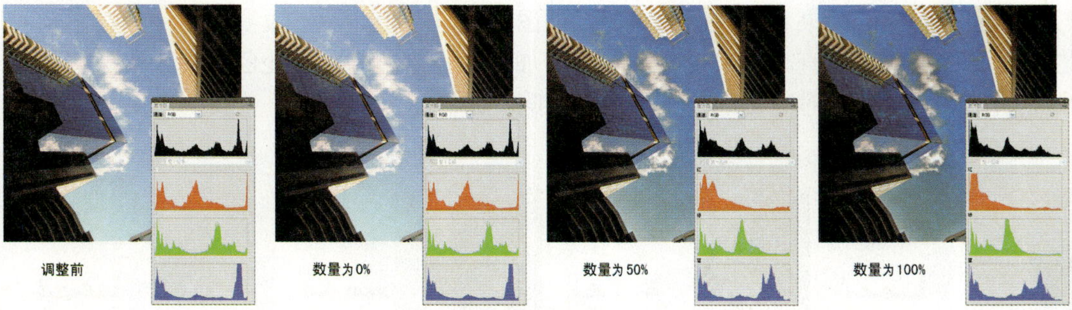

图5-152 调整数量

(2) 色调宽度

“色调宽度”的调整也与前面介绍的“阴影”调整相似。如图5-153所示，显示了色调不同时图像和直方图的调整效果。

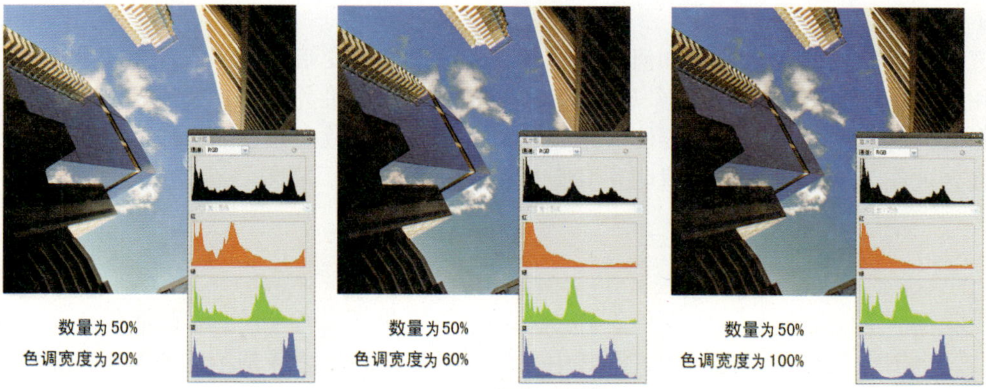

图5-153 色调宽度调整

3. 调整

这里用来具体调整图像的色调和颜色变化。

(1) 颜色校正

调整阴影和高光后，图像一般会呈现颜色暗淡的效果，这里就可以使用“颜色校正”调整图像色彩的饱和度来使颜色恢复艳丽。此调整仅适用于彩色图像。例如，通过增大阴影“数量”滑块的设置，可以将原图像中较暗的颜色显示出来。用户可以希望这些颜色更鲜艳或更暗淡，通过调整“色彩校正”滑块来获取最佳效果。通常，增大这些值倾向于产生饱和度较大的颜色，而减小这些值则会产生饱和度较小的颜色，如图5-154所示。

图5-154 颜色校正

(2) 中间调对比度

这个设置效果非常明显，用来增加或降低图像中中间调色相的对比度。较高的值会使图像变暗，较低的值会使图像变亮，如图5-155所示。

图5-155 设置中间调对比度

(3) 修剪黑色和修剪白色

设置调整后的阴影像素如何变亮以及高光像素如何变暗。具体规定将图像中多少阴影和高光剪切到新的极端阴影（色阶为 0）和高光（色阶为 255）颜色。值越大，生成的图像的对比度越大。请不要使剪贴值太大，因为这样做会减小阴影或高光的细节（强度值会被作为纯黑或纯白色剪切并渲染）。

5.11 “曝光度”命令

除了“阴影/高光”命令外，Photoshop还提供了一个新的调整命令——“曝光度”。当图像只存在曝光问题，而其中一部分阴影和高光区域是不需要改变的情况下，我们就可以使用“曝光度”命令。曝光度是通过在线性颜色空间（灰度系数 1.0）而不是图像的当前颜色空间执行计算而得出的。

5.11.1 “曝光度”对话框

对图像执行“图像”|“调整”|“曝光度”命令，将会弹出“曝光度”对话框，如图5-156所示。对话框中包含3个参数和3个吸管工具。

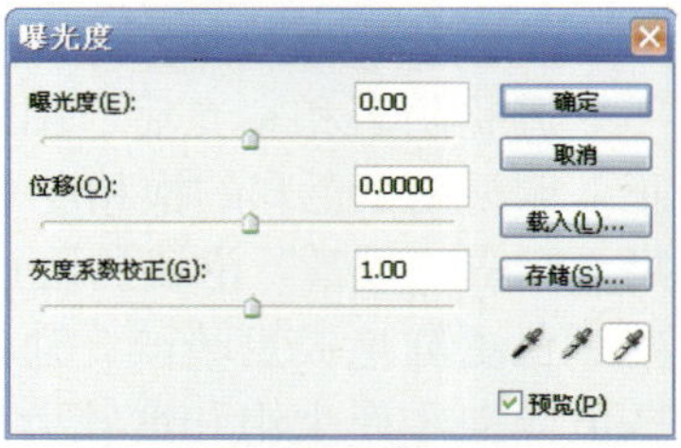

图5-156 “曝光度”对话框

1. 曝光度

该参数用来调整图像的曝光强弱，也就是调整图像的明暗程度。数值增大时，图像变亮；数值减小时，图像变暗。如果图像仅存在曝光问题，那么调整该参数就可以完成对图像的修饰。参数设置对图像效果的影响如图5-157所示。

曝光度为-2　　调整前　　曝光度为+2

图5-157 调整曝光度

2. 位移

增加“位移”值，会使得图像的对比度降低，使像素接近于灰色；降低“位移”值，会增加对比度，使得像素接近于黑色。图5-158所示显示了不同的位移值对图像的调整效果。

位移为 -0.2

调整前

位移为 +0.2

图5-158 调整位移

3. 灰度系数校正

“灰度系数校正”参数用于调整中间调的亮度值。增加该参数数值会使得图像颜色变亮，反之，颜色变暗。图5-159所示显示了不同灰度系数校正参数对图像效果的影响。

灰度系数校正为2

调整前

灰度系数校正为0.6

图5-159 灰度系数校正

4. 吸管工具

“吸管工具”将调整图像的亮度值（与影响所有颜色通道的“色阶”吸管工具不同）。

“设置黑场”吸管工具将设置“位移”，同时将单击位置的像素改变为黑色。“设置白场”吸管工具将设置“曝光度”，同时将单击位置的点改变为白色。“设置灰场”吸管工具将设置“曝光度”，同时将单击的值变为中度灰色。这与前面介绍的用法相同。

5.11.2 “曝光度”命令的原理分析

在某种程度上，“曝光度”命令与“色阶”命令相似，都是通过调整图像各通道中的色阶分布来改变图像的色调情况。

1. 曝光度

当曝光度值降低，各通道中的色阶同步向阴影区域集中；当曝光度值增加，各通道中的色阶同步向高光区域集中，如图5-160所示。所以调整曝光度可以使图像整体的色调变亮或变暗，在变化的同时保证图像色调的均匀性。

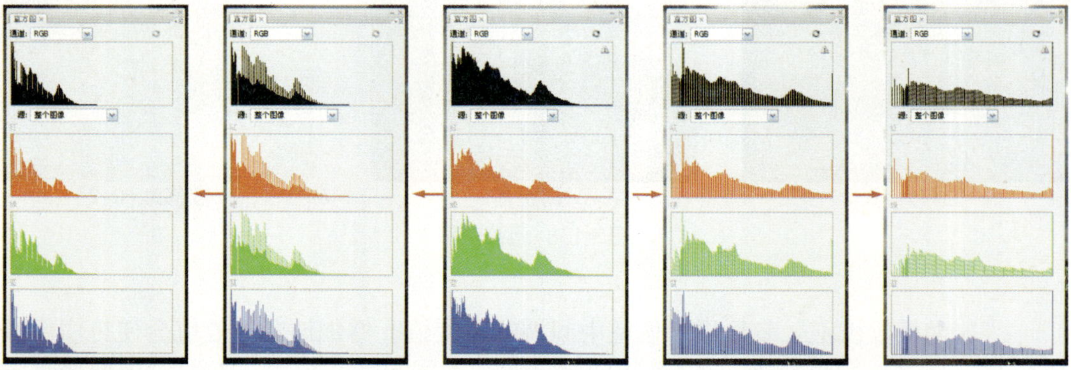

曝光度为-2　　-1　　0　　+1　　+2

图5-160 曝光度对色阶的影响

2. 位移

改变位移参数，图像的高光通道中的色阶分布也会随之变化。当减小位移参数时，色阶都集中于色阶值为0的区域，数值越低，集中越明显；当位移值为正数时，整个直方图向高光方向压缩，数值越大，压缩越明显，同时在低色阶值区域就没有色阶分布，如图5-161所示。在调整位移时，图像就会出现极度的变暗和变亮效果。

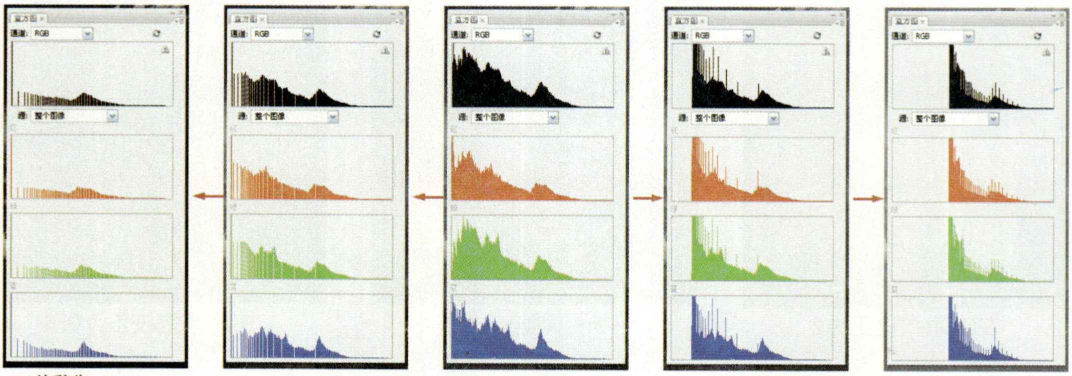

位移为-0.1　　-0.01　　0　　0.01　　0.1

图5-161 调整位移

3. 灰度系数校正

灰度系数校正用于调整中间调的亮度值。所以在调整该参数时，各通道中的色阶首先向中间调区域集中，然后再同步向高光或阴影区域压缩，如图5-162所示。

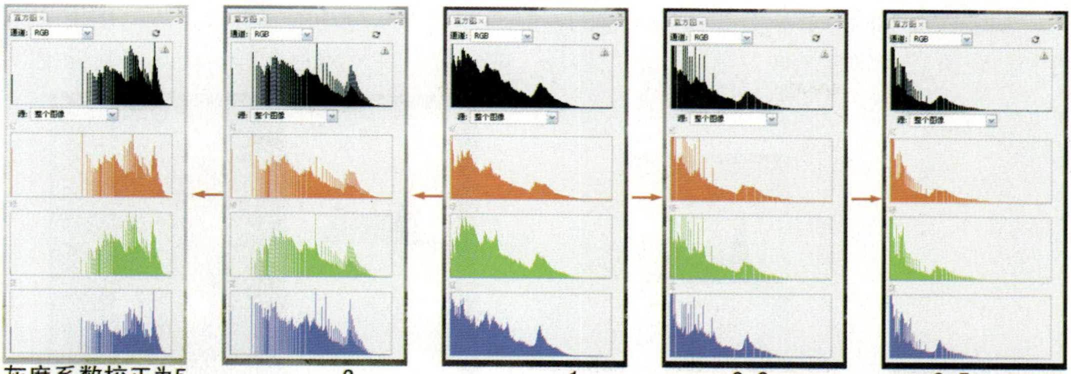

灰度系数校正为5　2　1　0.8　0.5

图5-162 调整灰度系数校正

5.11.3 调整“曝光度”

使用“曝光度”命令调整曝光不足和曝光过度的照片非常方便。下面通过一个案例来具体讲解如何使用“曝光度”命令调整照片的曝光度。

提示

“曝光度”对话框主要用于调整HDR图像的色调，但也可用于8位和16位图像。曝光度是通过在线性颜色空间（灰度系数1.0）而不是图像当前颜色空间执行计算而得出的。

如图5-163所示，只是一个普通的风景照片，由于照相时曝光度设置有些偏差使得图像的画面过亮，对比度不够，没有体现出天空、植物和路三者的反差。在Photoshop中可以使用“曝光度”调整命令对图像进行微调，使其达到更好的效果。

为了更准确地获得图像黑场和白场的位置，我们在“背景”图层的上面建立一个阈值调整图层，如图5-164所示。

图 5-163 观察图像

图 5-164 建立阈值调整图层

如前面介绍的一样，分布从色阶轴的左右两侧向中间拖动阈值滑块，根据出现的黑色和白色斑点，确定图像“黑场”和“白场”的位置，并用颜色取样器工具将其标记。

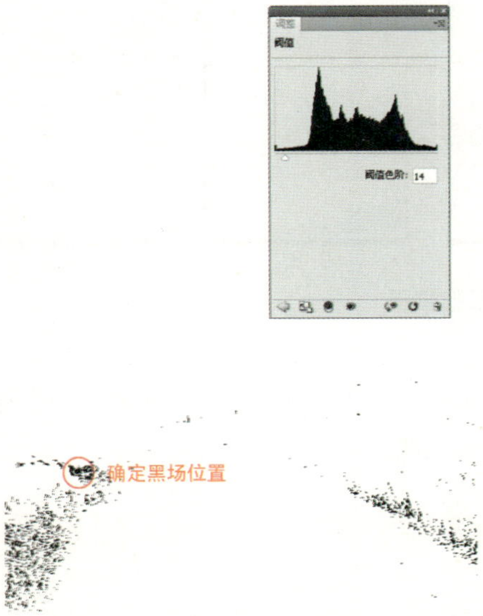

图 5-165 确定“黑场”位置

图 5-166 确定“白场”位置

将阈值调整图层设为不可见。然后对背景图层执行“图像”|“调整”|“曝光度”命令，调出“曝光度”对话框。分布使用“设置黑场”工具和“设置白场”工具单击前面确定的取样点，这样就调整了图像高光和阴影，如图5-167所示。

如图5-168所示，再微调“曝光度”和“位移”两个参数就可以获得很好的效果。

图5-167 设置黑白场

图 5-168 微调参数

调整后图像效果如图5-169所示，可以观察出调整后图像中各种色彩的对比更加强烈，明暗效果更适中。

图 5-169 最终调整

在使用“曝光度”调整图像时要注意，调整的程度不能太大。太大的话会产生杂色。

第6章 神奇的混合模式

如果问笔者，Photoshop中最为神奇的功能是什么？笔者会毫不犹豫地回答“是混合模式”。在许多Photoshop作品中，神奇的艺术效果多数都是由混合模式所创造出来的。由于Photoshop提供的混合模式非常多，所以造就的效果也非常丰富。

“混合模式”作为Photoshop独特的功能之一，应用的领域非常广，图层有图层混合模式，通道有通道混合模式，就联用画笔工具绘画都要用到混合模式。

混合模式是将一个像素的颜色与其下方的像素颜色相混合得到一种新的颜色。混合模式不改变原来的像素颜色，是一种暂时性的颜色变化。

6.1 混合模式是什么

混合模式是Photoshop中一项非常重要的功能，同时其原理和使用也相对比较难以理解和掌握。

简单地说，混合模式是将当前一个像素的颜色与它正下方的每个像素的颜色相混合，以便生成一个新的颜色。

在现实的日常生活中，很容易找到混合模式的例子。例如，将一个粉红色的灯罩罩在白色的日光灯上后，灯光就会随之从白色变成了粉红色。还有，平时带太阳镜遮挡刺眼的阳光，这都是混合模式的案例。

在Photoshop中，使用混合模式公式，通过计算模拟现实生活中各种颜色混合结果，为Photoshop在图像处理领域加上了一个重重的砝码。

6.1.1 什么是基色、混合色和结果色

要理解和掌握Photoshop中的混合模式，首先要理解基色、混合色和结果色3个概念。

- 基色

图像中的原始颜色，也就是下面的颜色，好比日光灯和阳光。

- 混合色

绘画或编辑工具应用的颜色，也就是上面的颜色，好比灯罩和太阳镜。

- 结果色

应用混合模式后，最终的颜色，好比灯光和通过太阳镜见到的阳光的颜色。

案例34 理解基色、混合色和结果色

设计思路

这里首先通过一个案例熟悉一下基色、混合色和结果色3个概念，并初步接触Photoshop中混合模式的种类。

操作步骤

01 首先，了解一下“颜色混合”。执行“文件”|“新建”命令，新建一个500×500px的文档，如图6-1所示。

02 将前景色设为红色（R:204、G:51、B:51），如图6-2所示。

03 选择“画笔工具“，如图6-3所示。在“画笔”面板上设置笔尖形状。

04 在属性栏上设置混合模式为“正常”。使用“画笔工具”在“背景”图层上随便绘制形状，如图6-4所示。这里的红色图像就是“基色”。

图6-1 新建文档

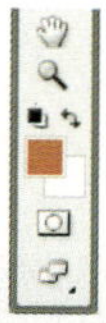

图6-2 设置前景色

05 下面设置混合色，将前景色改为绿色（R:51；G:204；B:51）。将选项栏中的混合模式设为“线性加深”。然后使用“画笔工具”绘制如图6-5所示的图案。

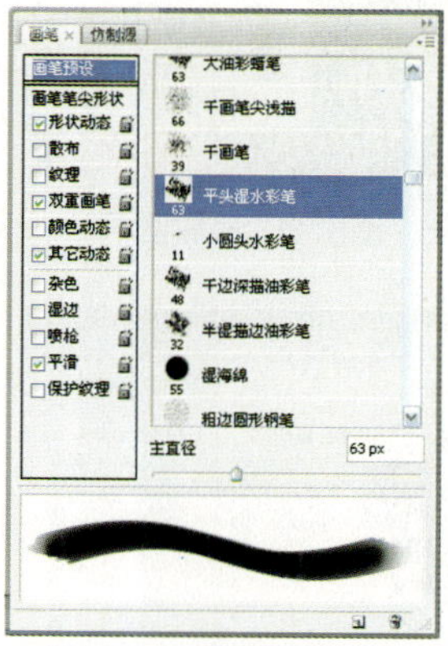

图6-3 设置笔尖形状

图6-4 绘画

图6-5 线性加深

06 如图6-6所示，第一次绘制的红色图案为基色，第二次绘制的绿色图案为混合色，而两个颜色重叠的地方为结果色。可以看出，在“线性加深”模式下，红色和绿色相混合，结果色为黑色。

07 接下来了解“图层混合”。打开配套光盘中的“玫瑰.JPG”文件和“人物.JPG”，如图6-7和图6-8所示。

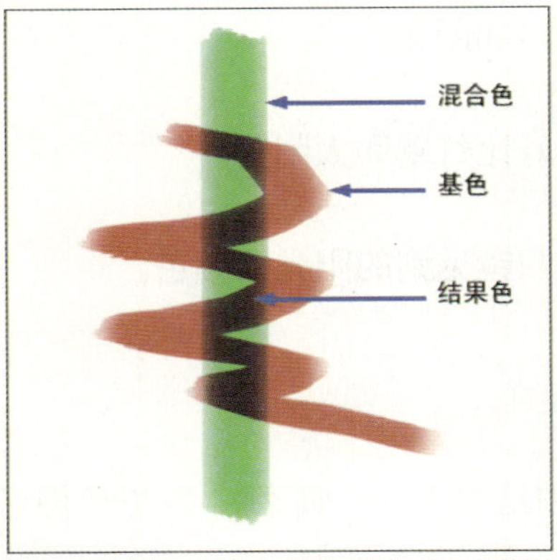

图6-6 基色、混合色和结果色示意图

图6-7 原图一

图6-8 原图二

08 选择“玫瑰”图像，调出“图层”面板。在“图层”面板上的“背景”图层缩略图上单击鼠标右键，从弹出的菜单中选择“复制图层”命令，如图6-9所示。在弹出的“复制图层”对话框中设置参数，如图6-10所示。将在“目标”选项组中的“文档”设为“人物.JPG”。

09 单击“确定”按钮后，在“人物”图像的“背景”图层上面就会新增一个“玫瑰”图层，如图6-11所示。

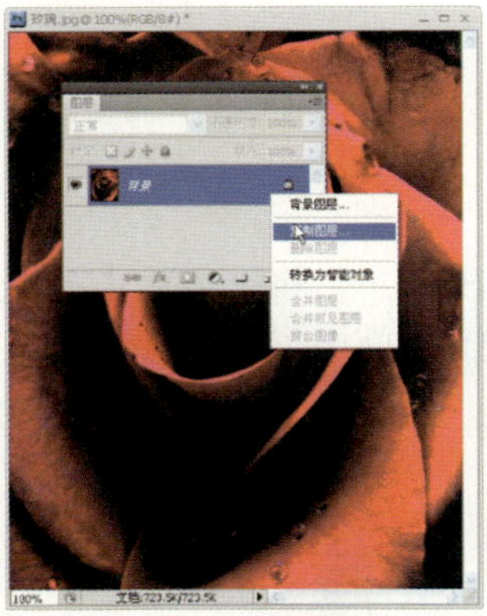

图6-9 选择“复制图层”命令

图6-10 设置参数

图6-11 添加图层

10 选择“玫瑰”图层，在“图层”面板上设置图层混合模式为“叠加”，如图6-12所示。

图6-12 设置图层混合模式

11 此时图像混合效果如图6-13所示，这样就完成了“图层混合”。这里“背景”图层即为“基色”，而“玫瑰”图层为“混合色”，而当前呈现的效果即为“结果色”。

12 在“图层”面板上可以随意改变“玫瑰”图层的图层混合模式，同时观察调整后的图像效果。最后将文档存储为“图层混合模式.PSD”

图6-13 混合模式

案例总结

通过本案例初步了解了“颜色混合”和“图层混合”两种混合模式。可以看出两者方式的最大不同点在于颜色模式下，一旦设定好混合色混合类型并使用画笔绘制图案后图像结果色效果就不能随意更改；而在图层混合模式下可以随意调整混合色图层的混合类型以改变结果色效果。

6.1.2 混合模式的种类

如果观察Photoshop软件的各个界面，不难发现，在很多的属性栏或面板等界面上都有混合模式的选项。这么多的混合模式，能否将其进行分类管理呢？答案是肯定的，根据混合模式的用途，可以将Photoshop中的混合模式大致分为3类，分别为“颜色混合模式”、“图层混合模式”和“通道混合模式”。

1. 颜色混合模式

用绘图工具绘制图案时，直接用颜色进行混合的归为颜色混合模式。这是一种最简单最直接的混合方式，但是使用绘图工具进行绘画时，所绘制的图案很难再进行调整，所以修改比较复杂，运用时就要靠用户的自我感觉和熟练程度来把握。

当选择绘图工具时，例如画笔工具，在属性栏上存在“模式”下拉菜单，如图6-14所示。在菜单中用户可以根据需要选择合适的颜色混合模式，然后使用画笔进行绘制。同时可以通过属性栏上的“不透明度”和“流量”参数来进一步控制混合色效果。

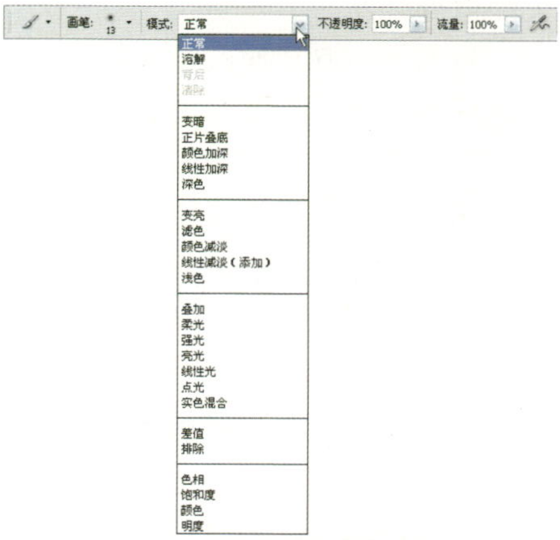

图6-14 颜色混合模式

2. 图层混合模式

图层混合模式应用与图层与图层之间，除了“背景”图层以外，所有图层都可以使用图层混合模式。在图层混合模式中，下面的图层相当于“基色”，上面的图层相当于“混合色”，而最终的视觉效果相当于“结果色”。

图层混合模式的优点在于可以随时更改图层的混合模式，还可以使用图层蒙版等功能修饰图层，以达到所需结果。

3. 通道混合模式

对于通道混合模式，许多人比较陌生。通道混合模式不存在于“通道”面板上，而是应用 “计算”和“应用”图像两个命令得到，如图6-15和图6-16所示。由于这两个命令要运用许多混合模式的知识，所以在前面介绍图像调整命令中没有详细介绍。在讲解完混合模式后，将着重介绍这两个命令。

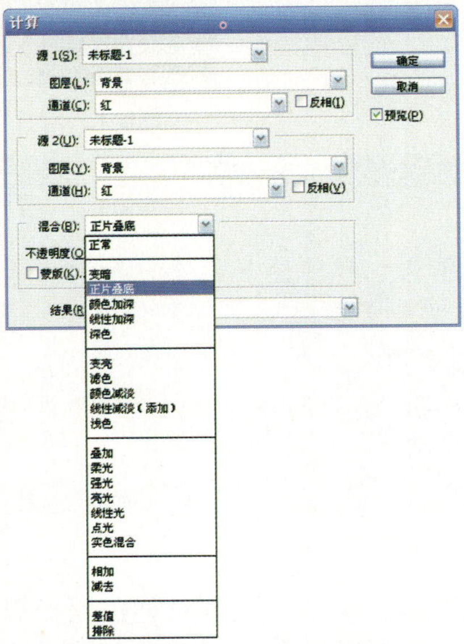

图6-15 “计算”命令

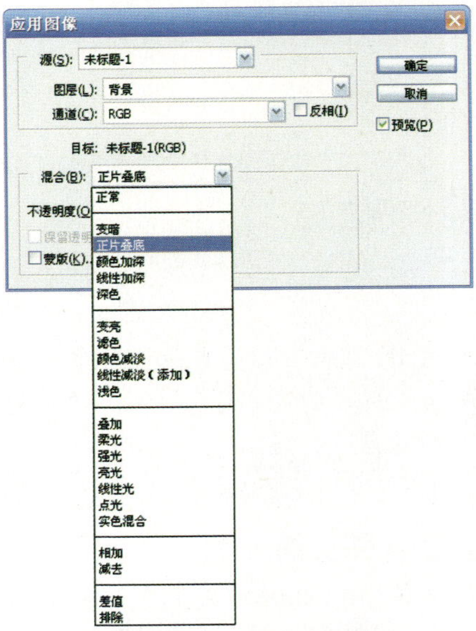

图6-16 “应用”命令

6.1.3 理解和掌握混合模式

对于普通用户，Photoshop中众多的混合模式很难详细地掌握其内容和使用方法。在使用时，弄不清在何种情况下应该使用何种混合模式。这些常见的问题往往是使用混合模式的关键。

有的用户在学习中一开始就研究各混合模式的计算公式，或者根据Photoshop帮助文件中的介绍来学习混合模式。这些枯燥的数字公式和文字介绍通常会使人更加迷惑，反而适得其反。

对于学习混合模式，最好的途径就是动手练习。通过观察各种混合模式的效果，首先在感性上对每种混合模式有所认识，然后配合本书的讲解，逐一地理解每种混合模式的结果和应用场合。最后，如果感兴趣可以仔细地研究各种混合模式的计算公式，最终从理论上理解和掌握该模式。

案例35 观察混合模式

设计思路

在本案例中，将通过观察各种图层混合模式的效果来初步了解混合模式。

操作步骤

01 执行“文件”|“打开”命令，打开配套光盘中的“模特.JPG”和“天空.JPG”文件，如图6-17和图6-18所示。

图6-17 “模特”图像

图6-18 “天空”图像

02 这里要将“模特”图像作为“基色”，“天空”图像作为“混合色”。选择“天空”图像，用鼠标右键单击“图层”面板上“背景”图层的缩略图，从弹出的菜单中选择“复制图层”命令。将该图层复制为“模特”图像并放在“背景”图层上面，命名为“天空”，如图6-19所示。

03 接下来，逐一调整“天空”图层的混合模式，观察图像的混合后（结果色）的效果。首先，就是最常见的“正常”模式，如图6-20所示。只要图层的“不透明度”为100%，在该模式下，最终效果就是上面图层的效果，下面的图层完全被覆盖。

图6-19 复制图层

图6-20 “正常”模式

04 将“天空”图层的“不透明度”设为60%，然后调整为“溶解”模式，如图6-21所示。该模式下，上面的图层呈颗粒透明状。不透明处显示为上层图层图像，透明处显示为下层图层图像。

05 将“天空”图层的“不透明度”恢复为100%，然后将其混合模式设为“变暗”，如图6-22所示。下面图层中比较暗的图像被处理并显示出来。

图6-21 “溶解”模式

图6-22 “变暗”模式

06 将“天空”图层的图层混合模式设为“正片叠底”，如图6-23所示。混合后的效果为上面的图层中除了白色部分为透明状态直接显示下面的图像外，其余的颜色直接添加到下面的图像中，产生更暗的效果。

07 将“天空”图层的图层混合模式改为“颜色加深”，如图6-24所示，除了白色区域不变，其余颜色区域同样加深，混合后的效果为图像中除了白色区域不变，其余颜色区域同样加深，但是加深效果与“正片叠底”模式不同。

图6-23 “正片叠底”模式

图6-24 “颜色加深”模式

08 将“天空”图层的图层混合模式改为“线性加深”，如图6-25所示。混合后的效果为与“颜色加深”模式相似，但是变暗效果更加明显。

09 将“天空”图层的图层混合模式改为“深色”，如图6-26所示。混合后的效果类似于“变暗”模式，但是变化的图像边缘更加硬朗。

图6-25 “线性加深”模式

图6-26 “深色”模式

10 将“天空”图层的图层混合模式改为“变亮”，如图6-27所示。混合后的效果与“变暗”模式正好相反。特点是比较并显示上面图层中比下面图层图像更亮的区域。

11 将“天空”图层的图层混合模式改为“滤色”，如图6-28所示。混合后的效果与“正片叠底”模式正好相反，使图像最终产生一种漂白的效果。

图6-27 “变亮”模式

图6-28 “滤色”模式

12 将“天空”图层的图层混合模式改为“颜色减淡”，如图6-29所示。混合后的效果与“颜色加深”模式正好相反。特点是加亮下面图层的图像，同时使颜色变得更加饱和。

13 将“天空”图层的图层混合模式改为“线性减淡”，如图6-30所示。混合后的效果与“线性加深”模式正好相反。特点与“颜色减淡”模式相近，但是对比度差一些。

图6-29 “颜色减淡”模式

图6-30 “线性减淡”模式

14 将“天空”图层的图层混合模式改为“浅色”，如图6-31所示。混合后的效果与“变亮”模式相似，但是图像变化的边缘更硬朗。

15 将“天空”图层的图层混合模式改为“叠加”，如图6-32所示。混合后图像色调发生变化，但图像的高光和暗调将被保留。

图6-31 “浅色”模式

图6-32 “叠加”模式

16 将“天空”图层的图层混合模式改为“柔光”，如图6-33所示。混合后图像色调变化相对比较温和。

17 将“天空”图层的图层混合模式改为“强光”，如图6-34所示。混合后图像色调变化相对比较强烈，颜色基本为上面的图像颜色。

图6-33 "柔光"模式

图6-34 "强光"模式

18 将“天空”图层的图层混合模式改为“亮光”，如图6-35所示。混合后图像色调发生改变，对比度更大。

19 将“天空”图层的图层混合模式改为“线性光”，如图6-36所示。混合后图像效果类似于“强光”模式，但是对比度更大。

图6-35 "亮光"模式

图6-36 "线性光"模式

20 将“天空”图层的图层混合模式改为“点光”，如图6-37所示。混合后图像效果更柔和。

21 将“天空”图层的图层混合模式改为“实色混合”，如图6-38所示。混合后图像效果图像色调饱和度增强，以致产生色调分离效果。

图6-37 “点光”模式

图6-38 “实色混合”模式

22 将“天空”图层的图层混合模式改为“差值”，如图6-39所示。混合后图像效果为上面图层图像中白色的区域使下面图像色彩产生反相效果；上面为黑色，下面图像不变；为中间色时，色彩也相应发生变化。

23 将“天空”图层的图层混合模式改为“排除”，如图6-40所示。混合后图像效果类似于“差值”模式，不过效果要柔和得多。

图6-39 “差值”模式

图6-40 “排除”模式

24 将“天空”图层的图层混合模式改为“色相”，如图6-41所示。混合后图像效果为将上面图像的基本颜色应用到下面的图像中，并保持下面图像的亮度和饱和度。

25 将“天空”图层的图层混合模式改为“饱和度”，如图6-42所示。混合后图像效果为根据将上面的图像的饱和度应用到下面的图像中，如果是白色，会使下面的图像变为灰色。

图6-41 “色相”模式

图6-42 “饱和度”模式

26 将“天空”图层的图层混合模式改为“颜色”，如图6-43所示。混合后图像效果与“色相”类似，但是同时改变了下面图层图像的饱和度。

27 将“天空”图层的图层混合模式改为“明度”，如图6-44所示。混合后图像效果为将上面得图层图像的亮度应用于下面的图层。

图6-43 “颜色”模式

图6-44 “明度”模式

案例总结

通过上面的各种混合模式的效果观察，可以得出结论，Photoshop中的混合模式大致可以分为6组，分别为组合模式、加深模式、减淡模式、对比模式、比较模式和色彩模式，如图6-45所示。Photoshop图层混合模式菜单也可以按照这个进行分组。

6.2 组合模式

组合模式是Photoshop中最为简单的混合模式，包括正常、溶解、背后和清除4种混合模式，其中后两种模式只存在于颜色混合模式中。在使用“画笔工具”、“铅笔工具”、“油漆桶工具”和“形状工具”时，在属性栏上的“模式”菜单中会出现这两个混合模式；在执行“填充”和“描边”命令时，在相应的对话框中也会出现这两个混合模式。

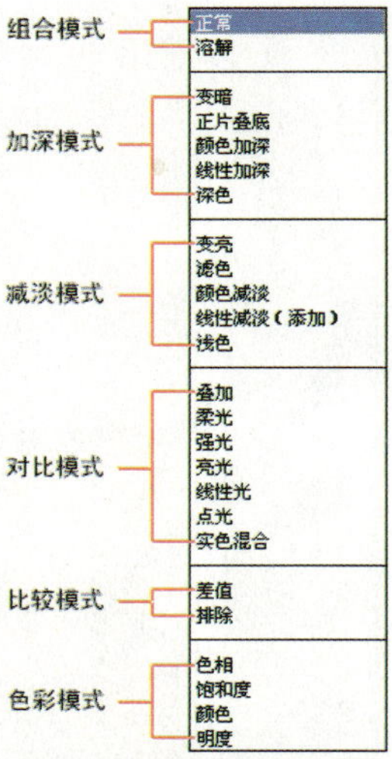

图 6-45 混合模式分组

6.2.1 “正常”混合模式

在多数情况下，Photoshop中的初始默认混合模式都为“正常”混合模式。在该模式下，如果图层的不透明度为100%时，上面图层的图像要完全掩盖下面图层的图像，如图6-46所示。当图层的不透明度不为100%时，上面的图层的图像将部分地掩盖下面的图像，如图6-47和图6-48所示。

图6-46 不透明度100%

图6-47 不透明度50%

图6-48 不透明度30%

6.2.2 “溶解”混合模式

“溶解”混合模式作用于不透明度低于100%的图层，或者羽化和柔化的边缘，可以产生喷雾状的效果。此时上面的图像将呈现颗粒状掩盖下面的图像，如图6-48和图6-50所示。

图6-49 不透明度50%

图6-50 羽化边缘

6.2.3 “背后”混合模式

“背后”混合模式只限当前图层中有透明区域，对其绘画添加颜色时。此时对该图层进行绘画等操作，选择“背后”模式后，只能更改图层中的透明区域，对已有像素的区域没有作用。

如图6-51所示，“图层1”图层中只有一个雕塑图案，其余区域为透明状态，当使用画笔工具时，在属性栏上选择“背后”模式后，用画笔随意在“图层1”图层上绘画，所得结果如图6-52所示。可以看出，使用该模式，就好像在当前图层的下方新建一个透明图层，然后在该透明图层中进行操作一样，对当前图层中已存在的图像丝毫没有影响。

图6-51 绘画前的图像

图6-52 使用“背后”模式绘画

6.2.4 “清除”混合模式

“清除”模式与“橡皮擦工具”的作用基本相同。在使用时填充或者绘画的颜色已不再重要。编辑区域中的图像完全被删除决定于属性栏上不透明度的设置。如图6-53至图6-55所示，不透明度越高，清除效果越明显；不透明度越底，清除效果越不明显。

图6-53 不透明度100%

图6-54 不透明度50%

图6-55 不透明度20%

6.3 加深模式组

从本节开始，着重介绍Photoshop中最为重要的几种混合模式。这里为了讲解方便，均采用图层混合模式为例。

在图层混合模式的讲解过程中，为了有对比性，采用统一的一个多图层文档。如图6-56所示，该图像由6个图层组成，从下至上分别为人物图像图层、雨伞图像图层、渐变填充图层、白色填充图层、黑色填充图层与50%灰色图层（R:128，G:128，B:128）。其中，最下面的人物图像图层作为基色图层，其余图层均分别作为混合色图层。该图像在配套光盘中的相应文件夹中可以找到，用户可以一边练习一边参考本书的讲解。

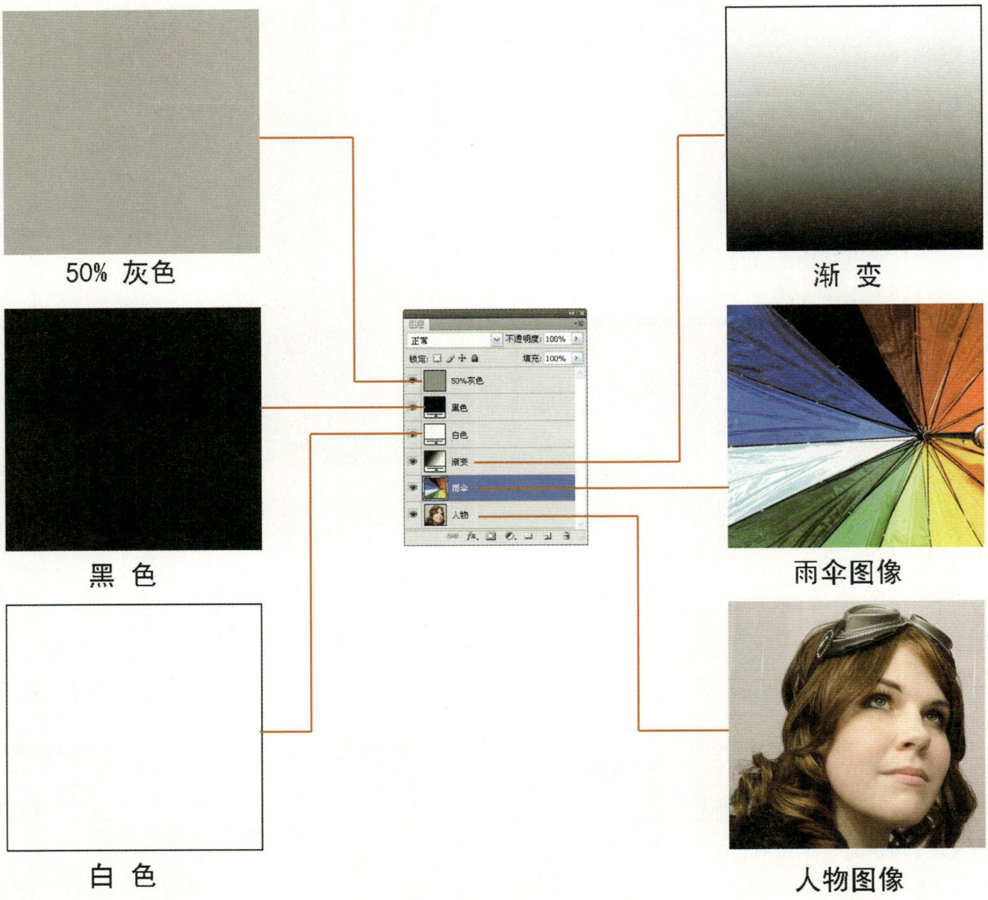

图6-56 图层混合模式示意图

Photoshop中的加深模式组包括变暗模式、正片叠底模式、颜色加深模式、线性加深模式和深色模式5种模式。接下来，将逐一对其进行讲解。

6.3.1 “变暗”混合模式

1. 混合效果

Photoshop的帮助文件是这样解释“变暗”模式的：“查看每个通道中的颜色信

息，并选择基色或混合色中较暗的颜色作为结果色。替换比混合色亮的像素，而比混合色暗的像素保持不变。”

选择该混合模式后，Photoshop会首先比较相同位置基色和混合色的颜色，如果混合色比基色颜色深，该位置显示混合色，即结果色等于混合色；当该位置混合色比基色颜色淡，该位置显示基色，即结果色等于基色。这里要注意的是，Photoshop在比较全色彩图像中的像素时，是逐个通道进行比较的。因此，在很多情况下，虽然混合色中某一通道分量比基色相应分量深，但另外两个颜色分量比基色要浅，此时，结果色中的颜色分量就要分别取相对应最深的颜色分量。同理进行类推，所以在结果色中，每个像素的颜色都要等于或深于相同位置的基色和混合色。

图6-57显示了将人物图像图层作为基色，其余图层分别作为混合色后，图像结果色为最终效果。可以对比结果色与基色和混合色，不难观察到所有的结果色都要深于或等于其相对应的基色和混合色。

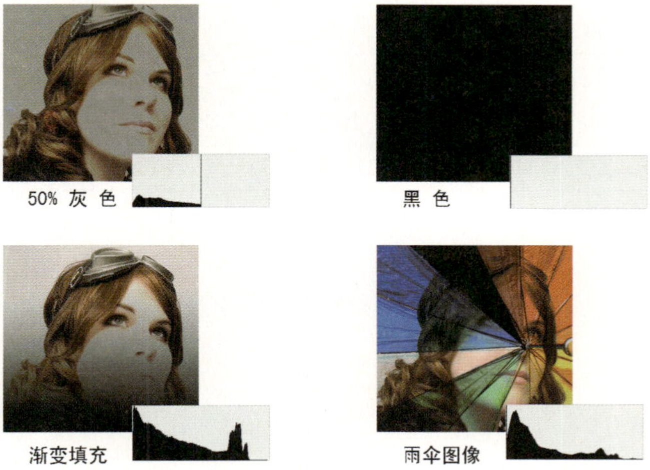

图6-57 “加深”模式效果图

下面单独分析雨伞图像作为混合色的情况。如图6-58所示，分别观察混合色图层中1、2和3这3个区域。其中，区域1中混合色为白色，所以在相应的位置结果色就等于基色；区域2中混合色为黑色，其各颜色分量最深，所以相应位置结果色等于混合色；区域3中混合色与基色的颜色分量各有深浅，所以结果色为混合色和基色的最深颜色分量的组合，这就呼应了该混合模式的原理。

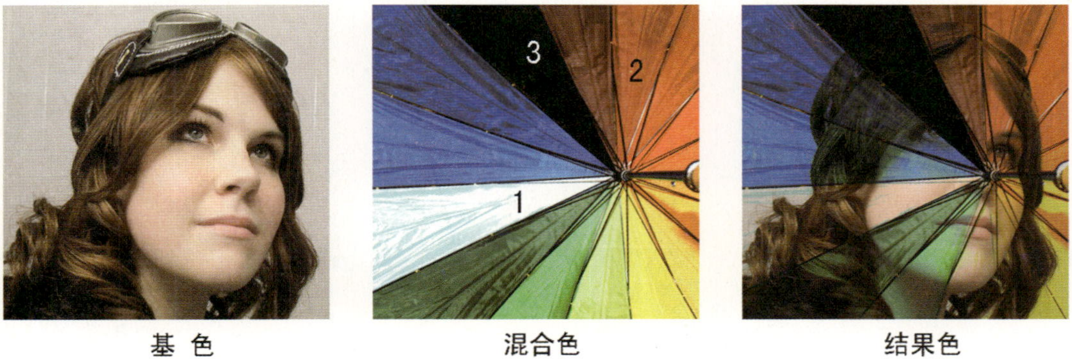

图6-58 雨伞图像作为混合色

2. 混合公式

综上所述，可以根据上面的“变暗”混合模式的结果色与基色和混合色的关系总结出计算公式：

结果色=最小值（基色，混合色）

接下来，用实际的测量数据来验证公式的正确性。如图6-59所示，在图像中建立4个取样点，然后在“信息”面板上分别观测基色、混合色和结果色的颜色信息。

图6-59 建立取样点

表6-1中显示了取样点的颜色信息的实测数据和计算值。

表6-1 变暗混合模式公式验证表

取样点	基色（R，B，G）	混合色（R，B，G）	最小值（基色，混合色）（计算值）	结果色（实测）
1	（84，43，27）	（204，35，30）	（84，35，27）	（84，35，27）
2	（122，65，46）	（29，52，164）	（29，52，46）	（29，52，46）
3	（238，193，165）	（74，200，130）	（74，193，130）	（74，193，130）
4	（180，108，95）	（247，225，53）	（180，108，53）	（180，108，53）

上面的计算结果与实测结果色完全相等，可以看出计算公式应该是比较准确的。

● 混合色为白色

此时混合色为（R:255、G:255、B:255），每个颜色分量均为最大值，所以混合后，结果色=基色。

● 混合色为黑色

此时混合色为（R:0、G:0、B;0），每个颜色分量均为最小值，所以混合后，结果色=混合色。

● 混合色为统一颜色

此时结果色均大于或等于混合色。

当使用50%灰色作为混合色时，分别观察基色、混合色和结果色的直方图，会发现一个有趣的现象。如图6-60所示，由于混合色只有一种颜色，所以其直方图中所有像素都集中在（R:128、G:128、B:128）一点，混合后，基色中所有色阶小于128的颜色分量都自动调整为128，而色阶大于128的颜色分量不变。

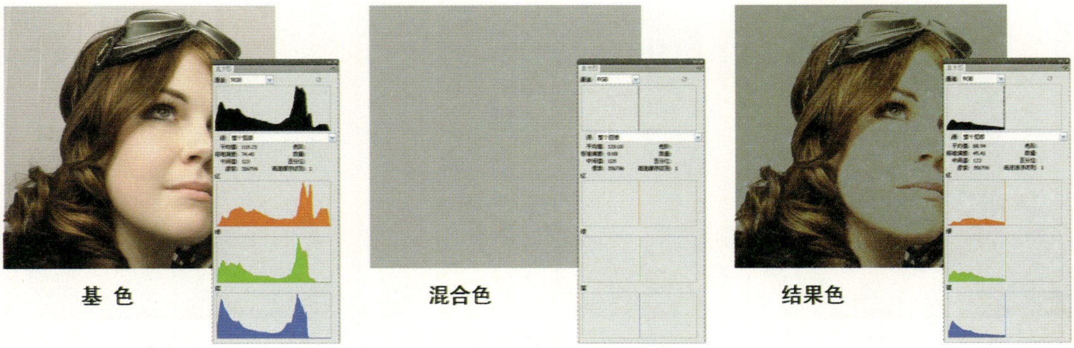

图6-60 50%灰色作为混合色

6.3.2 “正片叠底”混合模式

1. 混合效果

Photoshop的帮助文件是这样解释“正片叠底”混合模式的：“查看每个通道中的颜色信息，并将基色与混合色进行正片叠底，结果色总是较暗的颜色。任何颜色与黑色正片叠底产生黑色，任何颜色与白色正片叠底保持不变。当您用黑色或白色以外的颜色绘画时，绘画工具绘制的连续描边会产生逐渐变暗的颜色。这与使用多个标记笔在图像上绘图的效果相似。”

“正片叠底”模式类似于显示生活中的幻灯片。将两张幻灯片重叠放置，并对着光，此时就会产生正片叠底的效果。由于光线要穿过两个幻灯片，所以在最后的投影效果就要比两个幻灯片都要暗。图6-61显示了各种混合色所产生的结果色效果。

图6-61 正片叠底混合模式

从图6-62中可以看出，“正片叠底”混合模式的效果要比“变暗”混合模式变换所产生的效果更加平缓，更有利于保留基色与混合色的细节和阴影。

图6-62 “正片叠底”与“变暗”混合模式对比图

“正片叠底”混合模式是加深模式组中使用频率最高的一种混合模式。在后面的案例讲解中，会着重介绍该混合模式。

2. 混合公式

之所以“正片叠底”混合模式的效果比“变暗”混合模式要好很多，主要在于该混合模式的混合公式更加复杂。将上下两层图层像素颜色的灰度级进行乘法计算，获得灰度级更低的颜色而成为合成后的颜色。图层混合后的效果是低灰阶的像素显现而高灰阶不显现，产生正片叠加的效果。

正片叠底混合模式的基本计算公式为：

结果色=（基色×混合色）/255

同样，在图像中建立4个取样点，如图6-63所示。然后在“信息”面板上分别观测基色、混合色和结果色的颜色信息。

图6-63 建立取样点

表6-2中显示了取样点的颜色信息的实测数据和计算值。

表6-2 正片叠底混合模式公式验证表

取样点	基色（R，B，G）	混合色（R，B，G）	结果色（计算值）	结果色（实测）
1	（84，43，27）	（204，35，30）	（67，6，3）	（67，6，3）
2	（122，65，46）	（29，52，164）	（14，13，30）	（14，13，30）
3	（238，193，165）	（74，200，130）	（69，151，84）	（69，151，84）
4	（180，108，95）	（247，225，53）	（174，95，20）	（174，95，20）

从上面的计算结果和实测结果可以看出两者完全相等，这从一个侧面也验证了公式的正确性。

正片叠底混合公式的3种特殊情况，以混合色值为参考：

- 混合色为白色

根据公式结果色=（基色×混合色）/255可知，此时结果色=基色，如图6-62中白色混合图层所示。

- 混合色为黑色

此时，结果色=黑色，如图6-62中黑色混合图层所示。

- 混合色为统一颜色

因为混合色固定，所以，此时结果色=基色×固定值。以混合色为50%灰色为例，此时结果色=（基色×128）/255=基色/2。这个公式类似与前面介绍的色阶调整公式，其混合效果也同色阶调整相似。

如图6-64所示，观察使用50%灰色为混合色时，基色、混合色和结果色的直方图情况。可以看出，与变暗模式不同，在“正片叠底”混合模式下，结果色的直方图相当于将基色的色阶整体向低色阶值方向压缩，而不是直接去掉高色阶值部分。因此，混合后，可以最大限度地保留底色的细节。

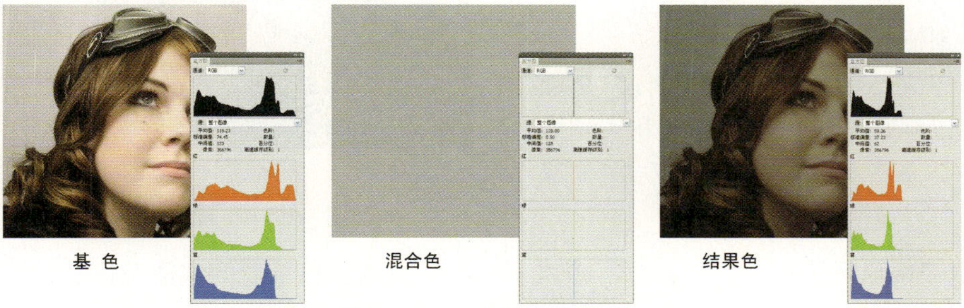

图6-64 50%灰色为混合色

6.3.3 “颜色加深”混合模式

1. 混合效果

Photoshop的帮助文件是这样解释“颜色加深”模式的：“查看每个通道中的颜色信息，并通过增加对比度使基色变暗以反映混合色，与白色混合后不产生变化。”

“颜色加深”模式产生的结果色要比变暗混合模式产生的结果色浅一些，可以产生更鲜亮的颜色和加深的边缘效果。如图6-65所示，可以明显地观察到，颜色加深混合模式的混合效果比前两个模式的颜色要亮丽很多，同时可以保留基色中的高光。当黑色作为混合色时，前两种混合模式的结果色均为黑色，而在“颜色加深”混合模式的结果色中，保留了基色图层中人物图像的高光。

图6-65 “颜色加深”混合模式

2. 混合公式

“颜色加深”混合模式的计算公式相对前面的混合模式来说要复杂的多，该模式的计算公式为：

结果色=（基色+混合色-255）×255/混合色

如果计算出的结果色小于0，将结果色归为0。

混合色图层中图像越暗，则基色图层获取的光越少。如果混合色图层为全黑色，则基色图层将被黑色覆盖；如果混合色图层为全白色，则根本不会影响基色图层。结果最亮的地方不会高于下层的像素值。

接下来，同样在图像中创建4个取样点，以观察结果色的计算值和实测值的关系。如图6-66所示，建立了4个取样点。

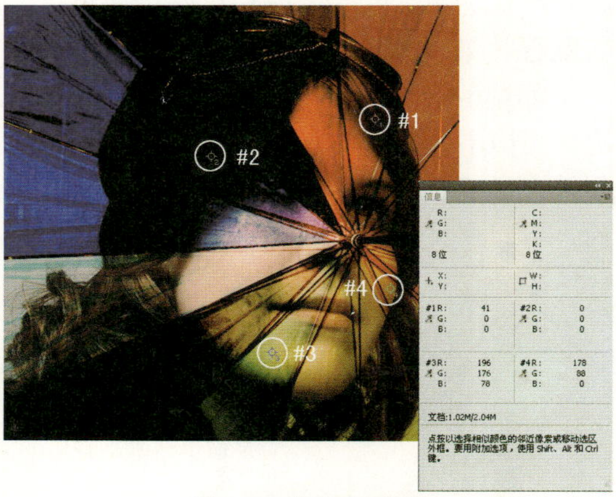

图6-66 建立取样点

表6-3中显示了在“颜色加深”模式下，取样点的颜色信息的实测数据和计算值。

表6-3 颜色加深混合模式公式验证表

取样点	基色（R，B，G）	混合色（R，B，G）	结果色（计算值）	结果色（实测）
1	（84，43，27）	（204，35，30）	（41，0，0）	（41，0，0）
2	（122，65，46）	（29，52，164）	（0，0，0）	（0，0，0）
3	（238，193，165）	（74，200，130）	（196，176，78）	（196，176，78）
4	（180，108，95）	（247，225，53）	（178，88，0）	（178，88，0）

从上面的计算结果和实测结果可以看出两者完全相等，这从一个侧面也验证了公式的正确性。

从公式的构成和上面的计算结果，可以推断出：在很多情况下，结果色中都会有一个或几个颜色分量的色阶值为0（基色+混合色<255的几率很大），这就使得结果色的颜色趋近与灰色的可能性大大减少，而偏向于原色或补色，所以混合效果使得图像的颜色更加鲜艳。

这里还要注意几种特殊情况：

- 混合色为黑色

当混合色为黑色时，其各颜色分量的色阶均为0。此时，除了基色为白色或至少一个颜色分量色阶值为255时，在其他的情况下，结果色均为黑色。如图6-67所示，图像中除了少许的高光亮点以外，其余区域均为黑色。在直方图中可以观察到，在色阶为255处，有268个像素，其余像素的色阶之均为0。

图6-67 黑色图层作为混合色

- 基色为白色

当基色为白色或基色的某个颜色分量色阶值为

255时，无论混合色如何，其结果色为白色或其相对应颜色分量色阶值为255。这就是帮助文件中“与白色混合后不产生变化。”的含义。

● 混合色为单一色

当混合色为黑色和白色以外的单一颜色时，就意味着混合色各分量色阶值已固定，根据“计算出的结果色小于0，将结果色归为0”的规定，将能够知道基色的各颜色分量小于（255-混合色）的色阶将被归为0色阶值。

以50%灰色作为混合色为例，如图6-68所示，观察使用“颜色加深”混合模式时，图像基色、混合色与结果色图层的直方图变化。混合的结果相当于将基色各颜色分量色阶图中色阶值小于127的色阶统一设为色阶值为0，然后将剩下的色阶平均地在整个色阶区域展开。

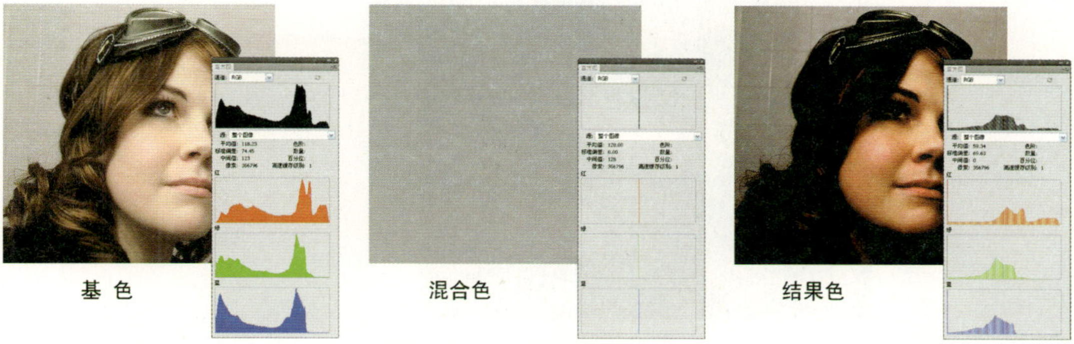

图6-68 50%灰色作为混合色

6.3.4 “线性加深”混合模式

1. 混合效果

Photoshop的帮助文件是这样解释“线性加深”模式的：“查看每个通道中的颜色信息，并通过减小亮度使基色变暗以反映混合色，与白色混合后不产生变化。”

相对与颜色加深混合模式，“线性加深”混合模式产生的效果更加平缓和细腻。如图6-69所示，展示了各种混合色产生的混合效果。

图6-69 “线性加深”混合模式

2. 混合公式

线性加深混合模式的计算公式相对比较简单，公式的一般形式为：

结果色=基色+混合色-255

如果计算的结果色小于0，将结果色归为0。

同样在图像中建立取样点以观察在“线性加深”混合模式下，结果色的计算值和实测值之间的关系。如图6-70所示，随机建立4个取样点。

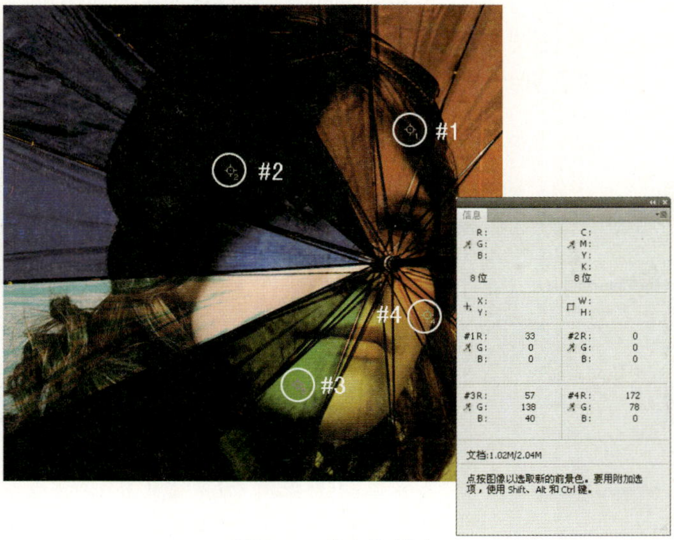

图6-70 建立取样点

表6-4中显示了在“线性加深”模式下，取样点的颜色信息的实测数据和计算值。

表6-4 线性加深混合模式公式验证表

取样点	基色（R，B，G）	混合色（R，B，G）	结果色（计算值）	结果色（实测）
1	（84，43，27）	（204，35，30）	（33，0，0）	（33，0，0）
2	（122，65，46）	（29，52，164）	（0，0，0）	（0，0，0）
3	（238，193，165）	（74，200，130）	（57，138，40）	（57，138，40）
4	（180，108，95）	（247，225，53）	（172，78，0）	（172，78，0）

从上面的计算结果和实测结果可以看出两者完全相等，这从一个侧面也验证了公式的正确性。

如果基色和混合色的像素色阶值之和小于255，输出结果将会是纯黑色。

下面来看一下几种特殊情况：

- 混合色为黑色

当混合色为黑色时，根据公式，无论基色如何，所得的结果色值均小于或等于0，将统一归为0，即黑色。

- 混合色为白色

混合色为白色时，结果色等于基色。

- 混合色为单一颜色

根据混合公式可知，当混合色固定时，当基色小于或等于（255-混合色）时，结果色为黑色；当基色大于（255-混合色）时，结果色为非黑色。以混合色为50%灰色为例，如图6-71所示，观察在“线性加深”混合模式下基色、混合色和结果色的直方图情况。在结果色的直方图中，将基色中色阶值小于或等于127的所有色阶都统一归为0，将剩余的混合色色阶平行相右侧平移。

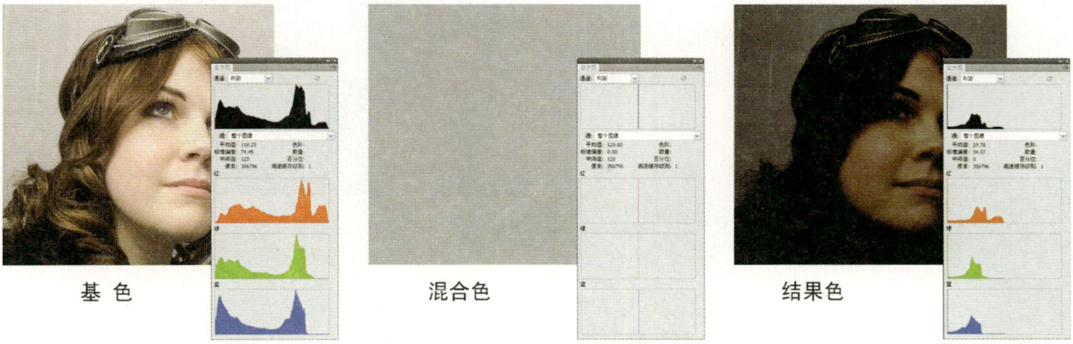

图6-71 50%灰色作为混合色

6.3.5 “深色”混合模式

1. 混合效果

Photoshop的帮助文件是这样解释“深色”混合模式的：“比较混合色和基色的所有通道值的总和并显示值较小的颜色。‘深色’不会生成第三种颜色（可以通过“变暗”混合获得），因为它将从基色和混合色中选择最小的通道值来创建结果颜色。”

“深色”混合模式与前面介绍的所有混合模式的最大区别在于，在进行比较基色与混合色时，“深色”混合模式是比较所有颜色通道色阶值的总和，结果色不是基色就是混合色；而其他混合模式是分别比较每个颜色通道，作为新的结果色。图6-72显示了在“深色”混合模式下，不同混合色所产生的结果色的效果。

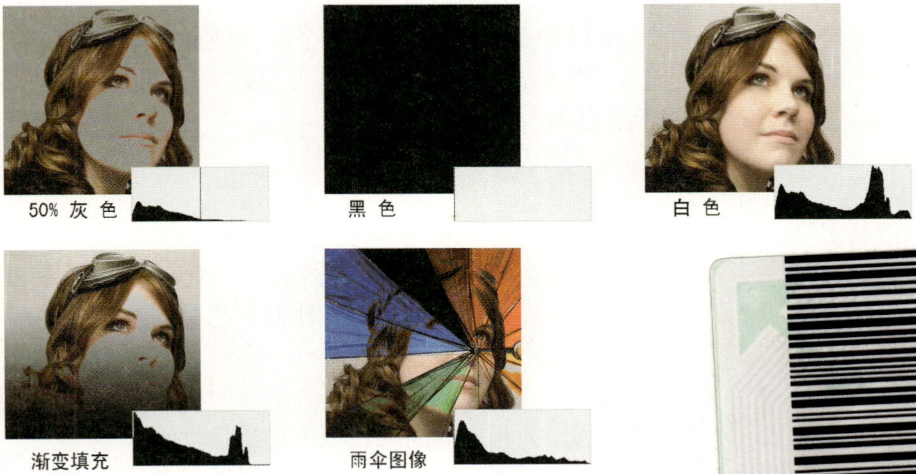

图6-72 “深色”混合模式

2. 混合公式

深色混合模式的计算公式类似于变暗混合模式，公式的普通形式为：

结果色=最小值（基色（R+G+B），混合色（R+G+B））

公式的形式与变暗公式非常相似，但是区别在于变暗模式中是分别比较基色和混合色的单独颜色通道的色阶值；而在“深色”混合模式下，比较基色和混合色各颜色通道的色阶值之和。

同样建立4个取样点，如图6-73所示观察“深色”混合模式对结果色的影响。

表6-5中显示了“深色”模式下取样点的颜色信息的实测数据和计算值。

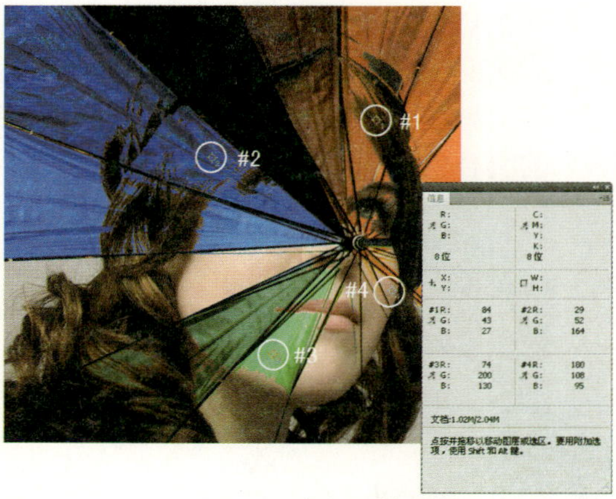

图6-73 建立取样点

表6-5 深色混合模式公式验证表

取样点	基色（R，B，G）	混合色（R，B，G）	结果色（计算值）	结果色（实测）
1	（84，43，27）	（204，35，30）	（84，43，27）	（84，43，27）
2	（122，65，46）	（29，52，164）	（29，52，164）	（29，52，164）
3	（238，193，165）	（74，200，130）	（74，200，130）	（74，200，130）
4	（180，108，95）	（247，225，53）	（180，108，95）	（180，108，95）

通过公式和表格可以看出，“深色”混合模式不会创造新的颜色，结果色为基色和混合色中色调较暗的一个。这样混合后图像的色调相对基色图像或混合色图像基本上会变暗一些。这种混合模式造成结果色没有过渡色，往往呈现的都是基色和混合色的色块。

6.4 “减淡”模式

与加深模式组相对应的为减淡模式组，其也包括5个混合模式，分别为“变亮”混合模式、“滤色”混合模式、“颜色减淡”混合模式、“线性减淡”混合模式和“浅色”混合模式。接下来，分别介绍这5个混合模式。

6.4.1 “变亮”混合模式

1. 混合效果

Photoshop的帮助文件是这样解释“变亮”混合模式的：“查看每个通道中的颜色信息，并选择基色或混合色中较亮的颜色作为结果色。比混合色暗的像素被替换，比混合色亮的像素保持不变。”

“变亮”混合模式是“变暗”混合模式的相反操作，混合时，分别比较基色和混合色单独颜色通道的色阶值，较大的作为相应的结果色颜色通道色阶值。

图6-74显示了在“变亮”混合模式下，不同的混合色图层所产生的结果色效果。可以看出，首先，所有结果色都要比基色和混合色浅；其次，当混合色为白色时，结果色等于混合色，即为白色，当混合色为黑色时，结果色等于基色。从下面的效果图中也可以看出“变亮”混合模式和“变暗”混合模式是相反的一对模式。

图6-74 “变亮”混合模式效果图

2. 混合公式

综上所述，可以根据上面的“变暗”混合模式的计算公式，推断出“变亮”混合模式的计算公式：

结果色=最大值（基色，混合色）

接下来，同样用实际的测量数据来验证公式的正确性。如图6-75所示，在图像中建立4个取样点，然后在“信息”面板上分别观测基色、混合色和结果色的颜色信息。

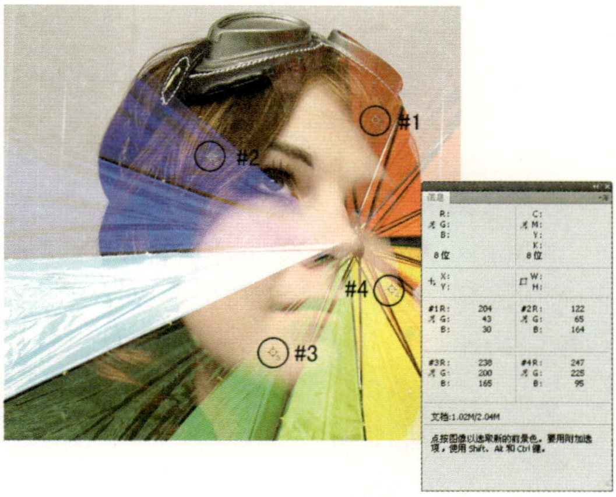

图6-75 建立取样点

表6-6中显示了在“变亮”混合模式下，取样点的颜色信息的实测数据和计算值。

表 6-6 变亮混合模式公式验证表

取样点	基色（R，B，G）	混合色（R，B，G）	结果色（计算值）	结果色（实测）
1	（84，43，27）	（84，43，27）	（204，35，30）	（204，43，30）
2	（122，65，46）	（29，52，164）	（122，65，164）	（122，65，164）
3	（238，193，165）	（74，200，130）	（238，200，165）	（238，200，165）
4	（180，108，95）	（247，225，53）	（247，225，95）	（247，225，95）

从上面的计算结果和实测结果可以看出两者完全相等，这从一个侧面也验证了公式的正确性。

下面来看一下几种特殊情况：

- 混合色为黑色

当混合色为黑色时，根据公式，无论基色如何，所得的结果色永远等于基色。

- 混合色为白色

混合色为白色时，结果色等于白色。

• 混合色为单一颜色

根据混合公式可知，当混合色固定时，且当基色大于或等于混合色时，结果色为基色；当基色小于混合色时，结果色为混合色。以混合色为50%灰色为例，如图6-76所示。观察在“线性加深”混合模式下，基色、混合色和结果色的直方图情况。在结果色的直方图中，将基色中色阶值小于127的所有色阶都统一归为127的色阶值，基色剩余的色阶不变。

图6-76 50%灰色作为混合色

6.4.2 “滤色”混合模式

1. 混合效果

Photoshop的帮助文件是这样解释“滤色”混合模式的：“查看每个通道的颜色信息，并将混合色的互补色与基色进行正片叠底。结果色总是较亮的颜色，用黑色过滤时颜色保持不变。用白色过滤将产生白色。此效果类似于多个摄影幻灯片在彼此之上投影。”

上面的帮助文件中已经说明“将混合色的互补色与基色进行正片叠底”，这就意味着“滤色”混合模式其实是“正片叠底”混合模式的相反的混合方式。

图6-77显示了在“滤色”混合模式下，不同的混合色图层所产生的结果色效果。“滤色”混合模式的效果要比“变亮”混合模式变换所产生的效果更加平缓，更有利于保留基色与混合色的细节和阴影。

图6-77 “滤色”混合模式效果图

2. 混合公式

滤色混合模式的计算公式相对变亮混合模式要复杂一些，具体的计算公式为：

结果色=255－（255－基色）×（255－混合色）/255

其实从该公式不难看出，该混合公式就是正片叠底混合公式将基色、混合色和结果色均取补色变形而来，即：

结果色=（255－基色）×（255－混合色）/255

接下来，同样用实际的测量数据来验证公式的正确性。如图6-78所示，在图像中建立4个取样点，然后在“信息”面板上分别观测基色、混合色和结果色的颜色信息。

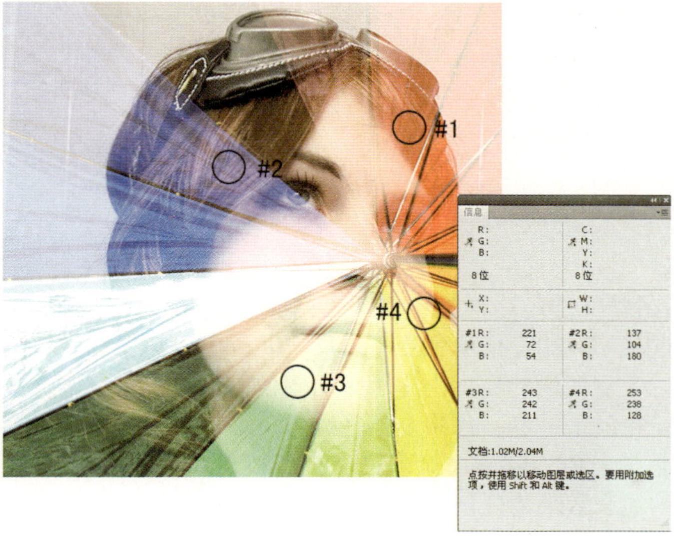

图6-78 建立取样点

表6-7中显示了在“滤色”混合模式下，取样点的颜色信息的实测数据和计算值。

表6-7 滤色混合模式公式验证表

取样点	基色（R，B，G）	混合色（R，B，G）	结果色（计算值）	结果色（实测）
1	（84，43，27）	（204，35，30）	（221，72，54）	（221，72，54）
2	（122，65，46）	（29，52，164）	（137，104，180）	（137，104，180）
3	（238，193，165）	（74，200，130）	（243，242，211）	（243，242，211）
4	（180，108，95）	（247，225，53）	（253，238，128）	（253，238，128）

从上面的计算结果和实测结果可以看出两者完全相等，这从一个侧面也验证了公式的正确性。

下面来看一下几种特殊情况：

- 混合色为黑色

当混合色为黑色时，根据公式，无论基色如何，所得的结果色永远等于基色。

- 混合色为白色

混合色为白色时，结果色等于白色。

- 混合色为单一颜色

根据公式可知，当混合色为固定颜色时，使用“滤色”混合模式可以将基色的直方图整体向右压缩。如图6-79所示，以混合色为50%灰色为例，从图中可以很清楚地看出，混合后结果色的直方图相当于将基色的直方图向右压缩在128～255色阶值的范围内。

图6-79 50%灰色作为混合色

6.4.3 “颜色减淡”混合模式

1. 混合效果

Photoshop的帮助文件是这样解释“颜色减淡”混合模式的：“查看每个通道中的颜色信息，并通过减小对比度使基色变亮以反映混合色。与黑色混合则不发生变化。”

在该模式下，上层图像的亮度决定了下层图像的显现程度。上层图像越亮，下层图像获取的光越多，也就是越亮；如果上层是纯黑色，也就是没有亮度，则根本不会影响下层；如果上层是纯白色，则下层除了色阶值为255的地方显现外，其他地方全部为白色。该混合模式的混合效果为任何像素的结果色都不会比其基色暗。

图6-80显示了在“颜色减淡”混合模式下，不同混合色图层混合时所产生的效果。从图中可以看出，颜色减淡所制作的混合效果，颜色比较显明，但是相对粗糙。

图6-80 “颜色减淡”混合模式

2. 混合公式

颜色减淡混合模式的计算公式相对比较复杂，具体的表达形式如下：

结果色=255×基色/（255－混合色）

当计算结果色大于255，将其归于255。

接下来，在图像中创建4个取样点，以观察结果色的计算值和实测值的关系。如图6-81所示，建立4个取样点。

图6-81 建立取样点

表6-8中显示了在“颜色减淡”混合模式下，取样点的颜色信息的实测数据和计算值。

表6-8 颜色减淡混合模式公式验证图

取样点	基色（R，B，G）	混合色（R，B，G）	结果色（计算值）	结果色（实测）
1	（84，43，27）	（204，35，30）	（255，50，31）	（255，50，31）
2	（122，65，46）	（29，52，164）	（138，82，129）	（138，82，129）
3	（238，193，165）	（74，200，130）	（255，255，255）	（255，255，255）
4	（180，108，95）	（247，225，53）	（255，255，120）	（255，255，120）

从上面的计算结果和实测结果可以看出两者完全相等，这从一个侧面也验证了公式的正确性。

从公式的构成和上面的计算结果可以推断出：在很多情况下，结果色中都会有一个或几个颜色分量的色阶值为255（基色/（255-混合色）>1的几率很大），这就使得结果色的颜色趋近与灰色的可能性大大减少，所以混合效果使得图像的颜色更加鲜艳。

下面来看一下几种特殊情况：

- 混合色为黑色

当混合色为黑色时，根据公式，无论基色如何，所得的结果色永远等于基色。这就是帮助文件中“与黑色混合则不发生变化”的含义。

- 混合色为白色

当混合色为白色时，其各个颜色分量的色阶均为255，此时混合公式的分母为（255－混合色）＝（255－255）=0，这时分母没有意义。此时，除了基色为白色或至少一个颜色分量色阶值为0时，保持基色该颜色通道值为0，在其余的情况下，结果色均为白色。如图6-82所示，图像中除了头发等的阴影区域以外，其余区域均为白色。在直方图中可以观察到，图像中色阶为0的像素共有2 776个，其余像素色阶均为255。

图6-82 白色作为混合色

- 混合色为单一颜色

当混合色为黑色和白色以外的单一颜色时，就意味着混合色各颜色通道色阶值已固定，根据“当计算结果色大于255，将其归于255”的规定，将能够知道当（255－混合色）<基色时，结果色的色阶将被归为255色阶值。

以50%灰色为混合色为例，如图6-83所示，观察使用“颜色减淡”混合模式时，图像基色、混合色与结果色图层的直方图变化。混合的结果相当于将基色各个颜色分量色阶图中色阶值大于127（基色>255－混合色=127）的色阶统一设为色阶值为255，然后将剩下的色阶平均地在整个色阶区域展开。

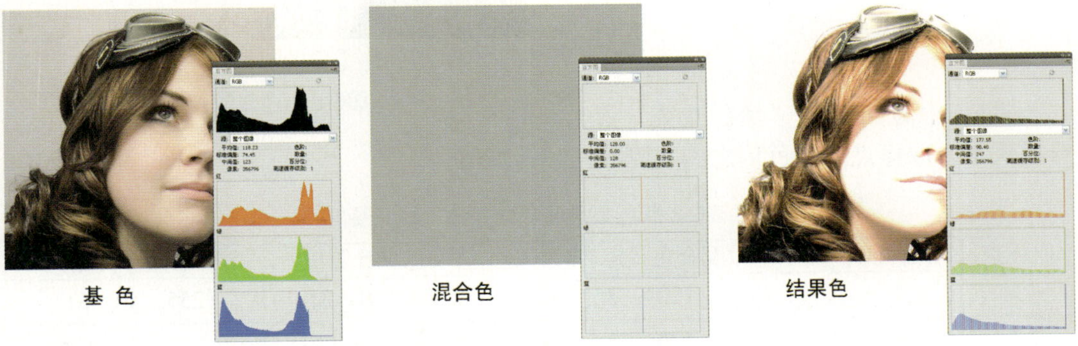

图6-83 50%灰色作为混合色

6.4.4 “线性减淡”混合模式

1. 混合效果

Photoshop的帮助文件是这样解释“线性减淡”混合模式的：“查看每个通道中的颜色信息，并通过增加亮度使基色变亮以反映混合色，与黑色混合则不发生变化。”

如图6-84所示，“线性减淡”混合模式可以产生更加平滑的过渡，同时也能保留细节。在混合时，将基色和混合色层的色彩值相加，使得结果色将更亮。

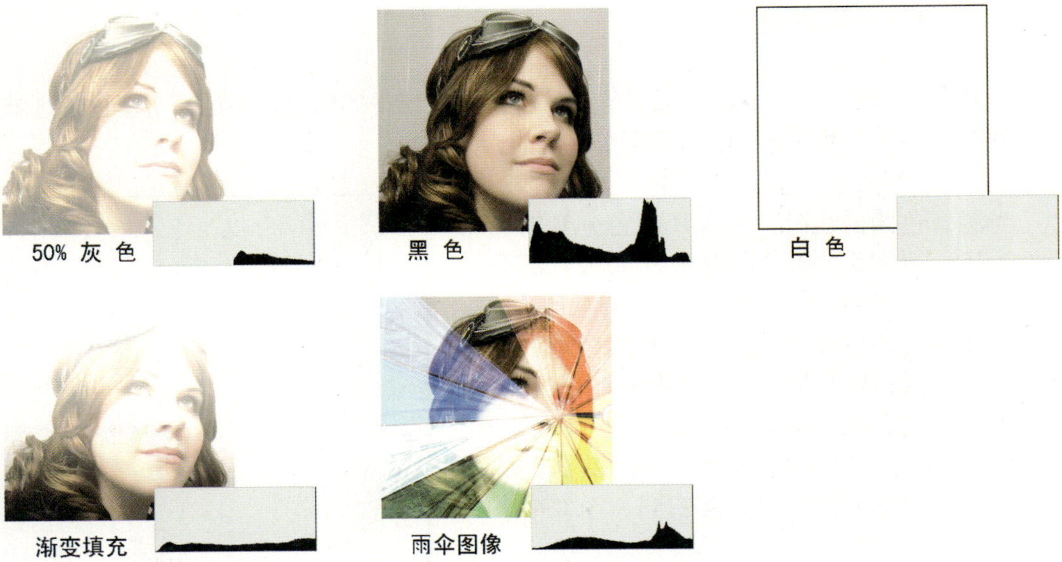

图6-84 “线性减淡”混合模式

2. 混合公式

线性减淡的计算公式相对简单，具体表达形式如下：

结果色=基色+混合色

当结果色计算值大于255时，将结果色归为255。

同样在图像中创建4个取样点，以观察结果色的计算值和实测值的关系。如图6-85所示，建立4个取样点。

表6-9中显示了在“线性减淡”混合模式下，取样点的颜色信息的实测数据和计算值。

图6-85 建立取样点

表6-9 线性减淡混合模式公式验证表

取样点	基色（R，B，G）	混合色（R，B，G）	结果色（计算值）	结果色（实测）
1	（84，43，27）	（204，35，30）	（255，78，57）	（255，78，57）
2	（122，65，46）	（29，52，164）	（151，117，210）	（151，117，210）
3	（238，193，165）	（74，200，130）	（255，255，255）	（255，255，255）
4	（180，108，95）	（247，225，53）	（255，255，148）	（255，255，148）

从上面的计算结果和实测结果可以看出两者完全相等，这从一个侧面也验证了公式的正确性。

下面来看一下几种特殊情况：

- 混合色为黑色

当混合色为黑色时，根据公式，无论基色如何，所得的结果色永远等于基色。这就是帮助文件中“与黑色混合则不发生变化”的含义。

- 混合色为白色

当混合色为白色时，其各颜色分量的色阶均为255，无论基色如何，结果色=基色+混合色将总大于等于255，所以结果色总为白色。

- 混合色为单一颜色

当混合色为黑色和白色以外的单一颜色时，就意味着混合色各颜色通道色阶值已固定，根据“当计算结果色大于255，将其归于255”的规定，将能够知道当基色>255－混合色时，结果色的色阶将被归为255色阶值。

以50%灰色作为混合色为例，如图6-86所示，观察使用“线性减淡”混合模式时，图像基色、混合色与结果色图层的直方图变化。混合的结果相当于将基色各个颜色分量色阶图中色阶值大于127（基色>255－混合色=127）的色阶统一设为色阶值为255，然后将剩下的色阶平移至128～255色阶值范围。

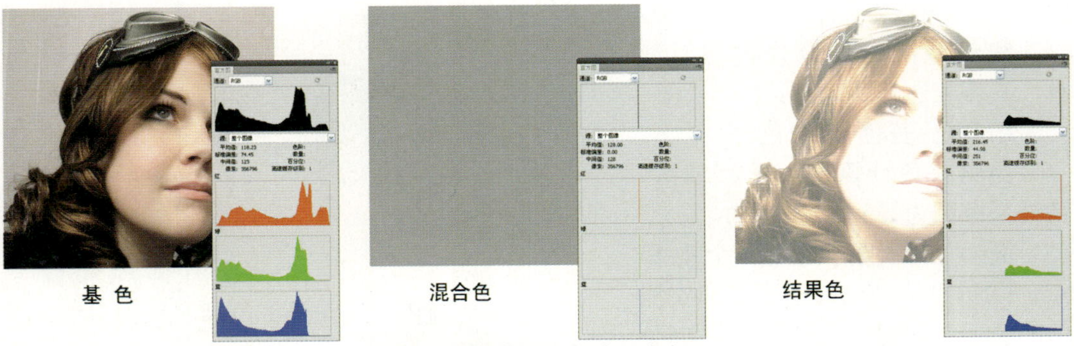

图6-86 50%灰色作为混合色

6.4.5 “浅色”混合模式

1. 混合效果

Photoshop的帮助文件是这样解释“浅色”混合模式的：“比较混合色和基色的所有通道值的总和并显示值较大的颜色。‘浅色’不会生成第三种颜色（可以通过“变亮”混合获得），因为它将从基色和混合色中选择最大的通道值来创建结果颜色。”

从帮助文件介绍可以看出，“浅色”混合模式其实是和“深色”混合模式完全相反的一种混合模式。结果色只显示基色或混合色中所有通道值的总和的值较大的颜色。图6-87显示了不同混合色在“浅色”混合模式下所显示的结果色。

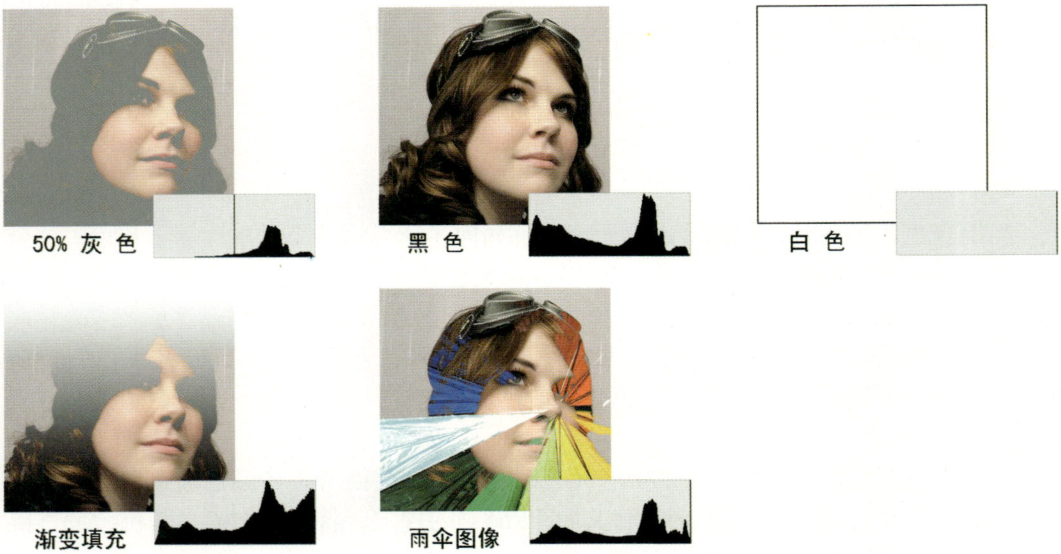

图6-87 “浅色”混合模式

2. 混合公式

浅色混合模式的计算公式与变亮混合模式公式相类似，公式的普通形式为：

结果色=最大值（基色（R+G+B），混合色（R+G+B））

公式的形式与变亮公式非常相似，但是区别在于，在“变亮”混合模式上是分别比较基色和混合色的单独颜色通道的色阶值；而在“深色”混合模式下，比较基色和混合色各个颜色通道的色阶值之和。结果色不是等于基色就是等于混合色，不会出现新的颜色。结果色图像往往呈现明显的色块效果。

6.5 对比模式组

Photoshop的对比模式组中一共含有7个混合模式，分别为“叠加”混合模式、“柔光”混合模式、“强光”混合模式、“线性光”混合模式、“点光”混合模式和“实色”混合模式。

对比混合模式综合了“加深”和“减淡”混合模式的特点。在进行混合时50%灰色混合色不影响基色；任何混合色亮于50%灰色的区域都可能加亮下面的基色；相反，任何混合色暗于50%灰色的区域都可能加深下面的基色。从混合的特点可以看出，使用“对比”混合模式，可以增加图像的对比度，亮的更亮，暗的更暗。

6.5.1 “叠加”混合模式

1. 混合效果

Photoshop的帮助文件是这样解释“叠加”混合模式的：“对颜色进行正片叠底或过滤，具体取决于基色。图案或颜色在现有像素上叠加，同时保留基色的明暗对比，不替换基色，但基色与混合色相混以反映原色的亮度或暗度。”

从帮助文件的解释中可以看出两点：第一，该模式由“正片叠底”和“滤色”两个混合模式组合而成；第二，混合时偏重于基色，可以保留基色的明暗对比。

图6-88显示了，在叠加模式下，不同混合色所产生的最终效果。

图6-88 “叠加”混合模式

2. 混合公式

前面已经提到，“叠加”混合模式是由“正片叠底”和“滤色”两个混合模式组合而成，因此其计算公式也是由这两个混合模式的计算公式组合而成。计算公式的具体形式为：

当基色小于或等于128，结果色=（基色×混合色）／128

当基色大于128，结果色=255－（255－基色）×（255－混合色）／128

从公式可以看出，“叠加”混合模式是根据基色的明暗来选择采用哪种计算公式。计算时当基色小于或等于128时，也就是基色偏暗时，使用类似“正片叠底”混合公式，这样就使得基色更暗，但是由于“叠加”混合模式公式的分母为128，而“正片叠底”混合模式公式的分母为255，所以叠加混合模式的变暗效果没有正片叠底明显；相反，当基色大于128，基色偏亮时，使用“滤色”混合公式，这样就使得基色更亮，同样变量效果也没有滤色混合模式效果明显。“叠加”混合模式的效果就是温和地增加了基色的对比度，而且可以保留基色的高光和暗调。

接下来，同样使用实际的测量数据来验证公式的正确性。如图6-89所示，在图像中建立4个取样点，然后在“信息”面板上分别观测基色、混合色和结果色的颜色信息。

图6-89 建立取样点

表6-10中显示了在“叠加”混合模式下，取样点的颜色信息的实测数据和计算值。

表6-10 叠加混合模式公式验证表

取样点	基色（R，B，G）	混合色（R，B，G）	结果色（计算值）	结果色（实测）
1	(84，43，27)	(204，35，30)	(134，12，6)	(134，12，6)
2	(122，65，46)	(29，52，164)	(28，26，59)	(28，27，59)
3	(238，193，165)	(74，200，130)	(231，228，167)	(231，228，167)
4	(180，108，95)	(247，225，53)	(250，190，39)	(250，191，39)

从上面的计算结果和实测结果可以看出两者完全相等，这从一个侧面也验证了公式的正确性。

下面来看一下几种特殊情况：

- 混合色为黑色

当混合色为黑色时，根据公式，当基色小于或等于128，结果色=0；当基色大于128，结果色=2×基色－255。在视觉效果上来说，基色除了高光不变以外，所有颜色都加深。

- 混合色为白色

混合色为白色时，根据公式，当基色小于或等于128，结果色=2×基色；当基色大于128，结果色=255。在视觉效果上来说，基色除了阴影不变以外，所有颜色都变亮。

- 混合色为50%灰色

根据公式，当混合色为50%灰色时，无论基色如何，结果色总等于基色。

6.5.2 “强光”混合模式

1. 混合效果

Photoshop的帮助文件是这样解释“强光”混合模式的：“对颜色进行正片叠底或

过滤，具体取决于混合色。此效果与耀眼的聚光灯照在图像上相似。如果混合色（光源）比 50% 灰色亮，则图像变亮，就像过滤后的效果。这对于向图像添加高光非常有用。如果混合色（光源）比 50% 灰色暗，则图像变暗，就像正片叠加后的效果。这对于向图像添加阴影非常有用。绘画使用纯黑或纯白色绘画会出现纯黑或纯白色。”

“强光”混合模式和“叠加”混合模式是一对对立的混合模式。在“叠加”混合模式下，以基色作为基础；而在“强光”混合模式下，则是以混合色作为基础。同样“强光”混合模式也是由“正片叠底”和“滤色”混合模式组成。图6-90显示了在“强光”混合模式下，不同的混合色混合后的最终效果。同时观察图6-90和图6-88中雨伞图像作为混合色时不同混合模式产生的结果色可以看出，在“叠加”混合模式下，结果色显示的主要为基色（人像图像）图像效果，而在“强光”混合模式下，结果色主要显示的为混合色（雨伞图像）图像效果。

图6-90 “强光”混合模式

“强光”混合模式相当于基色和混合色互换的叠加模式。如图6-91所示，在“强光”混合模式和“叠加”混合模式下，分别交替雨伞和人物图层，可以产生相同的效果。

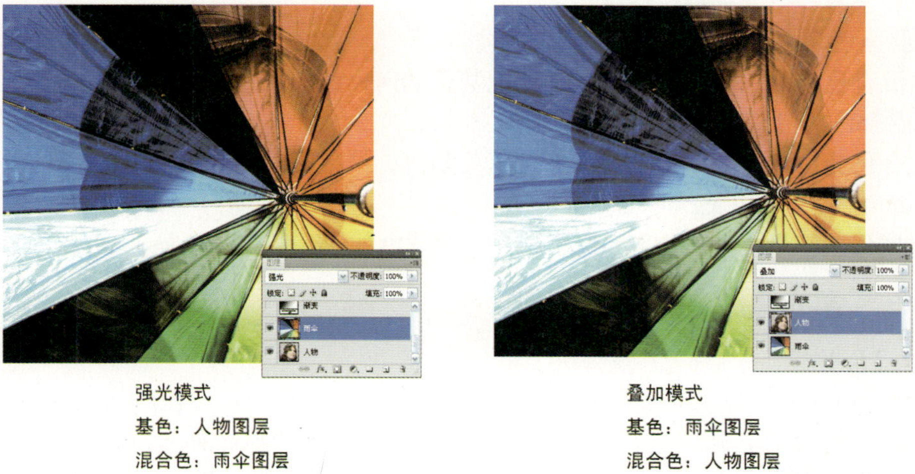

图6-91 “强光”混合模式与“叠加”模式的关系

2. 混合公式

“强光”混合模式的计算公式与“叠加”混合模式的计算公式形式上相近，但是限制条件以混合色为主。公式的表达形式为：

当混合色小于或等于128，结果色=（基色×混合色）／128

当混合色大于128，结果色=255－（255－基色）×（255－混合色）／128

同样，根据该公式可以总结出，“强光”混合模式同样可以增加图像的对比度，保存混合色的高光和阴影。

接下来，同样用实际的测量数据来验证公式的正确性。如图6-92所示，在图像中建立4个取样点，然后在“信息”面板上分别观测基色、混合色和结果色的颜色信息。

图6-92 建立取样点

表6-11中显示了在“强光”混合模式下，取样点的颜色信息的实测数据和计算值。

表6-11 强光混合模式公式验证表

取样点	基色（R，B，G）	混合色（R，B，G）	结果色（计算值）	结果色（实测）
1	（84，43，27）	（204，35，30）	（186，12，6）	（186，12，6）
2	（122，65，46）	（29，52，164）	（28，26，106）	（28，27，105）
3	（238，193，165）	（74，200，130）	（138，228，167）	（138，228，166）
4	（180，108，95）	（247，225，53）	（250，221，39）	（250，220，39）

从上面的计算结果和实测结果可以看出两者完全相等，这从一个侧面也验证了公式的正确性。

下面来看一下几种特殊情况：

- 混合色为黑色

当混合色为黑色时，根据公式，无论基色如何，结果色总为黑色。

- 混合色为白色

混合色为白色时，根据公式，无论基色如何，结果色总为白色。

- 混合色为50%灰色

根据公式，当混合色为50%灰色时，无论基色如何，结果色总等于基色。

6.5.3 “柔光”混合模式

1. 混合效果

Photoshop的帮助文件是这样解释“柔光”混合模式的：“使颜色变暗或变亮，具体取决于混合色。此效果与发散的聚光灯照在图像上相似。如果混合色（光源）比50% 灰色亮，则图像变亮，就像被减淡了一样。如果混合色（光源）比 50% 灰色暗，则图像变暗，就像被加深了一样。绘画时使用纯黑或纯白色绘画会产生明显变暗或变亮的区域，但不会出现纯黑或纯白色。”

从帮助文件的解释中可以看出，“柔光”混合模式与“强光”混合模式一样都是以混合色作为基准的，但是其产生的混合效果同时兼顾了基色和混合色的细节，产生的效果更加柔和。图6-93显示了在柔光混合模式下，不同的混合色所产生的最终混合效果。

图6-93 “柔光”混合模式

2. 混合公式

柔光的混合模式非常复杂，具体表达形式为：

当混合色小于或等于128，结果色=基色×混合色/128+(基色/255)2×（255-2×混合色）

当混合色大于128，结果色=基色×（255－混合色）/128+（基色/255）1/2×（2×混合色－255）

可以看出这是到目前为止介绍最为复杂的计算公式。

接下来，同样用实际的测量数据来验证公式的正确性。如图6-94所示，在图像中建立4个取样点，然后在“信息”面板上分别观测基色、混合色和结果色的颜色信息。

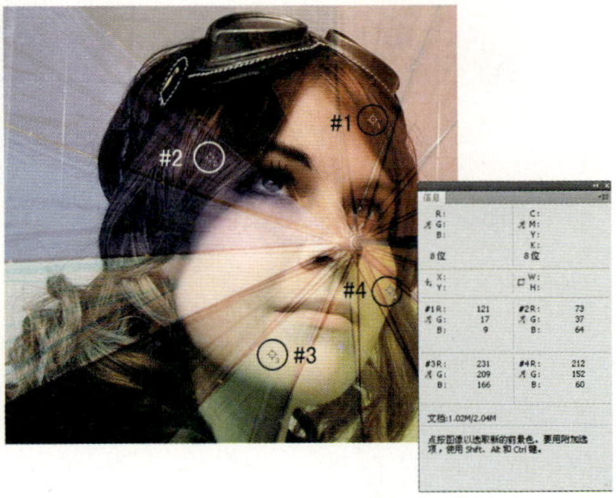

图6-94 建立取样点

表6-12中显示了在“柔光”混合模式下，取样点的颜色信息的实测数据和计算值。

表6-12 柔光混合模式公式验证表

取样点	基色（R，B，G）	混合色（R，B，G）	结果色（计算值）	结果色（实测）
1	（84，43，27）	（204，35，30）	（121，17，9）	（121，17，9）
2	（122，65，46）	（29，52，164）	（73，36，64）	（73，37，64）
3	（238，193，165）	（74，200，130）	（231，209，165）	（231，209，166）
4	（180，108，95）	（247，225，53）	（212，152，60）	（212，152，60）

从上面的计算结果和实测结果可以看出两者完全相等，这从一个侧面也验证了公式的正确性。

下面来看一下几种特殊情况：

- 混合色为黑色

当混合色为黑色时，根据公式，无论基色如何，结果色=基色2/255。除了基色为白色，在其余条件下，结果色均小于基色，图像整体变暗。

- 混合色为白色

混合色为白色时，根据公式，无论基色如何，结果色=（基色×255）1/2。除了基色为黑色，在其余条件下，结果色均大于基色，图像整体变亮。

- 混合色为50%灰色

根据公式，当混合色为50%灰色时，无论基色如何，结果色总等于基色。

图6-95显示了分别以白色和黑色作为混合色时，混合前后基色与结果色的直方图变化。从图中可以看出，当白色作为混合色时，结果色的直方图相当于将计算的各颜色通道的直方图均向右按照不同的比例压缩，使图像变亮；相反，当黑色作为混合色时，结果色的直方图相当于将计算的各颜色通道的直方图均向左按照不同的比例压缩，使图像变暗。

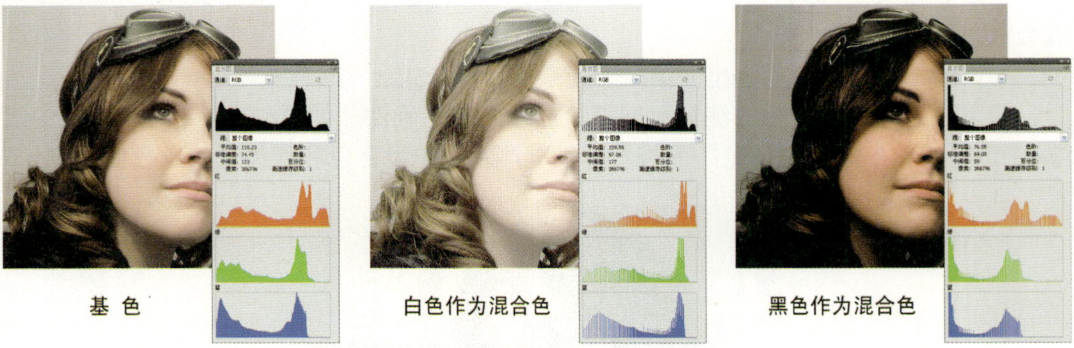

图6-95 不同混合色的直方图变化

6.5.4 “亮光”混合模式

1. 混合效果

Photoshop的帮助文件是这样解释“亮光”混合模式的：“通过增加或减小对比度来加深或减淡颜色，具体取决于混合色。如果混合色（光源）比 50% 灰色亮，则通过减小对比度使图像变亮。如果混合色比 50% 灰色暗，则通过增加对比度使图像变暗。”

如同“强光”混合模式是由“正片叠底”与“滤色”混合模式组成一样，“亮光”混合模式是由“颜色加深”和“颜色减淡”两种混合模式组成，从第5章的讲解中可知，“颜色加深”和“颜色减淡”两种混合模式都能够创造出鲜亮的颜色效果，所以“亮光”混合模式的特点是混合后的颜色更为饱满，可以使图像产生一种明快感。图6-96显示了在“亮光”混合模式下，不同混合色产生的混合效果。其中雨伞图像和渐变调整都产生了亮丽的色彩；当混合色为白色或者黑色时，结果色同混合色；当混合色为50%灰色时，结果色等于基色。

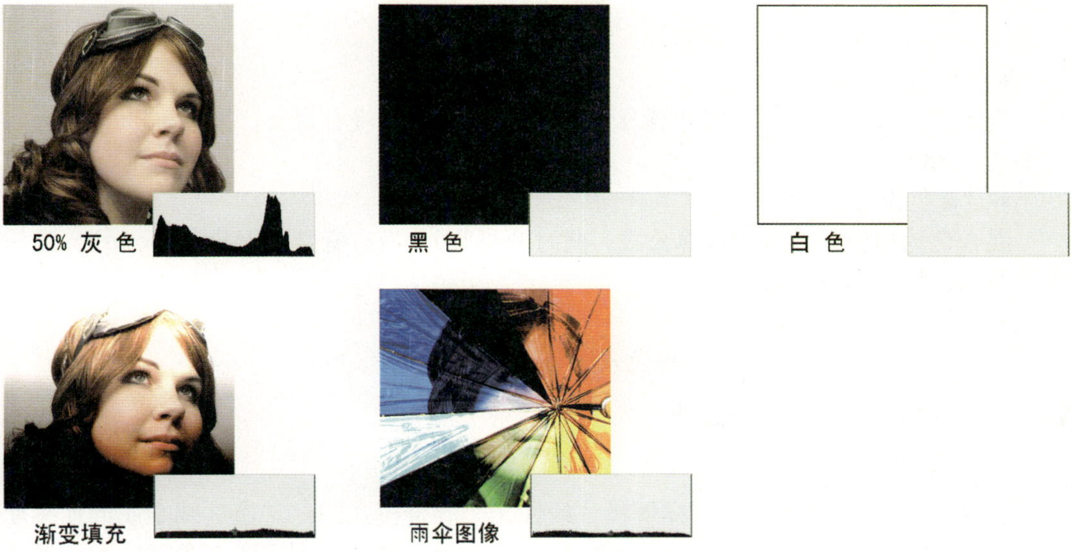

图6-96 “亮光”混合模式

2. 混合公式

前面已经提到，“亮光”混合模式是由“颜色加深”和“颜色减淡”两种混合模式组合而成，这里同样以混合色为基础。公式具体的表达形式为：

当混合色小于或等于128，结果色=（基色+2×混合色－255）×128/混合色

当混合色大于128，结果色=128×基色/（255－混合色）

接下来，同样用实际的测量数据来验证公式的正确性。如图6-97所示，在图像中建立4个取样点，然后在“信息”面板上分别观测基色、混合色和结果色的颜色信息。

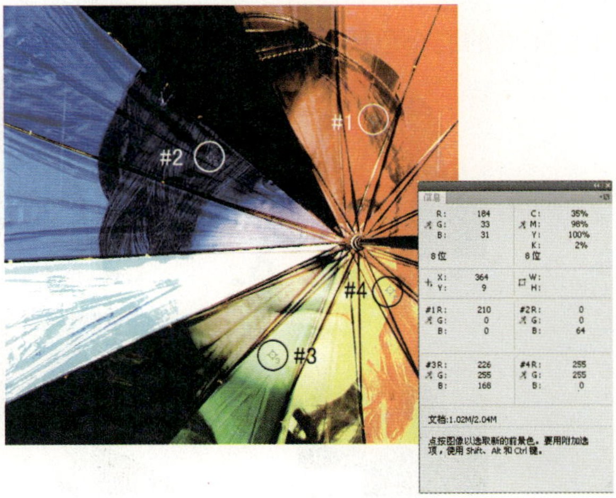

图6-97 建立取样点

表6-13中显示了在“亮光”混合模式下，取样点的颜色信息的实测数据和计算值。

表6-13 亮光混合模式公式验证表

取样点	基色（R，B，G）	混合色（R，B，G）	结果色（计算值）	结果色（实测）
1	（84，43，27）	（204，35，30）	（210，0，0）	（210，0，0）
2	（122，65，46）	（29，52，164）	（0，0，65）	（0，0，64）
3	（238，193，165）	（74，200，130）	（227，255，169）	（226，255，168）
4	（180，108，95）	（247，225，53）	（255，255，0）	（255，255，0）

从上面的计算结果和实测结果可以看出两者完全相等，这从一个侧面也验证了公式的正确性。

下面来看一下几种特殊情况：

- 混合色为黑色

当混合色为黑色时，根据计算公式，此时分母为0，没有意义。因此，Photoshop将结果色归为0，也就是黑色。

- 混合色为白色

混合色为白色时，根据计算公式，此时分母为0，没有意义。因此，Photoshop将结果色归为255，也就是白色。

- 混合色为50%灰色

当混合色为50%灰色时，结果色永远等于基色。

6.5.5 “线性光”混合模式

1. 混合效果

Photoshop的帮助文件是这样解释“线性光”混合模式的：“通过减小或增加亮度来加深或减淡颜色，具体取决于混合色。如果混合色（光源）比50%灰色亮，则通过增加亮度使图像变亮。如果混合色比50%灰色暗，则通过减小亮度使图像变暗。”

“线性光”混合模式是由“线性加深”混合模式和“线性减淡”混合模式组合而成，同时也是由混合色为基准，相对于前一种模式而言，该模式增加的对比度要弱些。综合“线性加深”混合模式和“线性减淡”混合模式的效果，“线性光”混合模式可以使图像产生更高的对比度，图层更加细腻和平滑。图6-98显示了在“线性光”混合模式下，不同的混合色所产生的混合效果。

图6-98 “线性光”混合模式

2. 混合公式

“线性光”混合模式的混合公式比较简单，具体的表达形式为：

结果色=基色+2×混合色－255

从公式可以看出，相对于前面介绍的线性加深和线性减淡公式而言，线性光混合公式加重了混合色对结果色的影响。

接下来，同样用实际的测量数据来验证公式的正确性。如图6-99所示，在图像中建立4个取样点，然后在“信息”面板上分别观测基色、混合色和结果色的颜色信息。

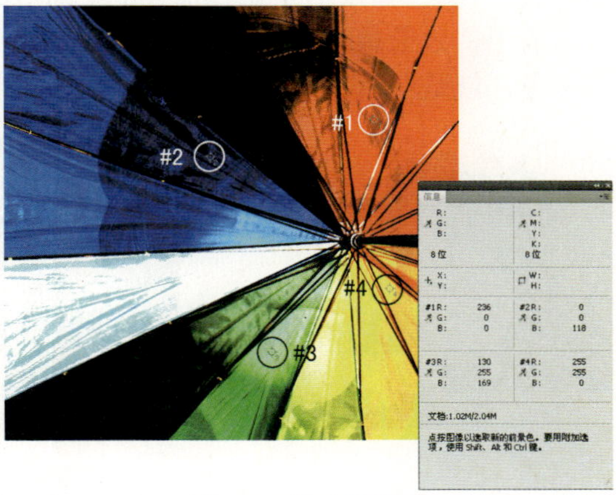

图6-99 建立取样点

表6-13中显示了在“线性光”混合模式下，取样点的颜色信息的实测数据和计算值。

表6-13 线性光混合模式公式验证表

取样点	基色（R，B，G）	混合色（R，B，G）	结果色（计算值）	结果色（实测）
1	（84，43，27）	（204，35，30）	（237，0，0）	（236，0，0）
2	（122，65，46）	（29，52，164）	（0，0，119）	（0，0，118）
3	（238，193，165）	（74，200，130）	（131，255，170）	（130，255，169）
4	（180，108，95）	（247，225，53）	（255，255，0）	（255，255，0）

从上面的计算结果和实测结果可以看出两者完全相等，这从一个侧面也验证了公式的正确性。

下面来看一下几种特殊情况：

- 混合色为黑色

当混合色为黑色时，根据计算公式，无论基色如何，结果色总是小于或等于0，此时规定结果色恒为0。

- 混合色为白色

混合色为白色时，根据计算公式，无论基色如何，结果色总是大于255，此时规定结果色恒为255。

- 混合色为50%灰色

当混合色为50%灰色时，结果色永远等于基色。

6.5.6 “点光”混合模式

1. 混合效果

Photoshop的帮助文件是这样解释“点光”混合模式的：“根据混合色替换颜色，如果混合色（光源）比 50% 灰色亮，则替换比混合色暗的像素，而不改变比混合色亮的像素。如果混合色比 50% 灰色暗，则替换比混合色亮的像素，而比混合色暗的像素保持不变。这对于向图像添加特殊效果非常有用。”

该模式结果就是导致中间调几乎是不变的基色，但是阴影和高光是变暗和变亮模式的组合。图6-100显示了在“点光混”合模式下，不同的混合色产生的混合效果。从中可以看出，效果最为特别的就是渐变作为混合色时，图像上端和下端的结果色分别等于混合色，就是白色和黑色；而中间调，混合色为过渡色的区域，结果色等于基色。

图6-100 “点光”混合模式

2. 混合公式

点光的混合模式的表达形式为：

当基色<2×混合色－255，结果色=2×混合色－255

当2×混合色－255<基色<2×混合色，结果色=基色

当基色>2×混合色，结果色=2×混合色

接下来，同样用实际的测量数据来验证公式的正确性。如图6-101所示，在图像中建立4个取样点，然后在“信息”面板上分别观测基色、混合色和结果色的颜色信息。

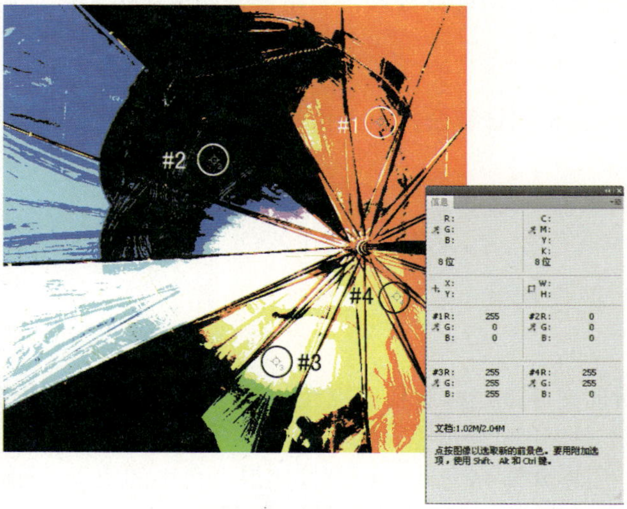

图6-101 建立取样点

表6-14中显示了在“点光”混合模式下，取样点的颜色信息的实测数据和计算值。

表 6-14 点光混合模式公式验证表

取样点	基色（R，B，G）	混合色（R，B，G）	结果色（计算值）	结果色（实测）
1	（84，43，27）	（204，35，30）	（153，43，27）	（153，43，27）
2	（122，65，46）	（29，52，164）	（58，65，72）	（58，65，72）
3	（238，193，165）	（74，200，130）	（147，193，165）	（147，193，165）
4	（180，108，95）	（247，225，53）	（239，195，95）	（239，195，95）

从上面的计算结果和实测结果可以看出两者完全相等，这从一个侧面也验证了公式的正确性。

下面来看一下几种种特殊情况：

- 混合色为黑色

当混合色为黑色时，根据计算公式，无论基色如何，结果色为黑色。

- 混合色为白色

混合色为白色时，根据计算公式，无论基色如何，结果色为白色。

- 混合色为50%灰色

当混合色为50%灰色时，结果色永远等于基色。

6.5.7 “实色混合”混合模式

1. 混合效果

Photoshop的帮助文件是这样解释“实色混合”混合模式的：“将混合颜色的红色、绿色和蓝色通道值添加为基色的 RGB 值。如果通道的结果总和大于或等于 255，则值为 255；如果小于 255，则值为 0。因此，所有混合像素的红色、绿色和蓝色通道值要么是 0，要么是 255。这会将所有像素更改为原色：红色、绿色、蓝色、青色、黄色、洋红、白色或黑色。”

实色混合的特点是可以增加颜色的饱和度，使图像产生色调分离效果，类似于阈值命令效果，结果色中只会出现红色、绿色、蓝色、青色、黄色、洋红、白色或黑色等8种颜色。图6-102显示了在“实色混合”混合模式下，不同的混合颜色所产生的混合效果。

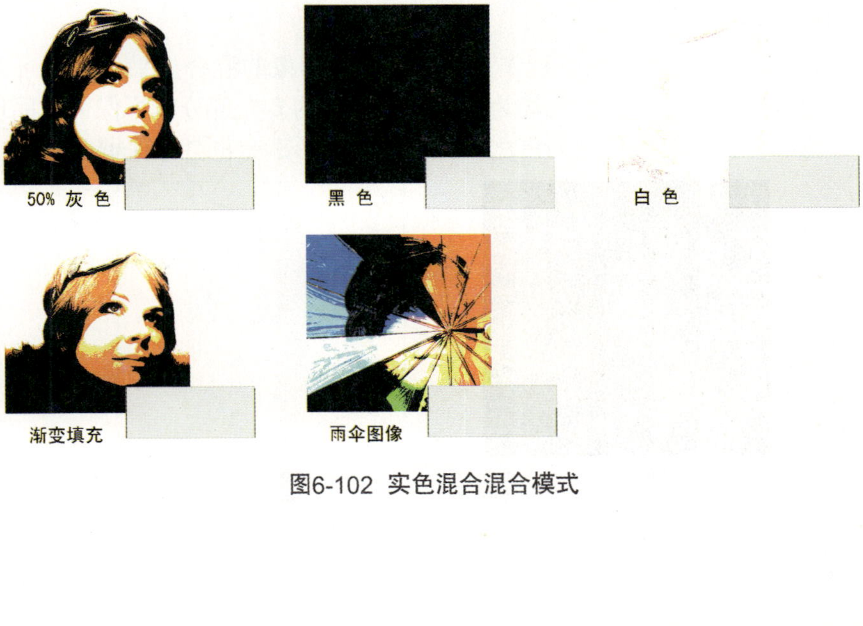

图6-102 实色混合混合模式

2. 混合公式

实色混合的混合公式比较简单，具体表达形式为：

当基色+混合色大于或等于255，结果色=255

当基色+混合色小于255，结果色=0

接下来，同样用实际的测量数据来验证公式的正确性。如图6-103所示，在图像中建立4个取样点，然后在“信息”面板上分别观测基色、混合色和结果色的颜色信息。

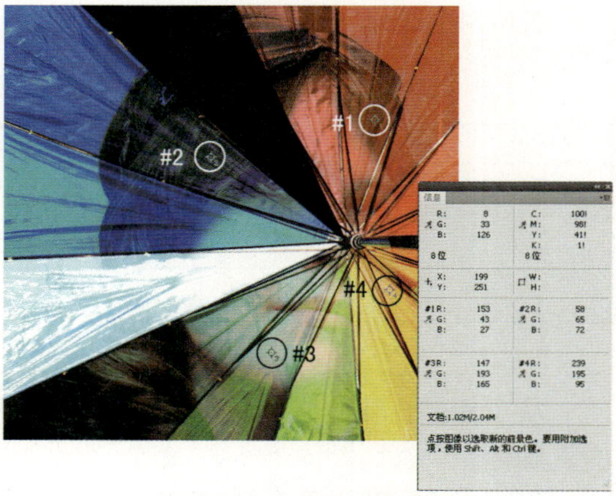

图6-103 建立取样点

表6-15中显示了在“实色混合”混合模式下，取样点的颜色信息的实测数据和计算值。

表 6-15 实色混合混合模式公式验证表

取样点	基色（R，B，G）	混合色（R，B，G）	结果色（计算值）	结果色（实测）
1	（84，43，27）	（204，35，30）	（153，43，27）	（255，0，0）
2	（122，65，46）	（29，52，164）	（58，65，72）	（0，0，0）
3	（238，193，165）	（74，200，130）	（147，193，165）	（255，255，255）
4	（180，108，95）	（247，225，53）	（239，195，95）	（255，255，0）

从上面的计算结果和实测结果可以看出两者完全相等，这从一个侧面也验证了公式的正确性。

下面来看一下几种特殊情况：

- 混合色为黑色

当混合色为黑色时，即混合色=0，根据计算公式，无论基色为高光，即基色=255时，结果色=255，其余结果色均为0。

- 混合色为白色

混合色为白色时，即混合色=255，当基色=0时，结果色也归为0；其余情况下，结果色均为255。

图6-104显示了黑色和白色分别作为混合色时，图像的混合效果。从中可以看出，当黑色作为混合色时，并非结果色均为黑色，基色中的高光部分同样保留；同理，当白色作为混合色时，并非结果色均为白色，基色中的阴影部分也会被保留。

黑色为混合色　　白色为混合色

图6-104 黑色和白色作为混合色

6.6 比较模式组

Photoshop的比较模式组中包括“差值”混合模式和“排除”混合模式两种。比较模式可比较混合色与基色，然后将相同的区域显示为黑色，不同的区域显示为灰度层次或彩色。

6.6.1 “差值”混合模式

1. 混合效果

Photoshop的帮助文件是这样解释差值混合模式的：“查看每个通道中的颜色信息，并从基色中减去混合色，或从混合色中减去基色，具体取决于哪一个颜色的亮度值更大。与白色混合将反转基色值；与黑色混合则不产生变化。”

“差值”混合模式根据混合色的亮度值将基色反转。白色完全反转合成像素的颜色，黑色不反转，其他亮度值在一定程度上反转。图6-105显示了在“差值”混合模式下，不同的混合色的混合效果。

图6-105 差值混合模式

2. 混合公式

差值混合模式的公式为：

结果色 = | 混合色-基色 |

结果色为混合色与基色色调差的绝对值。该模式主要用于比较两个不同版本的图片。如果两者完全一样，则结果为全黑。

接下来，同样用实际的测量数据来验证公式的正确性。如图6-106所示，在图像中建立4个取样点，然后在“信息”面板上分别观测基色、混合色和结果色的颜色信息。

图6-106 建立取样点

表6-16中显示了在“差值”混合模式下，取样点的颜色信息的实测数据和计算值。

表6-16 差值混合模式公式验证表

取样点	基色（R，B，G）	混合色（R，B，G）	结果色（计算值）	结果色（实测）
1	（84，43，27）	（204，35，30）	（120，8，3）	（120，8，3）
2	（122，65，46）	（29，52，164）	（93，13，118）	（93，13，118）
3	（238，193，165）	（74，200，130）	（164，7，35）	（164，7，35）
4	（180，108，95）	（247，225，53）	（67，117，42）	（67，117，42）

从上面的计算结果和实测结果可以看出两者完全相等，这从一个侧面也验证了公式的正确性。

下面来看一下几种特殊情况：

- 混合色为黑色

当混合色为黑色时，根据计算公式，无论基色如何，结果色永远等于基色。

- 混合色为白色

混合色为白色时，根据计算公式，无论基色如何，结果色为基色的反相。

6.6.2 “排除”混合模式

1. 混合效果

Photoshop的帮助文件是这样解释“排除”混合模式的：“创建一种与“差值”模式相似但对比度更低的效果。与白色混合将反转基色值，与黑色混合则不发生变化。”

“排除”混合模式的混合效果与“差值”混合模式的效果非常相似，但是，将中间调变成灰色，形成低对比度的效果，这种效果通常更加平缓。图6-107显示了在“排除”混合模式下，不同的混合色产生的混合效果。

图6-107 “排除”混合模式

2. 混合公式

“排除”混合模式的公式要比“差值”混合模式的公式复杂一些，具体的表达式为：

结果色=基色+混合色－基色×混合色/128

接下来，同样用实际的测量数据来验证公式的正确性。如图6-108所示，在图像中建立4个取样点，然后在“信息”面板上分别观测基色、混合色和结果色的颜色信息。

表6-17中显示了在“排除”混合模式下，取样点的颜色信息的实测数据和计算值。

图6-108 建立取样点

表6-17 排除混合模式公式验证表

取样点	基色（R，B，G）	混合色（R，B，G）	结果色（计算值）	结果色（实测）
1	（84，43，27）	（204，35，30）	（154，66，51）	（154，66，51）
2	（122，65，46）	（29，52，164）	（123，91，150）	（123，91，150）
3	（238，193，165）	（74，200，130）	（174，91，127）	（174，91，127）
4	（180，108，95）	（247，225，53）	（80，143，109）	（79，143，108）

从上面的计算结果和实测结果可以看出两者完全相等，这从一个侧面也验证了公式的正确性。

下面来看一下几种特殊情况：

- 混合色或基色为黑色

当混合色（或基色）为黑色时，根据计算公式，无论基色（或混合色）如何，结果色永远等于基色（或混合色）。

- 混合色或基色为白色

混合色（或基色）为白色时，根据计算公式，无论基色（或混合色）如何，结果色为基色（或混合色）的反相。

- 混合色或基色为50%灰色

当混合色（或基色）为50%灰色时，结果色永远等于50%灰色。

6.7 色彩模式组

Photoshop中的色彩混合模式组中包括4种混合模式，分别为“色相”混合模式、“饱和度”混合模式、“颜色”混合模式和“明度”混合模式。

在Photoshop中，彩色的三要素为色相、饱和度和明度。在使用色彩混合模式合成图像时，Photoshop将会使用三要素的一项或者两项应用到图像中。在色彩混合模式下，Photoshop都采用HSL颜色模式混合基色和混合色。下面将逐一介绍该混合模式组中的各种混合模式。

6.7.1 "色相"混合模式

1. 混合效果

Photoshop的帮助文件是这样解释“色相”混合模式的：“用基色的明亮度和饱和度以及混合色的色相创建结果色。”

在该混合模式下，Photoshop将保持混合色的色调值不变，并将混合色的饱和度和明度与基色图层混合。该混合模式适用于修改彩色图像的颜色。图6-109显示了在“色相”混合模式下，不同的混合图层所产生的混合效果。从图中可以观察到，无论混合色图层如何变化，混合后结果色图像的“明度”直方图一直与基色图层的“明度”直方图相同。也就是说，“色相”混合模式不会改变基色的“明度”图像，但是可以改变基色的色相。

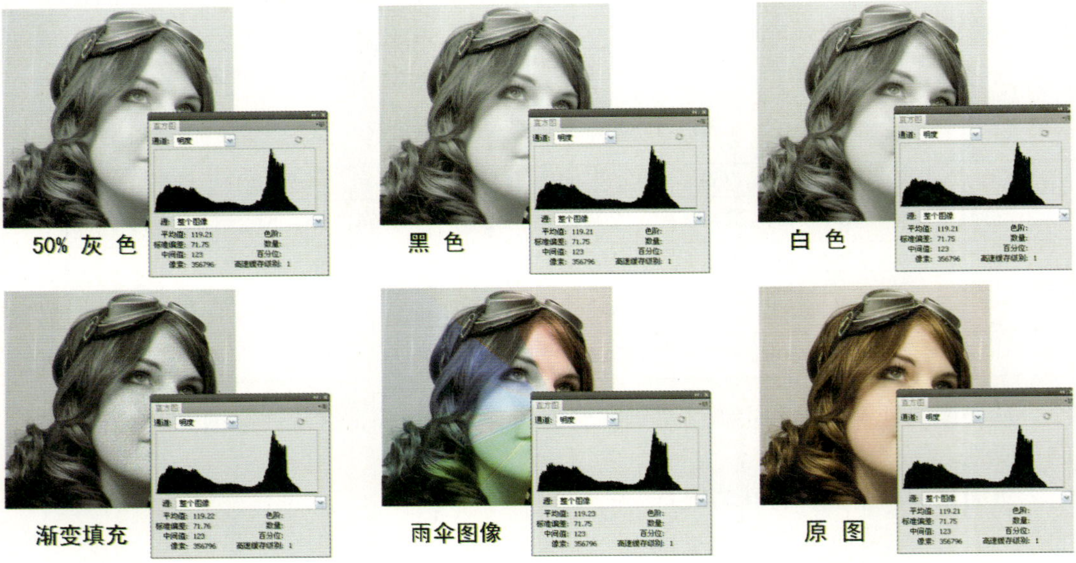

图6-109 “色相”混合模式

2. 检验混合效果

接下来，同样采用前面的4个取样点，观察混合前后，基色和结果色取样点的各颜色通道的色阶值的变化，如图6-110所示。

图6-110 建立取样点

表6-18中显示了在“色相”混合模式下，取样点的颜色信息以及使用该颜色信息计算的明度值。这里要用到前面介绍过的像素亮度计算公式：

L=R*0.30+G*0.59+B*0.11

表6-18 色相混合模式公式验证表

取样点	基色（R，B，G）	结果色（R，B，G）	像素亮度（基色）	像素亮度（结果色）
1	（84，43，27）	（93，38，36）	54	54
2	（122，65，46）	（64，77，140）	80	80
3	（238，193，165）	（156，229，188）	203	203
4	（180，108，95）	（143，133，58）	128	128

通过表6-18中的计算结果也可以验证前面对该混合模式原理的解释。

6.7.2 “饱和度”混合模式

1. 混合效果

Photoshop的帮助文件是这样解释“饱和度”混合模式的：“用基色的明亮度和色相以及混合色的饱和度创建结果色。绘画在无（0）饱和度（灰色）的区域上使用此模式绘画不会发生任何变化。”

在该混合模式下，Photoshop保持混合色的饱和度，同时将混合色的色调与基色相混合，该模式产生的效果非常轻微。图6-111显示了在“饱和度”混合模式下，不同混合色所产生的混合效果。从图中同样可以观察到，无论混合色图层如何变化，结果色的“明度”直方图永远等于基色的“明度”直方图。也就是说，“饱和度”混合模式不会改变基色图像的像素明度图像。

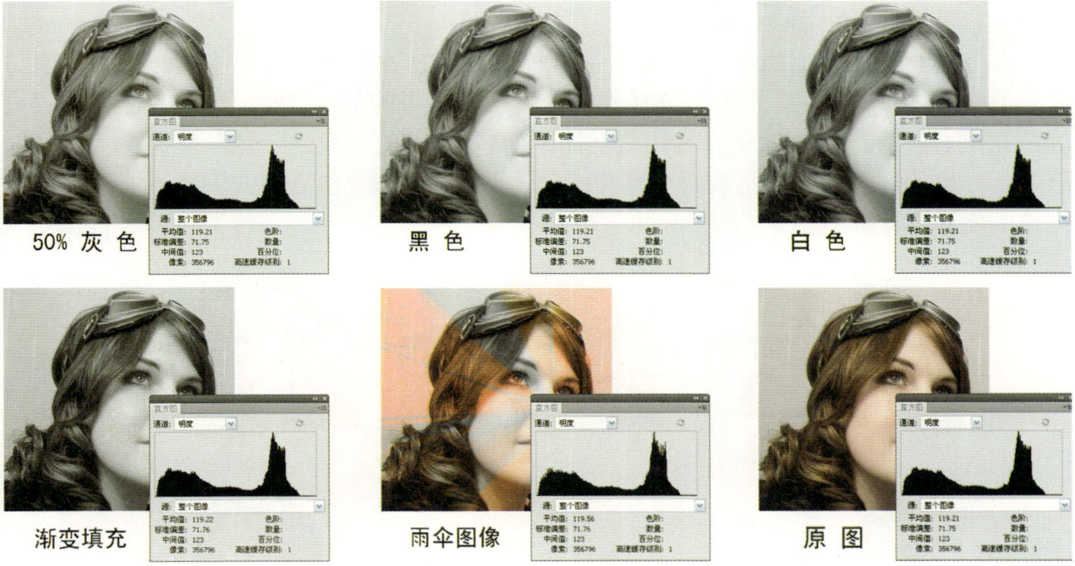

图6-111 “饱和度”混合模式

2. 检验混合效果

接下来，同样采用前面的4个取样点，观察混合前后，基色和结果色取样点的各个颜色通道的色阶值的变化，如图6-112所示。

表6-19中显示了在“饱和度”混合模式下，取样点的颜色信息以及使用该颜色信息计算的明度值。这里要用到前面介绍过的像素亮度计算公式：

L=R*0.30+G*0.59+B*0.11

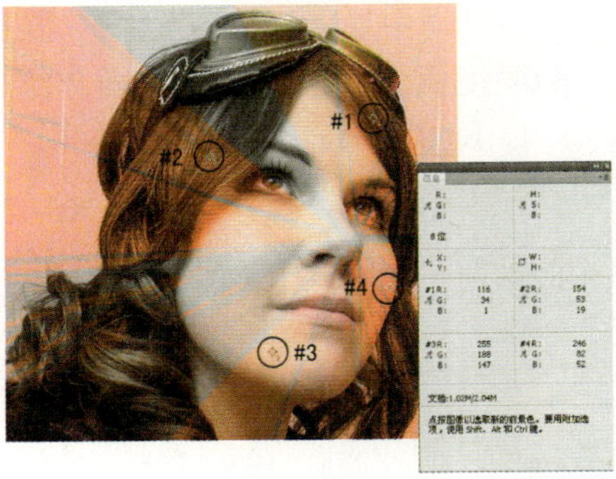

图6-112 建立取样点

表6-19 饱和度混合模式公式验证表

取样点	基色（R，B，G）	结果色（R，B，G）	像素亮度（基色）	像素亮度（结果色）
1	(84，43，27)	(116，34，1)	54	55
2	(122，65，46)	(154，53，19)	80	80
3	(238，193，165)	(255，188，147)	203	204
4	(180，108，95)	(246，82，52)	128	128

通过表6-19中的计算结果也可以验证前面对该混合模式原理的解释。

6.7.3 “颜色”混合模式

1. 混合效果

Photoshop的帮助文件是这样解释“颜色”混合模式的：“用基色的明亮度以及混合色的色相和饱和度创建结果色。这样可以保留图像中的灰阶，并且对于为单色图像上色和为彩色图像着色都会非常有用。”

在该混合模式下，Photoshop保持混合色的色调与饱和度值，并将混合色的亮度与基色混合。由于“颜色”混合模式中饱和度参数对效果的影响很小，因此其产生的效果同色相混合模式产生的效果非常相似。图6-113显示了在“颜色”混合模式下，不同混合色所产生的混合效果。与前两个混合模式效果相同，颜色混合模式同样不能改变基色图像的像素亮度分布。

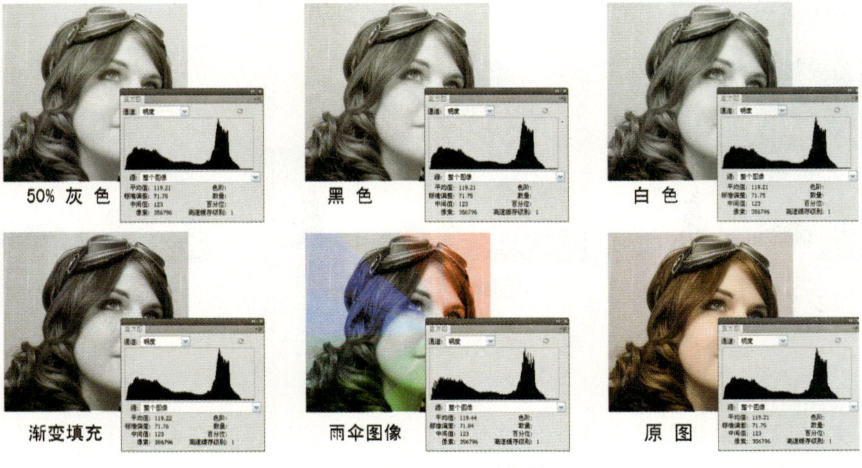

图6-113 “颜色”混合模式

2. 检验混合效果

接下来，同样采用前面的4个取样点，观察混合前后，基色和结果色取样点的各个颜色通道的色阶值的变化，如图6-114所示。

表6-20中显示了在“颜色”混合模式下，取样点的颜色信息以及使用该颜色信息计算的明度值。这里要用到前面介绍过的像素亮度计算公式：

L=R*0.30+G*0.59+B*0.11

图6-114 建立取样点

表6-20 颜色混合模式公式验证表

取样点	基色（R，B，G）	结果色（R，B，G）	像素亮度（基色）	像素亮度（结果色）
1	（84，43，27）	（171，6，1）	54	55
2	（122，65，46）	（52，75，187）	80	80
3	（238，193，165）	（122，248，178）	203	203
4	（180，108，95）	（155，138，12）	128	128

通过表6-20中的计算结果也可以验证前面对该混合模式原理的解释。

6.7.4 “明度”混合模式

1. 混合效果

Photoshop的帮助文件是这样解释“明度”混合模式的：“用基色的色相和饱和度以及混合色的明亮度创建结果色。此模式创建与“颜色”混合模式相反的效果。”

“明度”混合模式保持混合色的明度值，并将混合色图层的色调和饱和度与基色混合。所以“颜色”混合模式是用混合色为基色上色，而“明度”混合模式是用基色为混合色着色。图6-115所示了当使用不同混合图层时，图像结果色和“明度”直方图的效果。

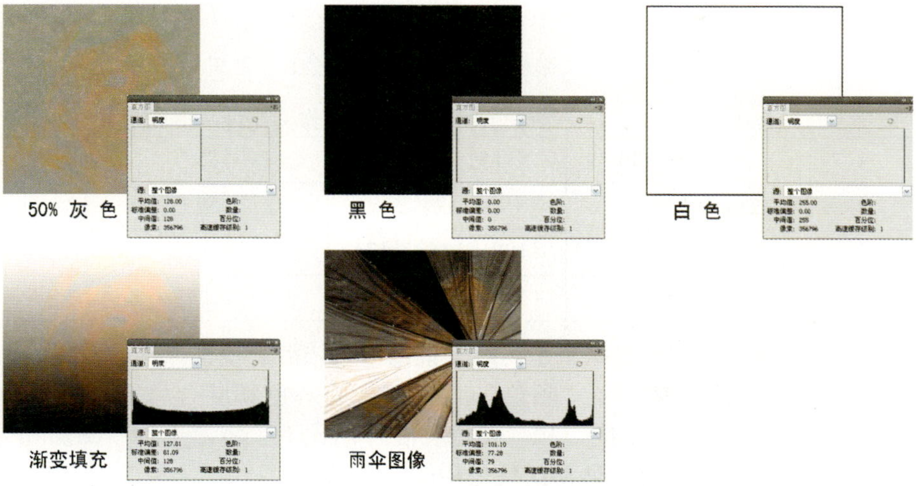

图6-115 “明度”混合模式

为了可以对混合原理有个更深入的印象，在图6-116中展示了不同混合色图层本身的“明度”直方图形状。

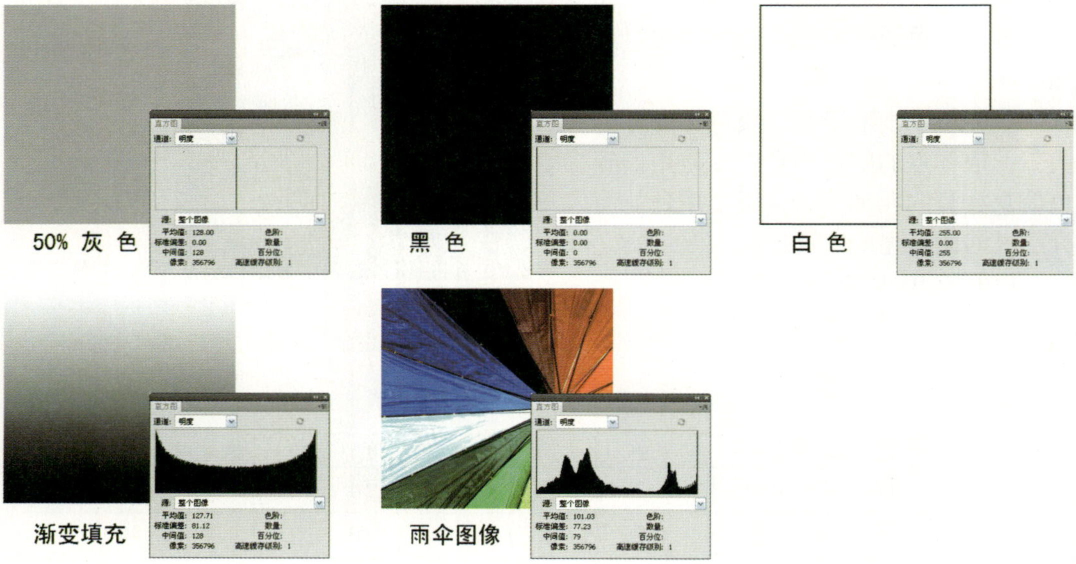

图6-116 混合色明度直方图

2. 检验混合效果

接下来，同样采用前面的4个取样点，观察混合前后，基色和结果色取样点的各颜色通道的色阶值的变化，如图6-117所示。

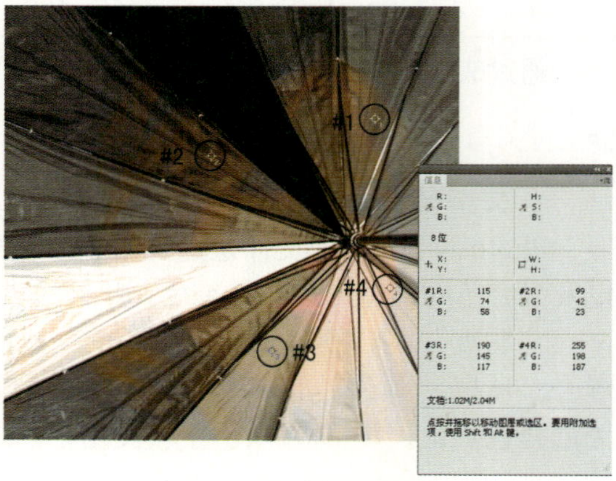

图6-117 建立取样点

表6-21中显示了在“明度”混合模式下，取样点的颜色信息以及使用该颜色信息计算的明度值。这里要用到前面介绍过的像素亮度计算公式：

L=R*0.30+G*0.59+B*0.11

表6-21 明度混合模式公式验证表

取样点	混合色（R，B，G）	结果色（R，B，G）	像素亮度（混合色）	像素亮度（结果色）
1	（204，35，30）	（115，74，58）	85	85
2	（29，52，164）	（99，42，23）	57	57
3	（74，200，130）	（190，145，117）	155	155
4	（247，225，53）	（255，198，187）	213	214

通过表6-21中的计算结果也可以验证前面对该混合模式原理的解释。

“明度”混合模式和“颜色”混合模式为基色和混合色互换的混合模式。如图6-118所示，分别在“明度”和“颜色”混合模式下，将“人物”图层和“雨伞”图层互换作为基色和混合色，所得结果色相同。

明度模式
基　色：人物图层
混合色：雨伞图层

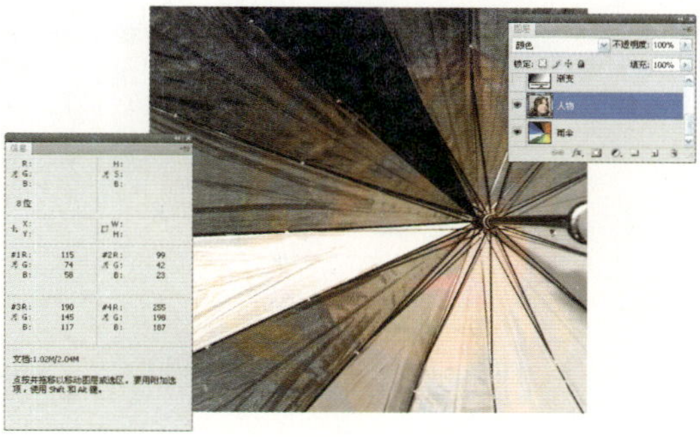

颜色模式
基　色：雨伞图层
混合色：人物图层

图6-118 “明度”混合模式和“颜色”混合模式对比图

6.8 混合模式应用案例

在本节中通过几个案例来进一步介绍混合模式的使用。

案例36　古铜色皮肤

设计思路

在本案例中，将通过图层混合模式将图像中模特的肤色调整为古铜色。

操作步骤

01 打开配套光盘中的“照片.JPG”文件，如图6-119所示。

02 复制“背景”图层，将复制的图层命名为“肤色调整”，如图6-120所示。

图6-119 原图

图6-120 复制背景图层

03 对“肤色调整”图层执行“图像”｜“调整”｜“色相/饱和度”命令。在打开的对话框中设置“色相”为-3，“饱和度”为+35，“明度”为-20，如图6-121所示。调整后图像效果如图6-122所示。

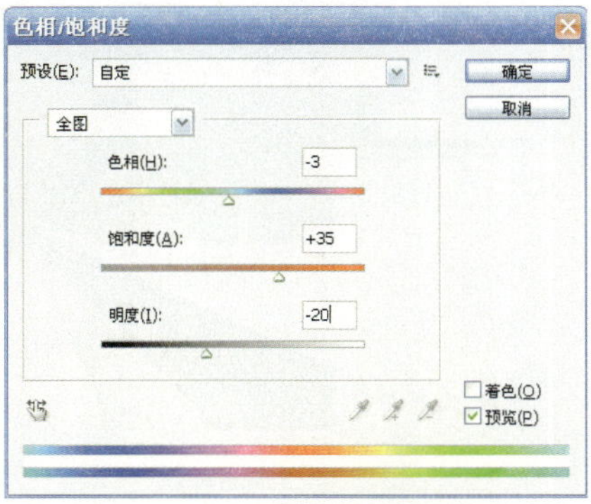

图6-121 设置“色相/饱和度”对话框

图6-122 调整结果

04 在“肤色调整”图层的上面新建“图层 1”图层并用黑色填充，如图6-123所示。

05 复制“肤色调整”图层为“肤色调整 副本”图层，并将其移到“图层 1”的上面，然后将该图层的图层混合模式设为“明度”，“不透明度”设为100%，设置后图像效果如图6-124所示。

图6-123 新建图层

图6-124 复制图层并设置混合模式

06 再复制“肤色调整”图层为“肤色调整 副本2”图层并将其移至最上方。对该图层执行“图像”|“调整”|“亮度/对比度”命令。在打开的对话框设置“亮度”为+30，“对比度”为+50，如图6-125所示。调整后图像效果如图6-126所示。

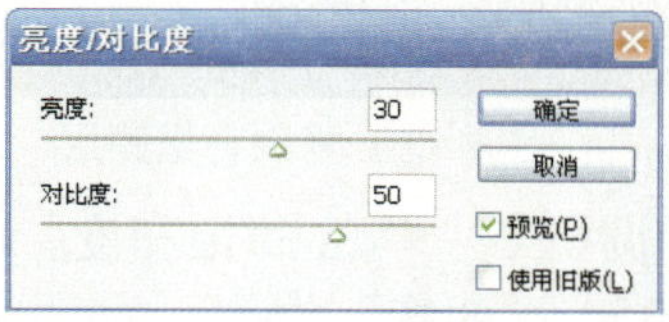

图6-125 设置“亮度/对比度”对话框

图6-126 调整效果

07 将“肤色调整 副本2”图层的混合模式同样设为“明度”，“不透明度”设为“70%”，设置后图像效果如图6-127所示。

08 复制“肤色调整”图层为“肤色调整 副本3”图层并将其移至最上方。将该图层的混合模式设为“亮光”，“不透明度”设为“40%”，设置后图像效果如图6-128所示。

图6-127 设置混合模式

图6-128 复制图层并设置混合模式

09 复制“肤色调整”图层为“肤色调整 副本4”图层，并将其移至最上方。对该图层执行“图像”｜“调整”｜“色相/饱和度”命令。打开的对话框中设置“色相”为47，“饱和度”为25，“明度”为0，勾选“着色”复选框，调整后图像效果如图6-130所示。

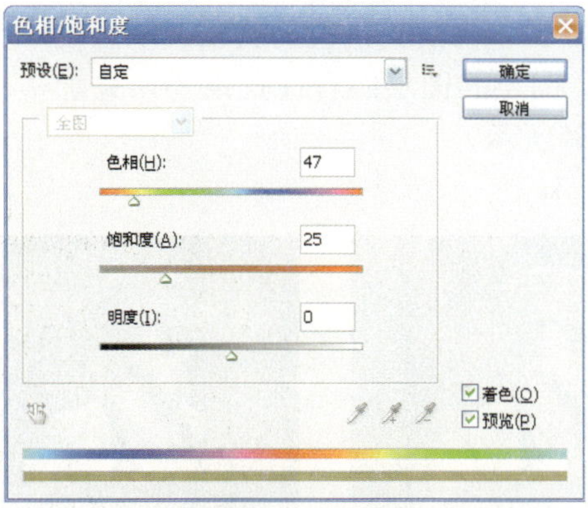

图6-129 设置“色相/饱和度”对话框

图6-130 调整结果

10 接下来对“肤色调整 副本4”图层执行“滤镜”｜“杂色”｜“添加杂色”命令。在打开对话框中设置“数量”为12.5%，“分布”为平均分布，勾选“单色”复选框，如图6-131所示。然后再执行“滤镜”｜“模糊”｜“动感模糊”命令。在打开的对话框中设置“角度”为0度，“距离”为30像素，如图6-132所示。执行滤镜后图像效果如图6-133所示。将“肤色调整 副本4”图层的图层混合模式设为“叠加”，“不透明度”设为40%，设置后图像效果如图6-134所示。

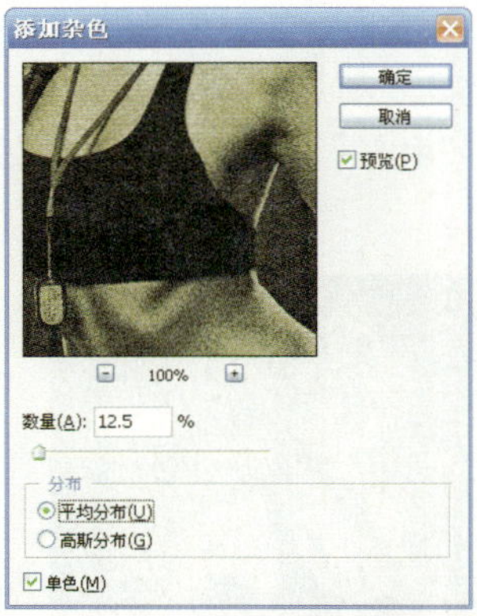

图6-131 设置“添加杂色”对话框

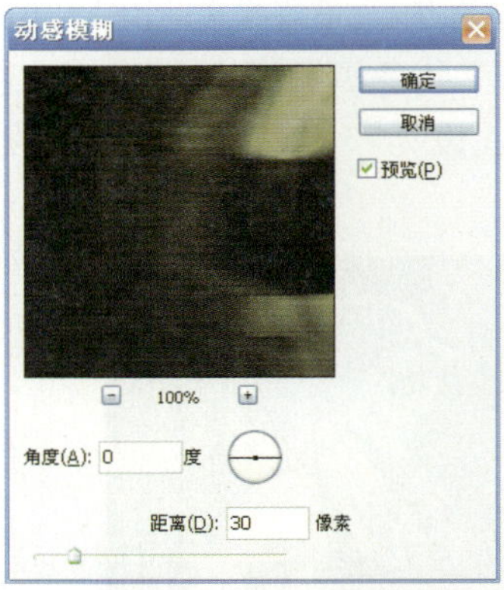

图6-132 设置“动感模糊”对话框

图6-133 滤镜效果

图6-134 设置图层混合模式

11 在所有图层的最上方新建“图层 2”图层，将前景色设为黄色（R:250、G:200、B:25），用前景色填充该图层。将“图层 2”图层的图层混合模式设为“叠加”，“不透明度”设为20%，图像的最终效果如图6-135所示。

12 图像调整前后效果对比图如图6-136所示。

图6-135 最终效果

调整前　　调整后

图6-136 调整前后图像效果对比图

13 最终将文档存储为“古铜色.PSD”。

案例总结

这是一个综合利用图层混合模式的案例，使用几种图层混合模式调整人物皮肤色调，而同时尽量不改变其他区域的色调。

案例37 照片改色

设计思路

在本案例中，利用图层混合模式配合图层蒙版修改图像中特定区域的色调。

操作步骤

01 打开配套光盘中 “照片.JPG”文件，如图6-137所示。

02 调出“通道”面板，复制“蓝”通道为“蓝 副本”通道，如图6-138所示。

图6-137 原图

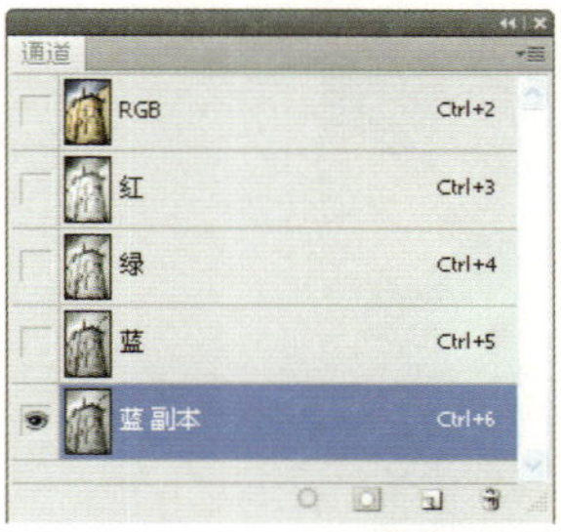

图6-138 复制通道

03 对“蓝 副本”通道执行“图像”|“调整”|“色阶”命令。在打开的对话框中设置“暗调”为60，“中间调”为1.20，“高光”为213，如图6-139所示。执行后通道效果如图6-140所示。

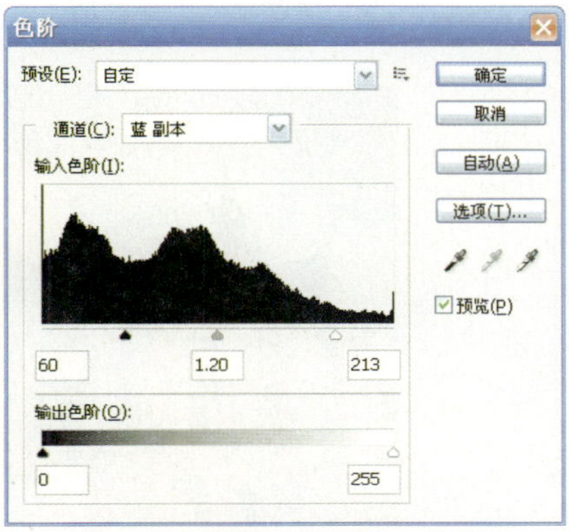

图6-139 设置“色阶”对话框

图6-140 调整效果

04 将前景色设为黑色，选择“画笔工具”，在“蓝 副本”通道中将建筑物图像区域涂成黑色，如图6-141所示。选择“魔棒工具”，在属性栏上将“容差”设为0，勾选“连续”复选框，然后单击黑色区域，建立选取，如图6-142所示。

图6-141 涂改颜色

图6-142 建立选区

05 在“通道”面板上选择RGB通道，返回到“图层”面板，在“背景”图层的上面新建“图层 1”图层，如图6-143所示。在保持选取的情况下为“图层 1”图层添加图层蒙版，如图6-144所示。此时蒙版会将选取内自动用白色填充，其余部分用黑色填充。

图6-143 建立图层

图6-144 根据选区创建蒙版

06 将前景色设为橙黄色（R:255、G:153、B:0），用前景色填充“图层 1”图层。然后将“图层 1”图层的混合模式设为“叠加”，“不透明度”设为60%，设置后图像效果如图6-145所示。

图6-145 设置图层混合模式

07 复制“背景”图层为“背景 副本”图层，对其执行“图像”|“调整”|“亮度/对比度”命令。在打开的对话框中设置“亮度”为20，“对比度”为50，如图6-146所示。调整后图像效果如图6-147所示。

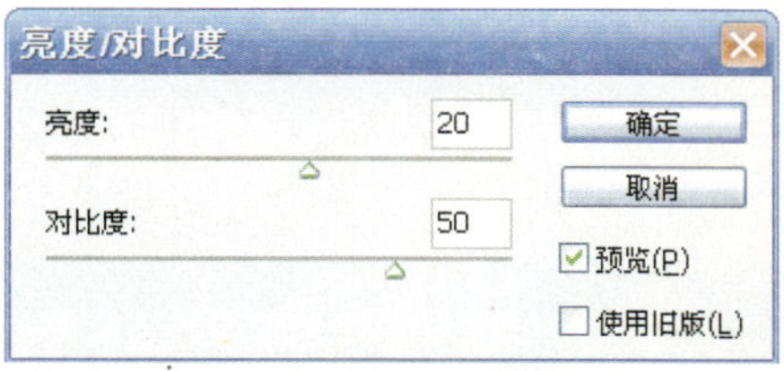

图6-146 设置“亮度/对比度”对话框

图6-147 调整结果

08 复制“背景 副本”图层为“背景 副本2”图层，并将其移至所有图层的最上方，如图6-148所示。

09 对“背景 副本2”图层执行“滤镜”|“杂色”|“添加杂色”命令。在打开的对话框中设置“数量”为6%，“分布”为“平均分布”。勾选“单色”复选框。将“背景 副本2”图层的混合模式设为“明度”，效果如图6-150所示。

图6-148 复制图层

图6-149 设置“添加杂色”对话框

图6-150 设置图层混合模式

10 用鼠标右键单击“图层 1”蒙版，在弹出的菜单中选择“添加蒙版到选区”命令，然后为“背景 副本2”图层创建图层蒙版，这样“背景 副本2”图层的蒙版与“图层 1”蒙版相同，图像最后效果如图6-151所示。

11 图像调整前后效果对比图如图6-152所示。

图6-151 最后效果

调整前　调整后

图6-152 图像调整前后效果对比图

12 最终将文档存储为“改色.PSD”。

案例总结

图层蒙版的存在大大增加了图层混合模式的灵活度，可以通过图层蒙版控制混合的区域和混合强度。

案例38 记忆

设计思路

在本案例中，使用图层混合模式制作艺术效果。

操作步骤

01 打开配套光盘中的“照片.JPG”文件，如图6-153所示。

图6-153 原图

02 复制“背景”图层为“背景 副本”图层，对其执行“图像”|“调整”|“色彩平衡”命令。在打开的“色彩平衡”对话框中选中“阴影”单选按钮，设置“色阶”为（+20，0，-27）；选中“中间调”单选按钮，设置“色阶”为（-11，-18，0）；选中“高光”单选按钮，设置“色阶”为（+5，-26，-27），如图6-154至图6-156所示。调整后图像效果如图6-157所示。

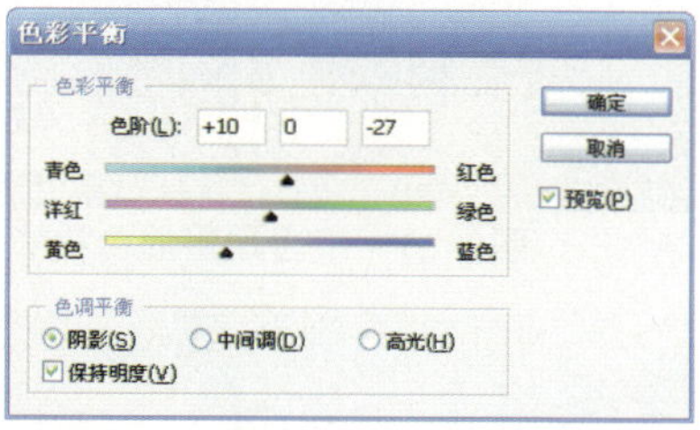

图6-154 选中“阴影”单选按钮

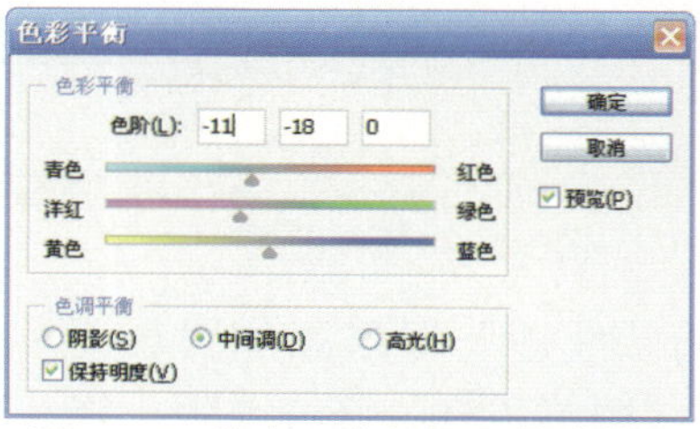

图6-155 选中“中间调”单选按钮

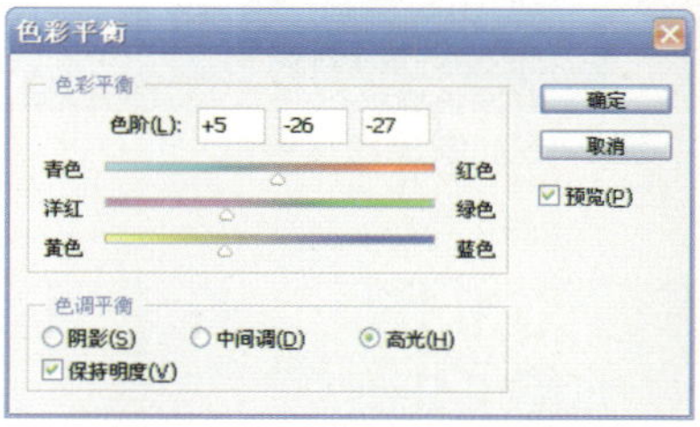

图6-156 选中“高光”单选按钮

图6-157 调整效果

03 将“背景 副本”图层的混合模式设为“强光”，“不透明度”设为60%，效果如图6-158所示。

04 打开配套光盘中的“纹理.JPG”文件，如图6-159所示。

图6-158 设置图层混合模式

图6-159 原图

05 复制“纹理”图像的“背景”图层到“照片”图像中并放置在最上层，命名为“纹理”，如图6-160所示。

06 将“纹理”图层的混合模式设为“正片叠底”，“不透明度”设为50%，如图6-161所示。

图6-160 复制图层

图6-161 设置图层混合模式

07 为“纹理”图层添加图层蒙版，并用“画笔工具”修饰蒙版，修饰后图像效果如图6-162所示。

08 打开配套光盘中的“纹理2”文件，如图6-163所示。同样将其“背景”图层复制到“照片”图像中并命名为“纹理2”，如图6-164所示。

图6-162 添加图层蒙版

图6-163 原图

图6-164 复制图层

09 将“纹理2”图层的混合模式设为“叠加”，如图6-165所示。

图6-165 设置图层混合模式

10 对“纹理2”图层执行“图像”|“调整”|“色阶”命令，在打开的对话框中设置“暗调”为84，“中间调”为1.13，“高光”为255，如图6-166所示。执行后图像效果如图6-167所示。

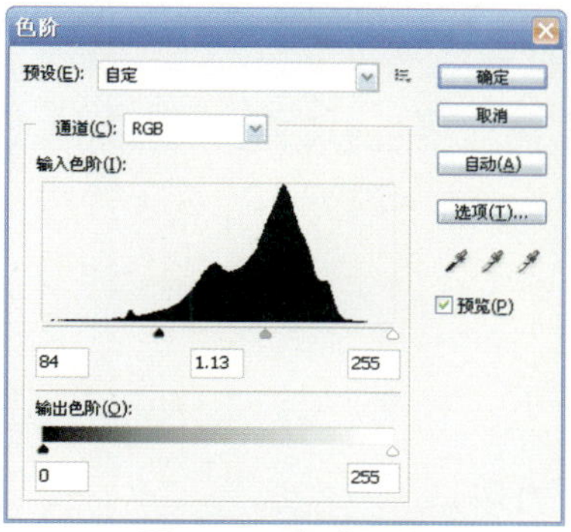

图6-166 色阶调整

图6-167 调整效果

11 复制“背景”图层为“背景 副本2”图层，并移至所有图层的最上面，将该图层的混合模式设为“滤色”，“不透明度”设为30%。

12 最后添加文字，最终效果如图6-169所示。

图6-168 设置图层混合模式

图6-169 添加文字

13 调整前后图像效果对比图如图6-170所示。

调整前　　调整后

图6-170 调整前后图像效果对比图

14 最终将文档存储为“记忆.PSD”。

案例总结

使用图层混合模式为图像添加纹理和色彩效果在平面图像处理中经常用到，是广大设计师非常喜欢的方法。本案例的方法可以应用于数码照片的艺术创作，设计自己与众不同的艺术效果。

案例39 色彩

设计思路

在本案例中，使用图层混合模式为图像添加色彩。

操作步骤

01 打开配套光盘中的“照片.JPG”文件，如图6-171所示。

02 复制“背景”图层为“背景 副本”图层，并将“背景 副本”图层的混合模式设为“叠加”，如图6-172所示。

图6-171 原图

图6-172 复制图层

03 在复制“背景”图层为“背景 副本2”图层，并将“背景 副本2”图层移至所有图层的最上方。然后对该图层执行“图像”|“调整”|“黑白”命令，如图6-173所示。在弹出的“黑白”对话框中单击“自动”按钮，完成调整后图像效果如图6-174所示。

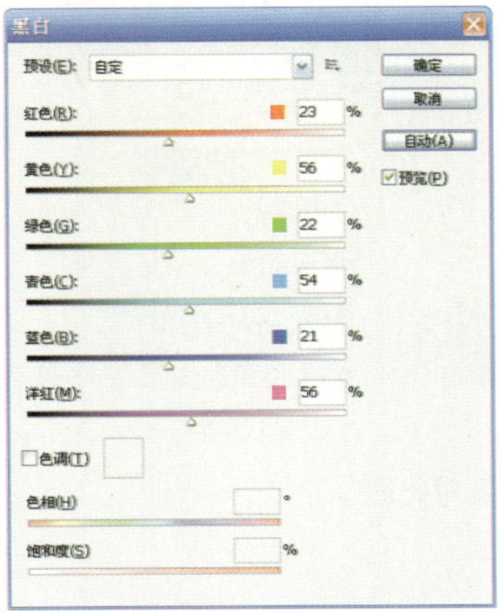

图6-173 黑白调整

图6-174 调整效果

04 接下来对“背景 副本2”图层执行“图像”|“调整”|“曲线”命令，在“曲线”对话框中设置曲线形状，如图6-175所示。执行命令后图像效果如图6-176所示。

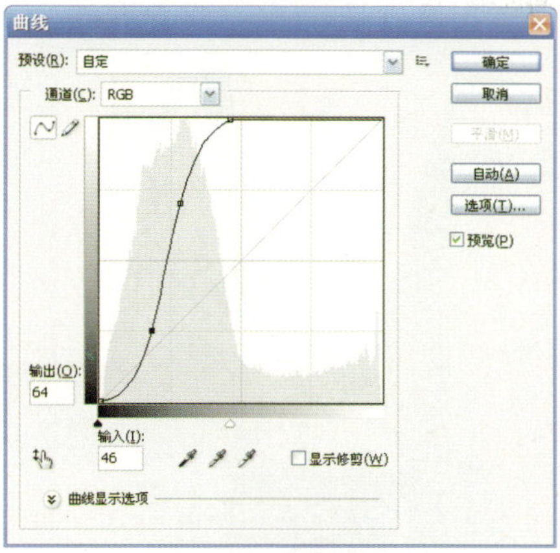

图6-175 调整曲线

图6-176 调整效果

05 对“背景 副本2”图层执行“滤镜”|“模糊”|“高斯模糊”命令，在打开的对话框中设置“半径”为1.5像素，如图6-177所示。执行滤镜后图像效果如图6-178所示。

图6-177 高斯模糊滤镜

图6-178 执行滤镜效果

06 将“背景 副本2”图层的混合模式设为“强光”，“不透明度”设为70%，设置后图像效果如图6-179所示。

07 在所有图层的最上方创建新图层并命名为“色彩”。使用“画笔工具”在图层中绘制颜色，效果如图6-180所示。

图6-179 强光模式

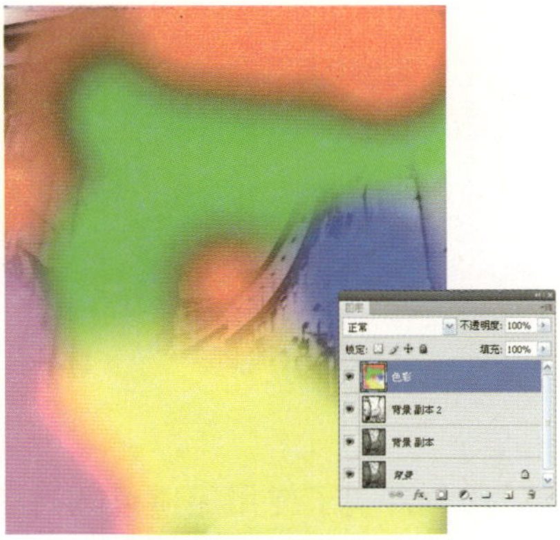

图6-180 绘制色彩

08 对“色彩”图层执行“滤镜”|“模糊”|“高斯模糊”命令，在打开的对话框中设置“半径”为80像素，执行滤镜后图像效果如图6-181所示。

09 将“色彩”图层的混合模式设为“颜色”，图像效果如图6-182所示。

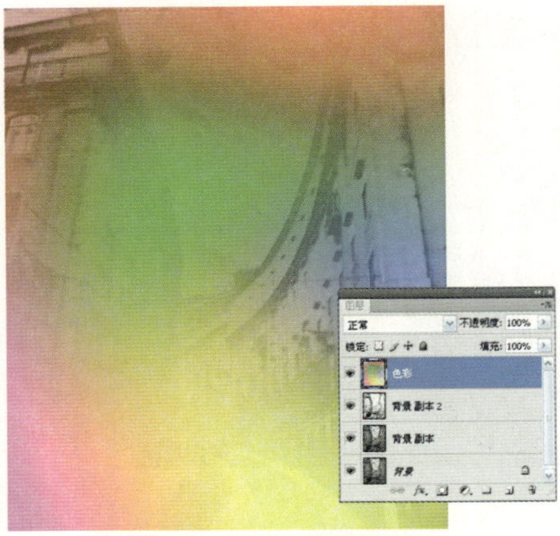

图6-181 高斯模糊滤镜

图6-182 添加颜色效果

10 图像调整前后效果对比图如图6-183所示。

调整前　　调整后

图6-183 图像调整前后效果对比图

11 最终将文档存储为“色彩.PSD”。

案例总结

使用“颜色”图层混合模式可以方便为图像上色。

案例40 色彩锐化

设计思路

在第3章中讲解了使用通道可以对图像进行锐化，在本案例中将介绍如何使用图层混合模式完成图层锐化。

操作步骤

01 打开配套光盘中的“照片.JPG”文件，如图6-184所示。

02 复制“背景”图层并命名为“图像”，如图6-185所示。

图6-184 原图

图6-185 复制图层

03 对“图像”图层执行“滤镜”｜“其他”｜“高反差保留”命令，在打开的对话框中设置“半径”为35像素，如图6-186所示。执行滤镜命令后图像效果如图6-187所示。

04 将“图像”图层的混合模式设为“强光”，“不透明度”设为100%。设置后图像效果如图6-188所示，可以看出此时图像色彩已锐化。

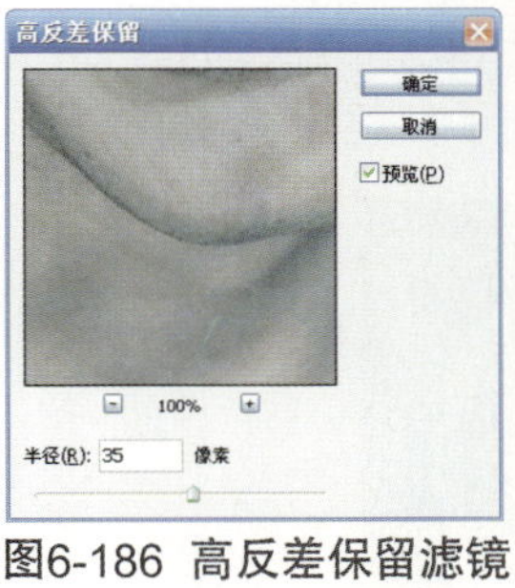

图6-186 高反差保留滤镜

图6-187 图像效果

图6-188 强光模式

05 复制“图像”图层为“图像副本”图层，此时“图像副本”图层的混合模式会自动设为“强光”。复制后图像效果如图6-189所示，色彩进一步锐化。

06 同理，复制“图像副本”图层为“图像副本2”图层，“图像 副本2”图层的混合模式也会自动设为“强光”。为了避免图像色彩过度锐化，这里将“图像 副本2”图层的“不透明度”设为70%，设置后图像效果如图6-190所示。

图6-189 复制图层

图6-190 复制图层

07 对图像执行“图层”|“新建”|“图层”命令，在“新建图层”对话框中设置“名称”为“颗粒纹理”，“模式”为“强光”，“不透明度”为100%，勾选“填充强光中性色（50%灰）”复选框，如图6-191所示。设置后创建的图层将用中性色填充，所以对下层图层效果不会产生任何影响，如图6-192所示。

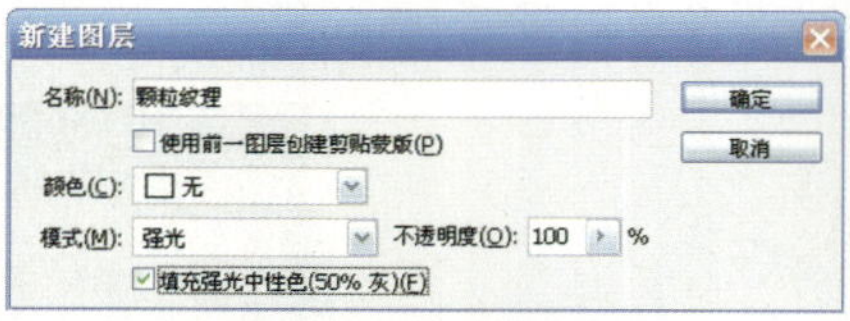

图6-191 设置图层参数

图6-192 新建图层

08 对“颗粒纹理”图层执行“滤镜”|“杂色”|“添加杂色”命令，在“添加杂色”对话框中设置“数量”为3%，“分布”为“高斯分布”，勾选“单色”复选框，如图6-193所示。执行滤镜命令后，图像效果如图6-194所示。图像中添加了颗粒纹理效果。

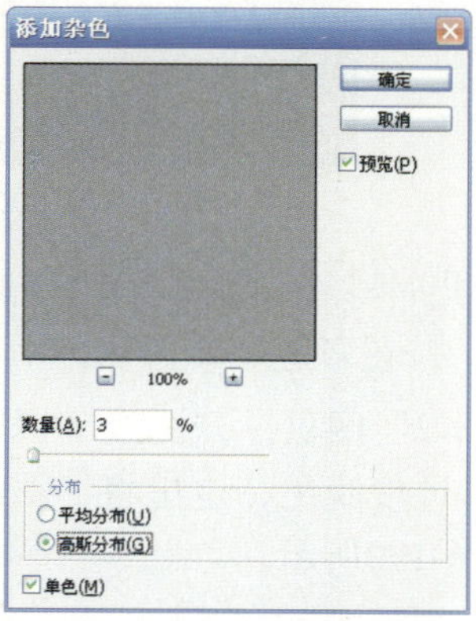

图6-193 添加杂色滤镜

图6-194 图像效果

09 同时按Ctrl+Alt+Shift+E组合键，对图像执行“盖印图像”操作。此时，Photoshop会自动将图像现有效果复制到新建的“图层1”图层中。将“图层 1”图层改名为“效果”图层，如图6-195所示。

10 最后对“效果”图层执行“图像”|“调整”|“自然饱和度”命令，在“自然饱和度”对话框中设置“自然饱和度”为-10，“饱和度”为-20，如图6-196所示。调整后图像最终效果如图6-197所示。

图6-195 盖印图像

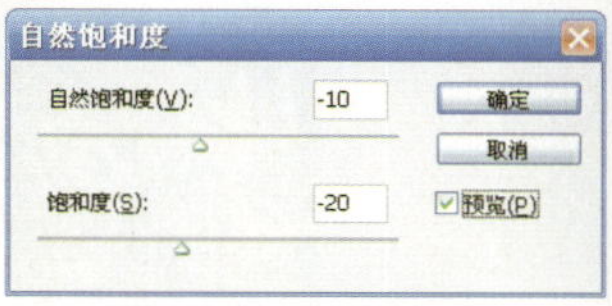

图6-196 “自然饱和度”对话框

图6-197 最终效果

11 调整前后图像效果对比如图6-198所示。

调整前　　调整后

图6-198 调整前后图像效果对比图

12 最终将文档存储为“颜色锐化.PSD”。

案例总结

本案例运用了“高反差保留”滤镜命令保留图像色彩边缘，然后利用“强化”混合模式强化了边缘效果进而实现了对图像的锐化。

案例41 创造胶片效果

设计思路

在本案例中使用图层混合模式模拟电影胶片效果。

操作步骤

01 打开配套光盘中的“照片.JPG”文件，如图6-199所示。

02 复制“背景”图层为“背景副本”图层，将该图层的混合模式设为“强光”，设置后图像效果如图6-200所示。

图6-199 原图

图6-200 复制图层

03 复制“背景 副本”图层为“背景 副本2”图层，这时该图层会自动被设置为“强光”模式。接下来对“背景 副本2”图层执行“滤镜”|“其他”|“高反差保留”命令，在打开的对话框中设置“半径”为20像素，如图6-201所示。执行滤镜命令后图像效果如图6-202所示。

图6-201 高反差保留滤镜

图6-202 图像效果

04 新建一个图层，命名为“纹理”图层。将前景色和背景色分别设为（R:51、G:102、B:153）和（R:0、G:0、B:102），选择“渐变填充工具”，在“纹理”图层中从上到下绘制前景色到背景色的线性渐变，效果如图6-203所示。

05 对“纹理”图层执行“滤镜”|“杂色”|“添加杂色”命令，在打开的对话框中设置“数量”为20%，在分布选项组中选中为“高斯分布”单选按钮，勾选“单色”复选框，如图6-204所示。执行滤镜命令后图像效果如图6-205所示。

图6-203 绘制渐变

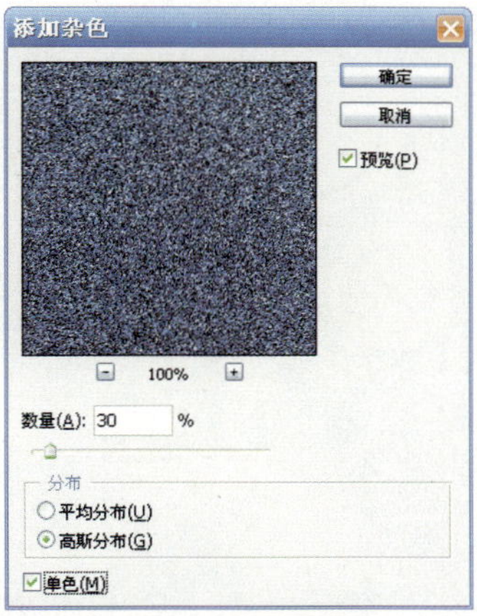

图6-204 添加杂色滤镜

图6-205 滤镜效果

06 再对“纹理”图层执行“滤镜”|“杂色”|“蒙尘与划痕”命令，在打开的对话框中设置“半径”为4像素，“阈值”为12色阶，如图6-206所示。执行滤镜命令后图像效果如图6-207所示。

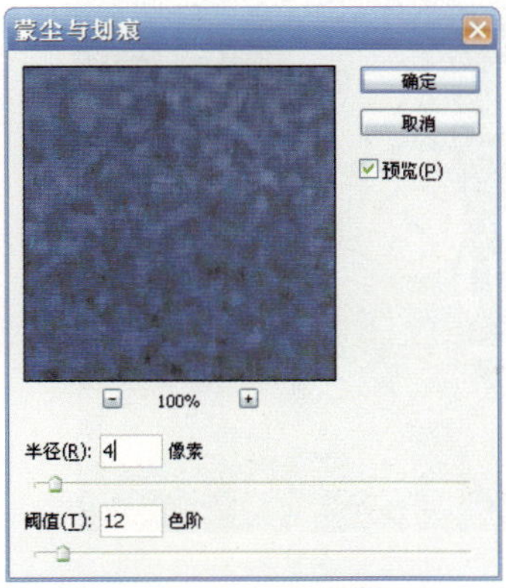

图6-206 蒙尘与划痕滤镜

图6-207 滤镜效果

07 将“纹理”图层的“填充”设为60%，图像效果如图6-208所示。

图6-208 设置填充

08 最后对“纹理”图层执行“图像”|“调整”|“色相/饱和度”命令，在打开的对话框中设置“色相”为0，“饱和度”为-45，“明度”为-5，如图6-209所示。调整后图像最终效果如图6-210所示。

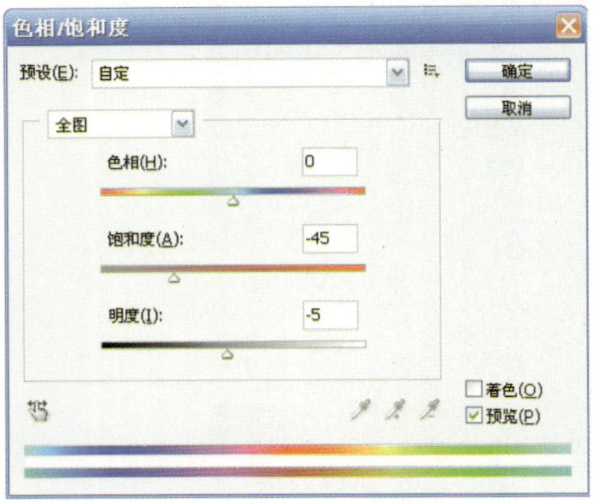

图6-209 色相/饱和度调整

图6-210 最终效果

09 图像调整前后效果对比图如图6-211所示。

调整前　　调整后

图6-211 图像调整前后效果对比图

10 最终将文档存储为“胶片效果.PSD”。

案例总结

本案例运用上面案例中介绍的锐化方法，然后又添加了颜色和划痕纹理就创造出了胶片效果。

第7章
计算和应用图像

“计算”和“应用图像”命令的实质都是通过对图像的图层或通道进行混合而达到调整图像效果的目的。

7.1 计算命令

在Photoshop的帮助文件中是这样解释“计算”命令的：“计算”命令用于混合两个来自一个或多个源图像的单个通道，然后可以将结果应用到新图像或新通道中，或现用图像的选区。不能对复合通道应用“计算”命令。

从定义中可知，对于“计算”命令最重要的两点就是“通道”和“混合”。把握好这两点，就不难理解和掌握“计算”命令。

7.1.1 “计算”对话框

对图像执行“图像”|“计算”命令，弹出如图7-1所示的“计算”对话框。对话框主要分为3个部分，分别为源、混合和结果。这正与“计算”命令的定义相对应。

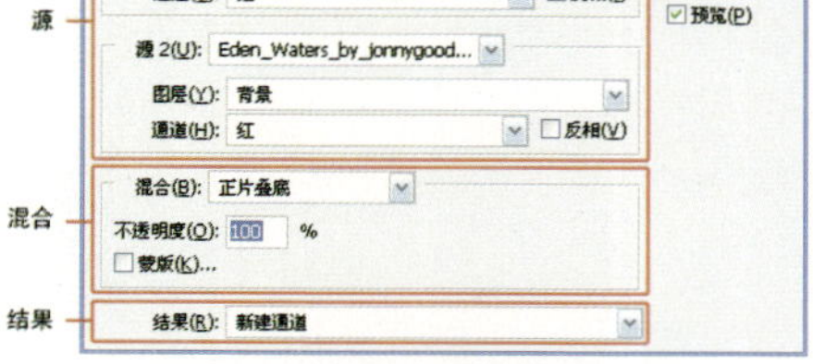

图7-1 “计算”对话框

在“源”部分中，可以指定用于计算的通道；在“混合”中可以设置混合模式在

“结果”中可以制定输出结果的方式。

1.指定来源

在“计算”对话框中有两个源选项，分别为“源 1”和“源 2”，这里可以分别制定用于计算的两个通道。

（1）来源不同文档

在“源 1”和“源 2”部分中第一个选项均为制定文档选项。在这里我们可以选择在Photoshop中打开的所有文档，前提是该文档的尺寸与执行“计算”命令的文档尺寸相同，因为Photoshop无法对不同尺寸的通道进行计算。如图7-2所示，在源文档列表中会显示所有复合条件的文档的名称。这样，我们就可以随意为“源 1”和“源 2”制定文档，可以是同一文档，也可以为不同文档。

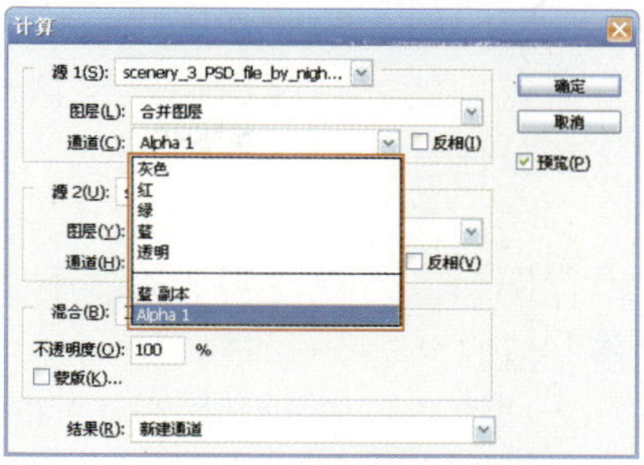

图7-2 选择不同的文档

（2）来源不同图层

在“源 1”和“源 2”部分中第二个选项均为选择图层选项。如果来源文档格式不包括图层信息（例如JPG、BMP格式图像等），该选项只可选择背景图层；如果来源文档包含多个图层（例如PSD格式图像等），此时“图层”列表中就会列出文档中的所有图层和一个“合并图层”供我们选择，如图7-3所示。

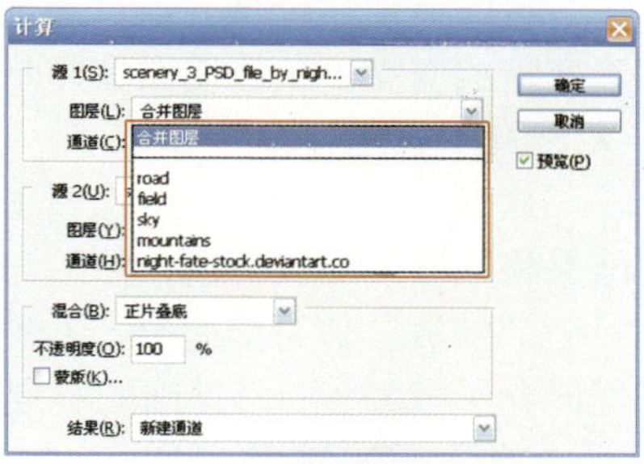

图7-3 选择不同的图层

（3）来源不同通道

在“源 1”和“源 2”部分中第三个选项均为选择通道选项。制定了“源”的文档和图层之后，最后要选择计算所需的通道。如图7-4所示，“通道”列表中列出了文档中的所有通道，另外加上灰色和透明通道。在该选项中，可以指定多种通道进行计算。

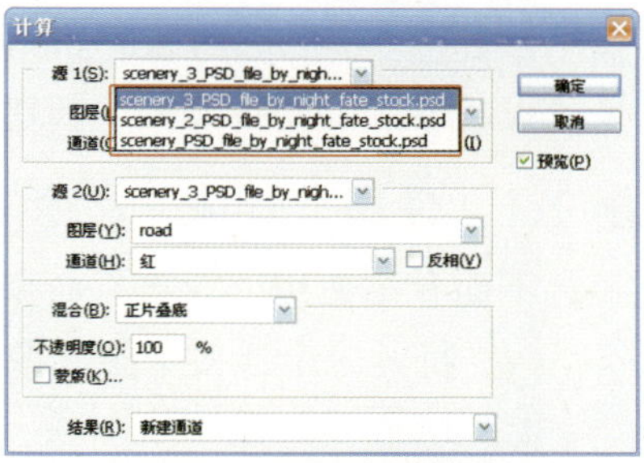

图7-4 选择不同的通道

2. 设置混合方式

制定好“源 1”和“源 2”后，需要设置这两个通道的混合方式。如图7-5所示，在“混合”菜单中我们可以选择合适的混合方式进行计算。这里的混合方式基本与前面介绍的图层混合方式相同，但是拥有两个独特的混合方式“相加”和“减去”。

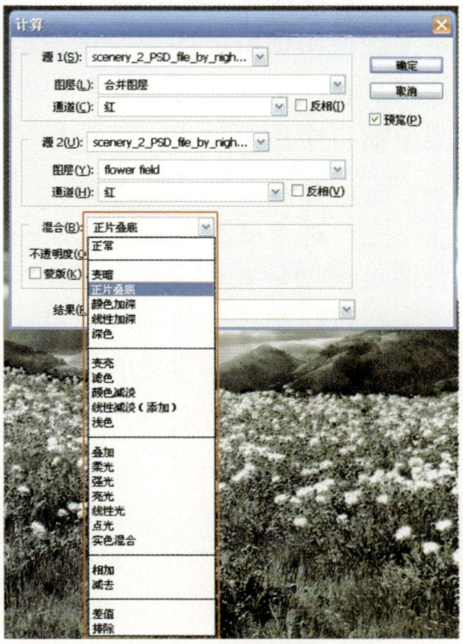

图7-5 混合方式

（1）相加

增加两个通道中的像素值。这是在两个通道中组合非重叠图像的好方法。

因为较高的像素值代表较亮的颜色，所以向通道添加重叠像素将使图像变亮。两个通道中的黑色区域仍然保持黑色（0+0=0）。任意一个通道中的白色区域仍为白色（255+任意值=255或更大值）。

“添加”模式用“缩放”量除以像素值的总和，然后将“位移”值添加到此和中。例如，要查找两个通道中像素的平均值，应先将它们相加，再除以2且不输入“位移”值。

“缩放”值可以是介于1.000～2.000之间的任何数字。输入较高的“缩放”值将使图像变暗。

可以使用“位移”值，通过任何介于 +255 ～-255 之间的亮度值使目标通道中的像素变暗或变亮。负值使图像变暗，而正值使图像变亮。

（2）减去

从目标通道中相应的像素上减去源通道中的像素值。与“相加”模式相同，相减的结果将除以“缩放”值，然后与“位移”值相加。

“缩放”值可以是介于1.000～2.000之间的任何数字。可以使用“位移”值，通过任何介于+255～-255之间的亮度值使“目标”通道中的像素变暗或变亮。

（3）输出结果

最后，要在“计算”对话框中设置“结果”输出。如图7-6所示，Photoshop提供了3种输出结果模式，分别为新建文档、新建通道和选区。

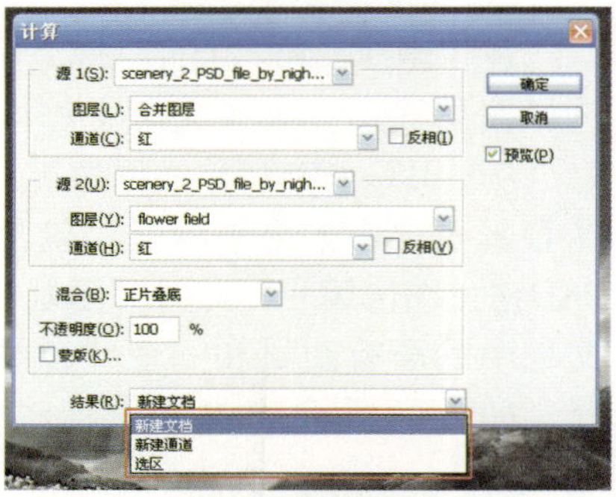

图7-6 输出结果

7.1.2 使用“计算”命令的步骤

下面介绍使用“计算”命令的一般步骤。

01 打开一个或多个源图像。

02 执行“图像”|“计算”命令，弹出“计算”对话框。

03 选取第一个源图像、图层和通道。要使用源图像中所有的图层，请选取“合并图层”；要在计算中使用通道内容的负片，请选择“反相”；对于“通道”，如果要将图像转换为灰度的效果，请选择“灰色”。要在图像窗口中预览效果，请选择“预览”。

04 选取第二个源图像、图层和通道并指定选项，指定方法同上。

05 对于“混合”，选取一种混合模式。输入不透明度值以指定效果的强度。如果要通过蒙版应用混合，请选择“蒙版”，然后选择包含蒙版的图像和图层。对于“通道”，可以选择任何颜色通道或 Alpha 通道以用做蒙版。也可使用基于现用选区或选中图层（透明区域）边界的蒙版。选择“反相”反转通道的蒙版区域和未蒙版区域。

06 对于“结果”，指定是将混合结果放入新文档，还是放入现用图像的新通道或选区。

案例42 使用“计算”命令制作黑白图像

设计思路

在本案例中，通过将彩色图片制作为对比适度的黑白照片效果，学习“计算”命令的使用。

操作步骤

01 执行“文件”|“打开”命令，打开配套光盘中的“照片.JPG”文件，如图7-7所示。

02 调出“通道”面板，单击“红”通道，如图7-8所示。观察“红”通道图像情况。可以看出“红”通道整体图像明暗适中，阴影和中间调部分的细节最为丰富。

图7-7 原图

图7-8 “红”通道

03 再选择“绿”通道。如图7-9所示，“绿”通道中图像偏亮，中间调和高光部分图像细节保存丰富。

04 最后选择“蓝”通道。如图7-10所示，“蓝”通道中的图像整体颜色偏暗，高光部分图像细节保存最为丰富。

图7-9 “绿”通道

图7-10 “蓝”通道

05 综合上面观察的3个通道图像，可以看出，“红”通道和“绿”通道相对图像细节保存比较好，而“蓝”通道图层过于暗淡，造成阴影部分丢失的细节太多。而且阴影部分的暗调是无法由其他通道进行混合计算所重新获得的。因此，选择“红”通道和“绿”通道进行计算。单击“通道”面板上的RGB通道，然后返回到“图层”面板，选择“背景”图层。对其执行“图像”|“计算”命令。如图7-11所示，在“计算”命令对话框中设置相关参数，其中“源 1”和“源 2”的通道均选择“红”通道，混合模式设为“叠加”，“结果”选择“新建通道”。计算后Photoshop将自动计算结果保存为一个新建通道，如图7-12所示。Alpha 1通道的图像效果如图7-13所示。

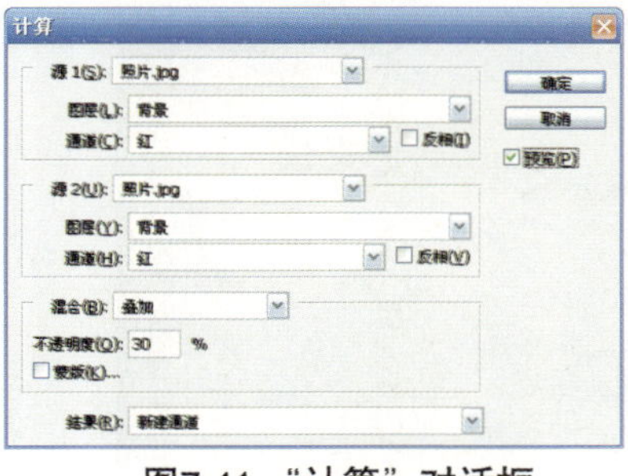

图7-11 “计算”对话框

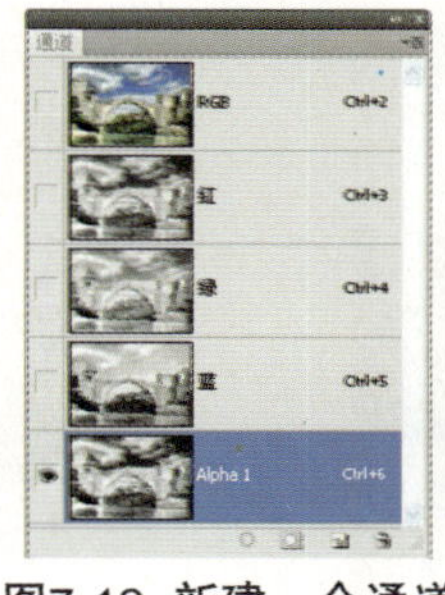

图7-12 新建一个通道

图7-13 Alpha 1通道

06 重新选择RGB通道，返回到“图层”面板。对文字再执行“图像”|“计算”命令。如图7-14所示，在“计算”对话框中设置参数。其中“源 1”和“源 2”的通道均选择“绿”通道，混合模式设为“正片叠底”，“结果”选择“新建通道”。计算后Photoshop将自动计算结果再次保存为一个新建通道，如图7-15所示。Alpha 2通道的图像效果如图7-16所示。

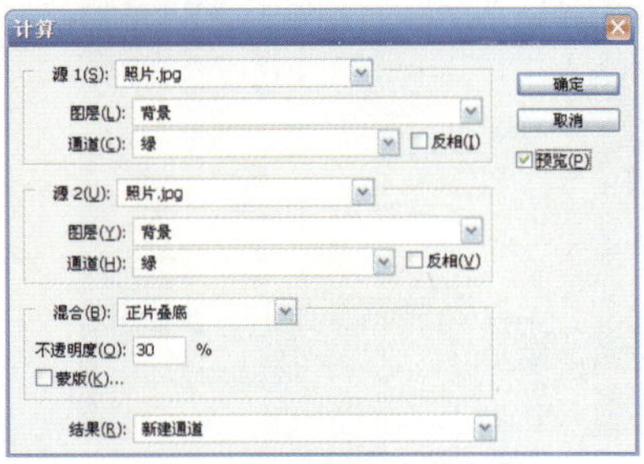

图7-14 “计算”对话框

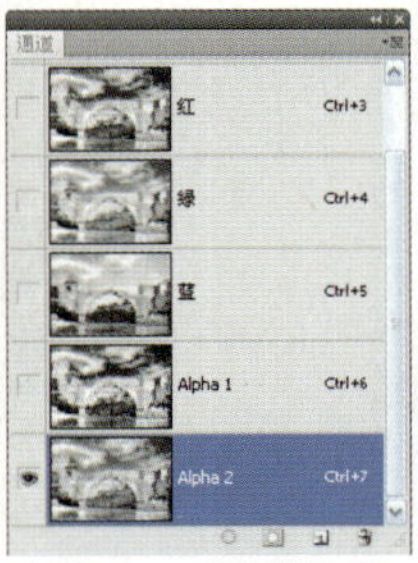

图7-15 新建通道

图7-16 Alpha 2通道

07 重新选择RGB通道，返回到“图层”面板。对文档执行“图像”|“计算”命令。如图7-17所示，在“计算”对话框中设置参数。其中“源 1”和“源 2”的通道分别选择Alpha 1通道和Alpha 2通道，混合模式设为“变暗”，“结果”选择“新建文档”。计算后，Photoshop自动将计算结果保存为一个新建的文档，该文档只拥有一个“Alpha 1”通道。

08 执行“图像”|“模式”|“灰度”命令，将该图像转变为灰度图像。如图7-19所示，此时文档只含有“灰度”一个通道。

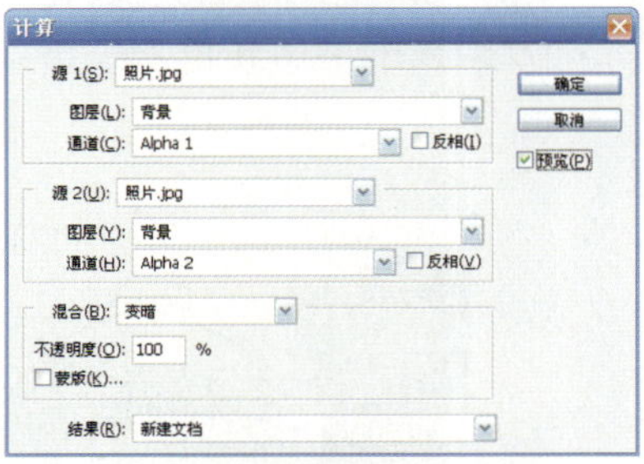

图7-17 “计算”对话框

图7-18 新建文档

图7-19 转为灰度模式

09 调整前后文档效果对比图如图7-20所示。

调整前　　调整后

图7-20 调整前后图像效果对比图

10 将该文档存储为“黑白.PSD”。将前面的“建筑”文档存储为“照片.PSD”。

通过下面的案例，可以更加具体地理解“计算”命令的使用方法和流程。

案例43　使用“计算”命令改变肤色

设计思路

在本案例中，我们使用“计算”命令只调整图像中人物的肤色。

操作步骤

图7-21　原图

01 执行“文件”|“打开”命令，打开配套光盘中的“照片.JPG”文件，如图7-21所示。

02 对图像执行“图像”|“计算”命令，在“计算”对话框中“源 1”和“源 2”的“通道”选项中均选择“灰色”通道，在“源 2”中选择“反相”，混合模式选择“变暗”，“结果”为“新建通道”，如图7-22所示。计算后Photoshop自动将计算结果输出为一个新的Alpha 1通道，效果如图7-23所示。

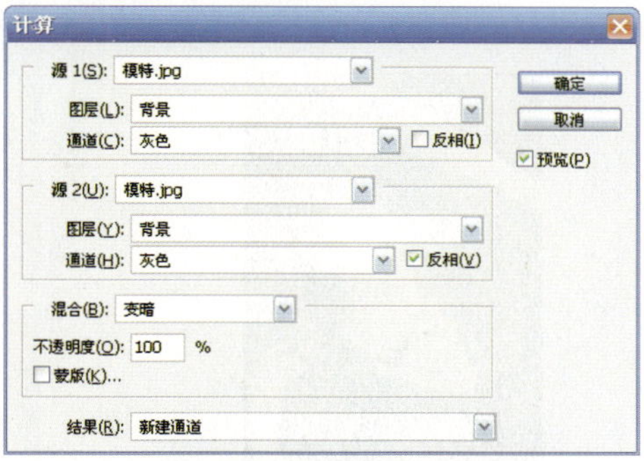

图7-22　“计算”对话框

图7-23　计算结果

03 再对图像执行“图像”|“计算”命令，在“计算”对话框中“源 1”和“源 2”的“通道”选项中分别选择“红”通道和“Alpha1”通道，“混合”选择“强光”，“结果”为“新建通道”，如图7-24所示。计算后Photoshop自动将计算结果输出为一个新的Alpha 2通道，效果如图7-25所示。

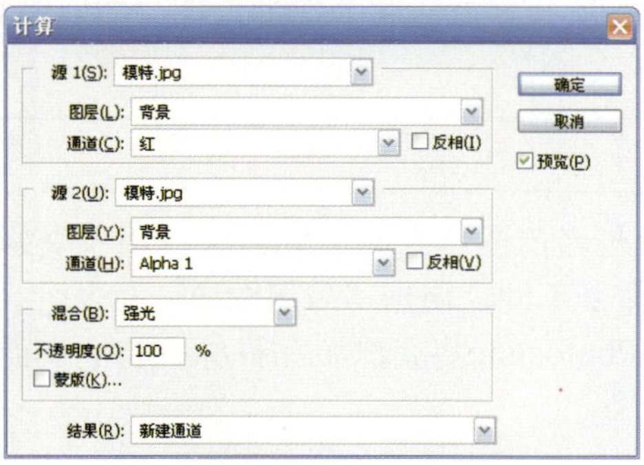

图7-24　“计算”对话框

图7-25　计算结果

04 在“通道”面板上选择Alpha 2通道，单击面板下面的“将通道作为选区载入”按钮，将Alpha 2通道载入为选区，再执行“选择”|“反向”命令。然后选择

RGB通道，返回到“图层”面板。单击“图层”面板下面的“创建新的填充或调整图层”按钮，选择“色相/饱和度”，在弹出的“调整”面板上设置“色相”为+15，“饱和度”为+100，“明度”为+40，如图7-26所示。调整后图像效果如图7-27所示。

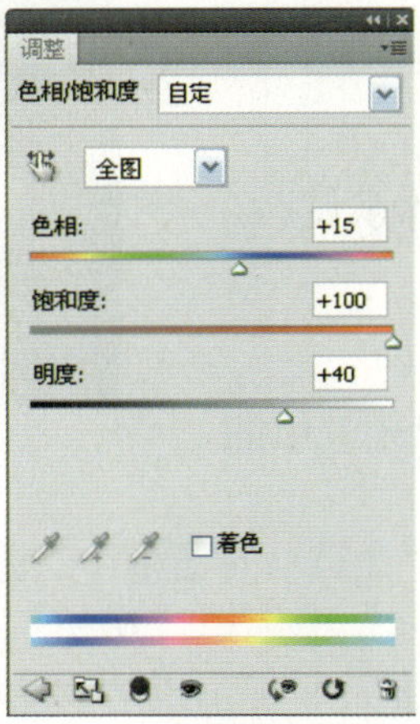

图7-26 “调整”对话框

图7-27 调整效果

05 调整前后图像效果对比如图7-28所示。

调整前　　调整后

图7-28 文档调整前后图像效果对比图

06 将文档存储为“调整肤色.PSD”。

在步骤2中，计算所得的结果，高光部分为接近中性色的区域，而暗调部分为远离中性色的区域。由于在人物图像中，人物的皮肤颜色一般为中性色调，所以步骤2中创建的通道即为人物皮肤区域的选区。

7.2 “应用图像”命令

“应用图像”命令可以将打开的图像与当前图像合并。它可以应用于全彩图像，或者图像的一个或多个通道。与“计算”命令不同，使用“应用图像”命令时，当前图像总是目标，而且只能选择一幅源图像。Photoshop将获取源和目标，将它们混合在一起，并将结果输出至目标图像中。

7.2.1 “应用图像”对话框

对图像执行“图像”|“应用图像”命令，弹出“应用图像”对话框。如图7-29所

示，“应用图像”对话框由两部分组成，分别为“源”选项组和“混合”选项组。

1. 指定来源

在“应用图像”对话框中的“源”选项组中，可以制定用于应用的源图像的文档、图层或者通道参数。

（1）来源不同文档

在“源”菜单中我们可以选择Photoshop打开的所有与当前图像的像素尺寸相同的图像文件，如图7-30所示。

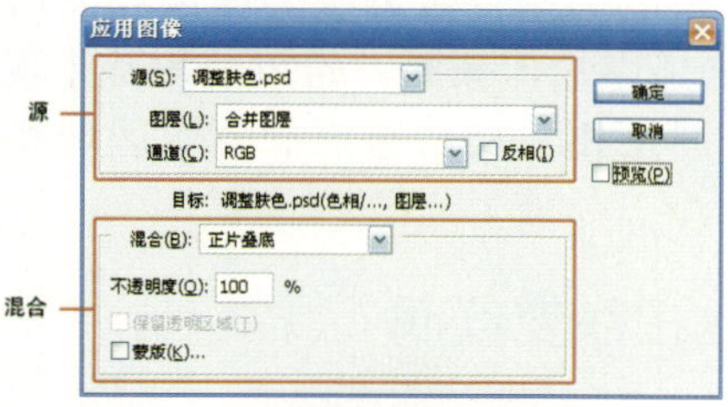

图7-29 “应用图像”对话框

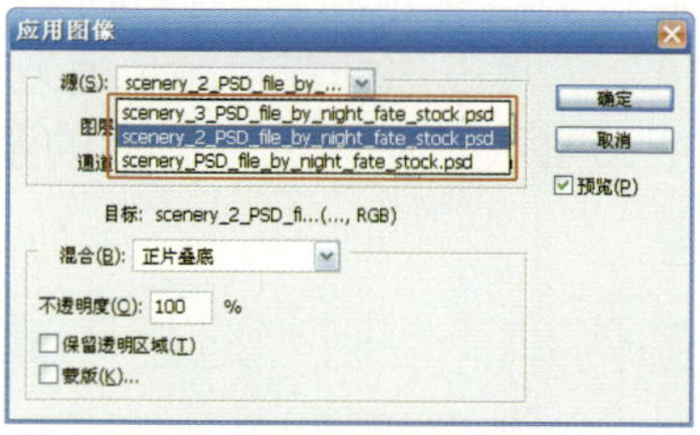

图7-30 选择不同的文档

（2）来源不同图层

当我们选定用做“源”文档后，接下来就可以在“图层”菜单列表中选择源文档中所包含的所有图层，如图7-31所示。如果来源文档格式不包括图层信息（例如JPG、BMP等），该选项只可选择“背景”图层；如果来源文档包含多个图层（例如PSD等），列表中除了包括源文档中用于的一般图层外还有一个“合并图层”选项。

（3）来源不同通道

制定了“源”的文档和图层之后，最后要选择计算所需的通道。如图7-32所示，“通道”列表中列出了文档中的所有通道。

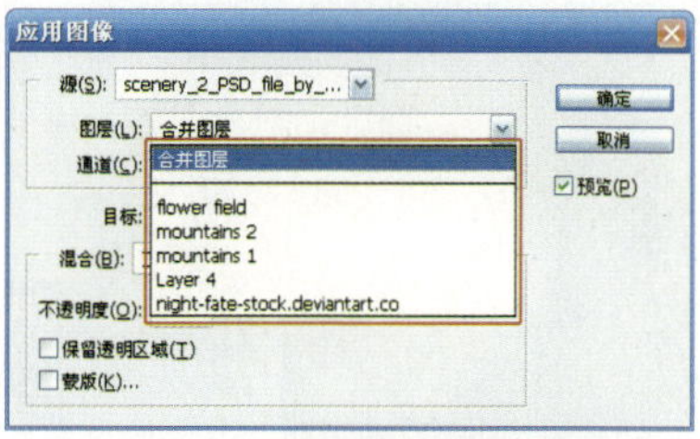

图7-31 选择不同的图层

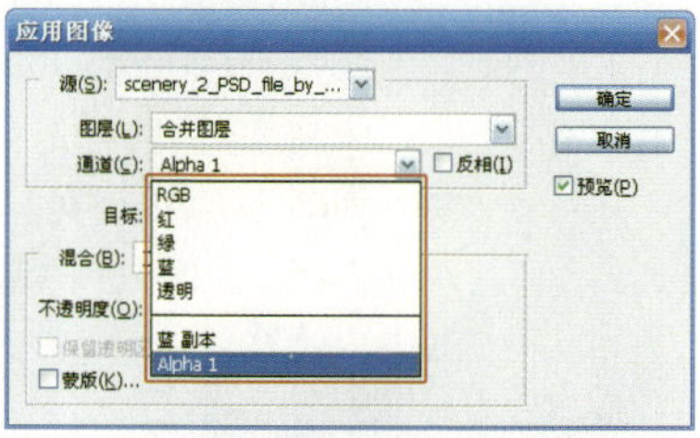

图7-32 选择不同的通道

2. 设置混合方式

在“应用图像”对话框中的“混合”选项组中，可以制定用于应用的源图像的混合模式、不透明度和蒙版等参数。由于混合模式设置方法和“计算”命令基本相同，这里就不再详细介绍。

7.2.2 使用“应用图像”命令的步骤

“应用图像”命令的一般操作步骤如下：

01 打开源图像和目标图像，并在目标图像中选择所需图层和通道。需要注意的是图像的像素尺寸必须与“应用图像”对话框中出现的图像名称匹配。如果两个图像的颜色模式不同（例如，一个图像是RGB颜色模式，而另一个图像是CMYK颜色模式），则可以对目标图层的复合通道应用单一通道（但不是源图像的复合通道）。

02 执行“图像”|“应用图像”命令，弹出“应用图像”对话框。

03 选取要与目标组合的源图像、图层或通道。要使用源图像中的所有图层，请选择“合并图层”选项；要在图像窗口中预览效果，请选择“预览”选项；要在计算中使用通道内容的负片，请选择“反相”选项。

04 对于“混合”，选取一个混合模式选项，可以输入不透明度值以指定效果的强度。

05 如果只将结果应用到结果图层的不透明区域，请选择“保留透明区域”；如果要通过蒙版应用混合，请选择“蒙版”，然后选择包含蒙版的图像和图层。对于“通道”，可以选择任何颜色通道或Alpha通道以用作蒙版。也可使用基于现用选区或选中图层（透明区域）边界的蒙版。选择“反相”反转通道的蒙版区域和未蒙版区域。

案例44 使用“应用”命令使人物皮肤变红润

设计思路

在现实生活中，经常会遇到照片中人物皮肤过于发白的情况，这时就要增加皮肤的红润效果并且保证不增加高光部分的亮度。在本列中，将介绍如何通过“柔光”图层混合模式达到这一效果。

操作步骤

01 执行“文件”|“打开”命令，打开配套光盘中的“女孩.JPG”文件，如图7-33所示。

02 对文件执行“图像”|“模式”|“Lab颜色”命令，如图7-34所示。

图7-33 原图

图7-34 Lab颜色模式

延伸知识

Lab颜色模式具有Lightness（明度）、a、b三个通道。其中，明度通道表现了图像的明暗度，其范围是0～100；a通道和b通道是两个专色通道，其颜色值范围都是−120～120，它们对应的颜色范围分别是从绿色到红色（a通道）、从蓝色到黄色（b通道），包括RGB 颜色和CMYK 颜色模式的所有颜色。

03 单击“图层”面板下面的“新建图层”按钮，新建“图层1”图层。对其执行“图像”|“应用图像”命令，参数设置如图7-35所示。“源”选择“女孩.jpg”，“图层”选择“背景”，“通道”选择a，“混合”选择“柔光”。单击“确定”按钮后，文档效果如图7-36所示。

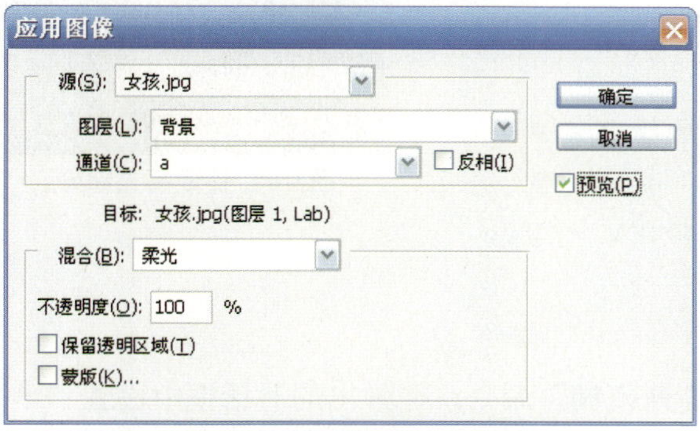

图7-35 “应用图像”对话框

图7-36 应用结果

04 再对“图层1”图层执行“图像”|“应用图像”命令，参数设置如图7-37所示。源选择“女孩.jpg”，“图层”选择“背景”，“通道”选择b，“混合”选择“柔光”。结果如图7-38所示，为照片中颜色的叠加。

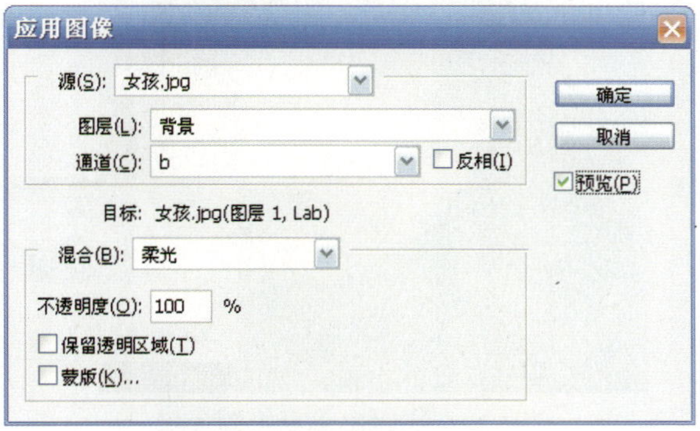

图7-37 “应用图像”对话框

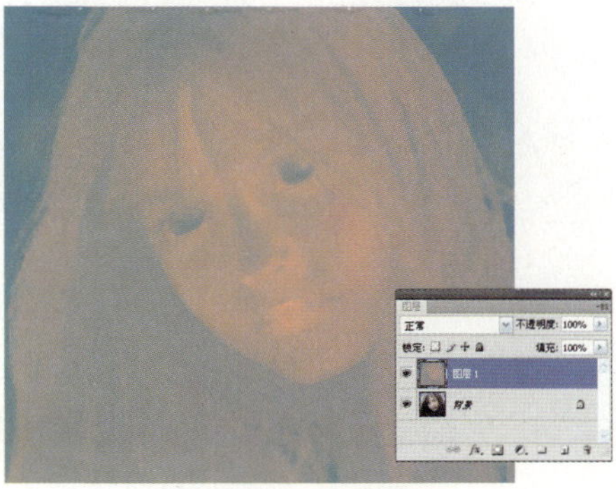

图7-38 应用结果

05 将“图层1”图层的混合模式设为“柔光”，如图7-39所示。

06 对“图层1”图层执行“图像”|“调整”|“色相/饱和度”命令，在打开对话框中设置“色相”为-20，“饱和度”为0，“明度”为0，如图7-40所示。

图7-39 柔光效果

图7-40 “色相/饱和度”对话框

07 同时按Ctrl+Alt+#组合键，提取（选择并复制）混合通道高光部分，如图7-41所示。

08 同时按Ctrl+J组合键，自动新建“图层2”图层并粘贴选区内容，如图7-42所示。

图7-41 提取高光部分

延伸知识

只提取高光部分是因为人物面部皮肤图像主要处于高光部分，这样可以避免使用“柔光”模式时，使不需要修改的地方变暗。

09 对其执行“滤镜”|“模糊”|“高斯模糊”命令，在弹出的对话框中设置“半径”为5像素。将“图层2”图层的混合模糊设为“柔光”，“不透明度”设为80%，效果如图7-43所示。

图7-42 粘贴选区内容

图7-43 高斯模糊

延伸知识

黑色加深而屏蔽白色。它类似于将点光源发出的漫射光照到图像上。使用这种模式，会在背景上形成一层淡淡的阴影，阴影的深浅与两个图层混合颜色的深浅有关，总之，该模式的效果是神秘而美丽的。

因此在本案例中使用“柔光”模式可以增加女孩脸部皮肤的红润效果，而不增加高光部分的亮度。

10 执行“图层”|“合并可见图层”命令，合并可见图层，对“背景”图层执行“滤镜”>“锐化”|“USM锐化”命令，在弹出的对话框中设置“数量”为80%，“半径”为1像素，“阈值”为2色阶，如图7-44所示。然后对图像执行“图像”|“模式”|“RGB颜色”命令，重新将图像转为RGB颜色模式，最终效果如图7-45所示。

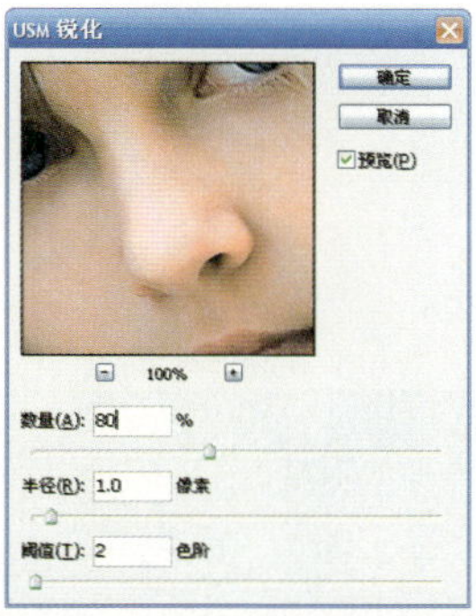

图7-44 “USM锐化”对话框

图7-45 最终效果

11 调整前后图像效果对比图如图7-46所示。

调整前　　调整后

图7-46 调整前后图像效果对比图

12 最后储存文档为“红润.PSD”。

案例总结

“柔光”是处理照片时非常有用的技巧。它可以在加深图像色彩的同时不增加高光的亮度。在使用时，经常要提取图像的高光部分，然后再设置其为“柔光”模式，这样可以避免增加暗调。

第8章 调整图层和填充图层

调整图层和填充图层是Photoshop中最为灵活的色彩调整工具。在Photoshop中完成对图像色彩的调整往往不是直接使用“色彩调整命令”，而是通过调整图层和填充图层来实现的，由于调整图层和填充图层的特点使得用户可以修改色彩调整的参数直至达到满意效果。

8.1 调整图层和填充图层介绍

8.1.1 什么是调整图层和填充图层

调整图层不是一个存放图像的图层，它主要用来控制色调及色彩的调整，它存放的是图像的色调和色彩，包括色阶、色彩平衡等调整。这些调整信息被存储在单独的图层中，这样就可以在图层中进行编辑调整，而不会永久性地改变原始图像的像素值。

在Photoshop中可以使用纯色、渐变和图案填充图层，与调整图层不同，填充图层不会影响下面的图层。

调整图层和填充图层同样具有普通图层的一些属性。如图8-1所示，这里在图像背景图层的上方有一个“渐变”填充图层。而在“人”图层的上面有一个“色阶”调整图层。填充图层可以作用其下面的所有图层；而调整图层只能作用于临近它的“人”图层，以外调整图层被设为“剪贴蒙版”。调整图层和填充图层同样可以设置图层混合模式、不透明度和填充等属性。调整图层和填充图层有自己独特的图层缩略图，这使用户可以很容易根据缩略图了解当前的调整图层或填充图层的类型。

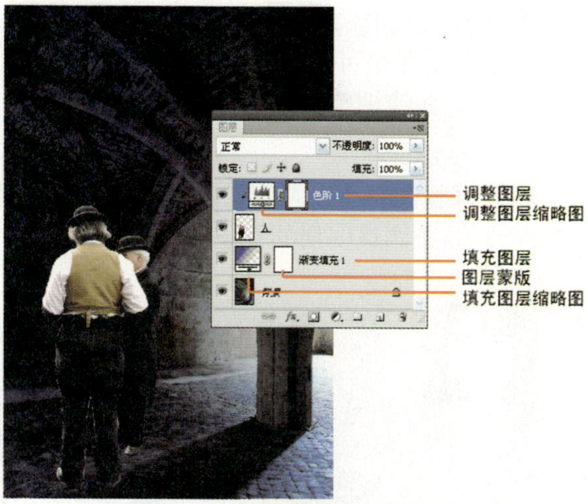

图8-1 调整图层和填充图层

8.1.2 调整图层和填充图层的种类

在Photoshop CS4中一共有15种调整图层和3种填充图层。当在选择文档的一个图像图层后，调出“调整”面板，在面板上就以图表的形式列出所有可以创建的调整图层的种类，如图8-2所示。依次为亮度/对比度、色阶、曲线、曝光、自然饱和度、色相/饱和度、色彩平衡、黑白、照片滤镜、通道混合器、反相、色调分离、阈值、渐变映射和可选颜色。

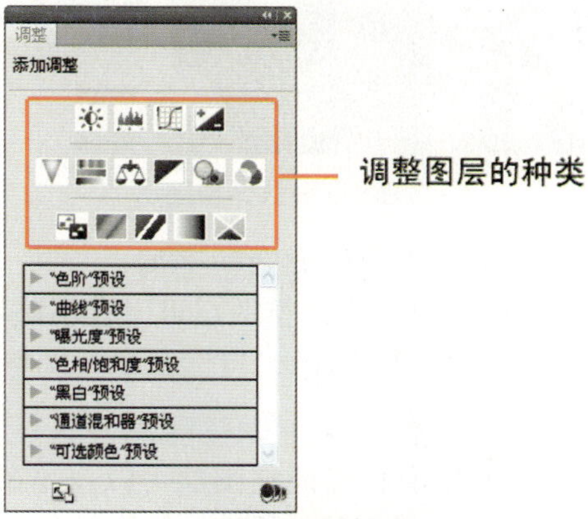

图8-2 调整图层的种类

1. 亮度/对比度调整图层

亮度/对比度调整图层可以在不破坏像素条件下修改和控制图像的亮度和对比度。如图8-3所示，亮度/对比度调整图层的标志为太阳图标。

2. 色阶调整图层

色阶调整图层可以在不破坏像素条件下修改和控制图像的色阶分布。如图8-4所示，色阶调整图层的标志为直方图分布图标。

图8-3 亮度/对比度调整图层

图8-4 色阶调整图层

3. 曲线调整图层

曲线调整图层可以在不破坏图像像素条件下修改和控制图像的阴影和高光分布。如图8-5所示，曲线调整图层的标志为曲线图标。

4. 曝光调整图层

曝光调整图层可以在不破坏图像像素的条件下修改和控制图像的曝光度效果。如图8-6所示，曝光调整图层的标志为曝光图标。

图8-5 曲线调整图层

图8-6 曝光调整图层

5. 自然饱和度调整图层

自然饱和度调整图层可以在不破坏图像像素的条件下修改和控制图像的自然饱和度效果。如图8-7所示，自然饱和度调整图层的标志为三角形光谱图标。

6. 色相/饱和度调整图层

色相/饱和度调整图层可以在不破坏图像像素的条件下修改和控制图像的色相与饱和度效果。如图8-8所示，色相/饱和度调整图层的标志为色带图标。

图8-7 自然饱和度调整图层

图8-8 色相/饱和度调整图层

7. 色彩平衡调整图层

色彩平衡调整图层可以在不破坏图像像素的条件下修改和控制图像的色彩偏向效果。如图8-9所示，色彩平衡调整图层的标志为天平图标。

8. 黑白调整图层

黑白调整图层可以在不破坏图像像素的条件下通过修改和控制图像各个颜色通道分量的比重来创造黑白或单色效果。如图8-10所示，黑白调整图层的标志为黑白图标。

图8-9 色彩平衡调整图层

图8-10 黑白调整图层

9. 照片滤镜调整图层

照片滤镜调整图层可以在不破坏图像像素的条件下创造出在镜头滤镜下拍摄的效果。如图8-11所示，照片滤镜调整图层的标志为相机图标。

10. 通道混合器调整图层

通道混合器调整图层可以在不破坏图像像素的条件下通过调整每个颜色通道分量来创造特殊效果。如图8-12所示，通道混合器调整图层的标志为三原色图标。

图8-11 照片滤镜调整图层

图8-12 通道混合器调整图层

11. 反相调整图层

反相调整图层可以在不破坏图像像素的条件下将图像转变为反相效果。如图8-13所示，反相调整图层的标志为黑白交换色图标。

12. 色调分离调整图层

色调分离调整图层可以在不破坏图像像素的条件下将图像进行色调分离。如图8-14所示，色调分离调整图层的标志为灰色交替图标。

图8-13 反相调整图层

图8-14 色调分离调整图层

13. 阈值调整图层

阈值调整图层可以在不破坏图像像素的条件下调整阈值创造版画效果。如图8-15所示，阈值调整图层的标志为灰白交替图标。

14. 渐变映射调整图层

渐变映射调整图层可以在不破坏图像像素的条件下使用渐变颜色对图像的色调重新映射。如图8-16所示，渐变映射调整图层的标志为渐变图标。

图8-15 阈值调整图层

图8-16 渐变映射调整图层

15. 可选颜色调整图层

可选颜色调整图层可以在不破坏图像像素的条件下调整图像中特定的颜色区域。如图8-17所示，可选颜色调整图层的标志为四色图标。

在Photoshop中填充图层有3种类型，分别为纯色填充图层、渐变填充图层和图案填充图层。

16. 纯色填充图层

纯色填充图层为一个单色填充的图层。如图8-18所示的标志为单色图标，图标的颜色

图8-17 可选颜色调整图层

即为当前纯色图层填充的颜色。

17. 渐变填充图层

渐变填充图层为一个渐变填充的图层。如图8-19所示的标志为渐变图标，图标中显示的渐变颜色即为当前状态下渐变填充图层中填充的渐变颜色。

图8-18 纯色填充图层

图8-19 渐变填充图层

18. 图案填充图层

图案填充图层为一个用所选图案填充的图层。如图8-20所示的标志为图案图标，图标中显示的图案即为当前状态下图案图层中填充的图案。

图8-20 图案填充图层

8.1.3 调整图层的优点

Photoshop中的调整图层具有以下3个优点。

1. 永久的可编辑性

调整图层不会对下面的图像造成破坏，与直接选定像素的标准颜色校正不同，调整图层不会对像素产生永久的影响。当将文档以支持图层的3种格式（如PSD、TIFF和PDF）的任意一种进行保存后，调整图层同样可以被保存，而且可以反复编辑。

2. 选择性的调整

由于调整图层可以使用图层蒙版，所以可以通过使用不同灰度颜色在蒙版上绘画来编辑调整效果所覆盖的区域，以及调整效果的强弱。

3. 可排序的调整

既然调整图层是Photoshop图层的一种类型，那么一般图层的操作方式也同样适用与它。可以在“图层”面板上拖动调整图层的位置来具体设置调整作用于那些图层，也可以将调整图层设置为剪贴蒙版，让其只作用于下方临近图层。

提示：

调整图层与一般图层一样会增加图像的大小，但是其增加的幅度很小。当图像处理结束，认为以后不需要再重新进行调整的前提下，可以将调整图层与下面的图层进行合并，这样就可以减小文件的大小。

8.2 调整图层和填充图层的基本操作

调整图层和填充图层具有与普通图像图层相同的不透明度和图层混合模式选项，同时可以对它们进行重新排列、删除、隐藏和复制。在默认状态下，建立的调整图层和填充图层均具有图层蒙版，这有利于对调整和填充的区域或程度的控制和修饰。

8.2.1 创建调整图层和填充图层

在Photoshop CS4中可以通过两种方法建立调整图层，一种通过“图层”面板；另一种通过“调整”面板。

1. 通过“图层”面板建立调整图层和填充图层

在前面的几个版本中，这基本上是创建调整图层的唯一方法，在CS4版本中仍然适用。如图8-21所示，单击“图层”面板下方的“创建新的填充或调整图层”按钮◐，会弹出相应的菜单列表，在菜单中可以选择所需的类型来建立调整图层或填充图层。

2. 通过“图层”菜单建立调整或填充图层

对图像执行“图层”|“新建调整图层”命令或“图层命令”|“新建填充图层”命令，就可以在当前图层的上面创建新的调整或填充图层。

3. 通过“调整”面板建立调整图层

“调整”面板是Photoshop CS4中新增的组件，它的出现大大方便了调整图层的使用。执行“窗口”>“调整”命令，弹出“调整”面板，如图8-22所示。在面板上可以单击相应的图标建立调整图层。

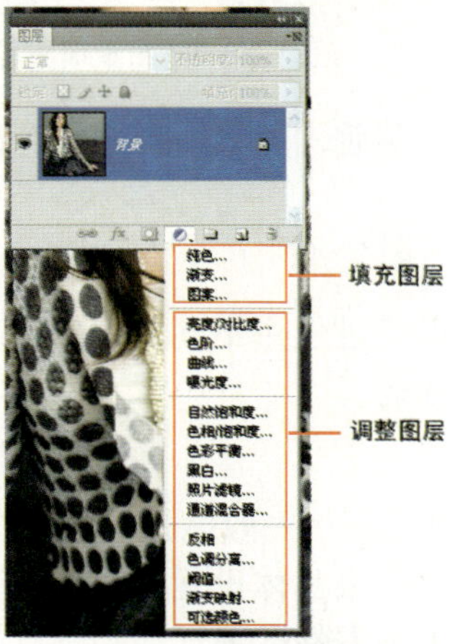

图8-21 调整图层菜单

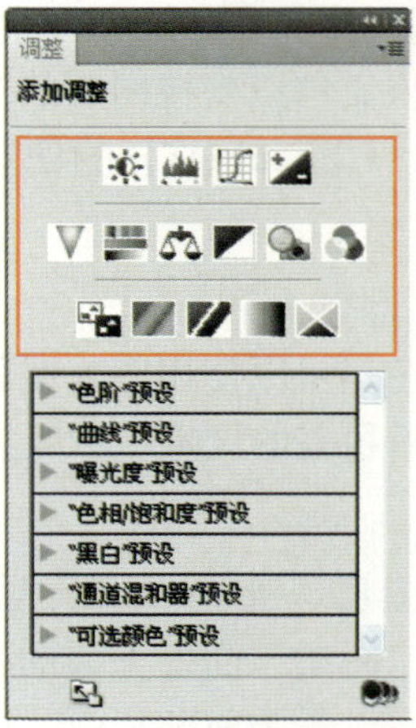

图8-22 “调整”面板

8.2.2 选择调整图层或填充图层

图8-23 选择调整图层

无论使用何种方法创建的调整图层，在“图层”面板上都会显示该调整图层的名称和内容（默认条件下调整图层会自动命名为“调整类型+编号”）。此时，在“图层”面板上，新建调整图层的缩略图被突出显示，显示的调整图层正处于被选中状态。

可以直接使用鼠标在“图层”面板上选择图层，如图8-23所示，选中的图层的缩览图将会用深颜色显示。在缩略图前面有一系列的眼睛图标。当存在眼睛图标时，说明该图层在显示状态；当没有该图标时，说明该图层被隐藏，它相应的调整作用也被隐藏。可以通过鼠标单击眼睛图标来控制调整图层显示或者隐藏。

8.2.3 合并图层

调整图层同样可以像普通图层那样进行合并操作。当将调整图层与被作用的普通图层合并，如图8-24所示，合并后文档图像的效果不会发生变化，但是普通图层中的图像将被彻底改变，不能再对调整参数进行修改。

合并前　　合并后

图8-24 合并调整图层

8.2.4 按组管理调整图层或填充图层

当存在大量的调整图层时，为了方便管理，可以将调整图层按组管理，如图8-25所示。图层组就好像Windows操作系统中的文件夹，图层就好比文件。可以通过文件夹来存放相关的文件，也可以存放文件夹。同样，在Photoshop中，可以使用图层组存放一些有联系的图层或者图层组。这样不但方便管理，还可以对图层组进行某种操作，例如添加蒙版、设置不透明度和混合模式等，这时就可以将该操作同时应用到图层组中的所有图层中。

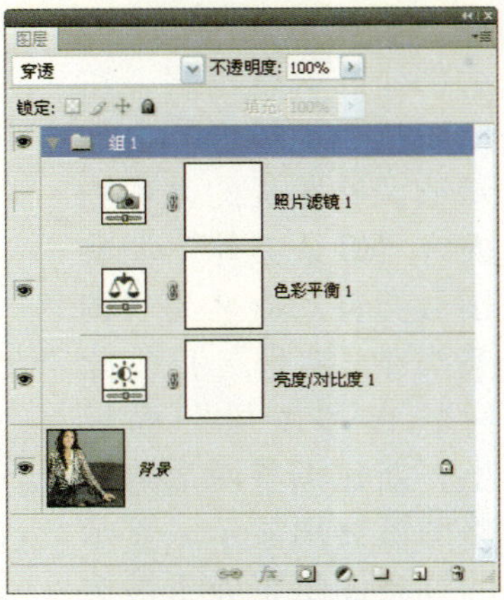

图8-25 按组管理调整图层

8.3 “调整”面板的使用

“调整”面板是Photoshop CS4版本中新添的组件。通过“调整”面板，可以方便快捷地创建和管理调整图层。“调整”面板有多种变化形式，这里我们逐一加以介绍。

8.3.1 调整列表状态

当前图层为图像图层时，调出“调整”面板后，面板如图8-26所示。

在“调试图层类型”区域中可以用鼠标单击所要创建的调整图层类型的图标创建调整图层，这里共有15种调整类型可供选择。此时创建的各调整图层的调整参数初始值均为0，需要用户对其进行设置。

在“调整预设”区域中存储了常用的调整参数，用户可以新建、修改和删除这些预设。单击每种调整预设前面的三角形按钮，存储的该调整类型的所有预设将被展开，如图8-27所示。此时用光标单击预设就可以在图层上面创建已设置参数的调整图层。

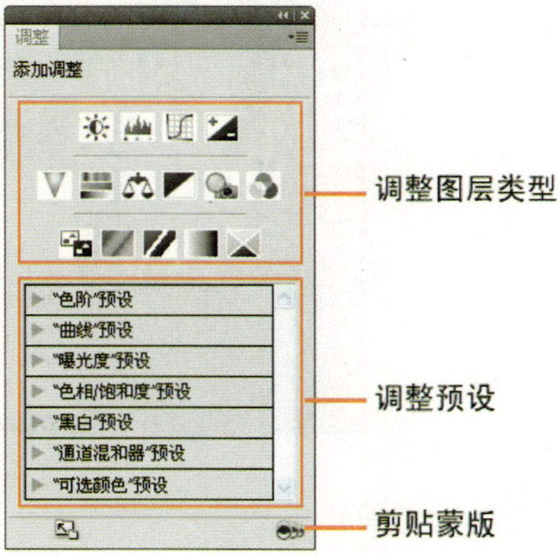

图8-26 “调整”面板

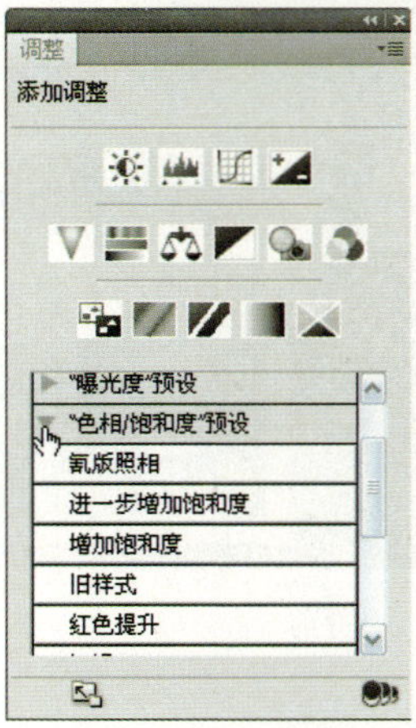

图8-27 预设管理

图8-28显示了“曲线”预设中的3种预设调整效果。

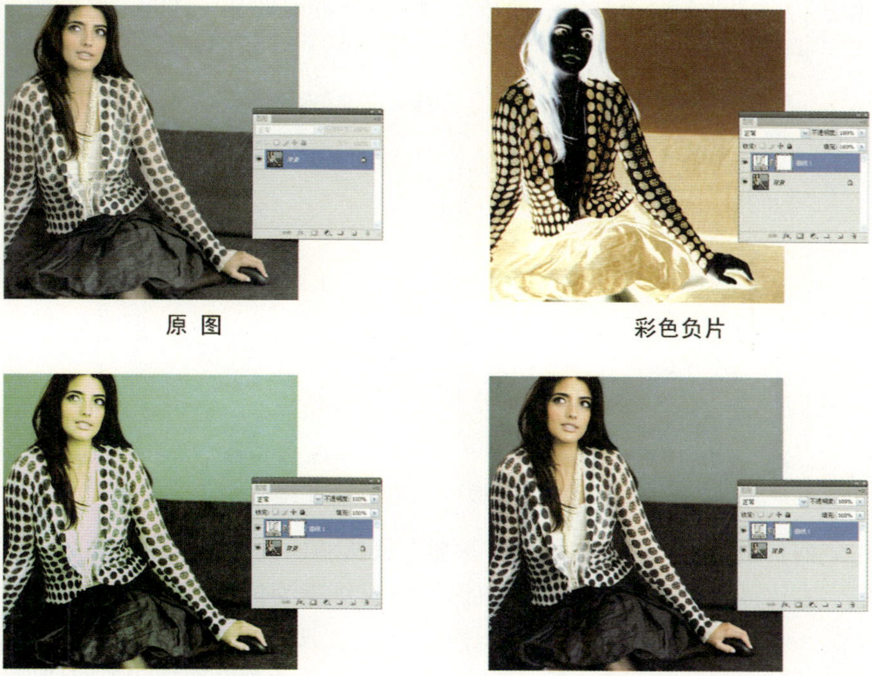

原 图　　彩色负片

反 冲　　强对比度

图8-28 曲线调整预设

当“调整”面板右下角的图标显示为，此时创建的调整图层的调整效果将影响其下面的所有图层，如图8-29所示；当“调整”面板右下角的图标显示为，此时创建的调整图层的调整效果将只影响其下面一个图层，即创建为剪贴蒙版，如图8-30所示。

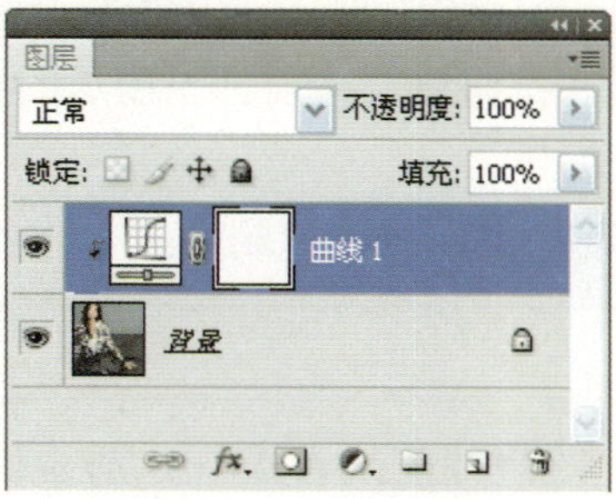

图8-29 影响下面所有图层

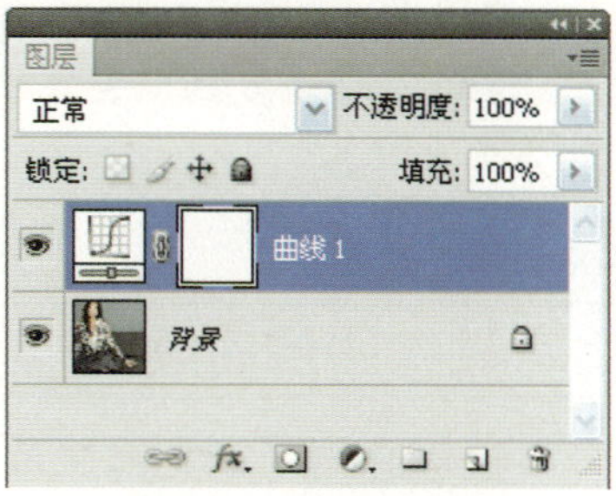

图8-30 “图层”面板

8.3.2 当前调整图层的控制状态

当创建调整图层后或当前图层为调整图层时，“调整”面板也会随之发生变化。这时面板的内容变为如图8-31所示。面板上的组件将分为3个部分，分别为预设列表、参数调整窗口和图像性质设置按钮。

预设列表中存放了当前调整类型下Photoshop存储的参数预设种类。

在参数调整窗口中将根据当前调整类型自动调整为相应的参数调整窗口，这与“调整”命令中的各种调整命令

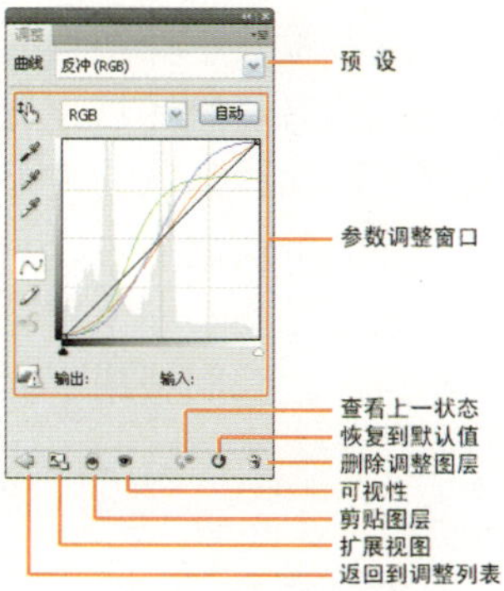

图8-31 “调整”面板

所对应的参数调整对话框内的组件基本是一致的。如图8-32所示，曲线调整图层的“调整”面板和执行“曲线”命令弹出“曲线”对话框中的组件是一样的。这说明调整图层可以进行与“调整”命令得到相同的效果。

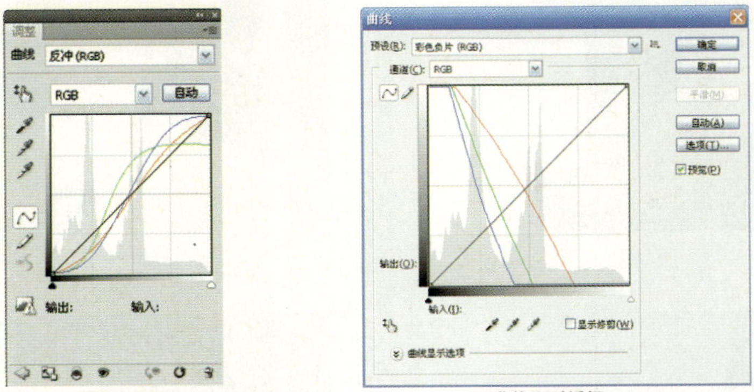

“调整”面板　　“曲线”对话框

图8-32 “调整”面板和“曲线”对话框对比图

- 单击“回到调整列表”按钮，“调整”面板将回到如图8-26所示的状态。
- 单击“扩展视图”按钮，“调整”面板将变为扩展试图状态，这时面板的尺寸会变大。
- 单击“剪贴图层”按钮，当前调整图层将在是否为剪贴图层状态间切换。
- 单击“可视性”按钮，当前调整图层将被设为不可见。
- 单击“查看上一状态”按钮，当前调整图层的参数设置将恢复到前一次修改状态。
- 单击“恢复到调整默认值”按钮，当前调整图层的参数将恢复到默认状态（大部分为0）。
- 单击“删除”按钮，当前调整图层将被删除。

8.4 调整图层的应用

这里总结了调整图层最重要的4种应用方式，分别为代替复制图层、校正单个图层、调整特定区域和多调整图层的混合应用。

8.4.1 代替复制图层

当创建一个调整图层（参数保持默认值），这时图像没有发生变化，但是该调整图层可以看做其下面图层的复制图层，改变其图层混合模式，可以产生对其下面的图层进行复制后对复制图层设置同样的图层混合模式相同的效果。这个功能非常实用，可以在保持获得同样效果的前提下大大降低图像的文件大小。

在一些情况下可以利用复制图层的图层混合模式来校正图像，常使用“正片叠底”模式使图像变暗和使用“滤色”模式使图像变亮。现在就完全可以运用调整图层来实现这些操作。我们将用下面的案例来具体讲解该应用。

案例45 使用调整图层代替复制图层

设计思路

在本案例中，利用图层混合模式校正图像的效果和图像文件的大小。

操作步骤

01 打开配套光盘中的“照片.JPG”文件，如图8-33所示。

02 为了方便比较，建立一个“照片”文件的副本。执行“窗口”|“历史记录”命令，调出“历史记录”面板，如图8-34所示。在面板菜单中选择“新建文档”命令。执行命令后将在Photoshop中新建一个与“照片”文件相同的副本文件，如图8-35所示。将该副本文件存储为“照片 副本.JPG”。

图8-33 原图

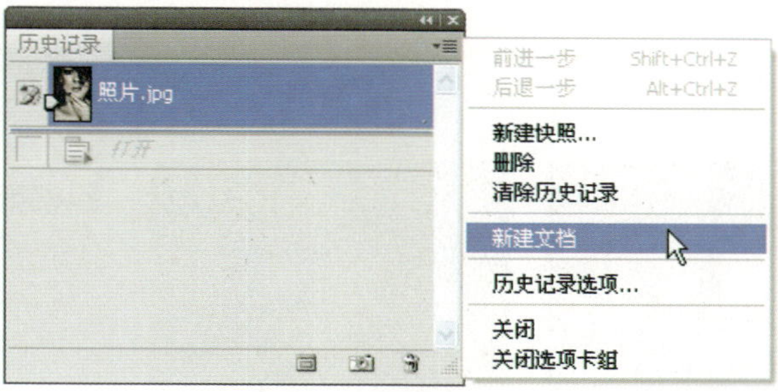

图8-34 新建文档

图8-35 建立副本

03 选择“照片”文件，调出“图层”面板，复制“背景”图层为“背景 副本”图层，效果如图8-36所示。选择“照片 副本”图层，创建“色阶”图层，不做任何的参数设置，此时效果如图8-37所示。通过这两幅图可以看出，默认状态下的调整图层不会影响图像效果。

图8-36 复制图层

图8-37 创建调整图层

04 接下来分别观察复制图层和调整图层的图层混合模式对图像的影响。将“照片”文档的“背景 副本”图层的混合模式设为“正片叠底”，此时效果如图8-38所示。再选择“照片 副本”图像，将“色阶”图层的混合模式设为“正片叠底”，此时效果如图8-39所示。通过两幅图像对比可以看出，同样的混合模式可以产生相同的效果。查看“直方图”面板，如图8-40和图8-41所示。分别观察“照片”图像和“照片 副本”图像的直方图形状和参数同样可以得出结论，调整图层可以替代复制图层产生相同的效果。

图8-38 复制图层设为“正片叠底”模式

图8-39 调整图层设为“正片叠底”模式

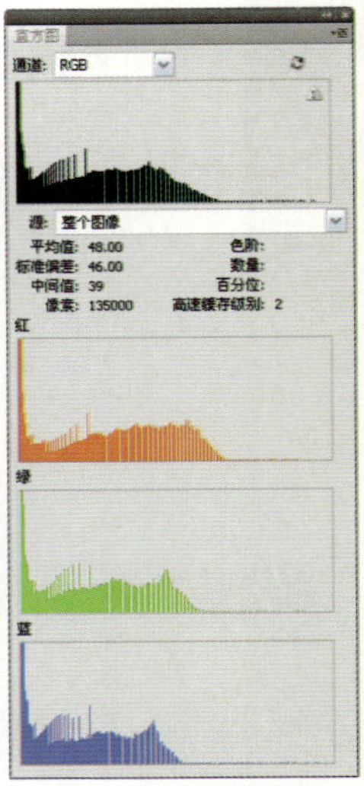

图8-40 “照片”图像直方图

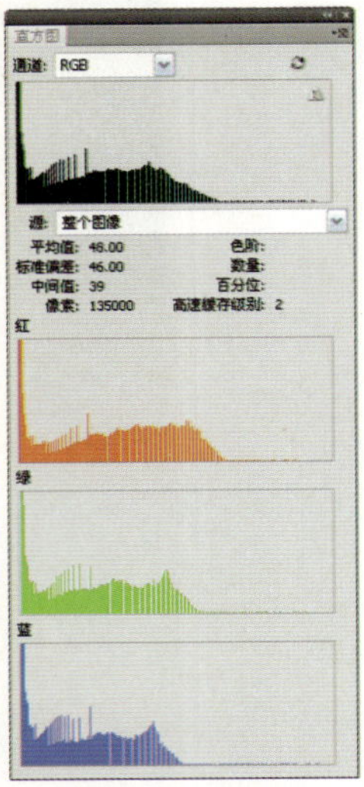

图8-41 “照片副本”图像直方图

05 再修改图层混合模式对比效果。分别将“照片”图像和“照片 副本”图像的“背景 副本”图层和调整图层的混合模式设为“滤色”，效果如图8-42和8-43所示。同样再观察两个图像的直方图，如图8-44和图8-45所示。这4副图验证了前面所得结论。

图8-42 复制图层设为“滤色”模式

图8-43 调整图层为“滤色”模式

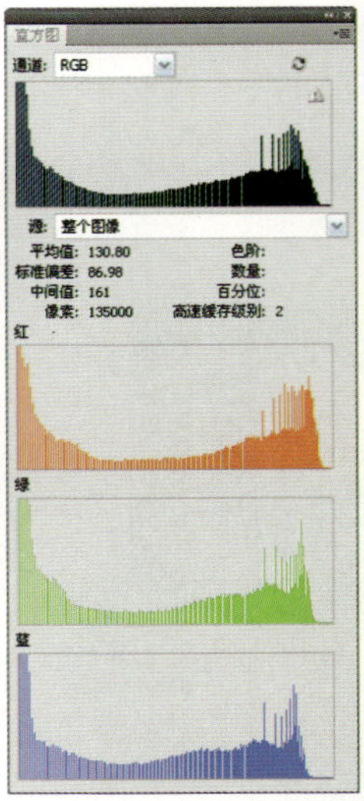

图8-44 “照片”图像直方图

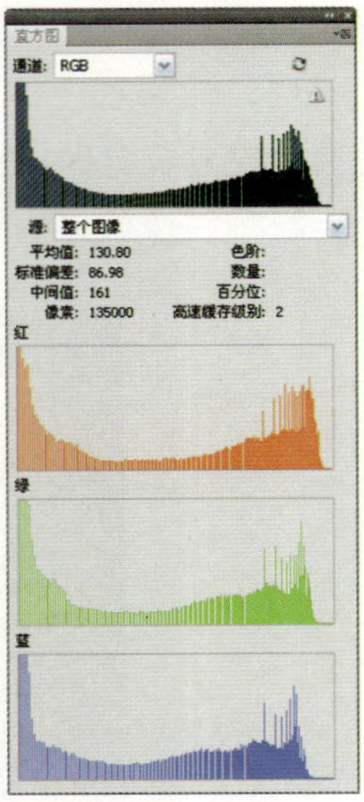

图8-45 “照片副本”图像直方图

06 最后分别将“照片”图像和“照片 副本”图像存储为“复制图层.PSD”和“调整图层.PSD”，如图8-46所示。使用调整图层可以大大降低文件大小。

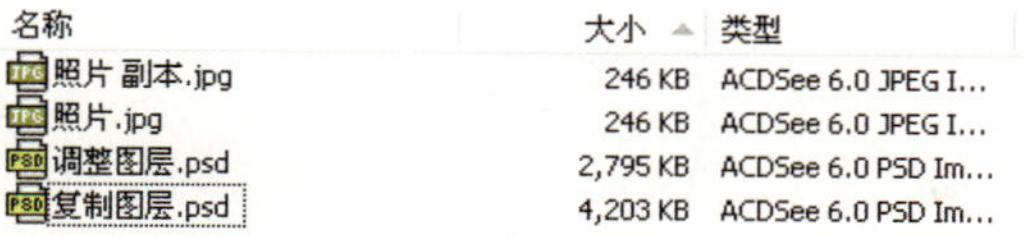

图8-46 文件大小

案例总结

正如前面所介绍的，调整图层在默认状态下可以代替复制图层使用，而且会大大降低文件大小。

8.4.2 校正单个图层

在前面调整图像基本操作的章节中介绍了调整图层可以像普通图层一样建立剪贴蒙版，这样校正就不会作用于调整图层下面所有的图层。而只作用于其下面紧邻的一个图层。下面我们通过一个案例来进一步理解这项功能。

案例46　使用调整图层校正单个图层

设计思路

在本案例中，使用调整图层对单个图层进行校正。

操作步骤

01 打开配套光盘中的“天空.PSD”文件，如图8-47所示。该图像中有两个图层，一个为“岩石”图层；另一个为“天空”图层。下面分别使用调整图层校正这两个图层中的图像。

02 在“图层”面板上选择“岩石”图层，然后调出“调整”面板，在面板上单击“色相/饱和度”按钮，创建一个“色相/饱和度”调整图层，如图8-48所示。

图8-47 原图

图8-48 创建调整图层

03 这里要将“岩石”图层的色调调整为红褐色，在“调整”面板上设置“色相”为8，“饱和度”为20，“明度”为-8，勾选“着色”复选框，如图8-49所示。设置好参数后，图像效果如图8-50所示。由于调整图层的作用，整个图像的色调都被校正了。

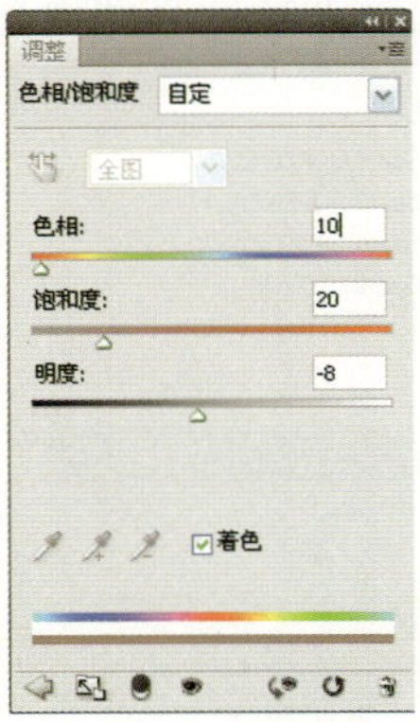

图8-49 设置参数

图8-50 调整后图像效果

04 对该调整图层执行“图层”|“创建剪贴蒙版”命令，执行命令后，“色相/饱和度”调整图层只作用于其下面的“岩石”图层，对“天空”图层不影响。此时图像效果如图8-51所示。

05 在“色相/饱和度”调整图层的上面再创建一个“曲线”调整图层。在“调整”对话框中建立一个控制点，设置“输出”为68，“输入”为99，如图8-52所示。设置好参数后，图像效果如图8-53所示。

06 同样对“曲线”调整图层执行“创建剪贴蒙版”命令，让该调整只作用于“岩石”图层，此时图像效果如图8-54所示。

图8-51 创建剪贴蒙版

图8-52 参数设置 图

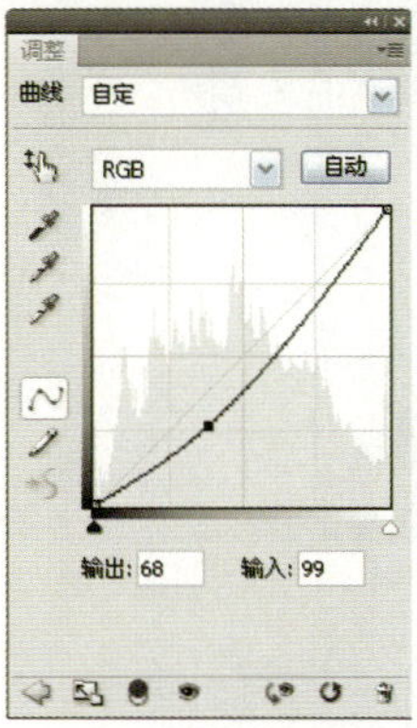

8-53 调整效果

图8-54 创建剪贴蒙版

07 调整前后图像效果对比图如图8-55所示。从中可以看出，这两个调整图层只对“岩石”图像的色调进行了校正，而丝毫没有影响到“天空”图层。

调整前

调整后

图8-55 图像调整前后对比图

08 最后将文档存储为“岩石调整.PSD”。

案例总结

对调整图层创建剪贴蒙版实现了对单个图层进行调整。这样就不用担心调整图层会影响下面的所有的图层，从而增加了调整图层的灵活性。

8.4.3 调整特定区域

由于在默认状态下，调整图层都会配有图层蒙版，这样就可以通过修改蒙版来设置调整的区域以及效果的强弱。下面同样通过一个案例来讲解该功能。

图8-56 原图

案例47 蓝色眼睛

设计思路

在本案例中，使用图层蒙版调整图像特定区域。

操作步骤

01 打开配套光盘中的“眼睛.JPG”文件，如图8-56所示。

02 调出“调整”面板，单击面板上的“创建新的黑白调整图层”按钮◩，在“背景”图层上面创建黑白调整图层。这时“调整”面板上自动设置各颜色通道的初始值，图像呈现黑白效果，效果如图8-57所示。

图8-57 创建黑白调整图层

03 在“调整”面板上微调各颜色通道的值

“红色”为-8，“黄色”为7，“绿色”为-63，“青色”为60，“蓝色”为-27，“洋红”为80，如图8-58所示。调整参数后图像效果如图8-59所示。

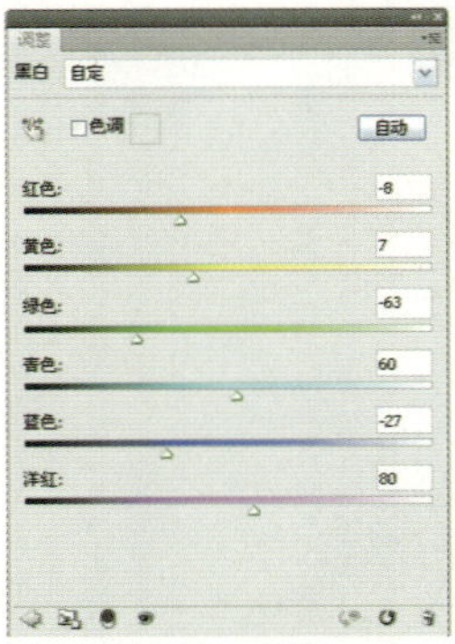

图8-58 参数设置

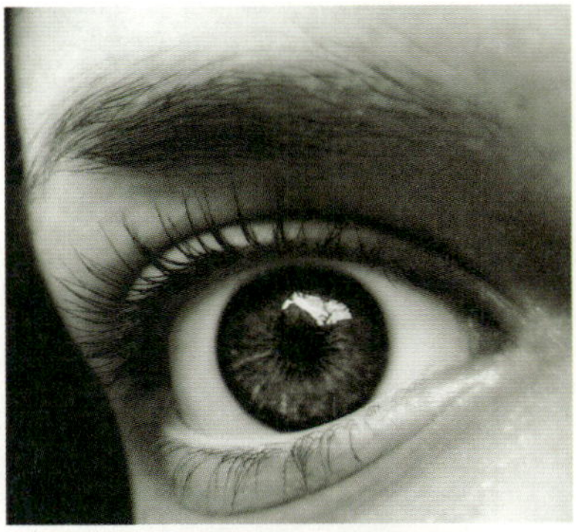

图8-59 调整效果

04 下面来修改图层蒙版，使蓝色眼睛显现出来。将前景色设为黑色，使用“画笔工具”修饰“黑白”调整图层的图层蒙版。将眼球部分涂黑，这样“背景”图层中蓝色眼珠图像就会呈现出来了，效果如图8-60所示。

05 图像调整后效果如图8-61所示。可以看出由于修饰了图层蒙版，这样就对调整图层的调整范围进行了规定，图像中除了蓝色的眼珠图像，其他图像均调整为黑白效果，这样的反差更能突出眼睛。

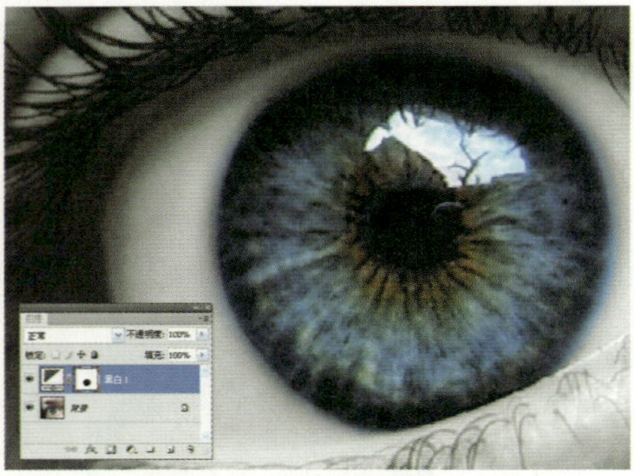

图8-60 修改图层蒙版

图8-61 调整效果

06 图像调整前后效果对比图如图8-62所示。

调整前

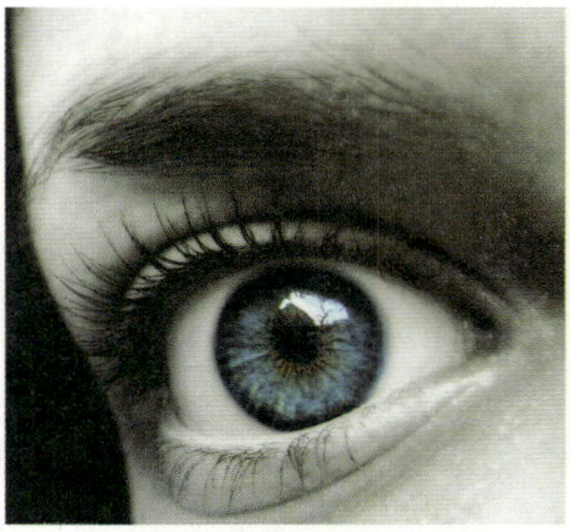

调整后

图8-62 图像调整前后的对比图

07 最后将文档存储为“蓝色眼睛.PSD”。

案例总结

对调整图层创建剪贴蒙版实现了对单个图层进行调整。

8.4.4 多调整图层的混合使用

在Photoshop中允许同时使用多个调整图层（或填充图层）对图像进行校正。在使用多个调整图层（或填充图层）时，可以在不破坏图像像素的状态下随时修改调整图层的参数，创建新的调整图层（或填充图层）或删除现有的调整图层（或填充图层）来重新校正图像达到满意效果为止，这就极大地增加了图像调整的灵活度。

下面用一个案例来讲解如何同时使用多个调整和填充图层来校正图像。

图8-63 原图

案例48　多调整和填充图层共同使用

设计思路

在本案例中，使用了两个填充图层和两个调整图层对图像色彩效果进行了修改。

操作步骤

01 打开配套光盘中的“照片JPG”文件，如图8-63所示。

02 单击“图层”面板下面的“创建新的调整或填充图层”按钮，在菜单中选择“纯色”填充图层，在“背景”图层的上面创建一个新的纯色填充图层。在“拾取实色：”对话框中选择颜色，如图8-64所示，颜色为淡黄色，具体参数值为（R:255、G:255、B:102）。设置好颜色后，将纯色填充图层的图层混合模式设为“柔光”，“不透明度”设为60%，此时图层效果如图8-65所示。整体图像色彩偏黄，中和了原图像中的冷色调。

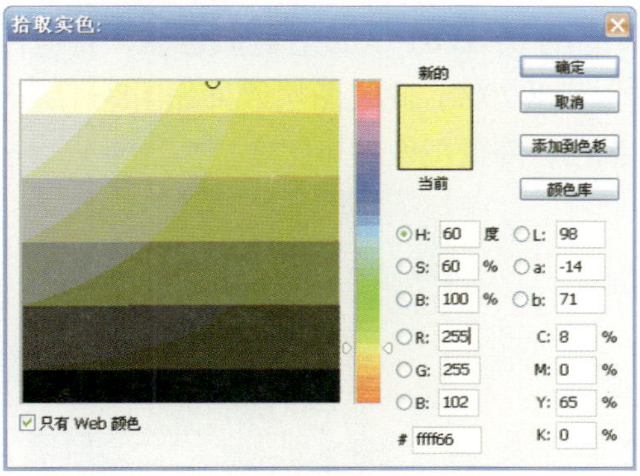

图8-64 “拾取实色：”对话框

图8-65 添加纯色填充图层

03 进一步对图像进行调整。单击“图层”面板下面的“创建新的调整或填充图层”按钮，在菜单中选择“可选颜色”调整图层，在纯色填充图层的上面创建一个新的可选颜色调整图层。在“调整”面板上选择“颜色”为“红色”，“青色”设为“-80%”，“洋红”设为“+35%”，“黄色”设为“+10%”，“黑色”设为“+10%”，勾选“相对”复选框，如图8-66所示。设置好参数后，图像效果如图8-67所示。使图像中红色更突出。

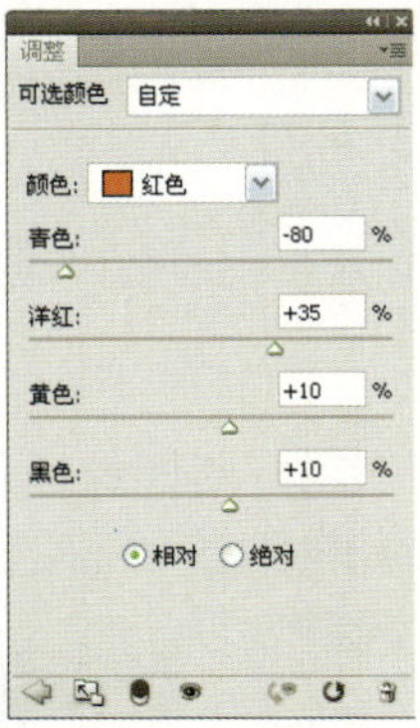

图8-66 设置参数

图8-67 调整效果

04 在可选颜色调整图层的上面在创建一个新的可选颜色调整图层。在“调整”面板上选择“颜色”“红色”，“青色”设为“-35%”，“洋红”设为“+25%”，“黄色”设为“+30%”，“黑色”设为“-15%”，勾选“相对”复选框，如图8-68所示。设置好参数后图像效果如图8-69所示，进一步突出红色。

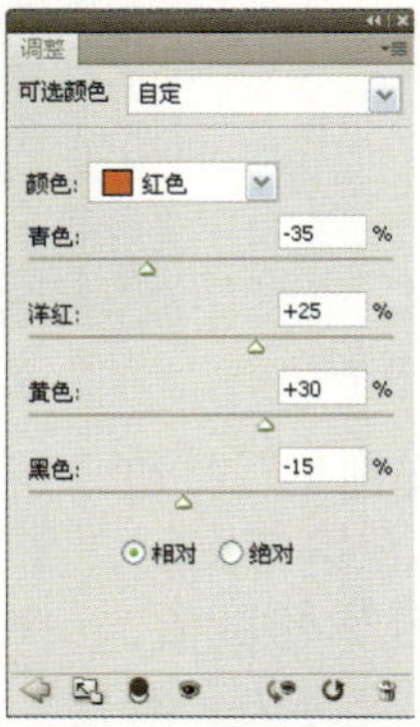

图8-68 设置参数

图8-69 调整效果

05 最后在所有图层最上面创建一个新的纯色填充图层。在“拾取实色：”对话框中选择颜色，如图8-70所示，颜色为淡黄色（R:51、G:0、B:0）。设置好颜色后，将纯色填充图层的混合模式设为“排除”，“不透明度”设为70%，此时图层效果如图8-71所示。去掉图像中凝重的黑色，使图像色调向中间调偏移，降低图像的对比度。

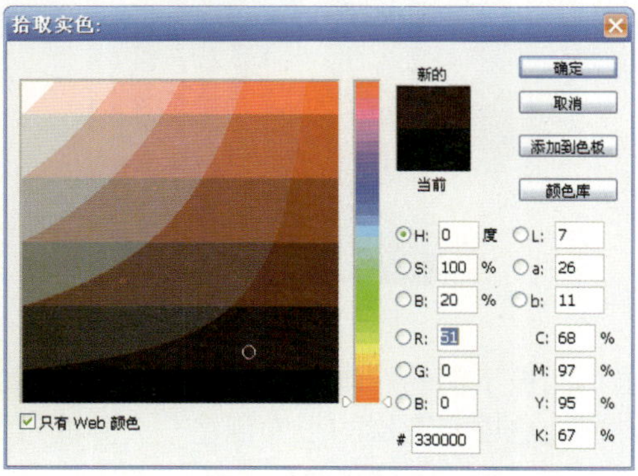

图8-70 选择颜色

图8-71 调整效果

06 调整前后图像效果对比图如图8-72所示。

调整前

调整后

图8-72 图像调整前后对比图

07 最后将文档存储为“调整.PSD”。

案例总结

在多数图像调整中都会同时运用到多种调整图层或填充图层类型，本章节的难点也在于如何掌握各种调整图层或填充图层的特点进而能灵活应用其功能。

8.5 调整图层和填充图层的综合应用

在本节主要通过案例来介绍调整图层和填充图层的综合应用。

案例49　粉红女郎

设计思路

在本案例中，分别使用了曲线、可选颜色、色阶和色相/饱和度等4种调整图层将图像色彩调整为粉红色。

操作步骤

01 打开配套光盘中的“照片.JPG”文件，如图8-73所示。图像的整体色彩偏黄色，接下来使用调整图层将图像的色彩调整为粉红色。

02 调出“图层”面板，单击面板下方的“创建新的调整或填充图层”按钮，在菜单中选择“曲线”调整图层，在背景图层的上面创建一个曲线图层。在“调整”面板创建一个控制点，设置“输出”为150，“输入”为110，如图8-74所示。设置好参数后，图像效果如图8-75所示，调整后图像整体变亮。

图8-73 原图

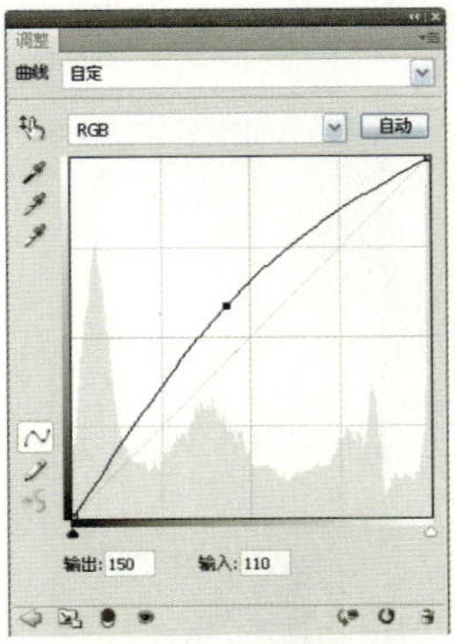

图8-74 设置参数

图8-75 调整效果

03 在“曲线”调整图层的上面创建一个新的“可选颜色”调整图层。在“调整”面板上选择的“颜色”“红色”，“青色”设为“-100%”，“洋红”设为“+40%”，“黄色”设为“-50%”，“黑色”设为“0%”，勾选“相对”复选框，如图8-76所示。在“调整”面板上再选择“黄色”，如图8-77所示，“青色”设为“-100%”，“洋红”设为“0%”，“黄色”设为“-100%”，“黑色”设为“0%”，勾选“相对”复选框。最后设置“中性色”，如图8-78所示，“青色”设为“+50%”，“洋红”设为“0%”，“黄色”设为“-20%”，“黑色”设为“0%”，勾选“相对”复选框。设置好参数后，图像效果如图8-79所示。此时图像色彩已调整为粉红色，下面要进一步修饰。

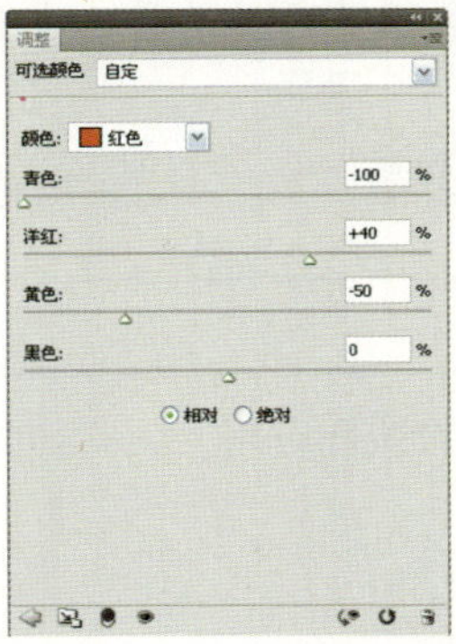

图8-76 设置“红色”参数

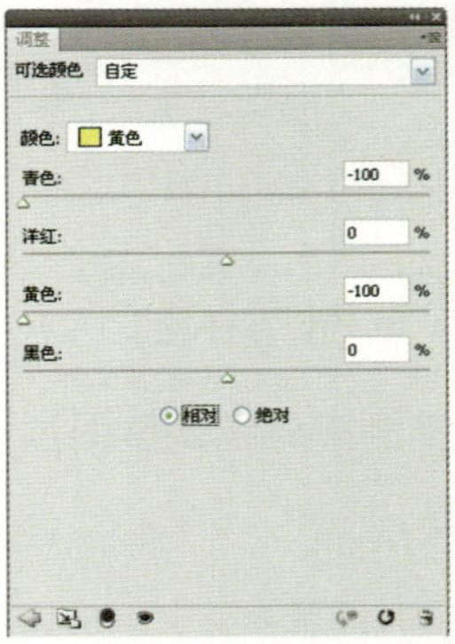

图8-77 设置“黄色”参数

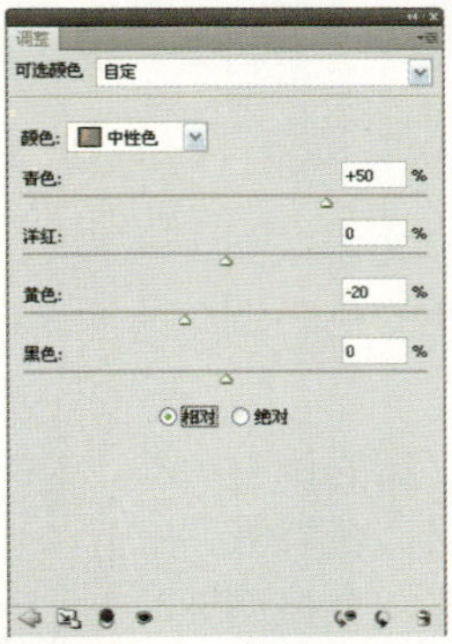

图8-78 设置“中性色”参数

图8-79 调整效果

04 在“可选颜色”调整图层的上方创建一个新的“色阶”调整图层。在“调整”面板上设置，“暗调”为13，“中间调”为1.00，“高光”为237，如图8-80所示。调整后图像效果如图8-81所示，增加了图像的对比度。

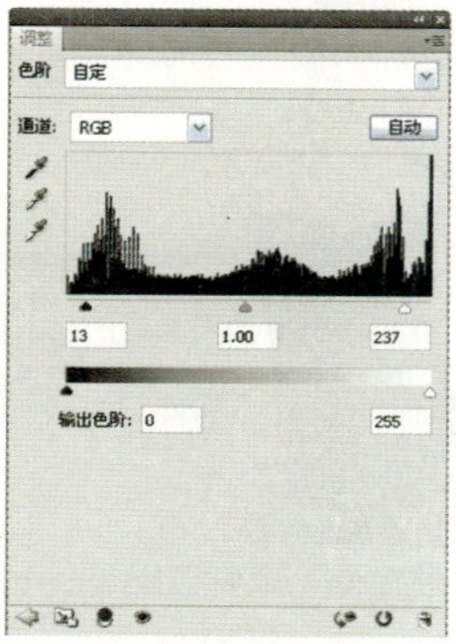

图8-80 设置参数

图8-81 调整效果

05 在“色阶”调整图层的上面再创建一个“可选颜色”调整图层。在“调整”面板上选择“颜色”“红色”，“青色”设为“-100%”，“洋红”设为“+40%”，“黄色”设为“+5%”，“黑色”设为“0%”，勾选“相对”复选框，如图8-82所示。在面板上再选择“黄色”，如图8-83所示，“青色”设为“+100%”，“洋红”设为“0%”，“黄色”设为“0%”，“黑色”设为“0%”，勾选“相对”复选框。如图8-84所示，在面板上选择“青色”，“青色”设为“+100%”，“洋红”设为“0%”，“黄色”设为“0%”，“黑色”设为“0%”，勾选“相对”复选框。最后选择“中性色”，如图8-85所示，“青色”设为“-25%”，“洋红”设为“0%”，“黄色”设为“0%”，“黑色”设为“0%”，勾选“相对”复选框。设置好参数后，图像效果如图8-81所示。进一步消除图像中的黄色色彩使其转为粉红色。

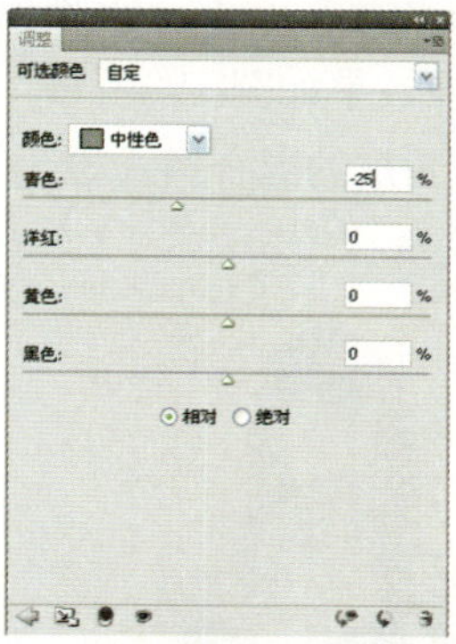

图8-82 设置“红色”参数

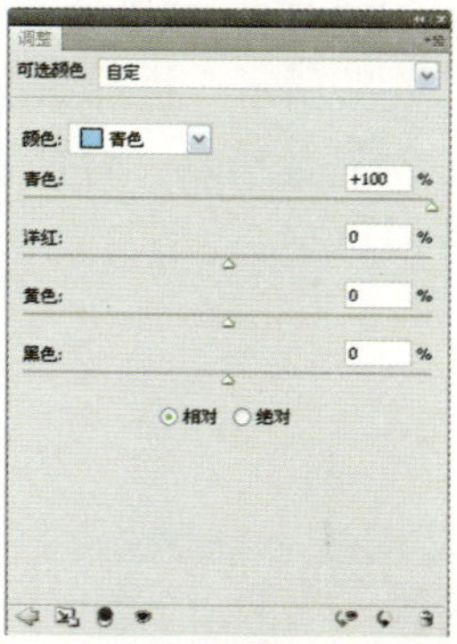

图8-83 设置“黄色”效果

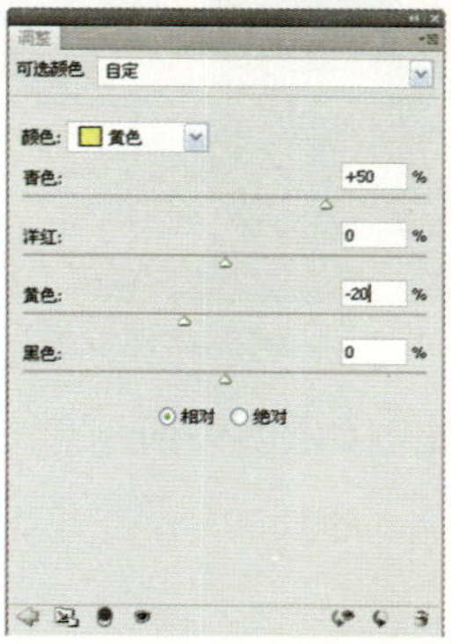

图8-84 设置“青色”参数

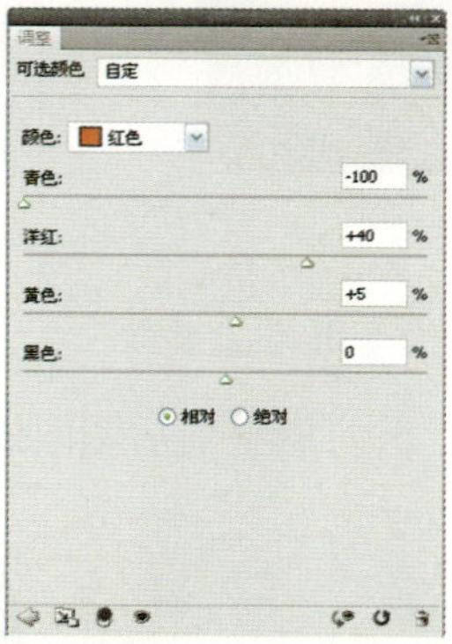

图8-85 调整“中性色”效果

06 在“可选颜色”调整图层的上面创建“色相/饱和度”调整图层。设置“色相”为“+5”，“饱和度”为+10，如图8-87所示。调整后图像效果如图8-88所示，进一步增加红色色彩。

图8-86 调整结果

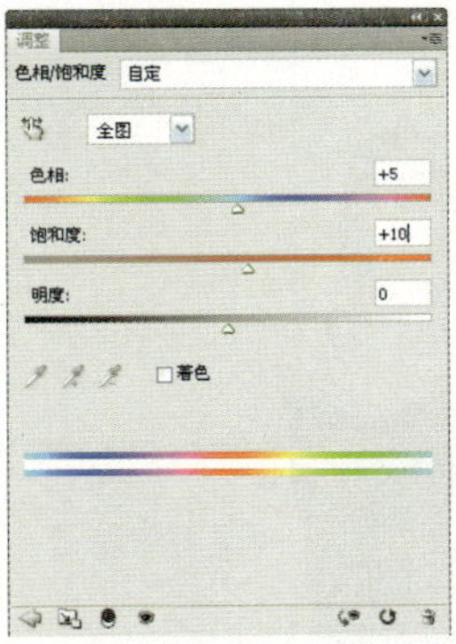

图8-87 设置参数

图8-88 调整结果

07 复制“背景”图层为“背景 副本”图层，并将其移至所有图层的最上方。对其执行“滤镜”|“模糊”|“高斯模糊”命令，在弹出的对话框中设置“半径”为2.0像素，如图8-89所示。执行滤镜后图像效果如图8-90所示。

08 最后将“背景 副本”图层的混合模式设为“滤色”，“不透明度”设为50%，如图8-91所示。

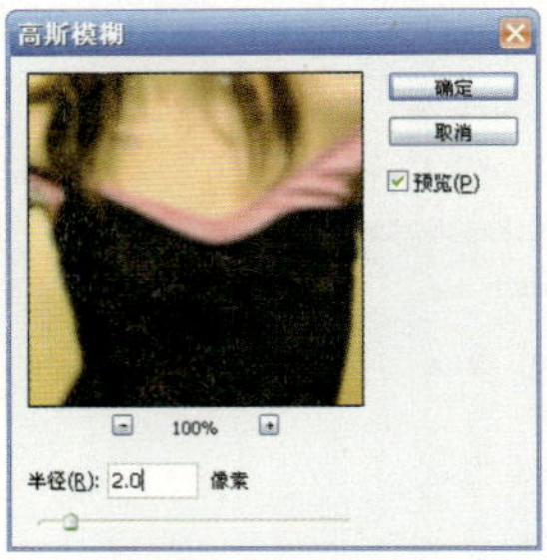

图8-89 设置参数

图8-90 模糊滤镜效果

图8-91 设置图层混合模式

09 调整前后图像效果对比图如图8-92所示。

调整前　　调整后

图8-92 图像调整前后效果对比图

10 最后将文件存储为“粉红女郎.PSD”。

案例50 微笑

设计思路

在本案例中，分别使用了曲线、可选颜色、色阶调整图层和纯色填充图层调整图像效果，增加色调对比度，使肤色变得白皙。

图8-93 原图

操作步骤

01 打开配套光盘中的“照片.JPG”文件，如图8-93所示。

02 调出“图层”面板，单击其下方的创建新的调整或填充图层按钮，在菜单中选择“曲线”调上整图层，在“背景”图层的上面创建一个“曲线”调整图层。如图8-94所示，在“调整”面板上首先选择“红”通道，设置两个控制点，分别设置“输出”为105，“输入”为90，“输出”为200，“输入”为210。再选择“蓝”通道，如图8-95所示，同样设置两个控制点，分别设置“输出”为115，“输入”为100，“输出”为200，“输入”为210。“绿”通道不作调整。最后设置“RGB”通道添加两个控制点，如图8-96所示，分别设置“输出”为25，“输入”为0，“输出”为255，“输入”为235。添加调整图层后图像效果如图8-97所示。

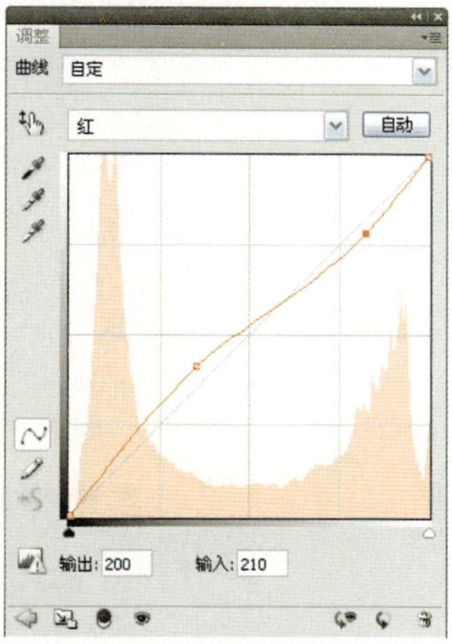

图8-94 设置“红”通道

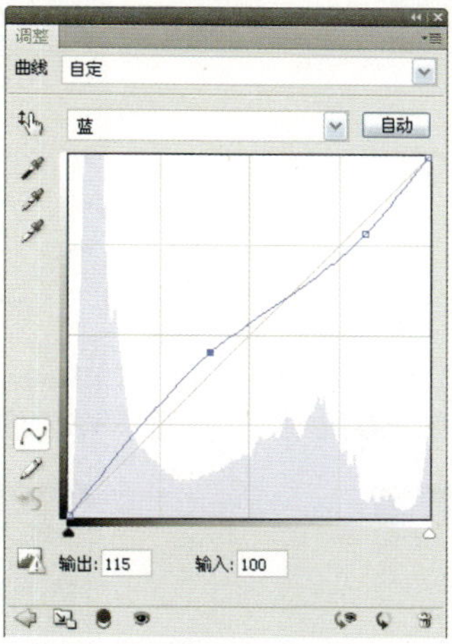

图8-95 设置“蓝”通道

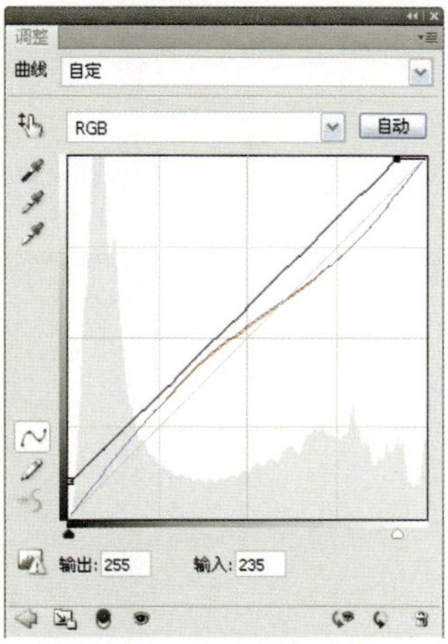

图8-96 设置“RGB”通道

图8-97 调整效果

03 在“曲线”调整图层的上面创建“可选颜色”调整图层。如图8-98至图8-106所示，分别设置各可选颜色的参数，具体参数设置如表8-1所示。

表8-1 可选颜色的参数

可选颜色	青色	洋红	黄色	黑色
红 色	-50	0	+50	+10
黄 色	0	0	+25	-10
绿 色	+100	-100	-100	+100
青 色	+25	-40	-50	0
蓝 色	+40	-45	-50	+10
洋 红	-25	-10	+25	-5
白 色	0	+5	-15	-10
中性色	+5	0	0	-5
黑 色	0	0	0	+5

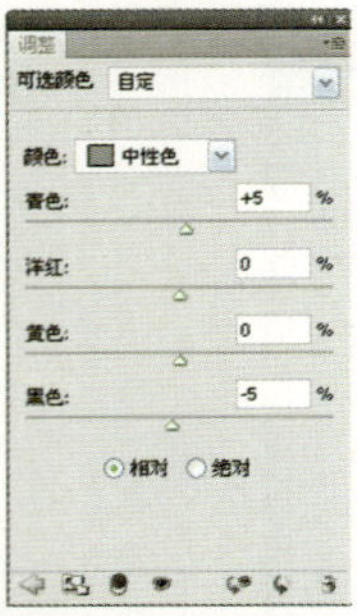

图8-98 设置“红色”参数

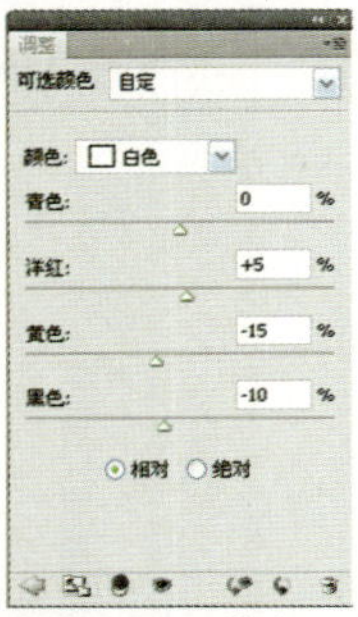

图8-99 设置“黄色”参数

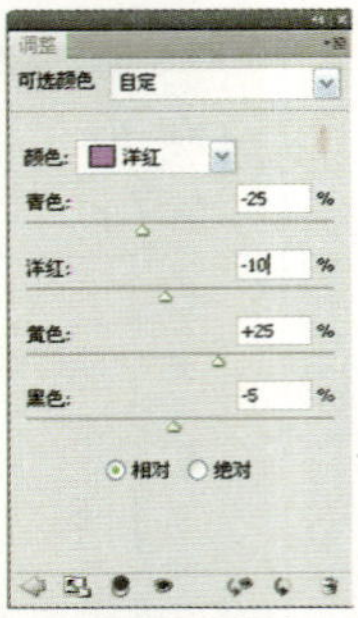

图8-100 设置“绿色”参数

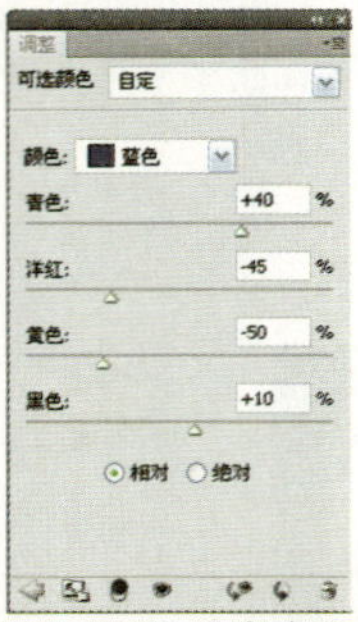

图8-101 设置“青色”参数

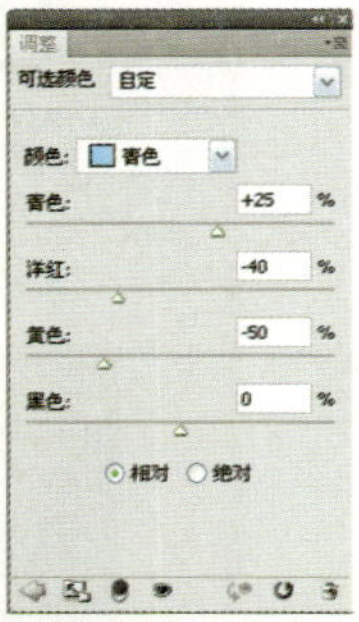

图8-102 设置“蓝色”参数

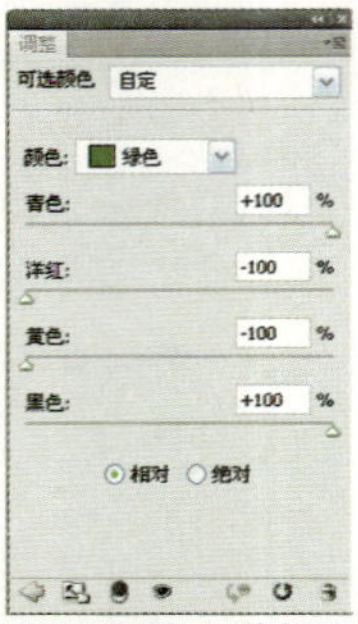

图8-103 设置“洋红”参数

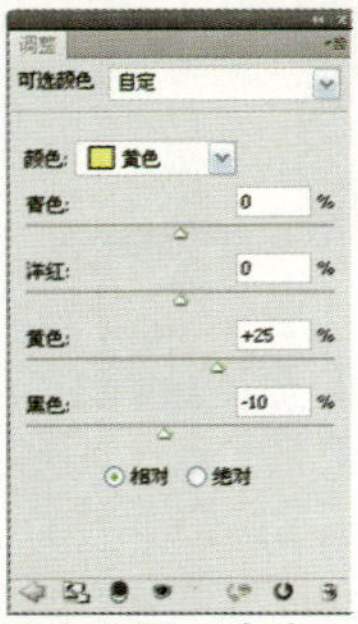

图8-104 设置“白色”参数

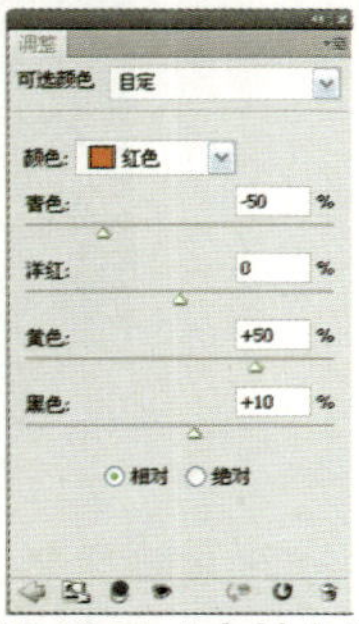

图8-105 设置“中性色”参数

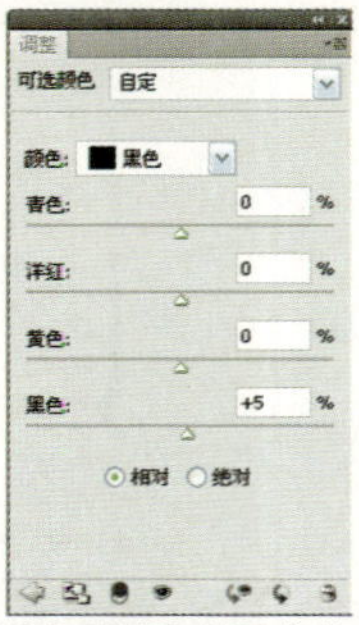

图8-106 设置“黑色”参数

设置好参数后，图像效果如图8-107所示。

图8-107 调整效果

04 再创建一个新的“可选颜色”调整图层。如图8-108至图8-114所示，分别设置各可选颜色的参数，具体参数设置如表8-2所示。

表8-2 可选颜色的参数

可选颜色	青色	洋红	黄色	黑色
红 色	-5	-5	+5	-7
黄 色	-25	0	+25	-10
青 色	+100	-50	-60	+100
蓝 色	+100	-50	-60	+100
洋 红	-100	-100	+100	+30
中性色	+5	+5	-20	+5
黑 色	+25	0	-10	+15

设置好参数后，图像效果如图8-115所示。

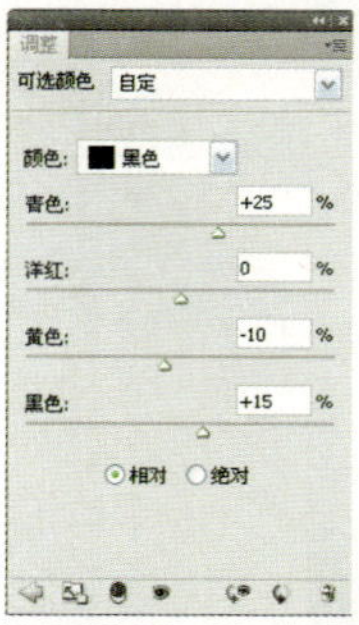
图8-108 设置“红色”参数

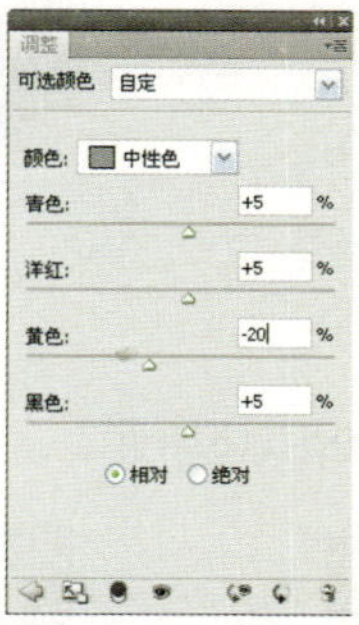
图8-109 设置“黄色”参数

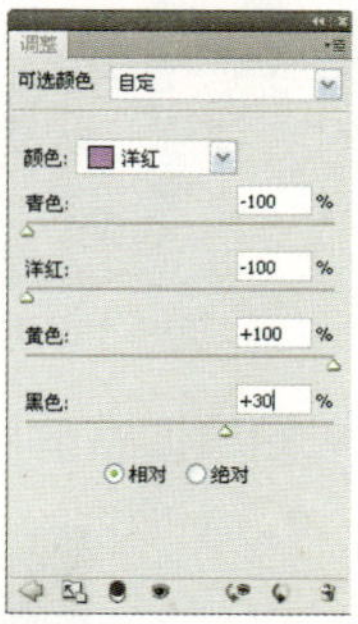
图8-110 设置“青色”参数

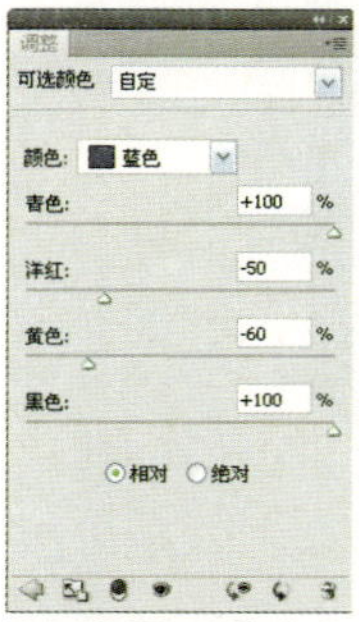
图8-111 设置“蓝色”参数

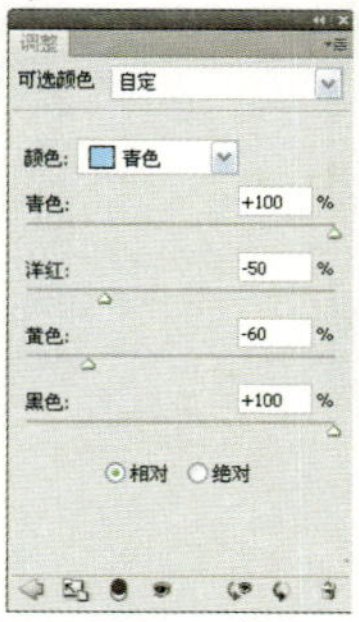
图8-112 设置“洋红”参数

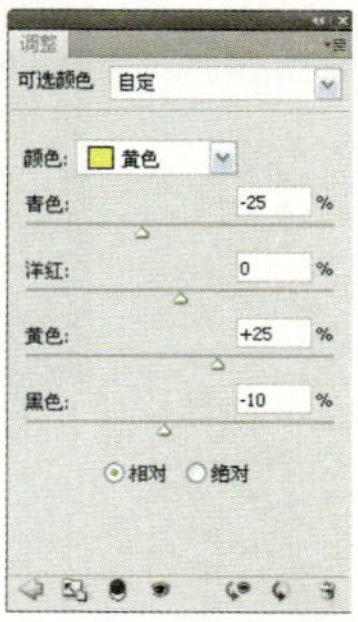
图8-113 设置“中性色”参数

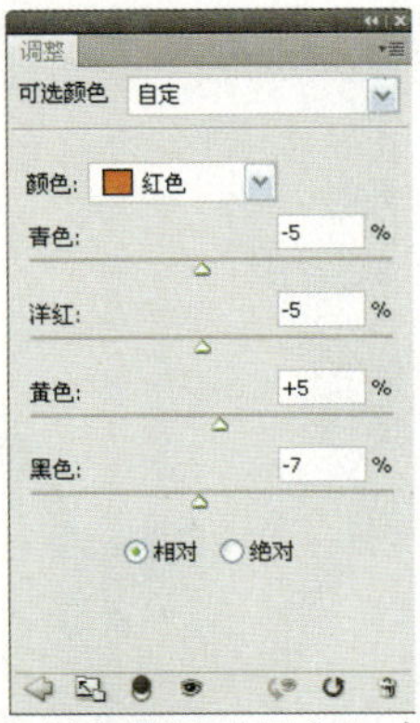

图8-114 设置“黑色”参数

图8-115 调整效果

05 创建一个纯色填充图层，颜色设为（R:51、G:0、B:0）。然后将该填充图层的混合模式设为“变亮”，“不透明度”设为50%，图像效果如图8-116所示。

06 最后在所有图层的上面创建一个“色阶”调整图层，不作任何设置，然后将该调整图层的混合模式设为“滤色”，“不透明度”设为30%。图像的最终效果如图8-117所示。

图8-116 添加纯色填充图层

图8-117 最终效果

07 图像调整前后效果对比图如图8-118所示。

调整前　　调整后

图8-118 图像调整前后效果对比图

08 最终将文档存储为“微笑.PSD”。

案例总结

本案例的重点在于使用“可选颜色”调整图层调整图像各个色彩分量的饱和度，进而创造出淡紫色的色调效果。由于“可选颜色”调整图层的参数设置比较复杂，在练习时需要格外细心。